大数据技术入门与实践

NoSQL 数据库入门与实践

（基于 MongoDB、Redis）

刘　瑜　刘胜松　著

中国水利水电出版社
www.waterpub.com.cn

·北　京·

内 容 提 要

在大数据爆发的短短几年中，NoSQL 成为处理大数据必须掌握的热门的核心技术之一。《NoSQL 数据库入门与实践（基于 MongoDB、Redis）》正是在这种情况下应运而生，该书结合 MongoDB、Redis 和测试工具等全面介绍NoSQL数据库技术、NoSQL精粹，是一本NoSQL数据库入门图书，也是NoSQL初学者了解NoSQL技术全貌的图书。全书包括 3 部分，其中 NoSQL 基础部分包括：初识 NoSQL、TRDB 与 NoSQL 的技术比较、NoSQL 数据存储模式。NoSQL 实践部分分别介绍了文档数据库 MongoDB 和键值数据库 Redis 入门及提高知识，并通过两个电商平台综合案例详细介绍了 MongoDB 和 Redis 在实现不同业务（如日志存储、商品评论、订单信息记录、点击量存储、商品推荐、购物车、记录浏览商品行为等）功能模块开发过程中的具体应用。NoSQL 提高部分介绍了大数据环境下 MongoDB 和 Redis 在操作速度和数据存储方面的优化方法和处理技术，以及对 NoSQL 产品实际业务应用的选择及部署和 NoSQL 辅助工具的应用。既可以让读者学好 NoSQL 基础知识，掌握 NoSQL 数据库技术，具备代码实战水平，又能培养读者系统性考虑问题的能力，对有较高要求的读者还给出了深入学习的方向和核心内容。

《NoSQL 数据库入门与实践（基于 MongoDB、Redis）》一书除纸质介绍外，前 8 章还提供了视频讲解，手机扫描二维码即可观看，并提供全书的源代码，方便读者快速学习。

《NoSQL 数据库入门与实践（基于 MongoDB、Redis）》一书语言通俗易懂，内容由浅入深，非常适合想全面了解 NoSQL 知识的高校学生、教师及相关 IT 工程师参考学习，也适合所有对 NoSQL 数据库感兴趣的技术人员阅读。

图书在版编目（C I P）数据

NoSQL数据库入门与实践 ： 基于MongoDB、Redis ： 大数据技术入门与实践 / 刘瑜，刘胜松著. -- 北京 ： 中国水利水电出版社，2018.2（2023.10 重印）
ISBN 978-7-5170-6084-0

Ⅰ. ①N… Ⅱ. ①刘… ②刘… Ⅲ. ①数据库系统 Ⅳ. ①TP311.138

中国版本图书馆CIP数据核字(2017)第294785号

书　名	NoSQL 数据库入门与实践（基于 MongoDB、Redis） NoSQL SHUJUKU RUMEN YU SHIJIAN(JIYU MongoDB、Redis)
作　者	刘　瑜　刘胜松　著
出版发行	中国水利水电出版社 （北京市海淀区玉渊潭南路 1 号 D 座　100038） 网址：www.waterpub.com.cn E-mail：zhiboshangshu@163.com 电话：（010）62572966-2205/2266/2201（营销中心）
经　售	北京科水图书销售有限公司 电话：（010）68545874、63202643 全国各地新华书店和相关出版物销售网点
排　版	北京智博尚书文化传媒有限公司
印　刷	三河市龙大印装有限公司
规　格	203mm×260mm　16 开本　31.5 印张　621 千字
版　次	2018 年 2 月第 1 版　2023 年 10月第10次印刷
印　数	24501—26500 册
定　价	89.80 元

前言

Preface

进入 21 世纪后，随着互联网的快速发展，人类产生的电子数据处于大爆炸的状态。数据内容本身也变得丰富多彩，记录数据（如财务数据）、系统日志、图片、音频、视频、GIS 数据等不断涌现，以致人们要处理的数据对象日趋复杂。更糟糕的是在 NoSQL 技术出现之前，现有的一些数据库系统——主要是传统关系型数据库系统，由于其自身技术的局限性，无法应对大数据的使用要求。在 21 世纪初，出现了大量数据无法保存、基于大量数据的网站无法及时响应、复杂数据无法处理等一系列问题。正是在这样的背景下，NoSQL 开始进入人们的视野。虽然历史很短——从以 Hadoop 技术体系下的 Hbase 为代表的 NoSQL 数据库系统在实验室里获得成功（2008 年）开始，到目前为止（2018 年），才走过短短十余年的历程，但其发展极为迅猛。根据 NoSQL 官网的最新统计，已公布的 NoSQL 数据库已经达到 200 多种（详见 http://NoSQL-database.org/主页），有一种百花齐放的感觉！同时，也给 NoSQL 技术的学习和应用带来了很大的挑战。

目前市面上 NoSQL 图书种类繁多，有偏重基础知识的，有面向专题 NoSQL 代码开发的。偏重基础知识的，理论性比较强，但是往往缺少实战指导，有些甚至无从下手；偏重专题 NoSQL 代码开发的，则注重了 NoSQL 数据库技术的实践，但是缺少 NoSQL 整体发展脉络的内容，存在“男怕入错行，女怕嫁错郎”的技术选择风险。同时，由于 NoSQL 发展历史很短，以实际项目为基础的实战性的高价值书籍，市面上不多。

既要把 NoSQL 基础讲透了，又要兼顾 NoSQL 数据库技术全面介绍，同时要突出实战性，其实，是很矛盾的。要么把 NoSQL 书写成很厚很厚的；要么抓不住重点、要点，使内容失去实用性。要通过一本书解决上述矛盾，有没有更好的办法？于是我们在这方面进行了综合考虑，并通过各种手段来弥补以上提到的不足。在核心思路上坚持从一名程序员的角度考虑问题（而非底层技术研究者角度），重在入门，重在可实践，并具有全面审视 NoSQL 技术的能力。

本书采用方法

1．坚持理论实践结合原则

本书以实战为背景倒推理论知识，使前面 3 章介绍的理论知识，与后面以电商大数据案例为主的实战内容做到紧密结合。如第 2 章的 2.1 节硬件运行原理技术局限性的分析结论，将使读者在后续的代码实践过程，必须深入考虑相关代码的优化问题，也是 NoSQL 技术解决问题的一种思路依据。第 4 章开始的 NoSQL 实战内容，都是基于模拟某电商大数据项目的实际使用生产代码为基础进行编写的，使读者可以零距离接触实用代码。

另外，每章结束都提供了练习和代码开发实验任务，尽量使读者做到学以致用。

2．坚持面点结合原则

在理论知识介绍过程中，力图讲清楚 NoSQL 的发展过程和产生根源，数据库的发展范围和趋势，所能解决问题的范围和应用场景，所必须掌握的知识范围及学习帮助等内容，使读者能整体了解 NoSQL 技术，并能有助于读者更好地学习和选择——这是“面”的考虑。

在“点”方面：选择 MongoDB、Redis 数据库作为 NoSQL 技术入门产品，进行基础性学习，并提供向高级能力拓展的知识要点和学习途径；另外在介绍这两款产品的过程中，用电商系统案例把它们进行有机结合，使读者可以看到一个综合的 NoSQL 技术解决方案。选择 MongoDB 数据库是因为目前该数据库在国内外具有很好的大数据应用成功案例，而且学习起来很简单；选择 Redis 数据库首先考虑了它在市场上的表现状态，是目前市场主流的基于内存的 NoSQL 产品。当然还有其他方面的考虑，比如源代码公开、产品技术支持团队强大、技术支持社区成熟、发展前景等。

3．坚持书里书外结合原则

基于 IT 技术，特别是软件技术产品发布版本以年甚至以月计，更新速度非常快。目前国内高校的部分 IT 教材，存在技术更新不及时等问题。所以要保持本书技术的最新状态，必须采用书里书外相结合的形式，为读者提供最新知识更新的学习途径或技术支持。本书在涉及某一 NoSQL 技术产品时，会把相应的在线学习途径进行标注，方便读者的自主学习。

作为实践性很强的 NoSQL 技术，本书突出了课后上机实践的必要性，因此，专门开发了配套的实验代码包，供学生对照学习、老师实验检查。

对于特定技术问题，本书提供在线技术咨询支持。

通过书外的结合可以避免本书过于臃肿的问题，同时，为读者提供了方便的技术支持途径。

4．坚持由浅入深原则

第 1 部分：NoSQL 基础部分，以介绍基本 NoSQL 知识为主，对该部分知识要求熟悉相关内容即可。

第 2 部分：NoSQL 实践部分，以电商大数据应用为例，通过对 MongoDB、Redis 数据库技术的使用及应用分析，让 NoSQL 初学者具备代码实战入门的水平。

第 3 部分：NoSQL 提高部分，更加深入地考虑了大数据环境下 NoSQL 的速度、存储、选择部署及辅助工具的使用问题。在培养读者系统性考虑问题的同时，给出了深入学习的方向和核心内容。

显然上述内容的安排，遵循了由浅入深，由易到难的过程。

适用读者

高校学生

若要很好地掌握本书内容，要求具备一种关系型数据库知识。在本书编写过程中，为了体现 NoSQL 的技术特点和优点，在技术对比时，经常会引入关系型数据库相关概念，而对关系型数据库知识的详细说明不在本书的解释范畴，或者仅指出必要点。例如关系型数据库表的行数据读写原理，关系型数据库以行为基本单位的读/写与列族数据库以列为基本单位的读/写操作相比，在速度上存在劣势等。

要具备至少一种编程语言基础，如 Java、Python、C、C#、C++等。目前，NoSQL 在具体对数据库进行操作时，主要通过交互式操作平台来执行相关命令（类似 DOS 操作方式），以体验相关数据库操作功能，这有利初学者建立扎实的命令操作基础。而在基于 NoSQL 数据库进行项目开发时，必须借助一种语言进行相关功能实现，本书主要采用 Java 语言。

最好要具有基于 Web 开发的编程基础，这样将更方便地理解电商大数据项目的实现过程。

需要转行的 IT 公司技术人员

若想从事大数据相关的软件开发和管理，则本书是一本全面的入门实战手册。NoSQL 技术虽然是为大数据而生，但是在某些情况下，也可以优化中小规模数据的操作性能。作为 IT 人员，通过系统学习 NoSQL 知识，在具体的项目技术方案上，将多了一种数据处理技术实现方法的选择。

如何阅读本书

对于已经具有 NoSQL 基本知识的读者，可以直接进入本书的第 2 部分、第 3 部分，查看以电商大数据项目为实现目的的 NoSQL 技术实现过程。

对于初学者，建议先掌握第 1～3 章的基础知识，再详细了解并实践相关代码。

在学习过程中，为确保掌握相关技术内容，要求读者尽量按照第 4 章、第 7 章的安装方法，下载并安装 MongoDB、Redis 到自己的计算机上。这样有利于边看书边进行实际代码的试用和体验。在代码试用过程中，**建议一条一条地亲自敲上去，以增强记忆。**在执行过程发生错误时，可以参考本书附赠的可执行代码，通过对比发现问题。这里要注意，**不要先去执行所提供的代码，不然你的学习不会太深入。**

本书为技术的深入了解提供了额外的诸多帮助，如各种资源和技术支持网址。这些帮助非常有用，值得你上网去查看，若你想变成 NoSQL 高手，那么这些资源应该是你经常要用的学习助手。学习帮助集中体现在 1.3 节上，其他体现在各章知识点的脚注上及书末的“主要参考文献及资料来源”上。

对于自学者来说，通过网络搜索关键字，也是学习的一个很好的途径。这对类似关系型数据库知识贫乏的人，尤其有用。网络上有一些技术大牛，经常出没于各种技术论坛、技术交流社区、专业交流群，他们也是快速学习的好老师。

代码约定

- 本书配套提供的代码包，都是本书作者亲自编写完成，读者可以自由下载并使用。该代码实行 BSD 简易授权，读者可以修改相关的源代码，并用作他处，但在使用代码时不能以作者的名义从事任何商务活动。本书所提供的源代码仅供学习所用，用作他处时，与作者无关。
- 书内所介绍代码，为了方便，主要介绍核心代码；完整代码，应该对照所提供的代码包进行完整学习。
- 为了阅读方便，这里的所有代码注释，采用了 Java 的“//”符号。
- 为了阅读方便，这里约定，MongoDB 交互式平台上的命令执行提示符为“>”；Redis 交互式平台上的命令执行提示符为“r>”，在集群里为了形象起见，部分命令提示符恢复系统默认形式，如 127.0.0.1:8000>；Linux 操作系统提示符采用“$”。
- 为了阅读方便，凡是文中出现英语单词，首字母一律大写，如 Java；但是在涉及代码命令时，根据实际情况而定（有些参数必须用小写）。

读书笔记

主要作者介绍

刘瑜，油田大数据分析课题核心成员，交通大数据项目主管，高级工程师，高级信息项目管理师。

刘胜松，杭州创业软件股份有限公司北方数字研究院高级工程师，京东网前开发工程师。

致谢

本书写作过程中得到了国内同行的大力支持，并参与了具体的编写工作，特此致谢：

温怀玉 成都大学大数据研究院学术带头人，教授

朱海洋 物产中大集团浙江石油化工交易中心董事、副总经理，高级工程师

星生辉 电信大数据项目技术主管

王丹丹 电力大数据项目主管

陈江鸿、徐子翔、丁知平、李振霖、宋志恒、魏立勇、陈暄、吕博、杨红蕾、崔正纲、刘俊宏、杨连峰、杨强、陈逸怀、杨鑫奇、阚伟、高国仁、郭熙辰、沈迎志、张晓伟、朱卿、熊军、王维浩、施游、李炳森、陈一鹏、张双、梁文飙、贾小军。

本书在写作过程中还得到了策划编辑刘利民老师的辛苦指导和把关，在此表示感谢。

相关资源支持

本书不配带光盘，本书提到的资源均需通过下面的方法下载后使用。

（1）读者朋友可以加入下面的微信公众号下载所有资源或咨询本书的任何问题。

（2）登录网站 xue.bookln.cn，输入书名，搜索到本书后下载。

（3）读者可加入 QQ 群 **329414075**，查看群众公告获取资源下载链接，或与其他读者交流学习心得，作者也会不定期在线解答读者问题。

（4）打开 Git 网地址：https://github.com/bizhibo/bookdemo，也可下载本书源代码。

（5）登录中国水利水电出版社的官方网站：www.waterpub.com.cn/softdown/，找到本书后，根据相关提示下载。

（6）如果在图书写作上有好的建议，可将您的意见或建议发送至邮箱 945694286@qq.com，我们将根据您的意见或建议在后续图书中酌情进行调整，以更方便读者学习。

最后，祝大家学习愉快！

作　者

目录

Contents

NoSQL 基础部分

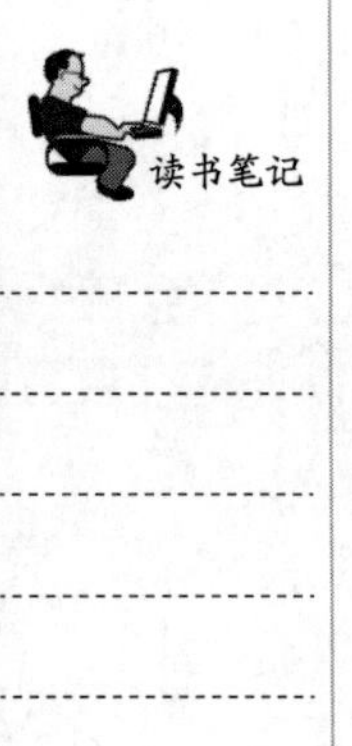
读书笔记

NoSQL 实践部分（电商大数据）

读书笔记

读书笔记

读书笔记

读书笔记

NoSQL 提高部分（电商大数据）

读书笔记

1 NoSQL 基础部分

第 1 章，初识 NoSQL。

第 2 章，TRDB 与 NoSQL 的技术比较。

第 3 章，NoSQL 数据存储模式。

本部分内容为 NoSQL 入门者提供基础知识，方便后续深入的学习。

对于已经具有 NoSQL 初步知识的读者，建议对该部分内容快速浏览一下，部分内容具有进一步了解的意义。该部分一个重要的编排思想，是为读者提供尽可能宽泛的 NoSQL 相关基础知识，同时收集相关的最新知识。

第 1 章 初识 NoSQL

扫一扫，看视频

本章是为从来没有接触过 NoSQL 技术的读者准备的。在 1.1 节里，我们将给出两个在互联网的大数据下使用场景的例子，通过例子读者能明白在大数据下发生了什么事，现有关系型数据库（RDB，Relational Database）已经无法很好地解决相关数据处理问题了，于是新的 NoSQL 数据库技术就出现了，而且能很好地解决大数据的相关问题。如果明白了 NoSQL 的产生根源，那么需要进一步了解它的相关定义，从本质上明白什么是 NoSQL。

在出现 NoSQL 技术后，原先的数据库（DB，Database）[①]概念显然有局限，现有的数据库技术范围不能再局限于关系数据库了，需要从全新的角度了解新的数据库技术范围，方便我们从更高的角度研究和使用它们。

最后，为读者提供 NoSQL 相关学习资源的网址以及一些学习建议。

本章主要内容：

- 了解 NoSQL 产生及发展历程
- 掌握 NoSQL 相关概念，包括 NoSQL 定义、时间单位、存储数据单位、存储模式定义、大数据定义、哈希函数
- 熟悉数据库分类
- 了解本书知识相关学习资料获取方式、学习建议

---

① 百度百科，数据库，http://baike.baidu.com/item/数据库。

1.1　什么是 NoSQL

在正式介绍 NoSQL 之前，先介绍 12306 网上订火车票系统和亚马逊电子商务系统两个大数据实际应用案例。通过第一个案例的介绍，大家能明白在没有采用更好技术的情况下，关系数据库给大家使用带来的麻烦。通过第二个案例的介绍，你将明白 NoSQL 技术的起源。

在了解了 NoSQL 产生的根源和必要性的情况下，我们就需要掌握 NoSQL 相关的技术定义，这里包括了对 NoSQL 本身的定义、时间定义、数据单位定义和大数据定义。

1.1.1　引子

【应用案例 1.1】12306 网上订火车票系统

12306 网上订火车票系统（如图 1.1 所示）是与我们日常出行紧密相关的网上售票服务系统，正式上线于 2011 年 6 月。但是该系统上线前几年，特别是在重大节假日，经常“瘫痪”——不是系统长时间打不开，就是无法成功订购车票，让访问的公众感觉非常不好。

据统计，在 2012 年初的春运高峰期间，每天有 2000 万人访问 12306 网站，日点击量最高达到 14 亿次。大量同时涌入的网络访问造成 12306 系统几近瘫痪。①

2014 年 1 月，“已知：84 亿次——1 月 9 日，‘12306’网站和手机端的总访问量；24 万次——1 月 9 日，该网站的平均每秒点击量……已知：9 日，12306 网站预订票数 879 万张，实际售出 501 万张。”②

显然，集中超负荷的访问量是造成 12306 连年瘫痪的直接原因；而在此期间所采用的国际著名的某大型关系数据库产品，则是造成“瘫痪”现象背后的技术原因之一（一般大型关系型数据库的每秒最大访问并发量在几百次到几万次之间）。

12306 开始几年不良的在线服务表现，凡是在线购买过火车票的人，都会皱眉头——系统太破了！这就是问题，这是一个具有什么样特征的问题呢？

（1）传统大型关系型数据库无法很好地解决问题。

（2）在互联网上的应用。

（3）超大规模集中时间段在线访问和业务处理（订火车票）。

---

① 12306 采用 Pivotal GemFire 分布式解决方案解决尖峰高流量并发问题，http://soft.zdnet.com.cn/software_zone/2013/1230/3007113.shtml。

② 12306 网站购票后台：高峰期每秒点击量 24 万次，http://news.sina.com.cn/c/2014-01-24/185629337893.shtml。

读书笔记

（4）产生的海量数据（大数据）。

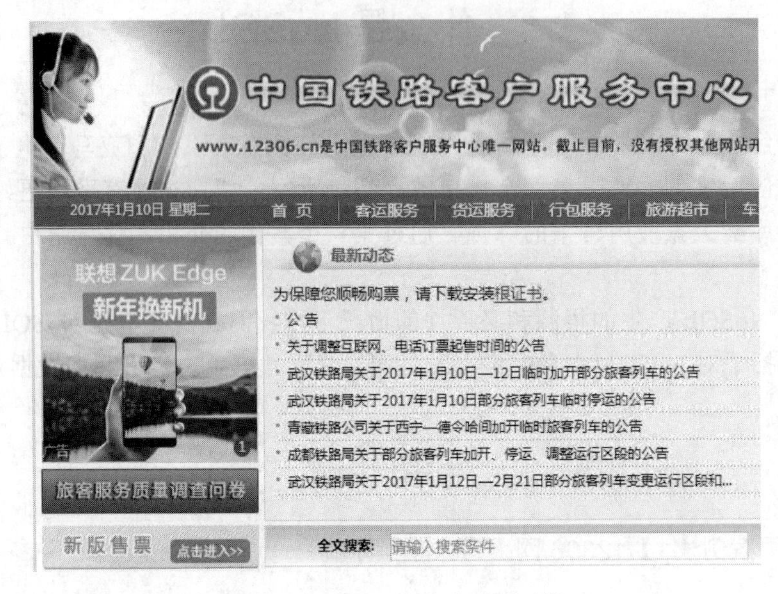

图 1.1　12306 网上订火车票系统

【应用案例 1.2】Hadoop 的产生

2003 年，对大数据来说，是一个值得纪念的时间，因为这一年可以算是大数据萌芽期的开始。当面对以互联网应用为主的庞大数据问题需要解决时，有两个美国人也在考虑数据使用面对的新问题，他们是 Apache Lucene 的创始人——Doug Cutting 和 Mike Cafarella。2002 年，他们成立了 Apache Nutch 项目，通过该项目努力尝试采用新技术解决一个支持 10 亿网页的索引系统，但起初实现并不顺利，直到 2003 年，谷歌发表的一篇论文《The Google File System》，才为他们提供了解决问题的新思路——主要是利用分布式技术[①]解决超大文件存储的理论。

2004 年开始到 2005 年他们搭建了一个由 20 台服务器组成的分布式海量网页数据处理原型，即 Nutch 分布式文件系统（NDFS，Nutch Distributed File System），并实现了平稳运行。

在 Doug Cutting 利用 Hadoop 原型努力尝试解决网站搜索问题的同时，Yahoo!也在为几十亿计的海量网页的抓取、存储、分析而烦恼。

于是，Yahoo!在 2006 年 1 月专门出资支持并聘请 Doug Cutting 解决搜索引擎的问题，Hadoop 项目得到了专门的资金和专业组织队伍的保障，Hadoop 进入了快速发展的阶段。同年 2 月份，该项目正式被命名为 Apache Hadoop（Doug Cutting 的孩子给一只棕色玩具小

---

① 百度百科，分布式技术，http://baike.baidu.com/item/分布式技术。

象起的名字）。

2008 年 10 月，研究集群每天装载 10TB 的数据，上 TB 级的数据排序控制到了一分钟左右。Hadoop 项目在 Yahoo!的实验研究获得了成功，并初步解决了海量数据搜索及存储问题。该年被公认为 Hadoop 技术在实验室的孵化成功年。[①]

这里把Hadoop的诞生过程做个介绍，并不是为了介绍大数据本身，而是要告诉读者，Doug Cutting 也遇到传统关系型数据库无法解决的问题了。他们面对的问题特征是什么呢？

（1）传统大型关系型数据库无法很好地解决问题。

（2）在互联网上的应用。

（3）面对的是海量数据存储及使用问题。

（4）海量数据（大数据）。

这个场景，其实隐含着以下两个重大技术发展思路。

（1）分布式技术应用，既然单机无法满足大数据处理要求了，那么就用很多计算机来同时处理，这是大数据技术的最基本的研发思路，也是本书NoSQL技术的核心技术思路。

（2）伴随 Hadoop 技术一起诞生的 Hbase[②]数据库技术，是 NoSQL 早期经典的数据库产品之一。它们的成功促进了 NoSQL 技术的迅猛发展。

从上述两个场景，我们应该能体会到 NoSQL 是为何而生的。

（1）解决传统关系型数据库无法解决的数据存储及访问问题。

（2）要解决大数据应用问题。

（3）要解决互联网上应用问题。

再进一步，NoSQL 技术主要解决以互联网业务应用为主的大数据应用问题，重点要突出处理速度的响应和海量数据的存储问题。

由此，NoSQL 在速度响应的技术上，可以说做到了“斤斤计较，分秒必争”，数据存储结构的简化、数据并行处理、内存数据处理，甚至数据处理代码的实现等都体现了该思想；在存储上，必须面对大数据的问题，由此分布式储存及应用成了不二的选择。

1.1.2　NoSQL 相关概念

NoSQL 概念出现于 1998 年，发力于 2009 年[③]，而这一年恰好是 Hadoop 技术在互联网上成功应用于大数据处理的爆发年。

大数据问题的出现，催生了新的非关系型数据库技术。因此，我们需要先介绍一下 NoSQL 相关的技术术语，以进一步了解技术特征，同时为本书后面专业术语的应用起到铺

---

① Tom White，Hadoop 权威指南，1.4Hadoop 发展简史。

② Lars George，Hbase 权威指南，第一章简介。

③ MySQL's growing NoSQL problem，http://www.theregister.co.uk/2012/05/25/NoSQL_vs_mysql/。

垫的作用。

1. NoSQL 定义[①]

最新的 NoSQL 官网对 NoSQL 的定义：主体符合非关系型、分布式、开放源码和具有横向扩展能力的下一代数据库。英文名称 NoSQL 本身的意思是“Not not SQL”，意即“不仅仅是 SQL”。

2. 时间单位

在 NoSQL 里经常要用到的一些时间单位为秒（s）、毫秒（ms）、微秒（μs）、纳秒（ns），它们之间的关系为：

1s=10^3ms=10^6μs=10^9ns。

对于上述时间单位，为形象起见，简单举例如下：

（1）在互联网上打开一个网页的速度应该控制在 3 秒以内，不然经常面对打开缓慢的网页，用户的操作感觉就比较差了。

（2）从机械硬盘（HDD，Hard Disk Drive）读或写一次简单数据时间在几毫秒到几十毫秒之间，在代码上对应一条读或写命令。

（3）从固态硬盘（SSD，Solid State Drives）读或写一次简单数据时间在几微秒到几十微秒之间，在代码上对应一条读或写命令。

（4）现有硅晶片下的 CPU 的一条机器指令执行时间在几纳秒到几十纳秒之间。

由此，可以得出一台计算机的物理速度是有极限的，人们通过代码优化执行速度也是有极限的，到达这个极限时，则一台计算机无法再解决更高速度要求的问题了。

3. 存储数据单位

学习计算机的人都接触过计算机存储数据的基本单位，如 Byte、KB、MB、GB 等。但是，在大数据环境下，上述单位明显不够用，需要补充，因此产生了最新的存储数据单位，如表 1.1 所示。

表 1.1　计算机存储数据基本单位

序号	单位	英文、中文名称	换算关系	说明
1	1B	Byte（字节）	1B=8Bit	一个字符，如"a"，为 1B；一个汉字为 2B
2	1KB	Kilo byte（千字节）	1KB=1024B=2^10B	一张 1 英寸的彩色照片从几 KB 到上百 KB
3	1MB	Mega byte（兆字节）	1MB=1024KB=2^20B	一部电影 500MB
4	1GB	Giga byte（吉字节）	1GB=1024MB=2^30B	用车载激光雷达采集三维点云数据，沿高速公路跑，一千米将产生 2～4GB 的数据

① NoSQL 官网，http://NoSQL-database.org/。

续表

序号	单位	英文、中文名称	换算关系	说明
5	1TB	Tera byte（太字节）	1TB=1024GB=2^40B	阿里电商平台 2014 年日增交易数据在 50TB[①]
6	1PB	Peta byte（拍字节）	1PB=1024TB=2^50B	2014 年阿里平台累计的数据超过 100PB
7	1EB	Exa byte（艾字节）	1EB=1024PB=2^60B	2014 年中国数据总量达 909EB，占世界 13%的份额[②]
8	1ZB	Zetta byte（泽字节）	1ZB=1024PB=2^70B	2014 年全世界的数据总量在 6ZB 多，IDC 预计到 2020 年全世界的数据量将超过 40ZB[③]。该级别的数据，可以记录全世界海滩上的沙子数量
9	1YB	Yotta byte（尧字节）	1YB=1024ZB=2^80B	相当于 7000 位人类体内的微细胞总和[④]
10	1BB	Bronto byte（珀字节）	1BB=1024YB=2^90B	该级别的数据，人类对地球事物的所有记录或许还将有可能
11	1NB	Nona byte（诺字节）	1NB=1024BB=2^100B	记录太阳系、银河系、星系团、宇宙级别的庞大数据
12	1DB	Dogga byte（刀字节）	1DB=1024NB=2^110B	
13	1CB	Corydon byte（靠字节）	1CB=1024DB=2^120B	
14	1XB	Xerobyte（日字节）	1XB=1024CB=2^130B	

大数据级别的入门数据单位在 21 世纪前十年公认为 TB 级，随着软硬件性能的提升，目前趋向认为应该达到 PB 级。显然数据处理量超出了传统关系型数据库的能力了，才考虑引入 NoSQL 技术。

4．逻辑模式（Logic Schema）定义[⑤]

逻辑模式也称概念模式，是数据库中全体数据的逻辑结构和特征的描述，是所有用户的公共数据视图。如传统关系数据库里的表（Table）是由行（Row）和列（Column）为基本关系组成的数据存储逻辑模式，其实现是通过 Create 命令来建立的。显然，NoSQL 的数据存储模式会与传统关系数据库有很大差异（详见第 3 章）。

5．大数据（Big Data）定义

Gartner 公司把大数据定义为高速、巨量且（或）多变的数据。所谓高速指数据的生成

---

① 阿里数据到底有多美，http://finance.eastmoney.com/news/1354,20141030440215125.html。

② 大数据时代的中国数据体量，http://news.xinhuanet.com/zgjx/2015-05/29/c_134279818.htm。

③ 2020 年全球数据总量将超 40ZB 大数据落地成焦点，http://net.chinabyte.com/139/12703139.shtml。

④ 百度百科，存储容量，http://baike.baidu.com/view/168524.htm。

⑤ 百度百科，数据库三级模式，http://baike.baidu.com/item/数据库三级模式。

或者变化速度很快；所谓巨量是指数据的规模很大；所谓多变是指数据类型的范围或数据中所含信息的范围非常广泛。[①]

读书笔记

说明

NoSQL 技术的主流应用场景在互联网、大数据，这是主流应用思想；但是在具体的实际学习和实践中一定要注意，不少 NoSQL 技术也适合中小规模的数据处理。唯一选择标准，只要传统关系型数据库不擅长的，就可以考虑 NoSQL 技术。

6．哈希函数（Hash Funcation）[②]

哈希函数又称散列函数，是一种能够把输入值影射为输出字符串的算法。在 NoSQL 数据库领域，相关数据库产品提供产生哈希值的哈希函数。哈希函数产生的哈希值具有唯一性（罕见情况下会产生碰撞问题）。

如 Hash("name:张华")，会产生类似 4b28c82d91e028181f2128392ab9219e 这样的哈希值（十六进制数）。

1.2 数据库分类

数据库最早出现在 20 世纪五六十年代，那时的数据库为网状数据库和层次数据库系统。到了 20 世纪 70 年代才出现了关系数据库，最早的商业关系数据库系统是甲骨文公司的 Oracle 数据库系统。前两种数据库系统已经被淘汰，而关系数据库系统从诞生开始一直流行到现在，并将继续发展。在 21 世纪前 10 年出现了大数据处理问题，并带动了非行式数据库技术的发展，该技术就是 NoSQL 数据库技术。进入 21 世纪第二个 10 年，出现了具有关系型数据库特点和 NoSQL 优点的新的数据库技术——NewSQL[③]数据库。

NewSQL 采用 SQL 标准，也具有关系数据库事务（Transaction）[④]处理等特征，它们都是关系型数据库，那么原先的关系型数据库命名，甚至定义显然就有问题了。为了加以明确区分，便在原先的关系型数据库前加上了“传统”两字，称之为“传统关系型数据库（TRDB，Traditional Relational Database）”[⑤]。

从这里开始，RDB 应该包括了 TRDB、NewSQL 两类数据库。显然，数据库这棵大树

---

① Dan Sullivan，NoSQL 实践指南，爱飞翔译，11.3 节。

② Dan Sullivan，NoSQL 实践指南，爱飞翔译，4.3.1 节。

③ 维基百科，NewSQL，https://en.wikipedia.org/wiki/NewSQL。

④ 百度百科，事务，http://baike.baidu.com/item/事务/5945882。

⑤ 其实严谨一点的相关 NoSQL 书籍已经这么区分了。

已经生出新的大枝桠了。我们可以重新绘制一下这棵数据库分类树，如图 1.2 所示。

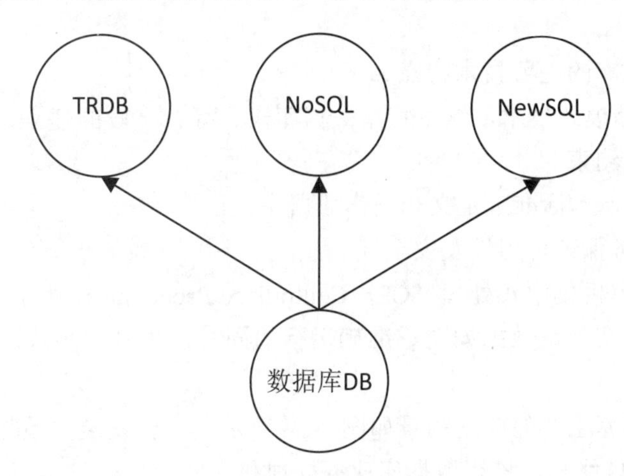

图 1.2　数据库分类树

现有流行的数据库可以分为 TRDB、NoSQL、NewSQL 三大类。本书重点介绍 NoSQL，但是对另外两种数据库技术的简单了解，是非常必要的。

（1）可以突出 NoSQL 技术的特点。

（2）可以了解数据库技术整体发展的趋势。

（3）在学习和项目实施过程中，有利于不同数据库技术的选择和组合。

1.2.1　TRDB 数据库

传统关系型数据库技术，在全球范围内已经流行了约 40 年，从第一款关系型数据库产品 Oracle，到 Access、Foxpro、SQL Server、DBII、Sybase、MySQL 等，都是耳熟能详的产品。目前，高校计算机专业的学生，传统关系型数据库是必修课程之一，也是最熟悉的一类数据库。

传统关系型数据库技术设计初始基于单机集中管理数据理念而进行的，所以受单机（一般指服务器）物理性能的限制。如最大数据存储量及最大数据访问量受硬盘、主板总线、内存、CPU 的硬件最大性能指标所限制。假如单机最大的硬盘存储量为 2TB，那么超过 2TB 的数据就无法在该单机上进行存储了。

另外，传统关系型数据库技术是建立在集中的数据库管理系统（DBMS，Database Management System）上的。也就是通过关系数据库系统处理数据，一般情况下只能在单机范围内实现，横向多机扩充（分布式应用）存在很大困难。

鉴于以上两方面的原因，传统关系型数据库的数据管理规模和访问速度是受到限制的。最大存储容量，直接与硬盘的最大容量限制相关；最大并发数据访问量，在几百到几万次之间，这与 CPU、内存、硬盘的联合的处理性能是紧密相关的，也与传统关系型数据库软件技术相关。

读书笔记

传统关系型数据库的主要技术特点如下。

（1）使用强存储模式技术。这里特指数据库表、行、字段的建立，都需要预先严格定义，并进行相关属性约束。

（2）采用 SQL 技术标准来定义和操作数据库。

（3）采用强事务保证可用性及安全性。

（4）主要采用单机集中式处理（CP，Centralized Processing）[①]方式。

上述技术特点，在保证数据安全、准确运行的同时，也进一步降低了运行速度。详细原因分析见第 2 章。

传统关系型数据库主要的应用场景如图 1.3 所示，一台安装关系数据库的服务器面对几十台、几百台的 PC 终端，进行数据库业务处理和存储。

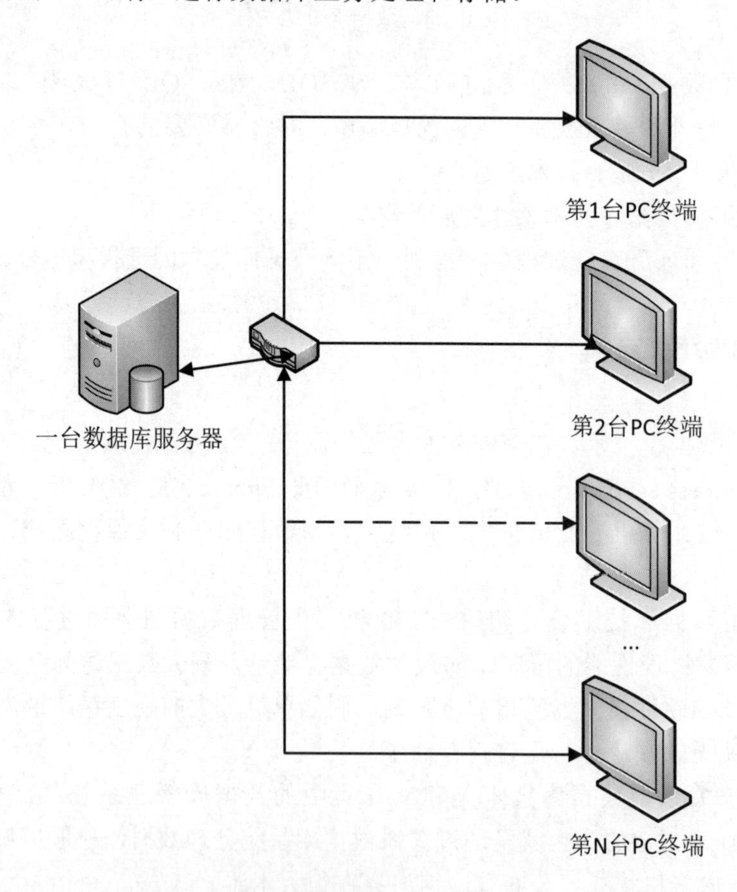

图 1.3　传统关系型数据库的主要应用场景

① 互动百科，集中式处理，http://www.baike.com/wiki/集中式处理&prd=button_doc_entry。

所以，传统关系型数据库技术的产生，没有考虑过大数据下的应用需要，或者在当时的硬件环境下，无法很好地考虑。

传统关系型数据库的设计出发点、技术特点及现在实际市场使用情况，决定了它的主要使用范围以政府、企业内部业务数据应用为主。在大数据环境下的直接使用，存在速度、存储、数据多样性[①]等方面的技术瓶颈。

1.2.2　NoSQL 数据库

由于大数据问题的出现，催生了NoSQL技术，并在短短的十余年内得到了迅猛发展。该技术的出现，弥补了传统关系型数据库的技术缺陷——尤其在速度、存储量及多样化结构数据的处理问题上。到目前为止，NoSQL 官网上公布的 NoSQL 技术产品已经达到了 15 类 225 种以上。从数据存储结构原理的角度，一般将NoSQL数据库分为键值存储、文档存储、列族存储、图存储、其他存储 5 种模式，如图 1.4[②]所示。上述存储模式的详细技术原理见第 3 章。

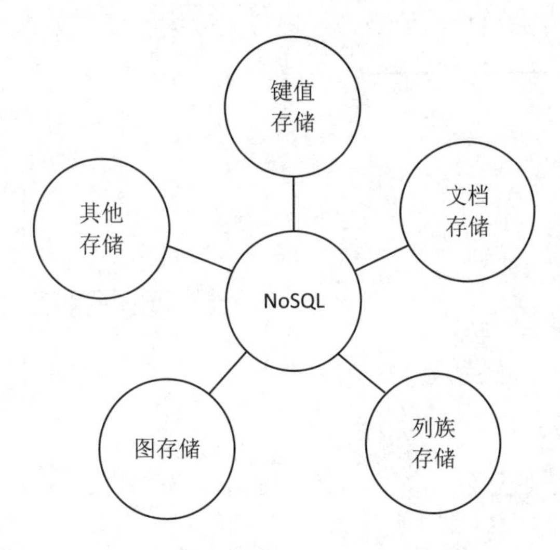

图 1.4　NoSQL 数据库 5 种存储模式

NoSQL 数据库的主要技术特点有以下几种。

（1）使用弱存储模式技术。

从第 3 章开始，读者会发现传统关系型数据库里的表结构强制定义、数据存入类型的强制检查等技术内容将不复存在，也就是NoSQL大大简化了对该方面的约束要求，那么同样插入一条数据，NoSQL 数据库的处理速度自然比传统关系型数据库要快了。

---

① 不但要处理结构化数据，还需要处理半结构化、非结构化数据。

② NoSQL 数据存储类型，目前最流行的是前 4 种，本书把其他 NoSQL 技术统一归入其他存储类。

读书笔记

（2）没有采用 SQL 技术标准来定义和操作数据库。

到目前为止，NoSQL 没有采用类似 SQL 技术标准的统一操作语言来处理数据。NoSQL 技术在处理数据方面，也处于百花齐放的状态。这有利于不同特点的 NoSQL 技术的创新，但是也带来了可移植性问题，没有统一的数据库访问标准，也就意味着不同的 NoSQL 数据库产品在项目上无法很好地进行技术移植。

如 SQL 标准下的一条 insert into 语句，在不同传统关系型数据库产品之间可以无缝对接，理论上无需进行代码调整，而 NoSQL 目前是做不到的。

（3）采用弱事务保证数据可用性及安全性或根本没有事务处理机制。

（4）主要采用多机分布式处理（DP，Distributed Processing）[①]方式。

NoSQL 数据库典型应用场景如图 1.5 所示，在机房至少是多台服务器进行集群（Cluster）[②]组网，然后由 NoSQL 在其上进行分布式数据处理，把大数据处理结果存放到不同服务器的硬盘上。在商业级别的集群方案中，甚至需要考虑多集群的技术方案，主要是为了提高数据的安全性和访问性能。NoSQL 主要服务对象为海量互联网用户，随着技术的发展，应用领域的拓展，也在朝专业应用发展，如石油大数据的专业分析，该领域主要面对科学家这样的少量专业用户，但是需要进行大数据存储和处理。

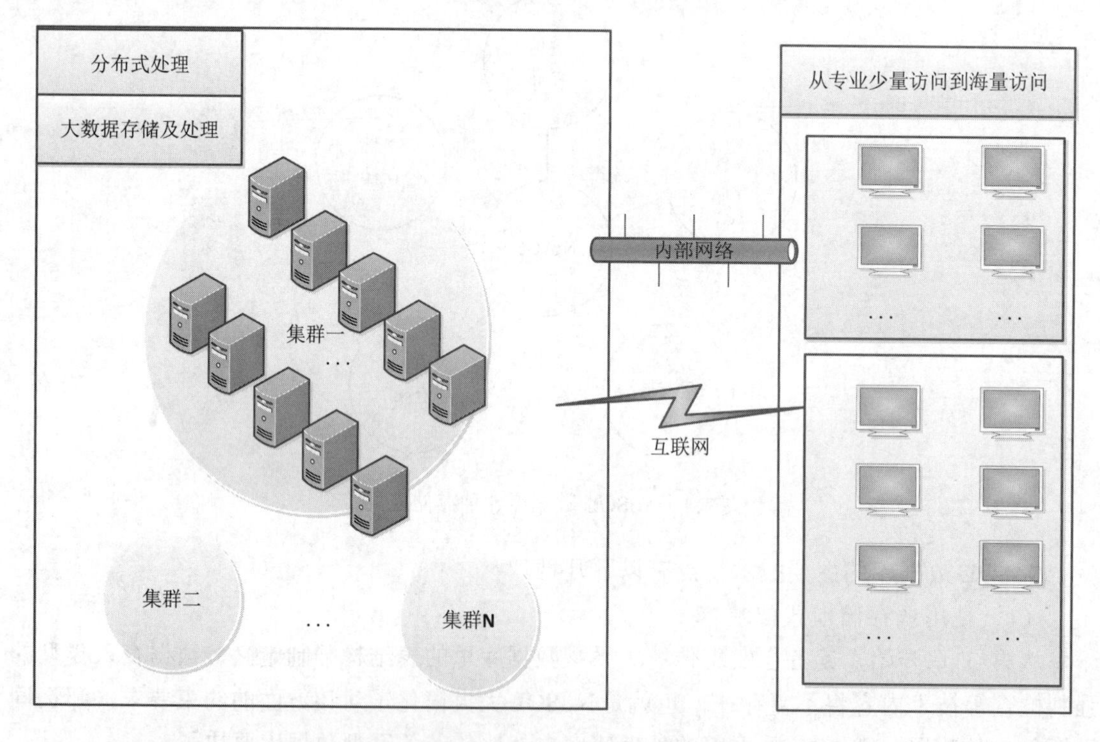

图 1.5　NoSQL 数据库典型应用场景

① 百度百科，分布式处理，http://baike.baidu.com/item/分布式处理。

② 百度百科，集群技术，http://baike.baidu.com/item/集群技术。

读书笔记

NoSQL 技术是为大数据的应用而研发的，是基于互联网上大数据应用而产生的新的一类数据库技术，这是NoSQL技术的主要应用场景特征。但是，在具体的技术方案选择和应用上，应该具有更广泛的应用思路。只要传统关系数据库应用存在问题的地方，都可以考虑是否选择 NoSQL 的相关技术产品进行弥补。

最近热门的 NoSQL 数据库产品包括了 MongoDB、Cassandra、Redis、Hbase 等[①]。

集群，指一堆服务器连在一起，属于物理上的集中连接概念。
分布式，则是软件在集群服务器上进行的一种处理方式，是基于软件系统上的概念。

1.2.3　NewSQL 数据库

NewSQL 是最近几年才出现的一种新的数据库技术。其出现的目的是为了结合传统关系型数据库与NoSQL数据库技术的优点，实现在大数据环境下的数据存储和处理。从上述这句话可以看出 NewSQL 数据库设计者既要实现 NoSQL 技术快速、有效的大数据处理能力，又要实现传统关系数据库的 SQL、事务处理等的优势。

为此，网上不同数据库类型的支持者，开始不断争论，都认为对方的技术有问题了，甚至会被淘汰。这让人想到了船、飞机与水上飞机的关系，它们都是交通工具。船是最古老的一种交通工具，虽然目前不是其最旺盛的应用年代，但是现实世界还是离不开它；飞机是 20 世纪初发明的新的交通工具，它的出现让我们远距离到达更加便捷；水上飞机出现结合了前两者的特点，既可以在水上开，又可以在天上飞，但是似乎并没有把船和飞机给淘汰了。它们三者应用领域各有侧重，充分结合了它们各自的优点，在兢兢业业地为人们服务。TRDB、NoSQL、NewSQL，应该也具有这样的和谐共处的关系。你们没有发现它们与船、飞机、水上飞机之间的相似处么？

最近热门的 NewSQL 数据库产品包括了 PostgreSQL、SequoiaDB（国产）、SAP HANA、MariaDB、VoltDB、Clustrix 等。

1.3　学 习 帮 助

学习 NoSQL 技术，除了书本和老师外，还有一位重要的老师千万别忘了，那就是互联网。

---

① DB-Engines：全球数据库排名，http://db-engines.com/en/ranking。

1.3.1 学习资料

在知识大爆炸的年代，要通过一本书解决所有问题是不可能的。读者在建立NoSQL基本知识结构的基础上，应该借助各种学习机会，提高自己的知识层次。其实互联网是当今世界上最好的老师之一了，尤其在 IT 领域。

1. NoSQL 各种技术综合网站

http://nosql-database.org/，NoSQL 官网，可以了解所有已经公布的 NoSQL 数据库情况，英文。

http://bbs.chinaunix.net/forum-292-1.html，ChinaUnix，中文。

http://bbs.csdn.net/home，csdn 论坛，中文。

http://www.oschina.net/question/tag/NoSQL，开源中国社区，中文。

http://bbs.51cto.com/forumdisplay.php?fid=341，51CTO 技术论坛，中文。

综合网站上包含了各种NoSQL数据库技术专题，读者可以根据自身需要去寻找对应的内容，并进行在线交流。

2. NoSQL 各种源代码下载及学习地址

https://www.mongodb.com/，Mongodb 官网，英文。

http://www.mongoing.com/，MongdoDB 中文社区。

https://redis.io/，Redis 英文官网。

http://www.redis.cn/，Redis 中文官网。

http://cassandra.apache.org/，Cassandra 官网，英文。

http://hbase.apache.org/，Hbase 官网，英文。

要学好一款NoSQL数据库产品，找到对应的技术支持官网非常重要。这意味着读者可以与世界最顶尖的技术大牛进行直接交流，并可以获取最新的代码资料。

1.3.2 学习建议

（1）对于书上所出现的专业术语，必须熟悉。本书所指专业术语都采用中英文来表现，如数据库（DB，Database）。

（2）阅读过程，发现脚注内容，是做补充说明或正式引用之用。

（3）对于学生，每章的练习及实验必须做。

（4）若要掌握本书核心内容，必须利用计算机进行代码实践。

（5）本书的写作目的是 NoSQL 入门，并掌握两种重要 NoSQL 数据库的使用要点，若要继续深造，必须借助互联网或者专业书籍或者专业导师的指导，进行深入学习。

1.4　小　　结

作为 NoSQL 入门知识，对 DB、RDB、TRDB、NoSQL、NewSQL 的含义必须清楚，并能正确区分。

要想成为 NoSQL 高手，必须在本书的基础上进行技术拓展，多使用 1.3.1 节学习资料内容是必须的。

TRDB、NoSQL、NewSQL 它们本身的技术也在不断地进步和更新，以进一步弥补各自的缺陷。最近发展的趋势它们三者都有互相融合的情况，即 TRDB 数据库技术在吸收 NoSQL 技术，NoSQL 技术在吸收 SQL、事务等技术，NewSQL 与 NoSQL 的界限也在不断地被打破。

所以，选择一款能解决实际问题的、足够好的NoSQL数据库产品；或者综合几款不同类型的数据库，实现综合数据库解决方案，才是本书读者必须认真考虑的内容。一切尽在合理地选择！

1.5　练　　习

一、基本知识

1．写出 DB、RDB、DBMS、TRDB、NoSQL、NewSQL、SSD、NDFS 的中文名称、英文全称及简称。

2．写出计算机存储数据单位前 10 个单位的英文简称。

3．写出秒、毫秒、微秒、纳秒之间的换算关系。

4．模式在数据库中指的是什么？

二、综合应用

1．简述 TRDB 与 NoSQL 的技术特点区别。

2．简述 NoSQL 与 NewSQL 的主要区别。

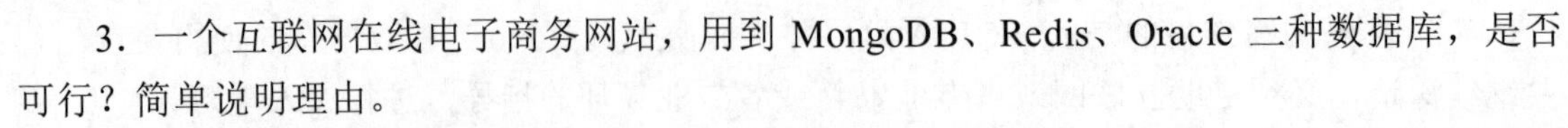

读书笔记

3．一个互联网在线电子商务网站，用到 MongoDB、Redis、Oracle 三种数据库，是否可行？简单说明理由。

4．NoSQL 技术诞生的最初出发点是为了解决什么问题？

5．要学好 NoSQL 技术，至少有哪三种途径？

6．分布式与集中式技术在物理上的核心区别是什么？

第 2 章

TRDB 与 NoSQL 的技术比较

从 TRDB 到 NoSQL，到底发生了什么事情？为什么 TRDB 无法解决相关数据问题，而 NoSQL 可起弥补作用？我们需要从硬件和软件两个角度深入了解，只有掌握了它们的基础原理，发现了它们的运行特点，才能更好地选择技术解决方案，甚至可以影响代码的选择质量。最主要核心问题，还是需要解决大数据下的速度和存储问题。

扫一扫，看视频

本章主要内容：

- 了解单机的使用局限性
- 了解服务器纵向、横向两种扩充方式
- 了解以行为单位的数据存储方式与非行数据存储在性能上的区别
- 熟悉分布式软件技术原理
- 熟悉事务 ACID、BASE 的基本组成及概念
- 了解 SQL 的发展情况
- 了解分析技术在 NoSQL 所带来的优势

2.1 硬件运行原理

无论是 TRDB 还是 NoSQL 都是基于硬件环境而运行的，单机物理运行指标的最大限度，决定了数据库系统所能发挥的各种性能，如最大存储量、最大 I/O 吞吐量和最大计算量。在各种物理限制情况下，人们想到了对单机进行升级（纵向扩展），也想到了采用多机集群扩展（横向扩展），因此，也引发了数据库软件从集中式处理到分布式处理的发展过程。

2.1.1 单机的局限性

以前学《微机原理》时，总感觉该课程是为学硬件方面的人准备的，甚至认为是修习计算机的人必备的专业知识，似乎与软件的关系不是很紧密。在大数据环境下，在对速度斤斤计较的今天，我们才感觉到它的重要性，有必要把《微机原理》的一些东西重新审视一下，看看它们到底如何影响数据库的执行速度和存储量的，也会让我们明白在大数据环境下选择不同代码命令的重要性。

1．单机读、写数据的速度瓶颈问题

（1）数据读写速度受单机不同硬件配置组合的影响

学过《微机原理》的人都知道，一台计算机读写数据的整体速度与硬盘、主板、内存、CPU，甚至网卡是紧密相关的。无论哪个处理环节性能出问题了，都会导致计算机整体读写性能出问题。

如早期的服务器，只有单核CPU，那么数据计算量超过CPU最大运算量时，系统会显得“卡”，甚至软件会产生假死现象（PC 终端无法操作软件界面，没有反应）。在进入 21 世纪的第二个10年后，多核、多独立CPU，加上高性能内存，解决了大多数常见数据应用问题，使软件系统操作起来非常流畅。但是，在大数据环境下，计算机的操作响应速度，还是存在物理极限性的。因为一台电脑它的主板可支持 CPU、内存、硬盘插槽是有限的，在单机上不可能无限扩充。

（2）机械硬盘是影响数据读写速度的一个重要短板

另外一个重要问题，需要引起大数据技术实践者重视，那就是机械硬盘的读写速度，这几十年来一直没有大的进步。跟读写速度紧密相关的机械硬盘转速，在笔记本上一般是 5 400r/min，普通家用计算机一般是 7 200r/min，专业服务器上一般是 10 000r/min（甚至 15 000r/min）。虽然机械硬盘转速的提高可以缩短硬盘读写数据的速度，但是随着转速的提高，带来了温度升高、电机主轴磨损加大、工作噪声增大等负面影响，硬盘设计师必须

把这些负面影响控制在一个合理的范围之内，不然硬盘寿命将大幅降低，或者噪声会让人无法忍受，这就是机械硬盘物理极限的表现之一。建立在硬盘直接读写基础上的传统数据库系统的速度表现，受单机机械硬盘的影响最为直接。图 2.1 所示为机械硬盘外形。

读书笔记

图 2.1　机械硬盘外形

2．单机存储数据量的有限问题

单机数据的存储量是由硬盘的容量决定的。单硬盘的存储容量发展过程如表 2.1 所示。

表 2.1　单硬盘存储数据容量

时间	1956 年	1980 年	1991 年	2007 年	2015 年	…
硬盘容量	5MB	5MB	1GB	1TB	10TB	…
说明	体积：冰箱那么大	体积：5.25 英寸	体积：3.5 英寸	体积：3.5 英寸	体积：3.5 英寸	…

一台计算机的数据最大存储量是受主板硬盘插槽限制的（不考虑磁盘阵列等情况）。由此可以肯定，假如已经购买了一台 PC 服务器，那么它的最大数据存储量是确定的，不可能无限扩展。这也决定了数据库系统在单机模式下，数据管理所能达到的最大极限。

3．单机指令之间速度的细微区别

所有计算机的最底层指令是由“1”和“0”组成的机器指令构成的，它包括了操作码和操作数两部分内容。如“0000,0000,000000010000”代表“把数据 16 装入 A 缓存器”；但是这样的指令太抽象，不容易学习，于是发明了用助记符的汇编语言，如“MOV AX，1200H”代表“把数据 1200H 存入 AX 寄存器”；但是汇编还是不容易学习，于是人们又发明了 Fortran、C 等高级语言；在代码规模变得庞大后，人们又发明了面向对象的语言，如 C++、Java、C#等。

从上面介绍信息，大数据编程者要注意以下两点内容。

（1）越底层的语言，越接近机器指令，执行速度越快。

因为语言越高级，需要通过语言编译器转化成机器语言的时间越长。因为高级语言都是用低级语言开发而成的，如 C++来源于 C。

那么引申到 TRDB 和 NoSQL，同样的一句插入语句，TRDB 的 Insert 命令，会执行更多的底层指令，目的是确保数据的更多考虑要求，如一条记录内容的完整性、结构字段类型的正确性等。而 NoSQL 的设计过程显然要简化 Insert 的执行过程，这也是 NoSQL 没有统一 SQL 标准的原因之一。

（2）同种语言的不同代码命令，是有速度差异的。

尤其是涉及数据转换的代码命令。如数字型的，最快的应该用二进制型的数据类型，其次应该用整型，再次用字符型。如 C 语言里的整型应该定义为 int a=6，而不应该定义为 char b='6'，因此，字符型数字和整型数字进行计算前，先要进行字符型数字转换，如 a=a+(int)b，这样显然增加了命令的转换环节，就增加了命令的执行时间。

类似功能的编程语言命令，合理的选择非常重要，尤其在时间上斤斤计较的 NoSQL 应用场景。

（1）读者后续学习 MongoDB、Redis 过程，必须要有这样的细微区别的意识。它决定了你所开发完成的大数据处理系统效率的高低，甚至会影响到硬件的寿命——决非危言耸听，假如你用了 SSD!

（2）这里隐含着 NoSQL 技术的“由繁入简”的设计思路。

4．安全性问题

在商业运行环境下，统一存储在一台计算机上的数据，显然不如多机备份那么安全。当仅有的一台计算机出了故障，至少存在硬盘里的数据是无法继续被使用了，甚至会发生数据永久被破坏那样糟糕的事情。这是在大数据环境下必须要解决的问题。

2.1.2 服务器的纵横扩充

当单机的诸多局限出现后，人们为了解决数据处理问题，在两个方向上做了很大的努力：一个是基于服务器本身的功能挖掘，即所谓的纵向扩充；另外一个是基于多服务器的横向扩充。

1．纵向扩充

纵向扩充主要从物理高配置扩充和基于内存处理的两个方面着手。

（1）物理高配置扩充

显然，PC 服务器的物理扩充是有其很大局限性的，于是人们转向小型机，甚至大型机，如图 2.2 所示。虽然也是单机系统，但是所带来的另外一个不良后果是成本非常昂贵，不是一般 IT 客户能消费得起的。这个问题，也是 NoSQL 技术研发需要避免的一个问题。

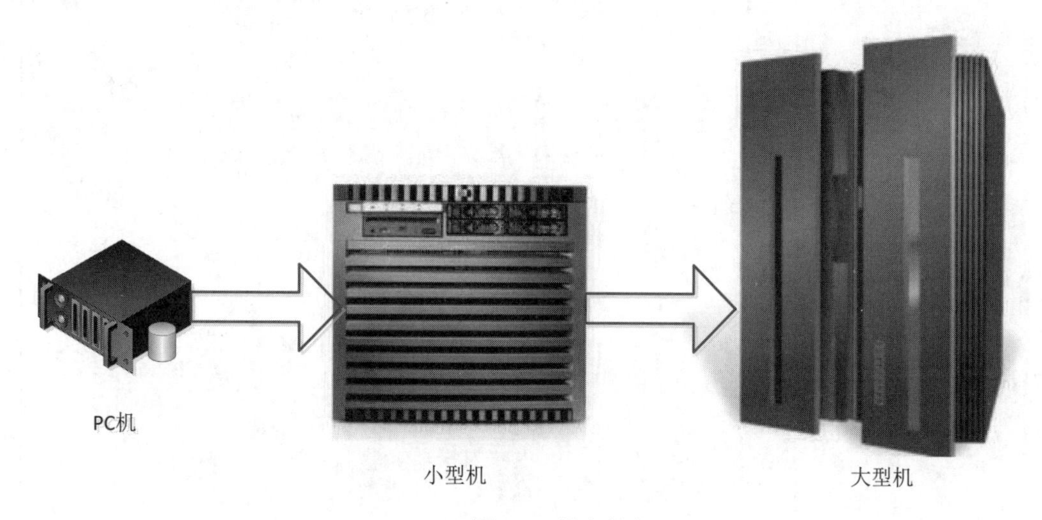

图 2.2　纵向扩充

（2）基于内存的处理

人们在研究 TRDB 的过程中，发现基于硬盘读写数据，速度提升是有限的。而进入 21 世纪后内存技术的快速发展——主要包括内存容量和存取速度的极大变化，引起了人们的注意。那么能否直接借助内存性能，实现基于内存的数据处理呢？于是基于内存高效数据处理的 NoSQL 数据库技术诞生了，如 Redis、FastDB、Memcached 等。该方面的产品在基于内存处理数据时，可以提供快于 TRDB 几十倍甚至几百倍的数据处理能力。但是，单服务器的内存最大容量还是受限制，我们希望能突破这个极限。

2．横向扩充

显然，单服务器的物理及成本局限性导致数据处理能力受限。于是，人们把目光转向了多服务器。2003 年，Hadoop 之父 Doug Cutting 等人在研发 Hadoop 技术时，就采用了多服务器分布式处理方法；而且 Hadoop 技术在研发阶段，就明确提出要利用大量廉价的 PC 服务器实现大数据处理。事实证明他们成功了，这也成了诸多 NoSQL 技术所追求的一个公共实现目标。第 1 章里“12306 网上订火车票系统”最后的改造，从小型机到大内存 X86 服务器集群，不仅让性能提升了一个数量级，而且成本也要低得多[①]，也是个非常成功的

[①] 12306 采用 Pivotal GemFire 分布式解决方案解决尖峰高流量并发问题。

例子。横向扩充如图 2.3 所示。NoSQL 技术的应用，使普通 IT 客户采用大量廉价的 PC 服务器来处理大数据成为了可能。

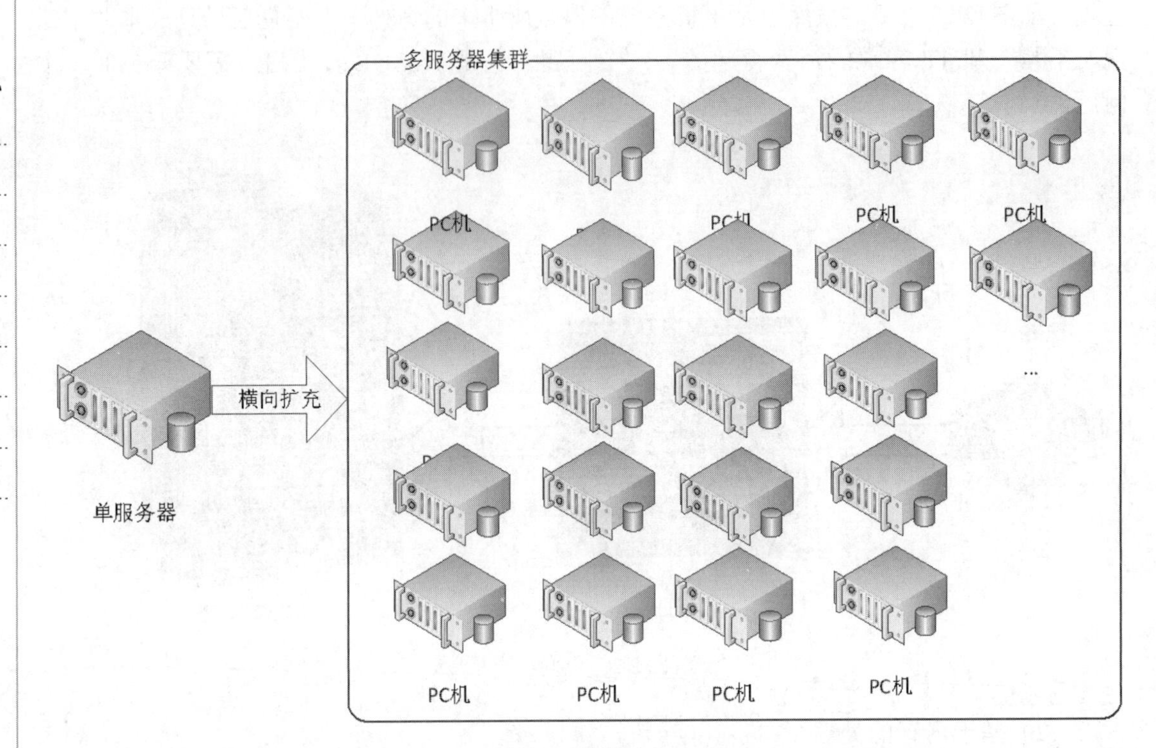

图 2.3　横向扩充

这里可以想象一下，当 Doug Cutting 等人要面对 10 亿页计的网页存储量时，假设一页平均大小为 200KB[①]，那么总容量为 10 亿×200KB≈186TB，这在当时，是无法在一台 PC 服务器里存储这么大量的数据的（现在也有困难）。那么把它们分别存储到足够多的服务器里，存储问题解决起来就容易多了。

另外一个问题是速度的问题，假设这 186TB 的数据能存储在一台服务器上，机械硬盘的最大读取速度为 150MB/s，把这些数据读到内存里需要花的时间约为 15 天（186TB÷150MB/s），这样的处理速度是无法忍受的。如果我们把它们放到 40 台服务器上（每台服务器自带 5TB 的硬盘），然后执行分布式命令，要求同时把这些数据读到各自的内存里（要求内存容量足够大），所有硬盘的最大读取速度还是 150MB/s。在并行处理的情况下，我们只需要计算一台服务器的读取时间即可，最后计算读取时间约为 9 小时（186TB÷40÷150MB/s）。如果 Doug Cutting 等人把数据读出来后，是进行后台分析用的，那么 9 小时是可以忍受的，第二天就可以得到他们想要的读取结果。

① 接近于 2005 年时的使用情况的假设，现在网页平均大小已经超过了 1MB。

（1）多服务器集群是 NoSQL 处理大数据的物理基础架构；
（2）从这里读者应该要学会粗略的存储量及速度性能估算。

2.2　软件实现技术比较

NoSQL 是为了弥补传统关系型数据库技术的不足而产生的一种新的数据库技术。能正确区分 TRDB 与 NoSQL 技术的不同特点，无论是深入理解 NoSQL 的设计和执行原理还是进行不同数据库技术选择，都是非常有必要的。先让我们了解一下它们的主要技术区别。

（1）数据库数据存储模式不一样，TRDB 为强数据存储模式，NoSQL 为弱数据存储模式。

（2）分布式技术是 NoSQL 的核心技术思路，而 TRDB 以集中部署一台物理机为最初出发点。

（3）TRDB 的事物严格遵循 ACID 原则，而 NoSQL 主体遵循 Base 原则。

（4）TRDB 都遵循 SQL 操作标准，NoSQL 没有统一的操作标准。

（5）TRDB 基于单机的硬盘数据处理技术为主，NoSQL 基于分布式的或者内存数据处理技术为主。

NoSQL 在数据库软件功能上遵循“由繁入简”的设计思想。

2.2.1　数据存储结构更加简单

在接触过 NoSQL 的不同数据库产品后，第一个印象是 TRDB 的数据存储结构及约束复杂，NoSQL 数据库产品的数据存储结构相对简单且约束非常少。

在 TRDB 中表结构的定义非常严谨，一张二维表由行组成，行由不同的字段组成，不同字段由不同的数据类型构成，每个字段具有明确的值范围，并要对插入的数据（值）进行约束。在数据读写时，都以行为基本单位，从硬盘里进行读写操作。

为了进一步说明 TRDB 与 NoSQL 的数据存储结构的差异，下面来看一个实例。表 2.2 所示为某电子商务网站每天图书销售记录表（用于财务核算）。

读书笔记

列名

表 2.2　销售记录表

一行

图书编号	图书名称	数量	售价	销售时间	销售店 ID 号	ISBN
12083430	Node.js 硬实战	2	93	20170116	2010040	9787121304026
12067698	Python 高级编程	1	47	20170116	2010041	9787302452850
…	…	…	…	…	…	…

一列

图书销售记录信息无论是呈现在用户面前，还是储存在数据库里，都会体现如表 2.2 所示的关系。TRDB 事先会对该表结构进行严格定义（严格的字段定义及数据类型约束），存储在硬盘中的数据也以行为单位进行管理。

而在 NoSQL 数据库产品里，看不到严格的数据类型定义，也看不到数据范围等约束要求。在实际读写操作时，操作动作会更加简单，读过程不会强制读取“一行”数据，绝大多数情况下，读取的内容会比 TRDB 的一行数据少。同样的查找，通过表 2.2 用 SQL 语句查找《Python 高级编程》书名时，它会一次性读取“12067698 Python 高级编程 1 47 20170116 2010041 9787302452850”整条记录到内存；而 NoSQL 数据库则只会读取“Python 高级编程”到内存，速度自然会更快。

另外，类似表 2.2 所示行关系类型的二维表业务应用，不是 NoSQL 数据库应用擅长的地方。可以仔细想一想，什么样的商业业务会导致某一类的商品销售记录表存储达到 TB 级？几乎不可能！——即使可能，也允许人们通过数据整理，合理转移或以备档方式解决大数据的问题。所以，这样的业务数据还是交给 TRDB 处理比较合适。

NoSQL 对数据存储的弱强制性特点提醒读者，在具体的基于 NoSQL 程序开发时，只能通过业务层代码的逻辑控制来约束数据。如只想处理书的价格，那么在输入时，通过业务代码进行输入类型检查，避免输入非价格方面的值。

这时的读者肯定会感到好奇，NoSQL 的数据存储结构到底怎么样呢？详见第 3 章 NoSQL 数据存储模式。

2.2.2　引入分布式技术架构

在硬件往多服务器集群方向发展时，同步 NoSQL 的软件发展，必须考虑分布式处理。

"横向扩展性""分布式"本身就是 NoSQL 定义里的核心内容。

分布式处理，就是NoSQL数据库在面对多台服务器的情况下，要保证大数据的顺利处理，不出错。这要求 NoSQL 在软件层面上解决一些问题。

1. NoSQL 数据库能分布式管理不同服务器里的数据

1）建立基本的通信服务架构

在 TRDB 集中式的技术架构下，对单机的数据进行管理是很成熟的，也很方便，数据读写都是基于本机范围内的硬盘，数据计算也可以在本机 CPU 和内存上实现。而在分布式处理环境下，NoSQL 必须实现对所有服务器上的数据进行处理。由此，发布管理命令的服务器与其他服务器之间必须建立可靠的通信通道，以保证命令和数据的正确传输。不少 NoSQL 数据库系统建立了基于主（Master）/从（Slave）服务的分布式软件系统，如 Hbase、MongoDB、Redis，如图 2.4 所示。

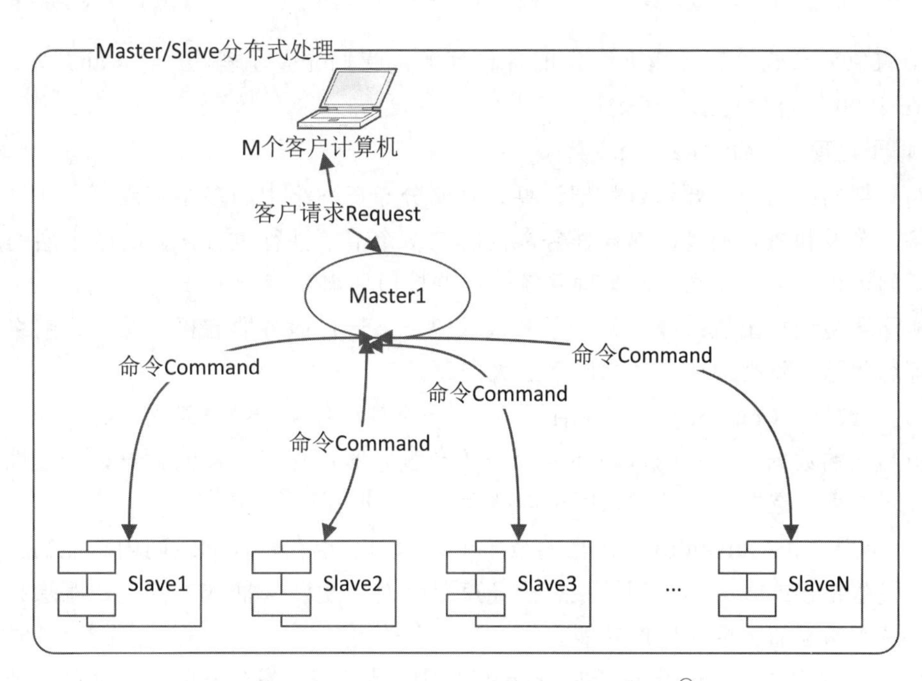

图 2.4　Master/Slave 分布式处理技术架构[①]

这里的一个 Master 或一个 Slave 都基于一台服务器进行运行，每台服务器都是一个物理节点（Node）。

Master 主要承担客户请求处理、给不同 Slave 分配数据处理任务、并负责所有 Slave 的协调一致等任务，如 Slave 注册服务。

① 该图所示 Master/Slave 分布式处理技术架构是最原始的一种模型，实际商业环境下会更复杂。

Slave 主要负责接收传送到本地的数据、数据的存储和计算过程，并把结果返回给调用者。

通过 Master 和 Slave 的互动，NoSQL 数据库的分布式处理才得以实现。其优点是一款分布式的NoSQL数据库产品，已经实现了底层功能，从事大数据代码开发的程序员只需要使用相关的功能进行开发即可；缺点是在分布式数据处理模式下，会产生更多的问题，需要程序员更加谨慎地统筹考虑。

说明

（1）Master、Slave 都是通过软件来实现的，是 NoSQL 数据库软件的一部分，独立运行于各个服务器上。

（2）理解了这部分内容，有利于程序员的 NoSQL 产品的部署、代码开发的调试，以及运行时性能的检测。

为了避免分布式处理环境下产生的各种问题，我们先要了解帽子（Cap）定理。Eric Brewer 在 2000 年首次提出帽子定理。

2）帽子定理（CAP Theorem）[①]

分布式架构的一个重要特点是把计算、存储分布在网络中的多个节点上，通过软件来控制任务的分发和执行调度，这样任务能同时在多个节点并行执行，同时给上层的应用提供一个访问远程节点（如同访问本地系统一样的接口环境）。

当网络环境一旦出现故障，某一条网线松脱、某一台服务器宕机、某一条网络链路出现严重拥堵问题，就必须认真考虑以下三大问题。

（1）一致性（Consistency），指的是在同一时刻，任何一个终端客户在每个节点都能读到最新写入的数据；这里的核心要求至少两台服务器保存着一样的数据，一致性从客户角度是针对“读（选择）”。可以简单理解为同步数据**复制**[②]功能。

（2）可用性（Availability），指的是一个运行的节点在合理的时间内总能响应更新请求，不会发生错误或超时；可用性从客户角度是针对“更新（插入、修改、删除）”，可以简单理解为满足随时**更新**操作功能。

（3）分区容错性（Partition Tolerance），指的是当网络发生故障时，系统仍能继续保持响应客户读请求的能力。可以简单理解为满足随时**读**有效数据功能。

从上述三个特性可以看出，它们都是基于网络故障的前提下，客户角度的使用要求的满足。可以简单理解为在出现故障的情况下，复制、更新、读数据的三者的合理平衡问题。这些问题在集中式系统中都不是问题，但在分布式系统中则成为最大的挑战。

① 分布式系统架构回顾，https://sanwen8.cn/p/Qe0GHc.html。

② 多机复制，目的是为了解决分布式模式下数据的安全问题，对数据起备份作用。

帽子定理被证明在分布式处理情况下，发生故障节点，三种期望属性最多只能满足两个。

【应用案例2.1】CAP故障模式下的3种情况

假设，Slave1节点服务器、Slave2节点服务器，都存储一样的数据，如商品基本信息——商品名称、规格、数量、单价，其中Slave2若发生故障。

当一个客户继续提交新的商品信息时，若要保证一致性，那么就要拒绝该更新操作，会导致无法满足可用性；若要满足可用性，继续写入Slave1时，则无法满足一致性问题；当一个客户要读取信息时，若允许只能读取Slave1信息，满足了分区容错性和可用性，但是无法保证一致性。

帽子定理提出的问题及大数据问题，要求NoSQL数据库在分布式处理情况下，要具有更好的**可伸缩性**。当计算和存储量不够时，可以灵活配合服务器进行功能扩充；当服务器等硬件出问题时，可以方便地更换硬件，排队故障，而不影响NoSQL提供对外服务。

2．具备完整的出错自适应功能

从帽子定理可以确定，网络系统出问题不可避免。只有当网络出问题了，让NoSQL数据库具有出错自适应功能，快速解决问题，才是我们需要认真考虑的问题。

如果图2.4所示的Master服务器出现了故障，需要替换，怎么办？好的NoSQL数据库产品，应该提供相应的快速切换功能。在业务系统设计时，必须考虑Master备份机制，当正在使用的Master出现致命故障时，能快速切换到备份Master。这对像阿里巴巴这样的电子商务系统而言是非常重要的。谁也承担不起几个小时甚至几天时间的耽搁。

3．具备分布式性能监管功能

对分布式应用下的系统性能进行监控和管理，是一个重要问题。想一想在几千台甚至几万台服务器规模的情况下，某一台服务器宕机了，某一块硬盘坏掉了，某部分硬盘空间不够了，某一链路经常发生拥堵，某一子集群配置需要统一更新。每一件事情的处理，在人工模式下，都是一件非常头疼的事情。于是采用分布式软件系统进行辅助管理，就显得非常重要了。在NoSQL应用过程中，该问题必须认真考虑。做到问题提早发现，及时解决。

CAP定理虽然偏向于网络物理结构问题的考虑，但是对大数据架构师、系统维护师而言，是必须重视的。

读书笔记

2.2.3 事务

1. ACID：原子性（A）、一致性（C）、隔离性（I）、持久性（D）

TRDB 在具体数据处理过程中，经常需要用到事务（Transaction）处理功能，目的为了保证数据处理的原子性、一致性、隔离性、持久性。这四个属性通常称为 ACID 特性。

（1）原子性（Atomicity）。一个事务是一个不可分割的工作单位，事务中包括的许多操作要么都做，要么都不做。

（2）一致性（Consistency）。事务必须是使数据库从一个一致性状态变到另一个一致性状态。一致性与原子性是密切相关的。

（3）隔离性（Isolation）。一个事务的执行不能被其他事务干扰。即一个事务内部的操作及使用的数据对并发的其他事务是隔离的，并发执行的各个事务之间不能互相干扰。

（4）持久性（Durability）。持久性也称永久性（Permanence），指一个事务一旦提交，它对数据库中数据的改变就应该是永久性的。接下来的其他操作或故障不应该对其有任何影响。

从事过 TRDB 开发的 IT 人员，应该可以从下列事务处理代码，深入地体会事务的作用。

```
Begin Transaction                               //开始启动事务
  Try{
    Insert into 订单表 value(103030,"Redis In Action",69,2017-1-19);
    //插入一条消费订单记录
    Update 商品销售表 set Amount=Amount-1 where iNameID=103030;
                                                //在商品销售表里减去一条对应的销售数量
     Commit Transaction                         //正式提交事务
     print '提交成功'
    } catch(Exception e)
    {  //insert 和 Update 处理过程发生出错
      Rollback Transaction                      //提交失败，回滚所有处理命令
    }
End
```

上述代码要确保订单表和商品销售表的数据同步处理，要么都处理成功，要么都处理不成功，这就是原子性；而且要求处理结果最终状态一致，如订单表里记录了新销售出去 1 本书，那么在商品销售表里应该减少 1 本书，它们的总数最终要保持操作前后一致状态，这就是一致性；在该事物处理过程中，商品销售表里该书的数量被事务锁定，要么展示给新购买者处理成功的数量（减少 1 本后）；要么展示给处理不成功的数量（不改变），这就是隔离性；最后事务处理结果要在数据库记录上永久改变，如事务处理成功了，那么应该是减 1 后的记录，这就是持久性。从这里可以看出 TRDB 的事务处理具有非常强的严

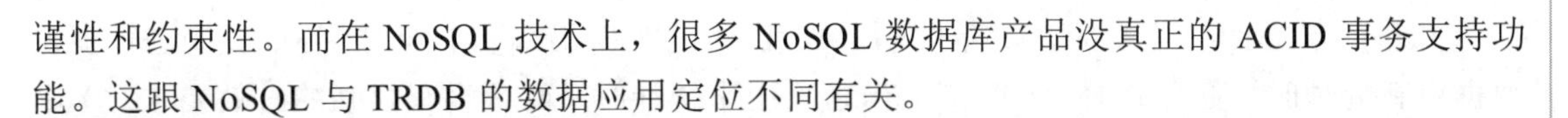

谨性和约束性。而在 NoSQL 技术上，很多 NoSQL 数据库产品没真正的 ACID 事务支持功能。这跟 NoSQL 与 TRDB 的数据应用定位不同有关。

2．处理数据类型不一样

NoSQL 技术诞生就定位于非结构性很强的数据，如网页、网站访问点击量、大量的视频存储、地理位置的最优路径处理、广告智能推送等。而这些数据允许插入出错，给客户带来的损失往往是可以接受的。而 TRDB 所要面对的数据，如财务数据，少记录一笔甚至记错一个数字，就可能损失几百万美金甚至几千亿美金的收入。这是承受不起的损失，也是不允许的。

3．BASE：基本可用（BA）、软状态（S）、最终一致性（E）

（1）基本可用（Basically Available），NoSQL 允许分布式系统中某些部分出现故障，那么系统的其余部分依然可以继续运作。它不会像 ACID 那样，在系统出现故障时，进行强制拒绝，允许继续部分访问。

（2）软状态（Soft State），NoSQL 在数据处理过程中，允许这个过程，存在数据状态暂时不一致的情况。但经过纠错处理，最终会一致的。

（3）最终一致性（Eventually Consistent），NoSQL 的软状态允许数据处理过程状态的暂时不一致，但是最终处理结果将是一致的。这句话告诉我们NoSQL对数据处理过程可以有短暂的时间间隔，也允许分更细的步骤一个一个地处理，最后数据达到一致性即可。这在互联网上进行分布式应用具有其明显的优势。

【应用案例 2.2】BASE 在电子商务中的应用

拿电子商务进行举例。在海量客户访问时，客户更加关心自己的订单能否塞入购物车（基本可用，至少订单能得到记录），而可以暂时忽略网上购物栏里显示的还有多少个商品。事实先做购买预存，比这个商品实际数量的一致性要重要得多。客户有了购物车里的预存记录，他（她）还可以继续浏览购物（存在软状态了，商品数量和订单数量与最终的总数量不一致了），直到最后结账（最终一致）。允许购物过程商品数量状态的暂时不一致，先保证客户的购买体验需要，这就是 BASE 想要达到的目的。

但是要注意，两方面的因素决定了 ACID 与 BASE 之间的区别不是绝对。

一方面随着 NoSQL 技术的发展（想一想到目前为止已经有 200 多种已经公布的 NoSQL 数据库产品了），它们也开始关注事务功能了。如 MongoDB 在 2015 年左右，通过并购实现了基于 ACID 的 WiredTiger 存储访问引擎；Redis 也有事务处理功能（虽然原始命令提供的是比较简单的）。

另外一方面业务应用场景决定了是用ACID还是用BASE。当一份财务报表要进行多表数据更新处理时，必须选择ACID；而当它只用来统计时（而且没有很强的时效要求时）则可以选择BASE。

选择ACID还是选择BASE，甚至是选择TRDB还是NoSQL，都取决于它们各自的优势和劣势。要发挥它们的优势，避其劣势。

2.2.4 SQL 技术标准

结构化查询语言（SQL，Structured Query Language）是最重要的关系数据库操作语言，其包含了数据查询语言（Select）、数据操作语言（Insert、Update和Delete）、事务处理语言（Begin Transaction、Commit和Rollback）、数据控制语言（通过Grant或Revoke获得许可）、数据定义语言（Create和Drop）、指针控制语言（Declare Cursor、Fetch Into和Update Where Current）六大部分[①]。熟悉SQL的读者，应该对括号里的命令很熟悉。而这些命令在NoSQL没有被普及化。也就是说目前NoSQL数据库各种查询操作，还是处于百花齐放、百家争鸣的状态，没有统一的查询操作标准。

TRDB引入SQL技术标准的目的是增加软件的可移植性。比如某一款医疗业务系统开始用的是Access数据库，后来要移植到SQL Server数据库，那么在数据访问标准统一情况下，几乎不需要修改源代码，就可以顺利迁移。另外SQL标准化，给技术人员的学习带来了很大的方便，只需要掌握SQL语言，在不同TRDB数据库上就可以灵活使用，而现在的NoSQL要学习200多种数据库，就要学习200多种数据库操作命令。

可以肯定，随着NoSQL产品的成熟和发展，操作命令的标准统一是一种发展趋势。

2.2.5 分析技术

在TRDB技术下，基于数据库的智能技术已经有所发展，比如Oracle的商务智能（BI，Business Intelligence）技术、SQL Server的商务智能技术，但是类似的TRDB技术发展速度似乎不是很快。这与使用范围受到限制有关，TRDB受制于服务器的物理性能极限，想在大数据基础上运行BI似乎是太吃力了；另外投入产出的不合理，也是一个重要原因。

NoSQL数据库技术自诞生之初就定位于普通廉价PC服务器的横向可自由扩充性，以及大数据的存储与分析，自然在大数据分析、商务智能、人工智能等方面占有先天优势。事实上，NoSQL的高级分析技术发展得非常快。以大数据标杆性技术——Hadoop的发展而言，已经成为了一个技术生态系统，如图2.5所示。其中也包含了大量的高级分析技

[①] 百度百科，SQL，http://baike.baidu.com/item/结构化查询语言?fromtitle=sql&fromid=86007&type=syn。

读书笔记

术，如 Spark 可用来构建大型的、低延迟的数据分析应用程序，人们已经用它来做基于大数据的智能分析[①]。最近备受注目的 AlphaGo 就是基于大数据技术、人工智能技术，打败了世界上所有的顶级围棋大师。

注意

这里提到 Hadoop 并不是为了介绍它，而是告诉读者在 NoSQL 技术的支持下，进行大数据分析相对 TRDB 来说具有很大优势。这里的优势至少包括了技术优势和成本优势。

（1）技术优势，NoSQL 的快速大数据处理能力，为读者提供了代码开发基础支持，使基于大数据分析更加容易（基于原始代码技术的开发）；另外像 Spark 这样的产品级高级分析技术，可以进一步提高技术人员处理复杂分析的能力（基于高级产品技术的开发）。

（2）成本优势，NoSQL、Hadoop 这样的技术都是基于代码开源原则，而 TRDB 是需要花大量的购买成本的。

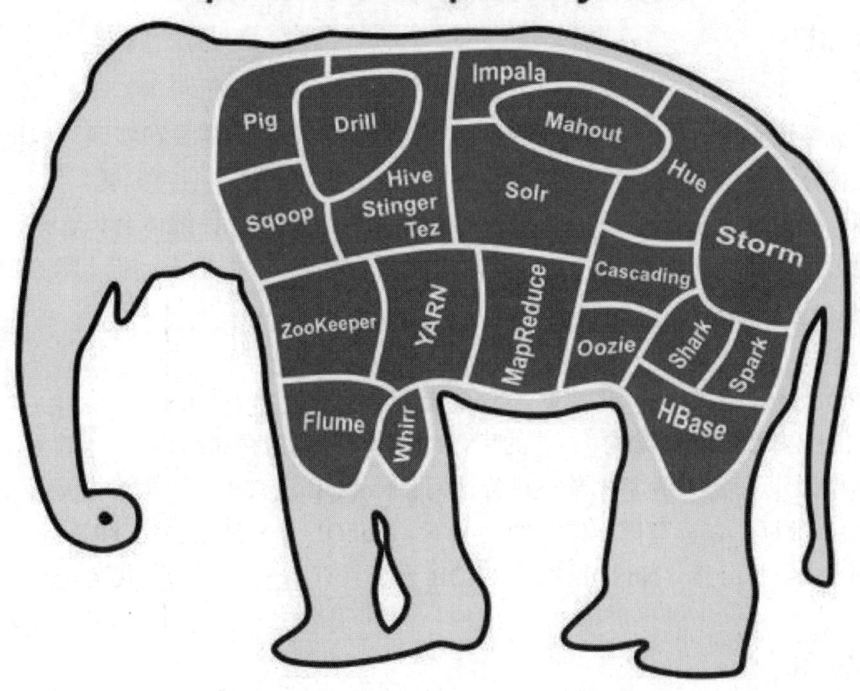

图 2.5　Hadoop 生态系统[②]

① Holden Karau, Andy Konwinski, Patrick Wendell, Matei Zaharia，Spark 快速大数据分析，王道远译。

② Hadoop 生态圈介绍，http://www.cnblogs.com/gridmix/p/5102694.html。

2.3 小　结

读书笔记

通过对 TRDB 和 NoSQL 在软硬件主要特征上的比较，读者可以进一步了解 NoSQL 技术的优点。也能明白 TRDB 与 NoSQL 技术之间的关系，它们应该是互相补充的，各有优势。在具体技术选择时，必须考虑实际应用场景的需要，再进行合理选择或搭配。在实际代码开发、部署和运维时，必须考虑分布式环境下的技术要求。

相对 TRDB 而言，NoSQL 技术设计上虽然遵循了由繁入简的思想，想解决大数据存储和处理速度问题，但由于其建立在分步式处理技术的基础上，因此，实际情况下会比 TRDB 所面对的问题更多，作为 NoSQL 技术人员，必须深入周到考虑问题。

2.4 练　习

一、基本知识

1．单机环境下_____是影响数据库读写速度的最大瓶颈，需要在实践过程引起重视。

2．要扩充服务器功能，可以进行_____扩展，也可以进行_____扩展。

3．不同代码命令在处理_____上有略微区别，需要程序员仔细体会和选择。

4．把数据从硬盘读写处理，改为内存处理，是属于_____扩展；把大数据放在不同服务器的内存上进行处理是_____扩展。

5．NoSQL 主要解决了大数据环境下的_____、_____问题。

6．TRDB 擅长解决_____化数据，NoSQL 擅长解决_____化数据。

7．TRDB 对数据存储结构_____约束，NoSQL 对数据存储结构_____约束。TRDB 读取硬盘的数据，以“行”为基本单位进行读写；NoSQL 没有“行”概念，直接根据地址读写某一“块”数据。在读写同样信息的情况下，NoSQL 读写速度会比 TRDB_____。

8．进行大数据分析，NoSQL 相对 TRDB 至少具有_____和_____优势。

二、综合应用

1．单机环境下运行数据库有哪四种局限性？

2．集中式数据处理与分布式数据处理，在物理上的核心区别是什么？

3．贵州省的 500 米口径球面射电望远镜（FAST）2016 年建成，每日产生数据在 5TB，这些海量的数据要保留 10 年以上。假设每台 PC 服务器能存储 20TB（不考虑系统等运行存储要求，不考虑备份），求保存 10 年的数据要部署多少台的该容量的服务器？

4．集群与分布式处理的主要异同处有哪些？

5．简述 Master/Slave 分布式数据库的数据处理原理。

6．简述帽子定理的三大特性。

7．解释 ACID 是什么？

8．解释 BASE 是什么？

9．在没有类似 SQL 数据库操作语言出现的情况下，NoSQL 在数据操作命令上存在哪些缺陷？（至少说出两种）

第3章 NoSQL数据存储模式

扫一扫，看视频

学过传统关系型数据库的人，都知道数据库在使用之前，必须先进行表结构定义，并对字段属性进行各种约束，而 NoSQL 在这方面的要求会很宽松。第一次接触 NoSQL 的读者会很惊讶，很多 NoSQL 数据库产品竟然不需要预先定义数据存储结构！

因此，我们需要进一步了解 NoSQL 的数据存储模式（Data Storage Scheme），发现它们的优点，避开它们的缺点。

NoSQL 数据存储模式主要涉及数据库建立的存放数据的逻辑结构，基本的数据读、写、改、删等操作，数据处理对象，及在分布式状态下的一些处理方式。

本章重点介绍键值（Key-Value）、文档（Document）、列族（Column Families）、图（Graph）4 种 NoSQL 数据库存储模式，如图 3.1 所示。

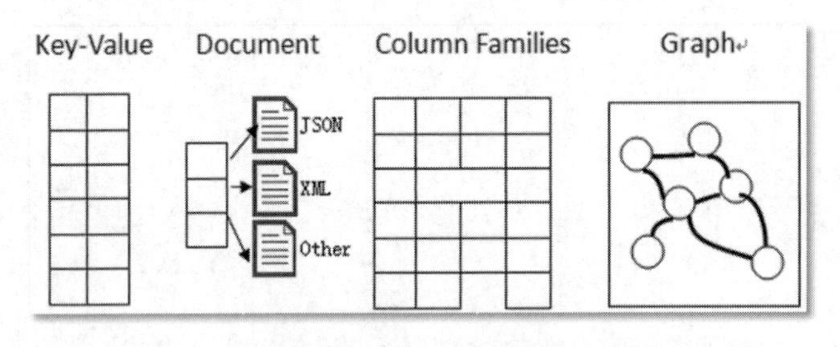

图 3.1　NoSQL 的 4 种存储模式

3.1　键值数据存储模式

键值数据库（Key-Value Database）是一类轻量级结合内存处理为主的 NoSQL 数据库。说它轻量级，指的是它的存储数据结构特别简单，数据库系统本身规模也比较小；说它以内存[①]为主的运行处理，设计目的是为了更快地实现对大数据的处理。

3.1.1　键值存储实现

任何真正意义上的数据库在设计时，必须考虑数据的存储问题。存储数据就会涉及存储数据结构。显然键值数据库是针对传统数据库表结构的缺点而来的，过多的表结构定义和约束，拖累了数据的执行效率。低效的机械硬盘读写原理，影响了大数据环境下的业务系统的应用。于是，键值数据库设计者们放弃了以行为基本读写操作的传统关系型数据库的数据结构设计模式，转而采用全新的设计思路——采用速度快得多的内存或 SSD 为数据运行存储的主环境，采用 NoSQL 里最简单的键值存储模式，采用去规则化、约束化，来大幅提升数据的执行效率。也就是说，键值数据库的设计原则是以提高数据处理速度为第一目标。

1. 键值数据库实现基本原理

在设计思路上，键值数据库数据结构最早借鉴了一维数组（Array）的设计方法。

如图 3.2 所示，一维数组左边一列是下标（Index），用有序整数来定位右边的数组值，方便对数组值的操作。因此，可以把左边的下标理解为操作用的地址（Address），这些地址是为读写数组值用的。

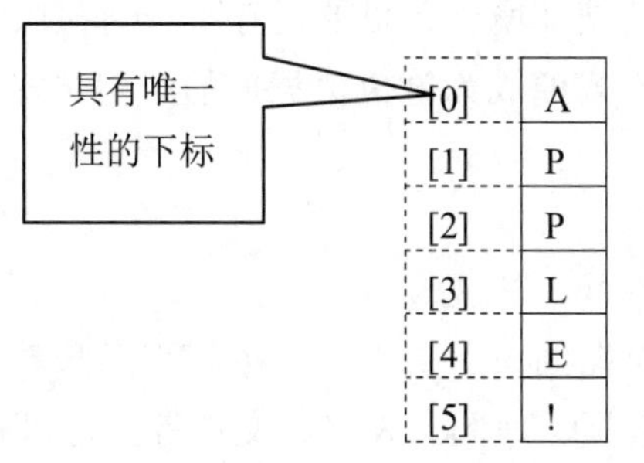

图 3.2　C、Java 等语言中的一维数组

① 也出现了以 SSD 为主的新型键值数据库，详见 NoSQL 官网。

```
String[] strArray={"A","P","P","L","E","!"};//Java代码
```

上一行为图 3.2 所示 Java 语言下的一维字符数组的实现代码。从上述代码可以看出，Java 对一维数组有着严格的类型约束。这里是字符型，而且默认的下标都为从 0 开始的整数，如 strArray[0]，其中存放的是“A”。显然在这样的约束下，所能存放的值的类型有限，下标也只有单一用途。Key-Value 数据库设计者希望能放宽对下标和值的限制，于是出现了关联数组（Associative Array），如图 3.3 所示。

读书笔记

左边的键内容要求唯一性

键（Key）	值（Value）
‘2003 年’	‘大数据研究开始’
‘2007 年’	‘Hadoop 进入实际商业使用’
1	38283828
2	33828222
22003	3.2
…	…

图 3.3　关联数组

与图 3.2 所示的数组相比，图 3.3 所示的关联数组限制放宽了不少。左边严格约束的下标，变成了可以自由设置整数和字符串类型的值（有些编程语言可能允许更多）；右边值可以存储的类型也得到了扩充，字符串、整数、实数、列表等都可以。

这里第一次出现了键（Key）和值（Value）的概念，而且它们存放数据时必须成对出现。要求键下的内容必须具有唯一性，目的是为建立索引及数据查找等提供方便，显然键仍旧起着唯一地址的作用。这就是 Key-Value 数据库的基本特征之一。

但是只有数据存储结构及数据，数据得不到永久保存（持久性），是不能称为真正的数据库的。于是通过各种键值数据库系统的各种存储策略，以一定时间周期把数据复制到本地硬盘、闪存盘，键值数据库初步成型。目前，键值数据库主要运行在内存，实现定期向硬盘等写数据的策略。但是，在大数据环境下单机的内存是受容量限制的，也受硬盘等存储容量所限。那么引入分布式处理方式便成为键值数据库的必然选择，这也成为其另外一个基本特征。

2. 键值数据库存储结构基本要素

真正的键值数据库结构比关联数组在约束上更少，约束越少意味着执行速度越快，所能接受数据类型越多，视频、照片、音频、地图、表格、文件等都可以存储，如图 3.4 所示。实际约束少到什么程度，需要仔细查阅相关的键值数据库产品使用说明书（通过数据操作命令参数可以得到约束内容）才能确定。

键（Key）	值（Value）
D:\path\bag	Binary:picture
Http://https://hao.360.cn/	Binary:<html>
Fish:2008	Binary:30
中国:上海:浦东	Binary:浦东国际机场

图 3.4　键值数据结构（基于键值特征的基本结构）

读书笔记

1）键（Key）

键起唯一索引值的作用，确保一个键值结构里数据记录的唯一性，同时也起信息记录的作用。

如图 3.4 所示的“中国:上海:浦东”不但起机场地址唯一的作用，同时告诉读者这个机场的详细地址信息，也就是键值数据库允许键的内容有实际意义，而且可以是带结构的内容。

这里的“中国:上海:浦东”，我们用“:”实现了对一条地址的分割记录，当然也可以用其他数据分割符号，如“\”“-”或“{”等。如果把这个键放入关系数据库的记录里，可以变成如表 3.1 所示的传统数据库表的一条记录。

表 3.1　从键值变成关系数据库里的记录

记录 ID	国家	城市	所属地	机场名称
100202	中国	上海	浦东	浦东国际机场

由此可见，在键内容安排时，可以采用复杂的自定义结构，以保存更多的信息，前提就是保证键的唯一性即可。

对于键的其他约束，具体一定要查看某一NoSQL数据库产品的使用说明书。如有些数据库数据操作对象的键，只允许字符串、整型等。

注意

（1）键内容不是越长越好，越多的键内容，意味更多的内存开销，而且在大数据环境下，给数据查找这类计算带来更大的运行负担。

（2）键内容太短也不可取，如“GITBook”不如“Goods: Book:IT:Soft”来得直观；在同一类数据集合里，键命名规则最好统一，如“Goods:Book:Education:Maths”“Goods: Book:Education: English”等。

2）值（Value）

值是对应键相关的数据，通过键来获取，可以存放任何类型的数据。

键值数据库的值由二进制大对象（BLOB，Binary Large Object）进行存储，这意味着任何类型的数据都可以保存，键值数据库无预先定义数据类型的要求。而预先定义存储数据类型在传统关系数据库里是强制要求的。

注意

不同的键值数据库对值会有不同的约束，特别是在值存储的大小上，不同数据库，甚至不同数据库里的不同数据集对象的约束是不一样的。如 Redis 的一个 Strings 值，最大可以存储字节数为 512MB。需要编程者注意这样的细节约束。

3）键值对（Key-Value Pair）

键和值的组合就形成了键值对，它们之间的关系是一对一影射[①]的关系。如“中国:上海:浦东”只能指向“浦东国际机场”这个值，而不能指向“红桥机场”。

4）命名空间（Namespace）

命名空间是由键值对所构成的集合。通常由一类键值对数据构成一个集合，如图 3.5 所示。

命名空间（Customer）

键（Key）	值（Value）
Goods: Book:IT:Soft:10001	《Redis In Action》
Goods: Book:IT:Soft:10002	《Python 语言基础 》
…	…
Goods: Book:Education:Maths:1	《小学一年级数学（上册）》

图 3.5　带命名空间的键值对

在键值对的基础上增加命名空间，是为了在内存中访问该数据集时，该数据集具有唯一的名称，如图 3.5 中的“Customer”。有了与其他数据集区分的命名空间，那么在数据集做访问操作时，具有了明确的唯一地址。这与传统关系数据库的表的名称的用法是类似的。在传统关系数据库的一个数据库里不允许有命名一样的两个表，不然传统数据库系统就不知道该如何访问指定的那个表了。

典型的访问图 3.5 中“《Python 语言基础 》”值的地址表示方法如下：

```
命名空间+键内容=Customer:Goods: Book:IT:Soft:10002。
```

① 影射是数学集合论里的概念。

上述地址在内存中可以确保是唯一的可读写地址。

这里可以把一个 Namespace 看作是一个最小的键值数据库（Database），当然键值数据库更多的是指多 Namespace。部分键值数据库，也称之为桶（Bucket)，既键值数据库和桶是一个意思。

读书笔记

3. 基本数据操作方式

NoSQL 的键值数据库有了数据存储结构及对应的数据，就需要考虑对数据的基本读、写、删除操作要求。这与传统数据库里的 Select、Insert、Update、Delete 是一样的道理。但是NoSQL数据库没有SQL概念，它们对数据操作的实现是通过Put、Get和Delete实现的。

1）Put 命令

用于写或更新键值存储里指定地址的值。当指定地址有值时，更新值；当指定地址没有值时，新增一个值。

Put（键地址，待插入的值），其实例为表 3.2 里的第一行，当执行该命令后，在键“D:\path\bag”对应的值上，将插入新的二进制图片数据。

2）Get 命令

用于读键值存储里指定地址的值，如果没有值，返回一条错误提示信息。

Get（键地址），其实例为表 3.2 里的第二行，当执行该命令后，将把“Http://hao.360.cn/”网页从对应的值中读取。

3）Delete 命令

用于删除键值存储里指定地址的键和值，如果键值存储里没有该键，就返回一条错误提示信息。

Delete（键地址），其实例为表 3.2 中的第三行，当执行该命令后，将把“Fish:2008”指定的键和值都删除。

表 3.2 对键值的 3 种基本操作命令

输入	键（Key）	值（Value）	输出说明
PUT D:\path\bagfish.jpg	D:\path\bag	Binary:picture	插入新的图片数据
GET Http://hao.360.cn/	Http://hao.360.cn/	Binary:<html>	读取网址对应的网页
DELETE Fish:2008	Fish:2008	30	删除键为 Fish:2008，值为 30 的数据

3.1.2 键值存储特点

NoSQL 技术出现的一个明显特征是面向一个主题、一个方向，解决某一方面的问题，应用面会明显受限制。如只解决存储大数据状态下的网页问题，只解决互联网海量访问等问题。这与传统数据库具有很大的区别。可以这么形容，在应用方面传统数据库是个全才，要解决尽可能多的数据应用问题；而NoSQL数据库是反其道而行之，只解决某一方面的问题，甚至是某一个特殊问题，是专才[①]。为了技术选择正确，读者应该能清楚地掌握不同类型 NoSQL 存储的特点。

1．优点

1）简单

数据存储结构只有“键”和“值”，并成对出现，“值”理论上可以存储任意数据，并支持大数据存储。凡是具有类似关系的数据应用，可以考虑键值数据库。

如热门网页排行记录。当一个综合电子商务网站，想了解哪些网页受关注度高，那么应该记录用户访问的网页网址和对应点击量。

2）快速

由于键值数据库在设计之初就要避开机械硬盘低效的读写速度瓶颈，那么以内存为主的设计思路，使键值数据库拥有了快速处理数据的优势。而这得益于最近几年内存技术的快速进步。2010 年后单条内存配置普遍都在几个 GB，最近出现了存储容量为 512GB、频率为3000MHz 及以上的内存。更大容量、更快速内存的出现使键值数据库具备了在互联网上应对海量访问的速度处理能力。想一想一秒内要处理几百万次的网页打开动作，一天内要处理上亿次的访问量，那么这就是键值数据库擅长的地方。

3）高效计算

数据结构简单化，而且数据集之间关系的简单化（没有复杂的传统关系型那样的多表关联关系），基于内存的数据集计算，为大量用户访问情况下，提供高速计算并响应的应用提供了技术支持。如电子商务网站需要根据用户历史访问记录，实时提供用户喜欢商品的推荐信息，提高用户的购买量，如图 3.6 所示。而这推荐过程不能出现明显的延迟现象，否则用户会对这个购物平台产生很不好的印象。键值数据库就擅长解决类似问题。

4）分布式处理

分布式处理能力使键值数据库具备了处理大数据的能力。它们可以把 PB 级的大数据

[①] 虽然，NoSQL 发展趋势是想处理更多类型的数据，甚至要达到传统数据库处理数据的标准，但是识别每种 NoSQL 的特点仍然非常重要。

放到几百台 PC 服务器的内存里一起计算，最后把计算结果汇总。

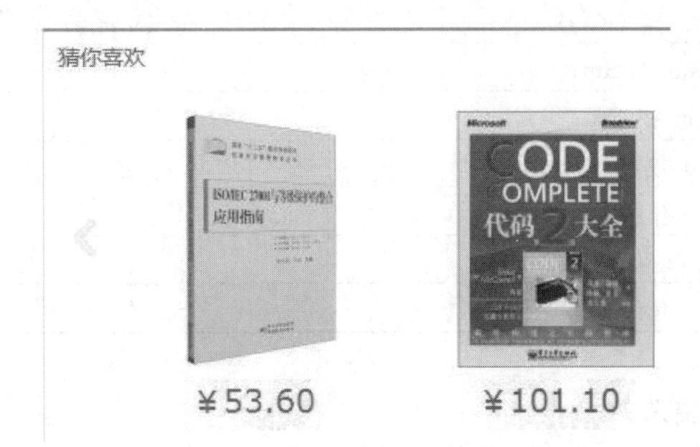

图 3.6　某电子商务平台推荐商品页面

2. 缺点

1）对值进行多值查找功能很弱

键值数据库在设计初始，就以键为主要对象进行各种数据操作，包括查找功能，对值直接进行操作功能很弱。

如在传统关系数据库里可以用如下方式检索出与酒相关结尾的所有值记录，而 NoSQL 键值数据库很困难。

```
Select *from Table1 where 字段 1 like'%酒'
```

若在键值数据库里需要对值进行范围查找和部分统计，程序员必须把数据读出来，在业务代码处进行编程处理。

某些键值数据库会直接把搜寻功能内置到数据库里面，具体要看对应的数据库使用说明。

2）缺少约束，意味着更容易出错

由于键值数据库不用强制命令预先定义“键”和“值”所存储的数据类型，那么在具体业务使用过程，原则上“值”里什么数据都可以存放，甚至放错了数据都不会报错。这在某些应用场景上是很致命的，需要程序员对业务代码进行**编程约束**，避免潜在的问题。

例如，在某电子商务平台上销售图书，在业务软件代码部分如果没有对价格进行输入约束的话，就会产生一些问题，如价格出现了空值、语文书的价格明显不对、英语书的价格竟然是个笑脸符号，如表 3.3 所示。

另外，键值数据库的值没有类型定义，那么在有多名程序员编程的情况下，需要更加重视设计文档的建立。否则张三把“价格”看作整型数据，李四把它看成了实数，王五把它当作了字符串，容易引起代码编写混乱，并给后续的软件系统的代码维护带来麻烦。

表 3.3 “值”里的图书价格出现了问题

键（Key）	值（Value）	
《Redis In Action》	69	
《Python 语言基础 》	70	
《Hbase 权威指南》	75	
《小学一年级数学（上册）》		×
《小学一年级语文（上册）》	200	×
《小学一年级英语（上册）》	^_^	×

3）不容易建立复杂关系

键值数据库的数据集，不能像传统关系数据库那样建立复杂的横向关系。

```
Select a.BookName,b.Price,c.Press from BookN a,BookP b,BookP p where
a.ISBN=b.ISBN and b.ISBN=c.ISBN                    //SQL 从 3 个表横向获取数据
```

上述多表关联方式在键值数据库里无法直接操作，键值数据库局限于两个数据集之间的有限计算，如 Redis 数据库里做交、并、补集运算[①]。

如果读者想要更加快速地读写数据，而不追求传统关系数据库表数据复杂的关系处理，那么可以考虑使用键值数据库。

3.1.3 应用实例

【应用案例 3.1】Amazon Simple Storage Service，S3[②]

以 Amazon 的 S3 键值数据库产品为例。顾名思义，这是一个公开的服务，使 Web 开发人员能够存储数字资产（如图片、视频、音乐和文档等），以便在应用程序中使用。使用 S3 时，它就像一个位于互联网的机器，有一个包含数字资产的硬盘驱动。实际上，它涉及许多机器（位于各个地理位置），其中包含数字资产（或者数字资产的某些部分）。Amazon 还处理所有复杂的服务请求，可以存储数据并检索数据。

理论上，S3 是一个全球存储区域网络（SAN），它表现为一个超大的硬盘，你可以在其中存储和检索数字资产。但是，从技术上讲，Amazon 的架构有一些不同。你通过 S3 存储和检索的资产被称为对象。对象存储在存储段（bucket）中。你可以用硬盘进行类比：对象就像是文件，存储段就像是文件夹（或目录）。与硬盘一样，对象和存储段也可以通过统一资源标识符（URI，Uniform Resource Identifier）查找。

① 交集，并集、补集，数学集合论内容，可以网上搜索参见相关内容。

② 百度百科，S3，http://baike.baidu.com/item/amazon%20s3。

【应用案例 3.2】Redis 国内应用情况

Redis 国内主要用户举例，一指通医疗网、京东、阿里巴巴、腾讯（游戏）、新浪网（微博）、美团网、赶集网等。

从上述实际应用情况，读者应该敏感地感觉到键值数据库主流的应用领域，想得更远一点，可以设想自己学了键值数据库技术，应该找什么样的就业部门。

3.2 文档数据存储模式

文档数据库（Document Store）概念，最早起源于 Lotus 公司 1989 年提出的 Notes 软件产品，被定义为文档数据库。它被用于管理文档，尤其适合于处理各种非结构化与半结构化的文档数据、建立工作流应用、建立各类基于 Web 的应用①。这里的文档数据，比如我们使用的微软公司 Word 办公软件里的内容，就是 Notes 想要处理的数据对象。

在 NoSQL 环境下的文档数据库虽然也处理文档数据，但是它们有自己独特的数据存储结构及使用操作要求，由此，它们与传统文档数据库不是一类数据库。

文档数据库与传统关系数据库一样，主流的也是建立在对磁盘读写的基础上，对数据进行各种操作。文档数据库的设计思路是针对传统数据库低效的操作性能，首先考虑的是读写性能，为此需要去掉各种传统数据库规则的约束，如图 3.7 所示。

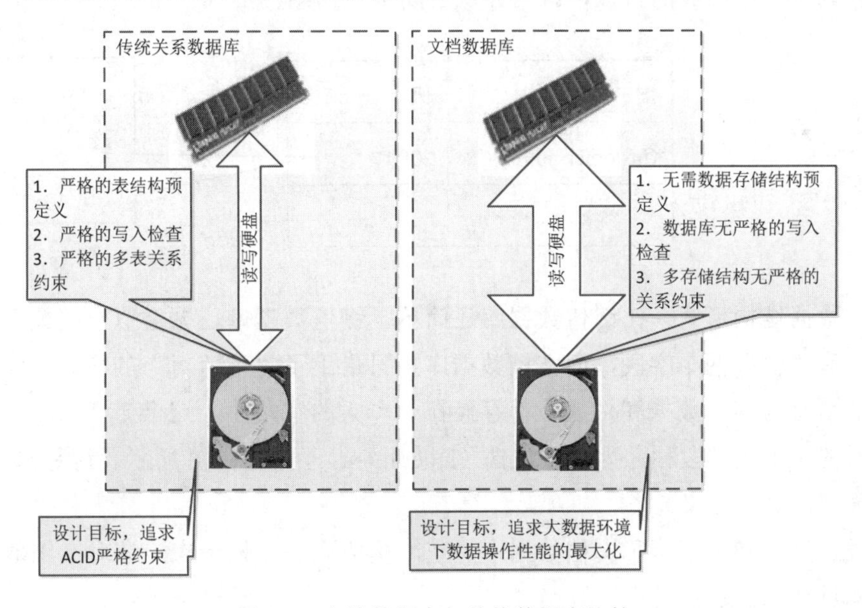

图 3.7 文档数据库与传统数据库比较

① 百度百科，lotus notes，http://baike.baidu.com/item/lotus%20notes。

3.2.1 文档存储实现

传统关系型数据库需要对表结构进行预先定义和严格约束，而这样的严格要求，导致了处理数据过程的技术更加繁琐，甚至执行效率严重下降。在数据量达到一定规模的情况下，传统关系型数据库反应迟钝，甚至使用户端的软件界面无法打开。文档数据库的设计者们已经发现这样的问题了，想针对性地解决问题。于是他们反其道而行之，尽最大可能去掉传统关系型数据库的各种规范约束，甚至事先无须定义数据存储结构。

1. 文档数据库实现基本原理

键值数据库设计也是这样，无须预先定义数据存储结构，但是它们也有基本的约定，就是存储数据必须按照“键值对”的形式存放。文档数据库也采纳了该数据存储约定，所有的数据必须由如下结构形式组成：

```
{  "Customer_id":"20001",
  "Name":"张三",
  "Address":"中国天津和平区成都道 100000 号",
   "First Shopping":"2017-02-08",
   "Amount":20.8
}
```

上述代码，一个明显的特征，就是体现了如下数据结构形式：

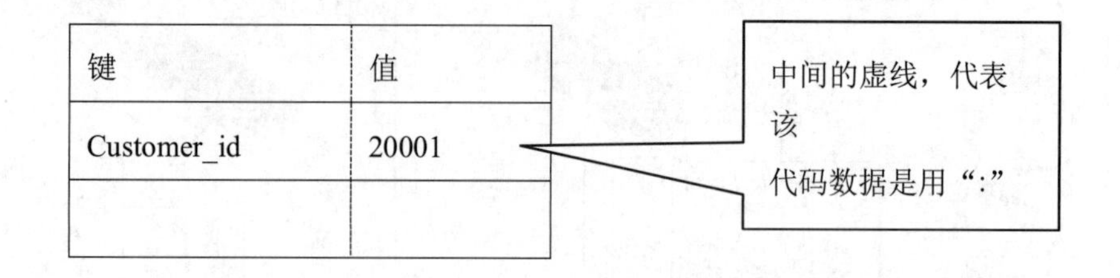

键
值
Customer_id
20001
中间的虚线，代表该
代码数据是用“:”

显然该数据结构形式，比键值数据库还简单。键值数据库还分类似传统关系数据库表里的“键”和“值”两个字段，而文档数据库里只借用了“键值对”的格式，实际存储时上述代码的所有内容（数据和格式）都存储在一个大的字段里。这个带“{}”括号的含若干个键值对的一个大字段称之为一条文档（Document），如图 3.8 所示。这是 NoSQL 文档数据库里文档的真正含义。

上述描述只是初步了解了文档数据库的基本构成方法。接下来应该对文档数据库的基本存储结构进行严格的定义。

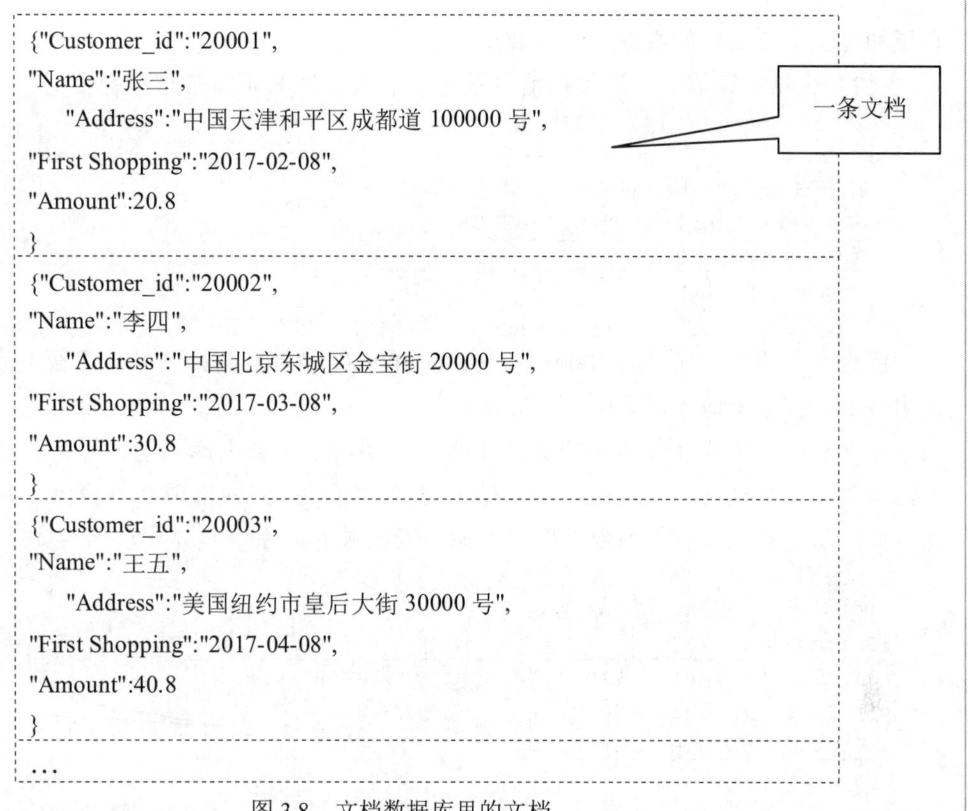

图 3.8　文档数据库里的文档

2．文档数据库存储结构基本要素

1）键值对（Key-Value Pair）

文档数据库数据存储结构的基本形式为键值对形式，具体由数据和格式组成。数据分键和值两部分，格式根据数据种类的不同有所区别，如 JSON（JavaScript Object Notation）[①]、XML、BSON（Binary Serialized Document Format）等。由于 JSON、XML 格式的文档，在 NoSQL 数据库里使用比较广泛，我们重点介绍。其实读者自己也可以创建自己特有格式的文档，只不过不通用罢了。

键一般用字符串来表示，不同文档数据库存在细微区别，详见数据库使用文档。

值可用各种数据类型表示，如数字、字符串、日期、逻辑值（True 或 False），也可以是更加复杂的结构，如数组、文档。

按照数据和格式的复杂程度，可以把键值对分为基本键值对、带结构键值对、多形结构键值对。

（1）基本键值对。图 3.8 所示为基本键值对形式，就是键和值都是基本数据类型，没

---

① 百度百科，JSON，http://baike.baidu.com/item/JSON。

读书笔记

有更加复杂的带结构的数据，如带数组或文档的值。

（2）带结构键值对。这里把值带数组或嵌入文档的叫做带结构键值对。

```
{  "Customer_id":"20001",
  "Name":"张三",
  "Address":"中国天津和平区成都道 100000 号",
   "First Shopping":"2017-02-08",
   "Goods":[10001,20003,30008,40010]
   "Amount":1000
}
```

假设张三购买了编号为 10001、20003、30008、40010 四种商品，那么上面代码就可用采用数组，很紧凑地体现了所购买商品。

在文档中，对值嵌入子文档是允许的。在 NoSQL 数据库不能很好地支持事务的情况下，有关系的文档之间采用嵌入子文档的形式，可以更好地实现命令操作，并提高数据的安全性，从而避免传统关系数据库里类似多表的关联关系。具体实现内容如下：

```
{ "Goods_id":"10001001",
  "Name":"《Hadoop 权威指南》",
"Price":67,
Publishing Information:{"Writer":(美)怀特,
"ISDN":"9787302224242",
"Press":"清华大学出版社"
 }
}
```

值嵌入文档

（3）多形结构的键值对。图 3.8 里的文档都属于规则结构键值对文档，每个文档里的键值对都一样。不规则键值对文档可用如下代码表示：

```
{
 {"Goods_id":"10001001",
  "Name":"《Hadoop 权威指南》",
 "Price":67,
  Publishing Information:{"Writer":(美)怀特,
 "ISDN":"9787302224242",
 "Press":"清华大学出版社"
 }
 }
 {"Goods_id":"20001001",
  "Name":"联想扬天 M4000e",
   "Price":4699,
   Product Specifications:{"CPU":"i5-6500",
  "RAM":"4GB",
  "HardDisk":"1TB"
 },
 "Color":"Red"
 }
}
```

不同文档里，允许出现不同形式的键值对

上述结构形态文档代码为多形结构的键值对。也就是不同结构的键值对可以放在一起，构成不同的文档，形成一个数据集。这在电子商务平台里经常会见到。不同类型的商品，它们的基本属性差异将很大。如上述代码里的书和计算机，书的基本属性是出版信息，而计算机的基本属性是它的配置规格。这种多形结构的键值对，为基本属性差异很大的商品信息展示提供了方便，并相对传统关系型数据库来说，提高了操作速度。

读书笔记

2）文档（Document）

文档是由键值对所构成的有序集。

JSON 格式的文档：

```
{
  {"Book_ID":"100002",
   "Name":"《Python 语言》",
  "Price": 79
  }
  {"Book_ID":"100003",
   "Name":"《C 语言》",
  "Price": 50
  }
  {"Book_ID":"100004",
   "Name":"《Java 语言》",
  "Price": 80
  }
}
```

上述代码每个“{}”里的内容代表一个文档，总共有 3 个文档。每个文档里的键值对必须唯一，如"Book_ID":"100002"不能重复出现在同一个文档里。如下文档是不允许的。

```
{ "Book_ID":"100002",
  "Name":"《Python 语言》",
    "Price": 79,
  "Book_ID":"100002"
}
```

同样的 JSON 内容，用 XML 格式文档表示如下：

```
<Books>
  <Book_Record>
    <Book_ID>100002</Book_ID >
    <Name>"《Python 语言》"</Name>
    <Price>79</Price>
  <Book_Record>
  <Book_Record>
    <Book_ID>100003</Book_ID >
    <Name>"《C 语言》"</Name>
```

```
    <Price>50</Price>
  <Book_Record>
  <Book_Record>
    <Book_ID>10000 4 </Book_ID >
    <Name>"《Java 语言》"</Name>
    <Price>80</Price>
  <Book_Record>
</Books>
```

3）集合（Collection）

集合是由若干条文档构成的对象。一个集合对应的文档应该具有相关性。如所有的图书相关信息放在一个集合里，方便电子商务平台用户选择，如图 3.9 所示。

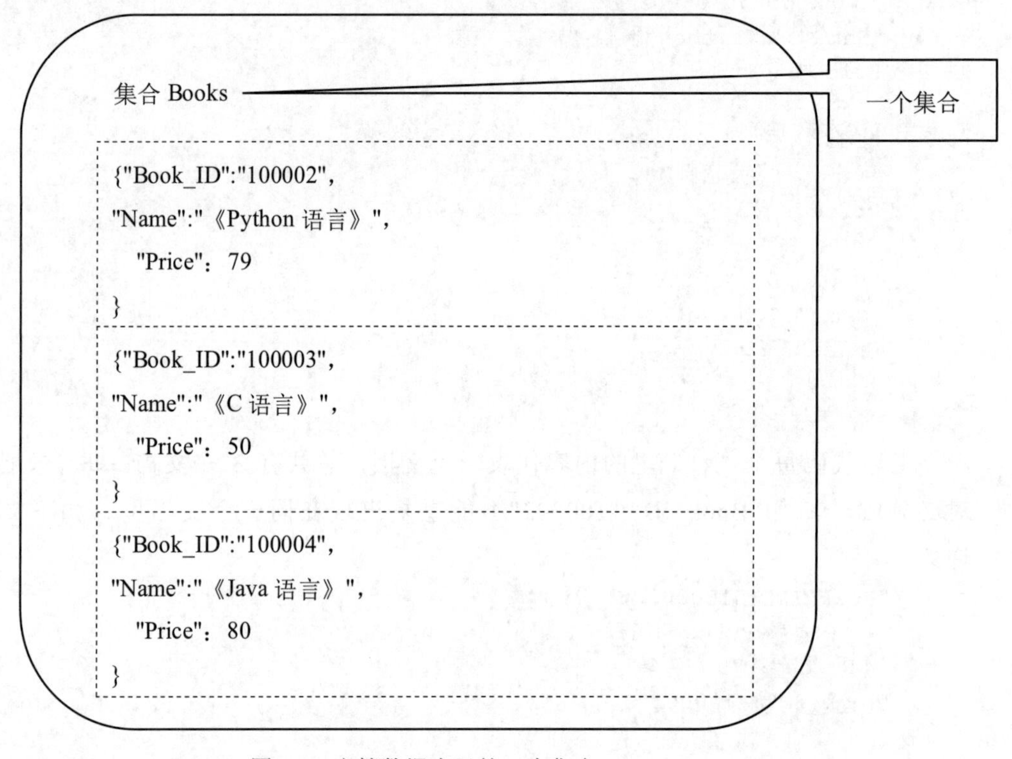

图 3.9　文档数据库里的一个集合

在文档数据库中为了便于操作，每个集合都有一个集合名称，如图 3.9 中的“Books”。

4）数据库（Database）

文档数据库中包含若干个集合，在进行数据操作之前，必须指定数据库名，如图 3.10 所示。

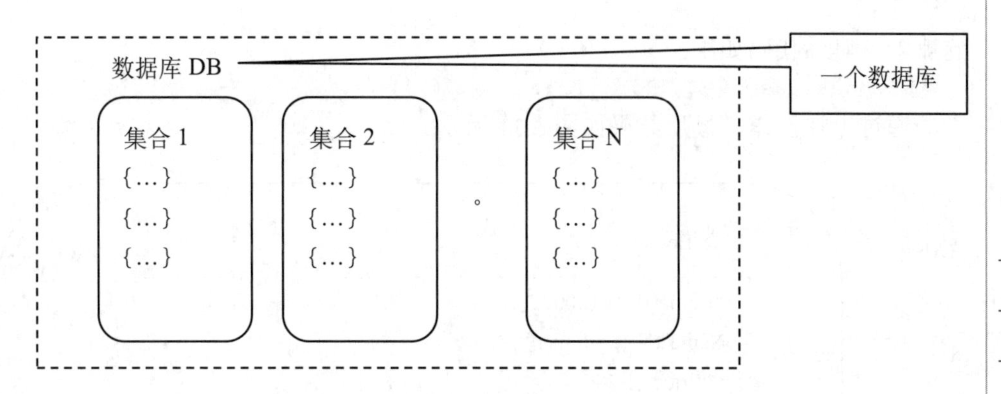

图 3.10　指定数据库名

DB 为文档数据库名称。读者也可以改为其他名称。一台服务器上允许多个数据库一起并存，如 DB1、DB2、DB3……。

3．基本数据操作方式

这里对文档数据库进行操作的基本方式包括了读、写、改、删 4 种。以 MongoDB 文档数据库为例进行介绍。

1）写（Insert）命令

假设我们想往 DB 数据库 Books 集合里（见图 3.9）写入一条关于《C 语言》的新文档，用代码实现如下：

```
DB.Books.Insert({"BookID":"100005","Name":"《C 语言》","Price":"60"})
```

然后，在图 3.9 里将出现两本《C 语言》的文档信息，这是允许的——同样的书名（不同书号），不同的作者写的，是正常的现象。

2）读（Select）命令

假设我们想在 DB 数据库 Books 集合里读取《C 语言》这本书的信息（见图 3.9），用代码实现如下：

```
DB.Books.find({"Name":"《C 语言》"})
```

该代码将返回两条正确的关于《C 语言》的文档信息。因此，读者会发现文档数据库竟然允许进行值范围查询，这和键值数据库具有很大的区别，文档数据库对值的范围查询功能很强大（详见第 4 章）。

3）改（Update）命令

当《Python 语言》价格有变化时，我们应该允许修改其值。其代码如下：

```
DB.Books.Update({"Book_ID":"100002"},{$set{"Price":78}})
```

上述代码把《Python 语言》的价格从 79 元修改成了 78 元。

4）删（Remove）命令

当《Java 语言》这本书销售完毕后，我们不想在 Books 集合里保留该信息，就可以把

读书笔记

它删除。具体代码如下：

```
DB.Books.Remove({"Book_ID":"100004"})
```

通过上述操作，最后结果如图 3.11 所示。

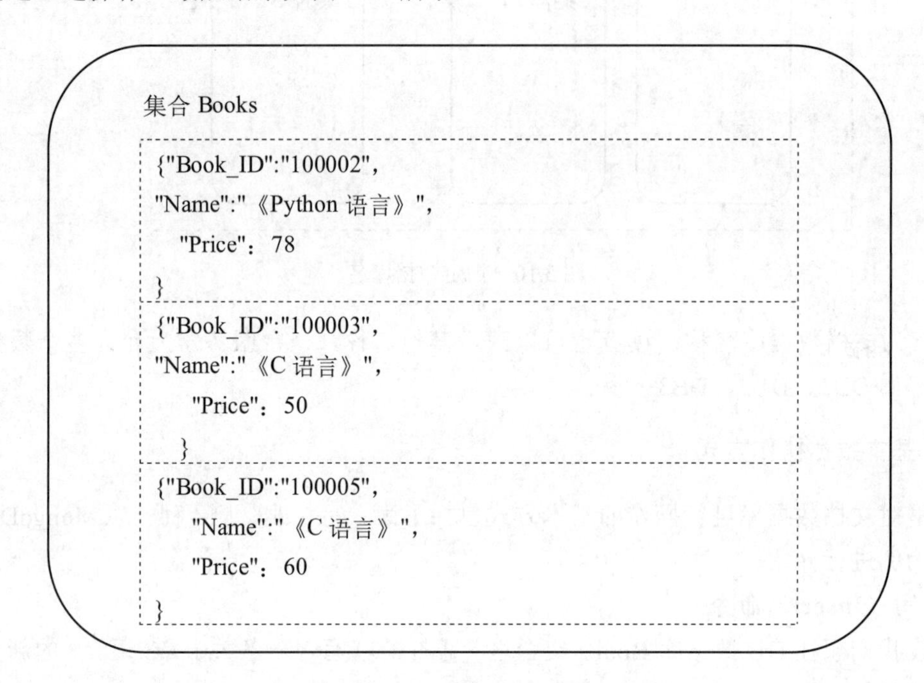

集合 Books
{"Book_ID":"100002",
"Name":"《Python 语言》",
"Price"：78
}
{"Book_ID":"100003",
"Name":"《C 语言》",
"Price"：50
}
{"Book_ID":"100005",
"Name":"《C 语言》",
"Price"：60
}

图 3.11　修改后的文档

3.2.2　文档存储特点

1．文档存储的优点

1）简单

没有数据存储结构定义要求，不考虑数据写入各种检查约束，也不考虑集合与集合对象之间的关系检查约束，相对传统关系型数据库来说，数据存储结构太简单了。简单的目的，是为了提高读写响应速度。因为文档数据库设计的一个重要目的是解决大数据环境下的快速响应问题。

2）相对高效

相对高效，相对于传统关系型数据库而言。

在同样的测试环境下，假如都在同样的一台服务器上进行测试。

传统关系型数据库，最大并发支持操作在几千到几万条之间。这个访问操作量适用于一般企业或者小规模访问量的在线网站，而且往往要付出比较高的软硬件采购成本。

以 MongoDB 为代表的文档数据库，表现为写入，每秒可以达到几万条到几十万条记录；每秒读出则可以达到几百万条。因此，支持绝大多数在线高访问量的网站，就不成问题了，如日查询次数过亿的电子商务网站。这里要知道 MongoDB 产品本身是免费的，所采用的服务器可以是普通 PC 服务器。

3）文档格式处理

既然是文档数据库，那么它们擅长的就是基于 JSON、XML、BSON 类似的格式文档数据处理。读者在选择该类数据库产品时，必须遵循这样的格式约定，否则应该选择其他类型的数据库产品。

4）查询功能强大

相对键值数据库而言，以 MongoDB 为代表的文档数据库具有强大的查询支持功能，看上去更加接近于 SQL 数据库。而键值数据库对值的查询功能就显得太弱了。

5）分布式处理

文档数据库具有分布式多服务器处理功能，那么它们就具有了很强的可伸缩性，给大数据处理带来了很多方便。它们可以轻松解决 PB 级甚至是 EB 级的数据存储应用需要。

2．文档存储的缺点

1）缺少约束

文档数据库为了追求效率，自然要牺牲很多东西。这给 NoSQL 数据库程序员提出了更高的代码编写要求。

（1）自己解决输入数据的验证工作，哪怕是一个空格也需要在业务代码端进行判断，以决定是否存入数据库。

（2）自己解决多数据集之间的关系问题。在编程时必须考虑一条相关记录在不同集合里的关系，要考虑它们的操作的一致性。这都要程序员人工约定，文档数据库不会像关系型数据库那样友好地提醒你，如“这条记录在别的表还要用，不能删除”。

这样的问题太多了，这要求文档数据库程序员（应该是 NoSQL 程序员）打起十二分的精神，谨慎设计文档数据库及相应的业务代码。

注意

NoSQL 为了提高操作性能，把很多本应该数据库完成的工作都交给了数据库程序员来手工完成了。而 SQL 数据库具有相应的约束和自检查功能，如它们能提醒程序员，应该输入整型数据，不应该输入字符串等。

2）数据出现冗余

在文档数据库里允许数据出现合理的冗余，因为它们已经解决了大数据的存储问题，数据稍微有些冗余，相对操作速度而言，这样的付出是值得的。而传统关系型数据库对数据的冗余要求苛刻得多。虽然，有些程序员有时不怎么遵守 SQL 数据库所谓的范式[①]，实质这样做软件系统的表现有时反而会更加让人高兴。

从这里 **NoSQL 数据库程序员更应该具有权衡的意识**。在什么样的环境下可以允许数据更多的冗余，什么样的环境下应该减少冗余；什么样的环境下应该用类似 MongoDB 的文档数据库，什么样的环境下应该用 Redis，什么样的环境下可以用 MySQL。

3）相对低效

至于相对低效是基于内存的键值数据库而言的。在合适环境下，如所读取的数据相对固定、无需复杂计算、数据量相对固定（能适应现有硬件服务的访问极限），那么无疑 MongoDB 的响应速度没有键值数据库快了。因为 MongoDB 这样的文档数据库主体是基于磁盘直接读写而进行数据操作的。勤奋的人们想通过数据来说明不同数据库之间的速度的差异，读者可以自己找特定条件下的数据库进行对比测试，也可以参考网上的一些测试结果，如《MongoDB、Redis、MySQL 简要对比》[②]。

3.2.3 应用实例

【应用案例 3.3】大都会人寿保险公司成功应用[③]

截止到 2013 年，MongoDB 数据库已经帮助几百个组织重新梳理了数据管理，使之更加灵活和可扩展性。具体地如 Foursquare 公司的地理定位应用网站（MongoDB 对地理系统具有独特的功能支持）、基于最新服务内容的 MTV 网站等。

大都会在美国的人寿保险业务涉及 70 多个行政系统、上亿人规模的保险客户。为了更好地提供在线服务，大都会决定采用 MongoDB 作为新的数据库，全面应对客户快速有效的在线操作体验。

通过 MongoDB 使大都会对每一个客户的详细而全面的在线描述成为了现实。高效简单的在线处理方式，使没有经过培训的新员工也可轻而易举地在线完成入职登记过程。大都会也用 MongoDB 实现在线快速收集人才信息，并建立丰富的人才数据库，就像建立在线人才招聘平台一样。

作为一个具有 140 年历史的公司，大都会却是新技术坚定的支持者。大都会人寿高级缔造者 John Bungert 指出，这种支持的态度表示“大都会不仅拥有数据，还要得到真正有价值的数据。作为高科技的坚定拥护者，我们为其他人树立了榜样”。在新的挑战面前，大都会人寿总能建立新的业务标准，为客户、为员工创造更好的效益。

---

① 百度百科，范式，http://baike.baidu.com/item/范式/8438203。

② mongoDB、Redis、MySQL 简要对比，http://www.cnblogs.com/lovychen/p/5613986.html。

③ https://www.mongodb.com/blog/post/metlifes-success-mongodb。

读书笔记

【应用案例 3.4】国内外部分成功案例用户名单

来看一些国内外部分成功案例，用户名单如表 3.4 所示。

表 3.4　国内外部分成功案例用户名单

使用用户名称	行业	MongoDB 使用说明
eBay 亿贝或易贝	电子商务	用于优化搜索推荐功能等
MetLife 大都会人寿保险公司	人寿保险	
MTV 全球最大音乐电视网站	娱乐网站	
Urban Outfitters	服装类专营网站	为用户提供快速信息更新的商品在线服务
博世集团（全球第一大汽车技术供应商）	物联网	从生产线仪表检测到对 300 万～3 亿车辆进行远程信息处理以监控其缺陷零件比例
华盛顿邮报	在线新闻	帮助团队中的特定小组为在线文章发布动态表格与回应内容
芝加哥市	城市管理	WindyGrid 将各市政部门每天产生的 700 万条不同的数据加以汇聚，而后利用 MongoDB 支持下的分析机制将其整理并生成可视化地图,从而帮助管理者以实时方式了解这座城市的运作状况
欧洲核子研究中心	科学研究	大型强子对撞机产生的大数据利用 MongoDB 进行管理
阿里云	IT	提供基于云的 MongoDB 服务
新浪云	IT	提供基于云的 MongoDB 服务
腾迅云	IT	提供基于云的 MongoDB 服务
华为	IT	数据中心
携程	旅行网	数据中心
中国银行	金融	中银易商平台
中国东方航空公司	航空运输	东航 Shopping 项目。旨在为用户提供个性化的航班搜索服务，支持多目的地搜索、基于预算范围的搜索、城市主题的搜索、灵感语义的搜索、实时的低价日历搜索等。同时，灵活组合中转路径，提高 OD 航线覆盖率

3.3　列族数据存储模式

列族数据库（Column Families Database）是为处理大数据而生的。

说起大数据必须提一下那只名叫 Hadoop 的小象，它不仅是大数据处理技术的标志，还推动了列族数据库的实际应用。

Hadoop 所面对的大数据应用场景举例如下：

2008 年，阿里开始投入研究基于 Hadoop 的系统——云梯，并将其用于处理电子商务相关数据。云梯 1 的总容量大概为 9.3PB，包含了 1 100 台机器，每天处理约 18 000 道作业，扫描 500TB 数据[①]。目前已经进入云梯 2（基于飞天底层集群技术）的一个全新大数据平台应用状态。

2015 年，Yahoo!已经拥有 19 个 Hadoop 集群，其中包含 4 万多台服务器和超过 600PB 的存储[②]。

从上述例子可以看出列族数据库可以处理大数据的能力，也从侧面反映了列族数据库的应用重点。

Hadoop 海量的存储能力受 2003 年 Google 发表的《*google BigTable*》[③]论文的直接影响，带动了其他 NoSQL 数据库的蓬勃发展。

目前在数据库引擎排行网上（http://db-engines.com/en/ranking），最靠前的列族数据库为 Cassandra、HBase，都是 Hadoop 生态体系下的 NoSQL 数据库。

3.3.1　列族存储实现

列族数据库为了解决大数据存储问题引入了分布式处理技术，为了提高数据操作效率，针对传统数据库的弱点，采用了去规则、去约束化的思路。

1．列族数据库实现基本原理

在**数据库物理层**，我们可以把传统关系型数据库和列族数据库在硬盘上的存储方式进行一下对比。为此，先假设某电子商务网站需要存储客户的基本信息，如表 3.5 所示。

表 3.5　某电子商务网站客户基本信息

客户编号	姓名	地址	联系电话
1010	张三	北京通州区一丁大街 2 号	13800000000
1011	李四	天津和平区马场道 3 号	13900000000
…	…	…	…

① 大象的崛起!Hadoop 七年发展风雨录，http://cloud.it168.com/a2011/0906/1243/000001243128.shtml。

② 谢丽，雅虎如何在 Hadoop 集群上实现大规模分布式深度学习，http://www.infoq.com/cn/news/2015/10/Hadoop-Caffe-Spark?utm_campaign=infoq_content&。

③ Google BigTable，林子雨译，http://www.360doc.com/content/14/0912/13/15077656_408907386.shtml。

在传统关系型数据库和列族数据库中，上述两条记录在硬盘磁道里的记录方式如图 3.12 所示。

图 3.12（a）所示为传统关系型数据库典型的以行为基本单位的磁盘记录方式：两条数据记录对应磁盘上两个数据块，以行为单位进行读写。

图 3.12（b）所示为列族数据库典型的以列为单位的磁盘记录方式：“客户编号”字段内容作为一个数据块记录在一起，“姓名”字段内容作为另外一个数据块记录在一起，“地址”“联系电话”都如此处理，以列（或列族）为单位进行读写。

这是它们在物理磁盘存储记录上的区别。假设表 3.5 有上亿条记录，在其中要寻找客户编号为“1999”记录的姓名，传统关系型数据库需要在如此巨大的一张表上先找到“1999”行的地址，再整行读取。而列族数据库只需要读取“姓名”列地址的值即可。磁盘寻道速度快得多，而且读取数据量相对较少。这就是列族数据库在物理层面的优势。

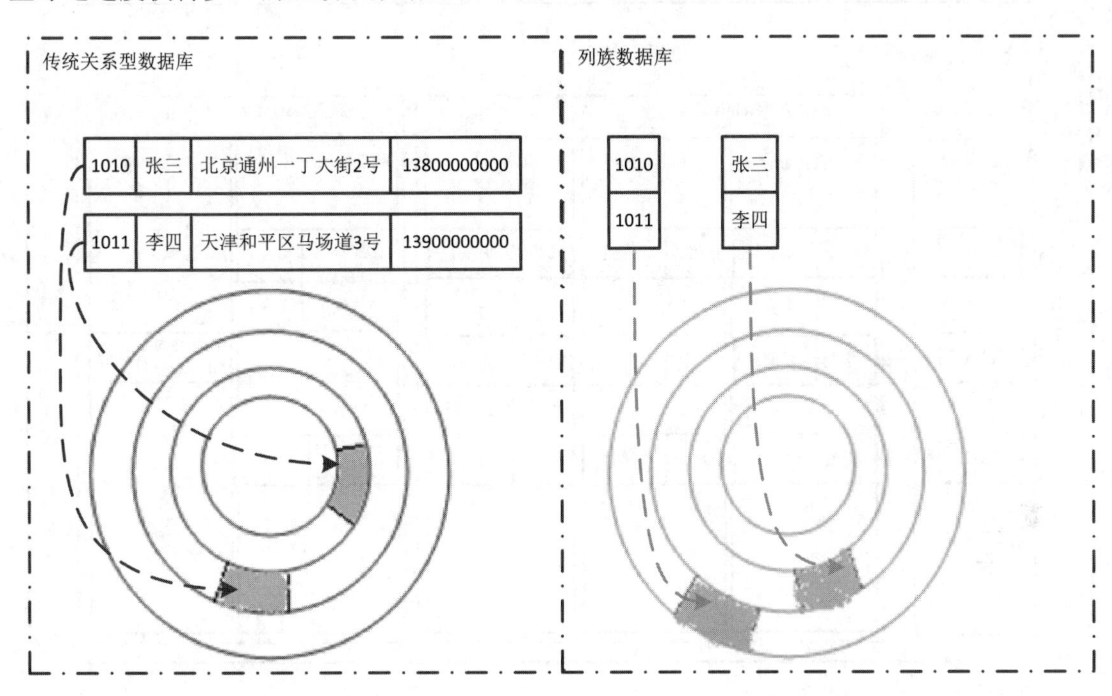

（a）传统关系型数据库：以行为单位　　　　（b）列族数据库：以列为单位

图 3.12　传统关系型数据库数据与列族数据库数据在硬盘中的存储方式比较[①]

在**数据库逻辑层面**（列族数据库功能代码实现层面），是怎么实现对数据存储的设计和管理的呢？采用稀疏矩阵[②]！这里我们把表 3.5 扩展成稀疏矩阵表，如表 3.6 所示。

① 要深入了解细节，可以参考《深入理解数据库磁盘存储》，http://blog.csdn.net/idber/article/details/8087473。

② 百度百科，稀疏矩阵，http://baike.baidu.com/item/稀疏矩阵。

表 3.6　某电子商务网站客户基本信息（稀疏矩阵表）

客户编号	姓名	地址	联系电话	发票抬头名称	邮箱
1010	张三	北京通州区一丁大街 2 号	13800000000	中国人民银行	
1011	李四	天津和平区马场道 3 号	13900000000		181818@dls.com
1012	王五	上海埔东区世界大道 1 号	13600000000	上海交通信息中心	
…	…	…	…	…	…

表 3.6 里存在几个空白字段，这个在传统数据库的表里是有默认值的（如 Null），这是要占用硬盘空间的。而在列族里什么都没有，这个空的地方与这个表没有关系，也就是在没有值的情况下，不占用硬盘空间。接着列族数据库会把表 3.6 进一步组织起来，形成如图 3.13 所示的逻辑存储模式。

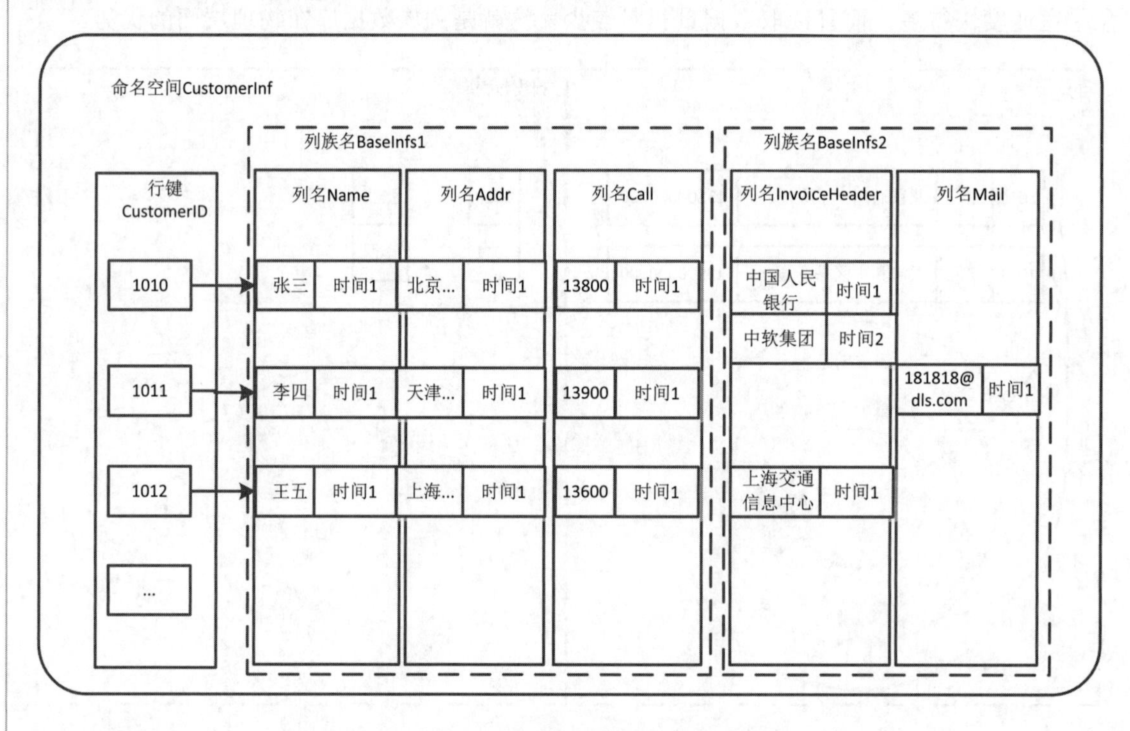

图 3.13　列族数据存储逻辑模式

命令空间→行键→列族名→列名→时间戳，可以确定图 3.12 里的确定值。这里要注意某一行的某一列里的值允许多个，用时间戳来区分版本。如行键为“1010”列名为“InvoiceHeader”的值为“中国人民银行”和“中软集团”，用“时间 1”和“时间 2”来区分。这样的存储记录方式，很符合某些实际业务场景。如张三这个人第一次上某电商网站采购商品时，他在中国人民银行工作，发票需要开“中国人民银行”的抬头；过一阵子他跳槽到中软集团，继续在该网站购物，那么发票就需要开“中软集团”的抬头了。列族存储结构可以很好地保存列值的不同版本内容。

2. 列族数据库存储结构基本要素

1）命名空间（NameSpace）

命名空间是列族数据库的顶级数据库结构。相当于传统关系型数据库的表名。

2）行键（Row Key）

行键用来唯一确定列族数据库中不同行数据区别的标识符。它的作用与传统关系型数据库表的行主键作用类似。但是列族数据库的行是虚的，只存在逻辑关系，因为它们的值以列为单位进行存储。而传统关系型数据库表的行是一条连续而紧密的记录。另外行键还起分区和排序作用。当列族的列存放于不同服务器的分区里时，则行键起分区地址指向的标识作用。列族数据库存放数据时，自动按照行键进行排序，如按照 ASCII[①]码进行排序。

3）列族（Column Family）

由若干个列所构成的一个集合称为列族。对于关系紧密的列可以放到一个列族里，目的是提高查询速度。

4）列（Column）

列是列族数据库里用来存放单个数值的数据结构。如图 3.13 里列名 Name 里的“张三”“李四”“王五”都是列值。有些列族数据库只能存放表示成字符串的各种值，不再区分值的其他类型，如 Hbase；有些则分整数、字符串、列表及映射等数据结构，如 Cassandra。

列的每个**值（Value）**都附带**时间戳（Time Stamp）**。通过时间戳来区分值的不同版本。

3. 基本数据操作方式

列族数据库也提供读、写、删除基本方式。感兴趣的读者可以参考 Eben Hewitt 著《Cassandra 权威指南》、LarsGeorge 著的《Hbase 权威指南》，或参考如下不同列族数据库的命令使用方法。

Cassandra 使用文档：https://cassandra.apache.org/doc/latest/

Hbase 使用文档：http://hbase.apache.org/book.html#faq

3.3.2　列族存储特点

（1）擅长大数据处理，特别是 PB、EB 级别的大数据存储和从几千台到几万台级别的服务器分布式存储管理，体现了更好的可扩展性和高可用性。

---

① 百度百科，ASCII,http://baike.baidu.com/item/ASCII。

（2）对于命名空间、行键、列族需要预先定义，列无需预先定义，随时可以增加。

（3）在大数据应用环境下，管理复杂，必须借助各种高效的管理工具来监控系统的正常运行。

（4）Hadoop 生态系统为基于列族的大数据分析，提供了各种开发工具，包括用于数据 ETL（Extract-Transform-Load）的 Flume、Sqoop、Pig 工具；用于统计分析和机器学习的 MapReduce、Spark、R、Mahout 工具等。

（5）数据存储模式相对键值数据库、文档数据库要复杂。

（6）查询功能相对更加丰富。

（7）高密集写入处理能力，不少列族数据库一般都能达到每秒百万次的并发插入处理能力。至于实际性能怎么样，最好进行模拟实际测试，最后才考虑是否进行生产应用。

3.3.3 应用实例

【应用案例 3.5】Cassandra 在 Netflix 公司的成功应用

Netflix 是美国一家在线影片租赁提供商，所提供的内容包括了互联网随选流媒体播放、定制 DVD、蓝光光碟在线出租业务等。根据 Netflix 在 2015 年年初发布的年度报告，其公司已在将近 50 个国家中拥有超过 5700 万用户。其在线服务平台，在 2012 年左右平均每天需要处理十亿次的读写操作。

原先使用的传统关系型数据库受性能限制，无法再提供更好的在线数据处理服务。于是 Netflix 于 2013 年完成了大数据从传统关系型数据库到 NoSQL 数据库 Cassandra 的转移。这在当时，Cassandra 对于 Netflix 而言是首选数据库，因为它们几乎满足了 Netflix 的所有需求。Netflix 已经将 95%的数据存储在 Cassandra 上，包括客户账户信息、影片评分、影片元数据、影片书签和日志等。Netflix 在 750 多个节点上运行着 50 多个 Cassandra 集群。高峰时，Netflix 每秒要处理 50 000 多个读取和 100 000 写入操作。Netflix 平均每天要处理 21 亿次的读取与 43 亿次的写入操作。[①]

（1）从这个实例读者应该可以感觉到列族数据库的应用方向。
（2）列族数据库更擅长密集写入操作，读取操作则相对差了些。
（3）在正式生产使用前，对列族数据库进行模拟测试和评估是非常必要的。

① Netflix 用 Apache Cassandra 替代甲骨文数据库，http://cio.zhiding.cn/cio/2013/0513/2159184.shtml。

读书笔记

3.4 图数据存储模式

第一次见到“图”的读者往往认为图就是“图片（Picture）”，其实错了，这里的“图”是指数学里的“图论（Graph Theory）”。所谓的图论里的图，就是由若干给定的点及连接两点的线所构成的图形，这种图形通常用来描述某些事物之间的某种特定关系，用点代表事物，用连接两点的线表示相应两个事物间具有这种关系[①]。如图 3.14 所示，就是一张典型的无向图。

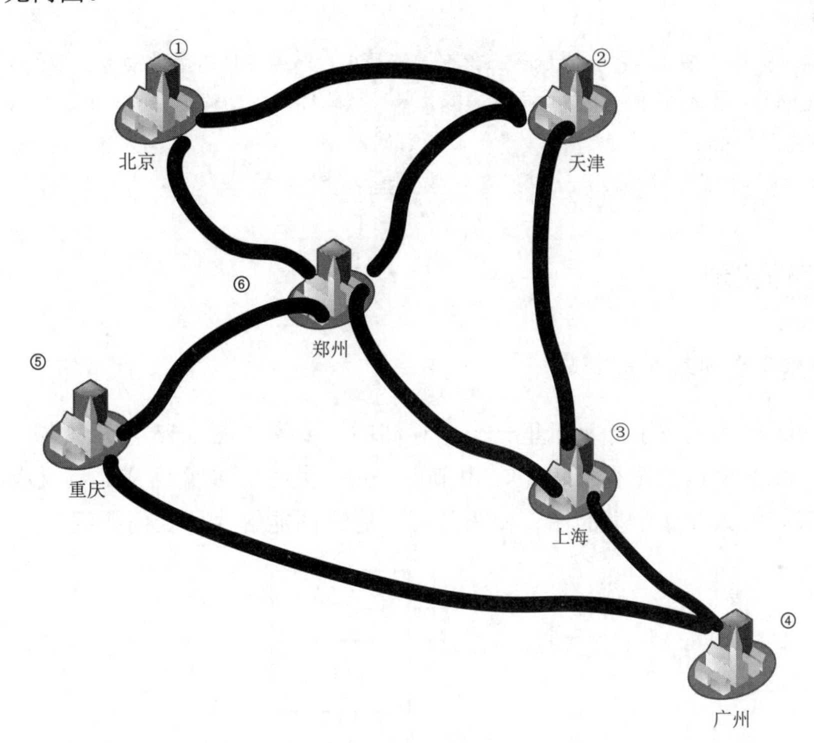

图 3.14　城市连接铁路货物运输图

它的点就是①北京②天津③上海④广州⑤重庆⑥郑州，也就是**节点**（Node）代表一个个事物实体，这个事物实体可以是城市、人、网站文章、病毒基因、包裹、网址等。

它的**边（Edge）**就是连接各个城市之间的铁路，表明实体之间的关系。两个城市之间连接铁路，意味着它们之间可以通过铁路运输货物或旅客。

所谓无向，指铁路是可以双向通行的，不受方向限制，相关的边就是**无向边（Undirected Edge）**；相对无向边，就是**有向边（Directed Edge）**，如用来表示家族成员

① 百度百科，图论，http://baike.baidu.com/item/图论。

读书笔记

关系的就是有向边，如爷爷指向父亲、父亲指向儿子、儿子指向孙子，有向边在画图时往往带有向箭头。

节点、边都可以附加**属性（Attribute）**。如果想与北京铁路站点联系，那么北京节点可以附加铁路站点名称、站点联系电话、值班联系电话等相关信息；如果想计算各个节点之间的距离或运输时间，那么可以在每条边上附加距离和时间属性。

图存储是一个包含若干个节点、节点之间存在边关系，节点和边可以附加相关属性的结合系统，简称**图（Graph）**。

（1）图里的节点（Node）不同于服务器集群里的节点，服务器集群节点指一台服务器。

（2）图里的节点也不同于分布式数据库里的片或节点软件，那个片指存储于一台服务器上的若干数据存储区域（Region）。

目前，不少书中把这 3 个概念混淆得厉害，导致读者理解困难。

3.4.1 图存储实现

1. 图数据库实现基本原理

节点、边、属性构成了计算机里一个图存储的三要素。图 3.15 所示为城市连接铁路货物运输图进一步抽象后的图存储模型，由节点、边、属性三要素组成。凡是有类似关系的事物实体都可以用该存储模型的图存储来处理。通过图能解决什么问题呢？

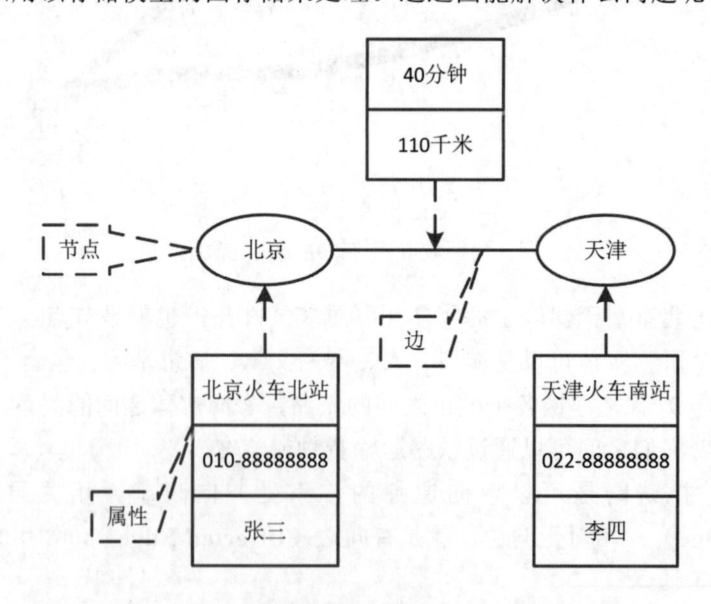

图 3.15　抽象后的图包括了节点、边、属性三要素

针对图 3.14，通过该存储模型，就可以处理某一家全国联网的快递公司的快递派送方案。

（1）图中两个节点之间最短路径是多少？

（2）两个节点之间哪条路线派送成本最小？

（3）两个节点之间哪条路线派送速度最快？

（4）哪个节点的邻居节点最多？（这意味着是否可以在该处建立中转仓库）

（5）哪个节点是薄弱节点？（一旦这个节点货物运输出错，可能影响相关节点货物运输）

（6）在某一时段，哪个节点货物进出量最大？哪个节点货物进出量最小？

对上述问题的解决是图数据库相对传统关系数据库的优势，可以在很快时间内得出想要的结论，而传统关系数据库要计算类似问题在速度上是个瓶颈。

2．图数据库存储结构基本要素

（1）节点（Node）。

（2）边（Edge）。

（3）属性（Attribute）。

（4）图（Graph）。

3．基本数据操作方式

这里结合 Neo4j[①]图数据库来简要罗列图的基本操作过程：

（1）Neo4j 是无模式数据库，也就是无需事先定义存储结构，在具体业务代码（如 Java、Python、JavaScript、.Net 等编程语言[②]）里操作实现数据存储模式，数据分类型，如整型、字符串等，提供事务处理功能。

（2）对于单个节点，提供建立（Create）、删除（Delete）、更新（Update）、移动（Remove）、合并（Merge）等操作。

（3）对于图，提供图的交集、图的并集、图的遍历等操作功能。

Cypher、Gremlin 为 Nedo4j 提供了不同的查询功能，类似 SQL 语句。

3.4.2 图存储特点

相对键值数据库、文档数据库、列族数据库，图数据库更具个性化，特定于图论的应用。对于图存储的特点，我们有必要进一步了解：

---

① Neo4j 官网，http://neo4j.com/。

② 关于 Java、Python、.Net、JavaScript 基于 Neo4j 开发的文档，https://neo4j.com/docs/。

读书笔记

1. 处理各种具有图结构的数据

这里的图结构包括无向图、有向图、流动网络图、二分图、多重图、加权图、树[①]等，如图 3.16 和图 3.17 所示。

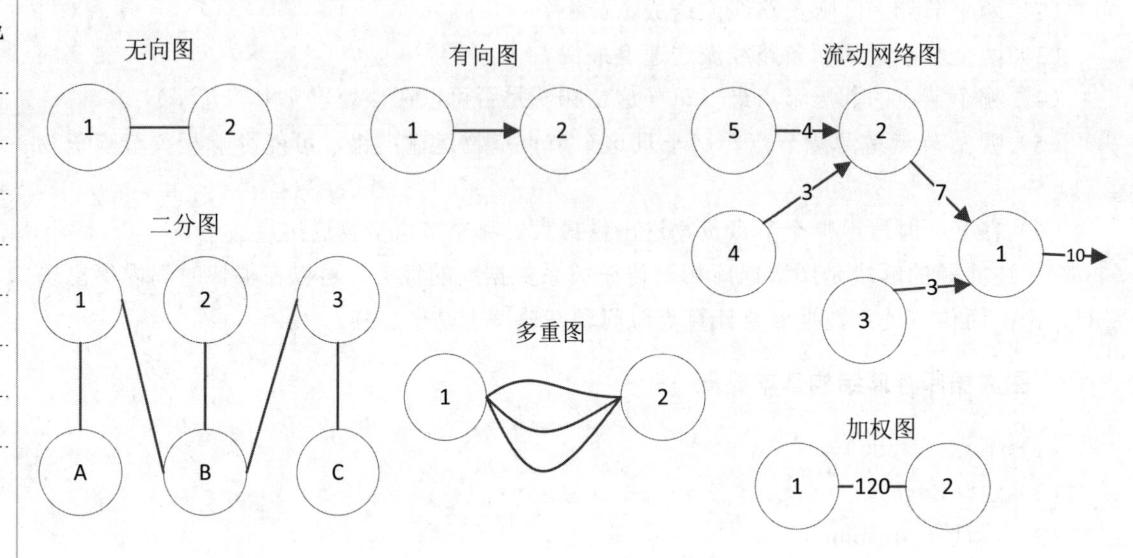

图 3.16 无向图、有向图、流动网络图、二分图、多重图、加权图

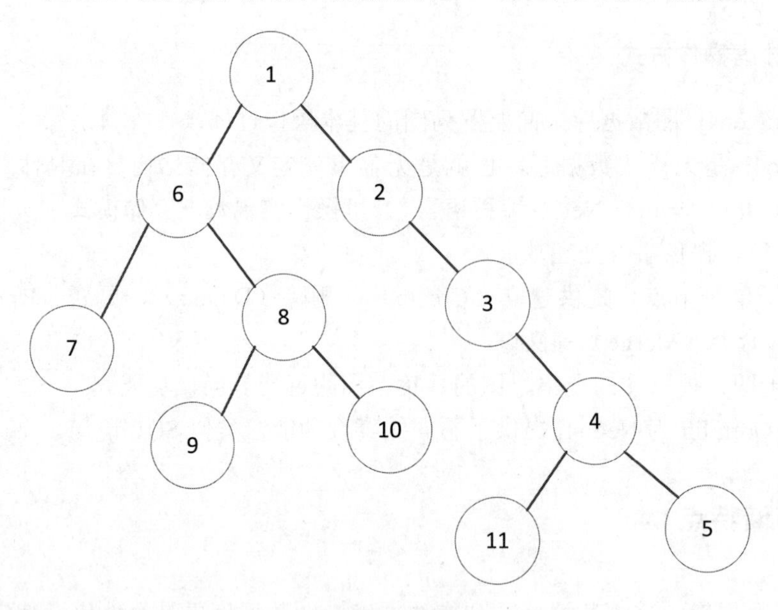

图 3.17 树

若要深入进行图存储开发，必须要了解不同种类图的特点。上述有些图是可以重叠

① 百度百科，树，http://baike.baidu.com/item/树/2699484。

的，如图 3.16 里的二分图，也可以叫无向图。

不同结构的图甚至同一结构的图，根据业务需要，要采取不同的查询算法。如遍历图 3.17 的树，可以是深度优先遍历，也可以是广度优先遍历[①]。Cypher、Gremlin 为遍历树提供了相应的查询功能。

读书笔记

2．应用领域相对明确

节点、边、属性三要素特征，使图数据库的应用领域具有以下特点。

（1）具有关系的互联网社交，如 QQ、微信里的群及成员关系。

（2）基于地图的交通运输，如物流公司用来选择最佳派送路径。

（3）生物领域比较研究，如传染病、蛋白质等相关关系的专业研究。

（4）物联网跟踪，如汽配企业全球范围配件使用跟踪。

（5）游戏开发，如建立玩家与道具的关系。

（6）规则推理，如根据网评决定去哪家餐馆。

3．以单台服务器运行的图数据库为主

一旦图数据被读到内存，就可以在内存中持续应用，所以在一台服务器里操作图数据，速度相对是快的。但是受内存最大容量的限制，对图数据的使用要进行准确测算。在数据量急剧增加时，需要谨慎评估原先的查询算法，因为不同算法在数据量急增的情况下，消耗运行时间的增加情况是不一样的。

目前，只有少数图数据库具备分布式处理的能力，如 Titan[②]。最近 Neo4j 具备了集群服务功能，那么意味着该数据库具备了多服务器存储数据的能力。

4．图偏重于查找、统计、分析应用

图存储数据本身非常简单，主要通过节点与节点产生的关系，进行深入查找、统计、分析，以发现有价值的数据规律。所以，研究重点在后者。

3.4.3　应用实例

【应用案例 3.6】Neo4j 在 eBay 公司的成功应用

总部位于美国的 eBay（易贝）网，是一家销售玩具、领带、拖鞋、手机等商品的电子商务平台，并为个人提供网上拍卖交易服务，业务范围遍及全球几十个国家。目前，eBay

---

① 百度百科，遍历，http://baike.baidu.com/item/遍历。

② http://thinkaurelius.github.io/titan/。

每天为顾客提供几千个分类的几百万件商品，所服务的注册用户已经达到了 1.4 亿。

在 2014 年之前，eBay 商品交易平台的订单快递查询业务使用的是 MySQL 数据库，随着业务的大规模增长，该平台技术支持团队认为现有的 MySQL 数据库解决方案已经满足不了实际业务处理需要，尤其是响应速度太慢、维护太复杂，会影响用户的在线购买体验，并给平台运行本身带来技术处理压力。

鉴于 eBay 平台快递查询的核心实体是用户和订单，它们之间产生各种途径的派送关系。于是 eBay 技术团队在 2014 年开始，把相关的业务数据管理从 MySQL 数据库迁移到了 Neo4j 数据库。迁移完成后，技术团队发现，现有快递查询功能速度快了几千倍，而执行查询请求的代码却缩减为原来的 $\frac{1}{10}\sim\frac{1}{100}$，达到了提高速度、减少维护工作量的目的。同时，由于 Neo4j 无需事先定义存储模式，当新的查询需求提出后，技术支持团队可以很容易地在代码端扩展相关功能，体现了 Neo4j 数据库的灵活性[①]。

要确定一款图数据库是否适合特定场景的业务应用，如每天处理几十万个订单，那么在正式进入生产应用前，最好的方法就是进行实际模拟测试，避免项目实施风险。

3.5 其他数据存储模式

通过对 NoSQL 官网（http://NoSQL-database.org/）的查阅，可以知道 NoSQL 除了键值数据库、文档数据库、列族数据库和图数据库外，还有其他类型的数据库，在此做简要介绍，方便感兴趣的读者快速了解。

3.5.1 多模式数据库

键值数据库、文档数据库、列族数据库、图数据库，都是针对一种数据存储模型进行数据处理的，每种数据库都有自己的特点及其擅长的地方。但是这些数据库，相对只擅长一个方面，如文档数据库擅长对 JSON、XML 这样的文档进行高效率的数据处理；而图数据库只擅长图论内容数据的处理。若要两者都能处理，那么就需要同时使用两种不同类型的数据库系统（所谓的多种数据库支持的综合数据库方案）。能否把多种数据存储模式集

① eBay's Competitive Advantage in Same-Day Delivery Using Neo4j，https://neo4j.com/blog/ebay-competitive-advantage-neo4j/。

成到一个数据库系统之中呢？答案是可以的，这就是多模式数据库。

多模式数据库（Multimodal Databases）就是提供多种数据存储模型的数据库管理系统。目前，在数据库排行网上，排名最靠前的两种多模式数据库产品是 MarkLogic 和 OrientDB。我们对它们的基本情况做个比较，如表 3.7 所示。

表 3.7　MarkLogic、OrientDB 多模式数据库比较

<table>
<tr><th colspan="3">比较项</th><th>比较说明</th></tr>
<tr><th>数据库名</th><th>MarkLogic</th><th>OrientDB</th><td rowspan="8">①比较时间 2017-2-8
②商业授权意味着要花钱，技术保障相对专业
③比较项会随着时间的变化而变化</td></tr>
<tr><td>数据库排行（名）</td><td>32</td><td>45</td></tr>
<tr><td>授权方式</td><td>商业</td><td>开源</td></tr>
<tr><td>支持存储模式</td><td>文档、本地 XML、RDF、搜索引擎</td><td>文档、图、键值、空间地图</td></tr>
<tr><td>支持的开发语言</td><td>Java、Python、JavaScript、PHP、C#、C++、C、Perl、Ruby</td><td>Java、Python、JavaScript、PHP、C#、C++、C、Ruby、.Net、Clojure、Scala</td></tr>
<tr><td>事务处理</td><td>ACID</td><td>ACID</td></tr>
<tr><td>扩展性</td><td>Sharding（切片）</td><td>Master-master+sharding</td></tr>
</table>

（1）利用不同类型的数据库实现项目建设目标，这样的综合数据库方案在实际项目中很常见，而且是被鼓励的。

（2）目前，多模式数据库市场流行状态或者被接受程度不如单一模式的数据库，在项目选择上要谨慎对待。可以想一想船、飞机、水上飞机三种交通工具的发展状态，有类比性。

3.5.2　对象数据库

在了解对象数据库定义之前，先要了解一下什么是面向对象？

面向对象（OO，Object Oriented）是软件开发的方法。面向对象的概念和应用已超越了程序设计和软件开发，扩展到如数据库系统、交互式界面、应用结构、应用平台、分布式系统、网络管理结构、CAD 技术、人工智能等领域。面向对象是一种对现实世界理解和抽象的方法，是计算机编程技术发展到一定阶段后的产物。[①]

在维基百科里，面向对象的数据库定义如下：

① 百度百科，面向对象，http://baike.baidu.com/item/面向对象。

对象数据库（Object Databases）是用来处理面向对象编程数据结构的数据库管理系统[①]。

目前，在数据库排行网上，排名最靠前的两种对象数据库产品是 Db4o 和 Versant Object Database。我们对它们的基本情况做个比较，如表 3.8 所示。

表 3.8　Db4o 和 Versant Object Database 对象数据库比较

比较项			比较说明
数据库名	Db4o	Versant Object Database	①比较时间 2017-2-8 ②比较项会随着时间的变化而变化
数据库排行（名）	102	113	
授权方式	开源	商业	
支持存储模式	对象	对象	
支持的开发语言	Java、C#、.Net	Java、C++、.Net	

3.5.3　网格和云数据库

网格和云数据库方案（Grid & Cloud Database Solutions）是基于网格计算[②]或云计算的数据库。但是这样分类似乎与其他 NoSQL 的分类有所重叠。如最新的文档数据库 MongoDB、Amazon DynamoDB，都提供了基于云服务的能力，主要满足个人和企业基于云平台部署的业务发展需要。而这里的网格或云计算能力的数据库，有两个显著特点区别于基于云平台部署服务的其他 NoSQL 数据库。

其一，这里的网格或云数据库天生是为了网格计算或云计算而产生的，它们是绝对的专业户，而基于云平台提供服务的数据库只能算是可以在云平台上正常使用的某类数据库，即普通用户。

其二，这里的网格或云数据库具有明显的网格计算或云计算特征，如分布式计算、基于内存的运算、实时数据流计算、基于大数据的计算等。

目前，该类数据库在数据库排行网上，排名最靠前的两种数据库产品是 GridGain 和 CrateDB[③]。我们对它们的基本情况做个比较，如表 3.9 所示。

---

① 维基百科，Object database，https://en.wikipedia.org/wiki/Object_database。

② 百科百度，网格计算，http://baike.baidu.com/item/网格计算。

③ 在分类角度不同的情况下，数据库排行网把 GridGain 数据库纳入了键值数据库，CrateDB 纳入了多模式数据库。

表 3.9　GridGain、CrateDB 数据库比较

比较项			比较说明
数据库名	GridGain	CrateDB	①比较时间 2017-2-8 ②比较项会随着时间的变化而变化
数据库排行（名）	107	158	
授权方式	商业和开源两种版本	开源	
支持存储模式	键值存储	关系数据库、搜索引擎	
支持的开发语言	Java、C++、.Net	Java、Python	

3.5.4　XML 数据库

XML 数据库（XML Databases）是一种支持对 XML 格式文档进行存储和查询等操作的数据管理系统。在系统中，开发人员可以对数据库中的 XML 文档进行查询、导出和指定格式的序列化。[①]

从上述定义可以看出，XML 数据库只处理 XML 结构的文档的数据库，非常专业。

目前，该类数据库在数据库排行网上，排名最靠前的两种数据库产品是 MarkLogic 和 Virtuoso，它们同时也是多模式数据库。我们选择排名第三、第四的 Sedna 和 Tamino，对它们的基本情况做个比较，如表 3.10 所示。

表 3.10　Sedna、Tamino 数据库比较

比较项			比较说明
数据库名	Sedna	Tamino	①比较时间 2017-2-8 ②比较项会随着时间的变化而变化
数据库排行（名）	111	158	
授权方式	开源	商业	
支持存储模式	Native XML DBMS	Native XML DBMS	
支持的开发语言	XQuery	XQuery	

3.5.5　多维数据库

多维数据库（Multidimensional Databases）是一种对大量的数据进行交互分析，并以提供决策依据为目的的数据库系统。[②]

目前，该类数据库在数据库排行网上，排名最靠前的两种数据库产品是 GT.M 和

---

① 百度百科，XML 数据库，http://baike.baidu.com/item/xml 数据库。

② T Bach, P Christian, S Jensen，Encyclopedia of Cryptography & Security，Multidimensional Databases. 2001:808-808。

SciDB，对它们的基本情况做个比较，如表 3.11 所示。

表 3.11　GT.M、SciDB 数据库比较

比较项			比较说明
数据库名	GT.M	SciDB	①比较时间 2017-2-8 ②比较项会随着时间的变化而变化
数据库排行（名）	142	165	
授权方式	商业	开源	
支持存储模式	键值	多值	
支持的开发语言	Python、Perl、M、C	Python、R	

3.5.6　多值数据库

多值数据库（Multivalue Databases）指在传统关系型数据库数据结构之上，把字段值存储方式进行改造，使之可以嵌套存放新的表结构的一种数据库系统。[①]

目前，该类数据库在数据库排行网上，排名最靠前的两种数据库产品是 Adabas 和 UniData+UniVerse，对它们的基本情况做个比较，如表 3.12 所示。

表 3.12　Adabas、UniData+UniVerse 数据库比较

比较项			比较说明
数据库名	Adabas	UniData+UniVerse	①比较时间 2017-2-8 ②比较项会随着时间的变化而变化
数据库排行（名）	54	66	
授权方式	商业	商业	
支持存储模式	键值	多值	
支持的开发语言	Natural	.Net、Basic、C、Java	
事务处理	ACID	ACID	

3.5.7　事件驱动数据库

事件驱动数据库（Event Sourcing Databases）是指能存储事件函数并进行相关事件流操作的数据库。这里的函数类似过程编程语言里的函数。

目前，该类数据库在数据库排行网上，排名最靠前的两种数据库产品是 Event Store 和 NEventStore，对它们的基本情况做个比较，如表 3.13 所示。

[①] Joe Celko，NoSQL 权威指南，王春生、范东来译，p145-147。

表 3.13　EventStore、NEventStore 数据库比较

比较项			比较说明
数据库名	EventStore	NEventStore	①比较时间 2017-2-8 ②比较项会随着时间的变化而变化
数据库排行（名）	189	207	
授权方式	开源	开源	
支持存储模式	事件	事件	
支持的开发语言	.Net、Akka、Erlang	.Net、Java	

应用范围非常窄的一类数据库。

3.5.8　时间序列/流数据库

时间序列数据库（Time Series Database）是指具有处理时间序列数据，能对时间序列数据数组建立索引的经过优化的数据库系统。[①]

在一些领域中，这些时间序列被称为轮廓、曲线或轨迹。如股票价格的时间序列可以被称为价格曲线，能量消耗的时间序列可以被称为负荷消耗断面轮廓（图），随时间积累的温度记录值可以被称为温度轨迹（线）。

流数据库（Streaming Databases）又称实时数据库（Real Time Databases）是一种使用实时处理数据方式来处理状态不断变化的工作负载的数据库系统[②]。

如对时间序列数据库提出实时处理要求，那么时间序列数据库就是流数据库。事实上，像在线股票价格分析，往往是需要实时计算处理的。

目前，该类数据库在数据库排行网上，排名最靠前的两种数据库产品是 InfluxDB 和 RRDtool，对它们的基本情况做个比较，如表 3.14 所示。

表 3.14　InfluxDB、RRDtool 数据库比较

比较项			比较说明
数据库名	InfluxDB	RRDtool	①比较时间 2017-2-8 ②比较项会随着时间的变化而变化
数据库排行（名）	43	75	
授权方式	开源	开源	
支持存储模式	时间序列	时间序列	
支持的开发语言	Java、Python、.Net、JavaScript、PHP 等	Java、Python、C#、JavaScript、PHP 等	
基于内存计算	是	是	

---

① 维基百科，Time series database，https://en.wikipedia.org/wiki/Time_series_database。

② 维基百科，Real-time database，https://en.wikipedia.org/wiki/Real-time_database。

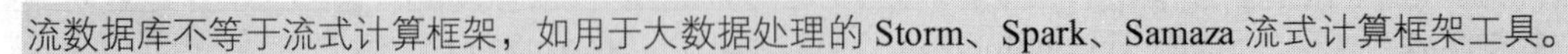

说明

流数据库不等于流式计算框架，如用于大数据处理的 Storm、Spark、Samaza 流式计算框架工具。

3.5.9 其他 NoSQL 相关的数据库

其他 NoSQL 相关的数据库（Other NoSQL Related Databases），如 IBM 公司的 Lotus/Domino 文档数据库、McObject 公司的 eXtremeDB（实时内存运算数据库）、Raima 公司的 RDM Embedded 等。

对于该类数据库NoSQL官网仅提供了简单概述和相应的网址，无其他介绍内容，而且在数据库排行网上几乎见不到它们的身影，所以这里也不做比较了，感兴趣的读者可以根据 NoSQL 官网提供的对应数据库产品的网址去详细了解。

3.5.10 科学、专业的数据库

科学、专业的数据库（Scientific and Specialized DBs）。NoSQL 官网目前提供了两种数据库，分别是 BayesDB 和 GPUdb。

BayesDB 是一种概率编程处理数据库，用于处理类似贝叶斯（Bayesian）数学模型的数据表，内置贝叶斯查询语句（BQL）。没有很好统计学知识训练的用户，可以借助该数据库进行科学统计计算。如检查变量之间的预测关系，推断缺失值，模拟可能的观察值，并进行统计分析。GPUdb 为许多核心设备的分布式数据库。GPUdb 为类似 NVIDIA GPUs（Graphics Processing Unit，图形处理器）的核心设备提供强大的并行数据库体验，具有 SQL 风格的查询功能，能够存储大数据。

3.5.11 未解决和归类的数据库

未解决和归类（Unresolved and Uncategorized）的数据库，它们是 Btrieve、KirbyBase、Tokutek、Recutils、FileDB、CodernityDB 等。

当看到这里的分类名称时，我们的第一感觉是否与 3.5.9 节的“其他 NoSQL 相关的数据库”相矛盾了？未解决和归类的数据库，那么不就是剩下其他不容易再分类的NoSQL数据库吗？反正 NoSQL 官网是这么分的，有点奇怪，但是也说明了一个问题，NoSQL 技术发展很快，新技术数据库产品层出不穷，我们要努力适应并能区分它们。这里有优秀的 NoSQL 产品，也有很糟糕的，这要求我们有足够的耐心去了解它们。学以致用，我们可不想在真实项目中，选择一款糟糕的 NoSQL 数据库产品。

3.6 小　　结

在使用一款数据库产品之前，先需要了解它的特点，能明白它的优点和缺点，只有这样才能发挥其特长，针对性地解决具体的实际问题。这是本书前三章的最主要的目的。所谓的眼界要开阔，才能做到自如地选择技术，更重要的是为了避免项目建设风险。

在本章选择 NoSQL 数据库类型进行介绍前，我们主要根据以下几个方面来选择。

（1）在国内外的流行程度。

（2）本书后续实际操作案例使用需要。

（3）根据 NoSQL 官网介绍的侧重点（http://NoSQL-database.org/）。

（4）根据数据库排行网站的排名（http://db-engines.com/en/ranking）。

把最稳定的、最流行的、技术先进的 NoSQL 数据库作为重点介绍，是我们的设想。

最新排名前两位的主要 NoSQL 数据库的特点如表 3.15 所示。

表 3.15　主要 NoSQL 数据库产品特点

NoSQL 类型	排行前两名数据库	主要特点
键值数据库	Redis、Memcached	基于内存数据处理，相对速度最快；数据存储结构最简单，只有 Key-Value 对形式；对值的查询统计功能支持很弱；由于基于内存数据处理，数据持久性相对弱。Redis 具备大数据管理能力（主从管理模式）；事务处理能力弱
文档数据库	MongoDB、Couchbase	MongoDB 基于硬盘数据处理，速度比 SQL 数据库提高十几倍；Couchbase 基于内存处理；两者都具有很强的横向扩展能力；文档数据库的值具备复杂文档结构数据的处理能力，查询统计性能相对比键值数据库要强。具备大数据处理能力；无事务处理能力
列族数据库	Cassandra、Hbase	基于硬盘数据处理，由于主要面向大数据存储，写速度明显比读速度要快，整体读写速度较键值数据库、文档数据库要慢；具有强大的数据查询统计功能；无事务处理能力
图数据库	Neo4j、OrientDB	基于硬盘的数据处理，侧重图数据查询计算。ACID 事务
其他数据库	MarkLogic、InfluxDB	略

说明：

（1）比较时间 2017 年 2 月 9 日。

（2）在最新的 NoSQL 官网数据库主界面上竟然出现了 NewSQL 的影子。作为 NewSQL 界耀眼的新星 PostgreSQL（最近数据库排名第 4）是值得关注的。多一种好的数据库多一份选择，只是我们的数据库程序员会更加辛苦。

读书笔记

（3）NoSQL 数据库的特点也是相对于 SQL 数据库的优点或缺点。NoSQL 的数据库产品，更多侧重某一方面的优势，如横向扩展性、速度优势、处理特定类型数据的能力优势等。

具有 NoSQL 技术的良好选择意识了，那么我们就要进入具体的实战操作了（从第 4 章开始），学而不用是一件非常遗憾的事情，我们要尽量避免。

3.7 练　习

一、基本知识

1．键值数据库存储的基本要素是_____、_____、_____和_____。

2．文档数据库存储的基本要素是_____、_____、_____和_____。

3．列族数据库存储的基本要素是_____、_____、_____和_____。

4．图数据库存储的基本要素是_____、_____、_____和_____。

5．按照对值查询能力的强弱来比较，键值数据库对值查询功能_____、文档数据库_____、列族数据库_____。

6．从对规模数据的处理速度来比较，键值数据库处理速度_______、文档数据库_____、列族数据库_____。

7．图数据库存储可以处理的图类型包括了_______、_______、_______有向图、_____、_____、_____、加权图等。

8．_____是多模式数据库。

9．图数据库 Neo4j、OrientDB 具有_____事务管理能力；键值数据库 Redis、Memcached 具有_____事务管理能力；文档数据库 MongoDB、Couchbase 具有_____事务管理能力。

10．Hadoop 旗下的列族数据库_____、_____具有大数据处理能力。

二、综合应用

1．某门户网站，需要收集海量网页数据，进行后台业务分析；并需要考虑技术的先进性和产品的成熟性；请选择一款合适的 NoSQL 数据库，并简要说明理由（至少三点理由）。

2．某电子商务平台，在线商品达到几十万，种类繁多，需要解决每天几十万人的商品信息浏览业务支持问题，提供的信息包括了商品基本销售信息和商品相关的属性信息；在后台要求能持久存储于硬盘，并进行在线商品属性统计。请合理选择一款NoSQL数据库产品，并简要说明选择理由（至少五点理由）。

3．对某一大型电子商务平台提供在线访问，相关商品的个性化、快速推荐。请选择一款合适的 NoSQL 数据库产品，并简要说明选择理由（至少三点理由）。

读书笔记

2

NoSQL 实践部分（电商大数据）

第 4 章，主要解决 MongoDB 数据库入门的问题，为读者提供 MongoDB 使用准备知识、基本操作命令、常用配置参数等内容，最后提供一个实现基本功能的简单案例（附详细代码程序）。

第 5 章，提供 MongDB 数据库高级功能知识，如原子操作、高级索引、高级分析、可视化管理工具等，并提供一个简单综合功能实现案例（附详细代码程序）。

第 6 章，提供基于 A 大型电子商务平台的综合实战案例，包括了日志存储、商品评论、用户扩展信息管理、订单信息跟踪、商品扩展信息管理、历史订单、点击量存储（附详细代码程序）。

第 7 章，主要解决 Redis 数据库入门的问题，为读者提供 Redis 使用准备知识、基本操作命令、常用配置参数等内容，最后提供一个实现基本功能的简单案例（附详细代码程序）。

读书笔记

第 8 章，提供 MongoDB 数据库高级功能知识，原子操作、一致性哈希、主从模式、可视化管理工具、并提供一个简单综合功能实现案例（附详细代码程序）。

第 9 章，提供基于 A 大型电子商务平台的综合实战案例，广告访问、商品推荐、购物车、点击商品记录分析、替代 Session、分页缓存 (附详细代码程序)。

第 2 部分提供基于 MongoDB、Redis 数据库的代码开发基础知识，并通以模拟的大型电子商务平台（这里开始叫它 A 电子商务平台）的实际应用案例为主线，进一步提高综合开发能力。

注意

(1) 数据库基本命令练习必须熟练，只有这样，才能深入开发。

(2) 所有用户端功能，都用 Java 代码内嵌数据库操作功能来实现。

(3) 每章内容都提供独立的代码可执行文件 (含源代码)。

第 4 章 文档数据库 MongoDB 入门

MongoDB 是 NoSQL 文档存储模式数据库的重要一员，目前在数据库排行网上高居前几位，体现了其受欢迎程度。

扫一扫，看视频

MongoDB 中的“Mongo”取自于“Humongous”，代表“极大”的意思。

MongoDB 是一款开源、跨平台、分布式，具有大数据处理能力的文档存储数据库。在 2007 年由 MongoDB 软件公司开发完成，并实现全部代码开源发展。目前，该文档数据库被国内外众多知名网站所采纳，用于提高数据访问的处理速度和大数据存储问题。

MongoDB 的基本存储原理见 3.2 节。

- MongoDB 使用准备，介绍了 MongoDB 的基本特点、安装方法、数据库建立原则、数据库建立方法。
- MongoDB 基本操作，对该数据库主要操作命令，提供了语法说明和操作案例。
- MongoDB 常用配置参数，建立、修改配置文件，并介绍了网络、存储配置参数功能。
- 第一个简单的案例，依次介绍了用 Java 连接 MongoDB，生产级 Java 连接 MongoDB、高并发模拟三部分内容，为 Java 等业务系统开发的程序员提供了入门知识。

4.1 MongoDB 使用准备

学习数据库最好的方法，就是在自己的计算机上安装数据库系统，然后一个命令一个命令地熟悉。让我们先学会 MongoDB 数据库的安装和基本使用要求吧。

4.1.1 了解 MongoDB

文档数据库 MongoDB 用于记录文档（Document）结构的数据，如 JSON、XML 结构的数据。一条文档就是一条记录（含数据和数据结构），一条记录里可以包含若干个键值对（Key-Value Pair）。键值对由键和值两部分组成，键（Key）又叫字段（Field）。键值对的值可以是普通值，如字符型、整型等；也可以是其他值，如文档、数组及文档数组。

键（Key）　值（Value）　一条文档记录

```
{
 GoodsName:"《战神-软件项目管理深度实战》",                    //字符串类型值
 Price:55,                                                    //实数类型值
 AddedTime:2016-3-1,                                          //日期类型值
 Groups["书","IT 类","软件项目管理"],                           //数组类型值
 {ISBN:"9787121281044",Press:"电子工业出版社",Pages:"340"} //文档类型值
}
```

上述代码为一条典型的 JSON 结构的数据文档，包括了基本类型、数组类型、嵌入文档类型的值。

1. MongoDB 的主要特征

（1）**高性能**。提供 JSON、XML 等可嵌入数据快速处理功能；提供文档的索引功能，以提高查询速度（相对传统数据库而言）。

（2）**丰富的查询语言**。为数据聚合、结构文档、地理空间提供丰富的查询功能。

（3）**高可用性**。提供自动故障转移和数据冗余处理功能。

（4）**水平扩展能力**。提供基于多服务器集群的分布式数据处理能力，具体处理时分主从和权衡（基于 Hash[①]自动推选）两种处理模式（意味可以处理大数据）。

（5）**多个存储引擎的支持**。MongoDB 提供多个存储引擎，如 WiredTiger 引擎、MMAPv1 引擎和 In-Memory[②]，前两个基于硬盘读写的存储引擎，后一个基于内存的存储

① Hash，中文翻译为“哈希”或“散列”，是生成唯一值的一种算法。

② 悦光阴，《MongoDB 存储引擎：WiredTiger 和 In-Memory》，http://www.cnblogs.com/ljhdo/archive/2016/10/30/4947357.html。

引擎。从 3.2 版本开始默认数据库引擎为 WiredTiger。

后续章节的相关内容将体现上述特征的具体实现细节。

2．MongoDB 存储概念比较

MongoDB 与 TRDB 在概念上存在一些可以比较的地方，如表 4.1 所示。

表 4.1　MongoDB 与 TRDB 数据库基本概念比较

MongoDB	TRDB	比 较 说 明
数据库 DB	数据库 DB	都有数据库概念，需要用命令建立数据库名。如根据不同项目建立两个数据库名，一个为 test 数据库，用于测试；一个为 goodsdb 数据库，用于正式业务数据存储及操作
集合	表	一个集合对应于一个表。MongoDB 无须事先定义表结构，TRDB 必须事先强制定义
文档	行	每个文档都有一个特殊的_id，_id 值在文档所属集合中是唯一的，默认由 MongoDB 自己维护，当然也可以由程序员编程指定。一个文档类似于 TRDB 一行记录，文档要避免不同集合的关联关系（Join），而以行为基础的 TRDB 强调关联关系
键值对	字段值	文档的一个键值对类似于 TRDB 里的一个字段值。不过文档里的值可以嵌入更复杂的数据结构

通过表 4.1 的对比，有利于快速掌握 MongoDB 数据库的基本概念。

3．3 种安装方式

MongoDB 数据库有 3 种安装方式：单机学习安装、单机伪分布式安装、生产环境部署安装。

（1）单机学习安装不考虑模拟多服务器环境下数据的存储及使用操作，主要实现对 MongoDB 数据库基本操作命令的熟悉及相关业务系统功能的开发操作（详见 4.1.2 节）。

（2）单机伪分布式安装除了熟悉 MongoDB 数据库基本操作命令外，还可以进一步模拟多服务器环境下的使用技术（详见 4.2.7 节复制、4.2.8 节分片）。

（3）生产环境部署安装，则是在实际商业生产环境下的多服务部署及使用（详见 12.2 节）。

4.1.2　MongoDB 安装

MongoDB 官网提供了详细的安装操作教程，读者可以直接阅读最新安装相关内容（https://docs.mongodb.com/manual/installation/）。

MongoDB 3.4.4 版明确表示不再支持 32 位的操作系统，这意味着在 Windows XP、Windows Server 2003 等操作系统上安装 MongoDB 3.4.4 版将会出错。

读书笔记

1．安装环境确认

1）操作系统要求

MongoDB 3.4.4 支持 64 位 Linux、OS X、Windows、UNIX 四大系列操作系统的安装，不同的操作系统，安装及配置方式不尽相同。在下载 MongoDB 前，必须仔细确认自己计算机所安装的操作系统类型。

2）CPU 要求

CPU 必须是支持 64 位的。MongoDB 3.4.4 不支持 32 位 CPU。

上述两个安装环境条件必须**同时满足**，否则无法安装 MongoDB 最新版本。

考虑到读者的学习方便性及操作系统的普及性，这里选择 Windows 操作系统（Win7 或以上），作为入门操作使用环境。

使用单机学习安装方式。

2．安装步骤

（1）下载 MongoDB 3.4.4 安装包到本机，下载地址为 https://www.mongodb.com/download-center。

（2）建立安装路径，如 D:\MongoDB\data。在 D:\MongoDB\data\路径下分别创建“\db”和“\log”子路径，D:\MongoDB\data\db 用于存放数据库文件，D:\MongoDB\data\log 用于存放日志（**Journal**）文件（mongod.log）。

注意

必须要有 data 子文件路径，db 和 log 子路径必须在 data 下面，不然安装完成后，执行 MongoDB 将会出错。

（3）单击并运行该安装包。

单击 mongodb-win32-x86_64-2008plus-ssl-3.4.4-signed.msi，运行安装包，弹出安装界面，如图 4.1 所示。

第一步，单击安装界面中的 Next 按钮。

第二步，选择 I accept the terms in the License Agreement，单击 Next 按钮。

第三步，依次选择 Custom 和 Browse...，然后选择安装路径（在此设置为“D:\MongoDB\data”），单击 Next 按钮。

第四步，单击 Install 按钮，开始安装，最后单击 Finish 按钮完成安装包的安装。

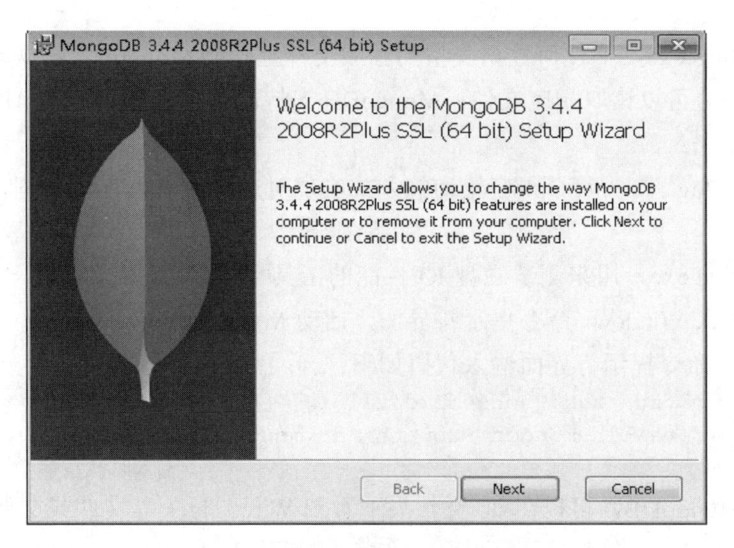

图 4.1　MongoDB 3.4.4 安装界面

在“D:\MongoDB\data\bin”路径下可以看到如下安装完成的一系列可执行程序。

① mongod.exe，是 MongoDB 最核心的服务器端数据库管理软件，不能暴露在公共网络上，主要实现服务器端数据库的数据处理、数据访问管理及其他后台管理，存在于每台数据库服务器上。本书统称为数据库服务端。

② mongo.exe，客户端 shell 运行支持程序，为数据库系统管理提供了交互式操作数据库统一界面，也为系统开发人员测试数据库等操作提供了方便。Mongo 实质是一个 JavaScript 代码交互式执行平台，是读者频繁使用的一个终端软件。

③ mongos.exe，路由管理程序，用于 MongoDB 分片集群环境下的业务系统访问的路由管理。

④ mongostat.exe，MongoDB 运行状态监控工具，可以快速查看当前运行的 mongod 或 mongos 实例的状态。

⑤ mongotop.exe，监控工具，可以根据时间持续对读写数据进行统计，默认 1 秒返回一次监控信息。

⑥ mongodump.exe，以人工执行方式，通过 Mongod 或 Mongos，以二进制形式实现对数据库业务数据的导出备份。

⑦ mongorestore.exe，以人工执行方式，通过 Mongod 或 Mongos，以二进制形式实现对备份数据的恢复，配合 mongodump.exe 一起使用。

⑧ mongoexport.exe，在人工执行方式下，以 JSON 或 CSV 格式导出数据库数据。

⑨ mongoimport.exe，在人工执行方式下，对 mongoexport.exe 导出的数据恢复到数据库系统之中。

⑩ bsondump.exe，将 BSON 文件转换为可阅读的格式，如可以把 Mongodump 生成的输出文件转为 JSON 格式的可阅读文件。

⑪ mongofiles.exe，把任何数据类型的独立文件上传到MongoDB数据库中，以 GridFS 形式分块存储，并可以读取相应文件；MongoDB 支持的各种编程语言的 API 接口都提供类似读写功能。

⑫ mongooplog.exe，以 Oplog 轮询的方式实现对远程服务器上的数据，同步到本地服务器上。

⑬ mongoperf.exe，用来测试磁盘 IO 性能的工具。

第五步，进入 Windows 命令提示符界面，启动 MongoDB。

在 Windows 命令提示符界面输入代码如下：

```
C:\Users\win7>cd /d d:\mongodb\data\bin
d:\mongodb\data\bin>mongod -dbpath "d:\mongodb\data\db"
                                        //输入时注意参数之间的一个空格
```

正式启动 MongoDB，可以在 db 文件夹下看到 WiredTiger 等文件或文件夹。

新开一个 Windows 命令提示符界面，在其中执行 cd /d d:\mongodb\data\bin，然后输入 mongo.exe 命令，启动 Mongo Shell 交互式命令执行平台，出现如图 4.2 所示界面。

图 4.2　Mongo Shell 启动成功界面

（1）应用软件尽量不安装在 C 盘，是个好习惯。

（2）用 quit()命令或 Ctrl+C 快捷键可以退出 MongoDB 操作界面。

上述 MongoDB 数据库服务软件启动过程是一次性的，当读者关闭计算机后，再次使用时，还需要在 Windows 命令提示符下切换文件夹地址启动 Mongod.exe。这里提供一种通过配置让 Windows 操作系统自动启动 Mongod.exe 的方法。

运行 Windows 命令提示符，进入 bin 子文件夹，执行下列命令：

```
>d:\mongodb\bin>mongod --dbpath  "d:\mongoDB\data\db" --logpath
"d:\mongodb\data\log\MongoDB.log" --install --serviceName "MongoDB"
```

接着在 Windows 命令提示符下用下列命令启动 MongoDB 服务：

```
d:\mongodb\bin>net start MongoDB       //一定要在本机用管理员权限操作，不然会报
                                        "服务器名无效"的错误
```

自此，基于 Windows 自启动的配置完成，读者每次打开计算机后无需手动启动 Mongod，就可以直接在 Shell 界面中执行各种数据库操作命令。

特殊情况下想关闭服务和删除进程，其操作命令为：

```
> d:\mongodb\bin>net  stop MongoDB   (关闭服务)
>d:\mongodb\bin>mongod --dbpath "d:\mongodb\data\db" --logpath
"d:\mongodb\data\log\MongoDB.log" --remove --serviceName "MongoDB"  (删除
进程)
```

读书笔记

3. Mongo 使用技巧

在 Mongo 命令界面单击鼠标右键，在弹出的快捷菜单中可以看到“标记”“复制”“粘贴”“全选”“滚动”“查找”命令，如图 4.3 所示。熟练掌握上述命令，可以为后续的代码学习带来很大帮助。

图 4.3　在 Mongo Shell 上单击鼠标右键弹出的快捷菜单

（1）利用“标记”项和“复制”命令可将 Mongo 界面信息复制到其他编辑界面。

“标记”，可以选择性标记 Mongo 界面显示的命令行信息，并为“复制”功能提供指定范围的复制信息。

第一步，在弹出的快捷菜单中选择“标记”命令。

第二步，在 Mongo 界面中，单击鼠标左键选中要复制的信息的开始位置（出现一个白

色的竖条），然后按住鼠标左键拖动到要复制的内容的右边（出现一块选中的白色区域）。

第三步，按 Enter 键，完成指定范围命令信息的选择过程；这个 Enter 键也是图 4.3 所示快捷菜单中的第二个命令——“复制”的快捷键。

第四步，可以把复制完成的数据，复制到“记事本”、Word 文档等处。

（2）把“记事本”、Word 文档等处编写完成的 Mongo 命令，“粘贴”到 Mongo 可执行界面，并执行命令。

第一步，在“记事本”、Word 文档等处编写书中提供的案例代码（部分案例代码存放在附赠代码文件夹下，可以直接打开使用）。

第二步，复制“记事本”、Word 文档等处的代码内容。

第三步，在图 4.3 所示快捷菜单中选择“粘贴”命令，若代码合法，就会在 Mongo 界面中开始执行，并给出执行结果信息。

（3）“全选”复制

选择图 4.3 所示快捷菜单中的“全选”命令，再按 Enter 键，可以实现 Mongo 界面上所有显示信息的复制。

（4）“滚动”，可以实现 Mongo 界面选定命令的再执行过程。

（5）“查找”，为使用者提供 Mongo 界面显示内容的特定输入查找功能。

4.1.3 数据库建立基本规则

在 MongoDB 数据库初始安装完成后，默认的数据库是 test，读者可以在其上做各种练习操作。当然实际生产环境下我们自己需要建立更多的数据库实例，因此，需要掌握建立自定义数据库名称的基本规则。

1. 数据库名称定义规则

符合 UTF-8[①]标准的字符串，但是要遵守表 4.2 所示命名注意事项。

表 4.2 MongoDB 数据库命名注意事项

序号	注意事项
1	不能是空字符串，如""
2	不得含有“ ”（空格）、.、$、/、\、\0（空字符）
3	区分大小写，建议全部小写
4	名称最多为 64 字节
5	不得使用保留的数据库名，如 admin、local、config、test

① 百度百科，UTF-8，http://baike.baidu.com/item/UTF-8。

虽然 UTF-8 可以提供基于各个国家语言的命名方式，如用汉字来命名数据库名。但是这里强调尽量采用英文字母、数字等为主的命名方式。如下列命名方式是正确的：

```
>use Goodsdb
>use usa_customer
>use word10001
```

下列命名方式不被 MongoDB 接受：

```
>use ""
>use .book
>use /381881
```

读者可以自行在 MongoDB 运行环境测试一下，养成勤敲命令勤测试的好习惯。

2．集合名称定义规则

符合 UTF-8 标准的字符串，同时要遵守表 4.3 所示的命名注意事项。

表 4.3　MongoDB 数据库集合命名注意事项

序号	注意事项
1	不能是空字符串，如""
2	不得含有$、\0（空字符）
3	不能以"system."开头，这是为系统集合保留的前缀
4	用"."来组织子集合，如 book.itbook

集合概念见 3.2.1 节内容，集合命令实现见 4.2 节内容。

3．文档的键的定义规则

符合 UTF-8 标准的字符串，同时要遵守表 4.4 所示的命名注意事项。

表 4.4　MongoDB 数据库文档键命名注意事项

序号	注意事项
1	不能包含\0 字符（空字符），这个字符表示键的结束
2	"."和"$"是被保留的，只能在特定环境下用
3	区分类型（如字符串、整数等），同时也区分大小写
4	键不能重复，在一条文档里起唯一的作用

键概念见 3.2.1 节内容，键相关命令实现见 4.2 节内容。

文档的键值对是有顺序的，相同的键值对如果有不同顺序的话，也是不同的文档。

读书笔记

4．文档值数据类型

虽然 MongoDB 在使用时无需直接定义数据存储结构，也无需明确指定文档的数据类型，但是它也存在数据类型概念，在实际业务环境下必须能正确区分存储数据的类型。MongoDB 数据库支持表 4.5 所示文档值数据类型的存储。

表 4.5　MongoDB 数据库文档值数据类型

房号	数据类型	描述	举例
1	null	表示空值或者未定义的对象	{"otherbook":null}
2	布尔值	真或者假（true 或者 false）	{"allowing":true}
3	32 位整数	shell 不支持该类型，默认会转换成 64 位浮点数，也可以使用 NumberInt 类	{"number":NumberInt("3")}
4	64 位整数	shell 不支持该类型，默认会转换成 64 位浮点数，也可以使用 NumberLong 类	{"longnumber":NumberLong("3")}
5	64 位浮点数	shell 中的数字就是这一种类型	{"price":23.5}
6	字符串	UTF-8 字符串	{"bookname":"《C 语言编程》"}
7	符号	shell 不支持。它会将数据库中的符号类型的数据自动转换成字符串	
8	对象 id	文档的 12 字节的唯一 id，保证一条文档记录的唯一性。可以在服务器端自动生成，也可以在代码端生成，允许程序员自行指定 id 值	{"id": ObjectId()}
9	日期	从标准纪元开始的毫秒数	{"saledate":new Date()}
10	正则表达式	文档中可以包含正则表达式，遵循 JavaScript 的语法	{"foo":/foobar/i}
11	代码	文档中可以包含 JavaScript 代码	{"nodeprocess"：function() {}}
12	undefined	未定义	{"Explain"：undefined}
13	数组	值的集合或者列表	{"books": ["《C 语言》","《Java 语言》"]}
14	内嵌文档	JSON、XML 等文档本身	{bookname:"《C 语言》", bookpice:33.2, adddate:2017-10-1, allow:true, baseinf:{ ISBN:183838388,press:"清华大学出版社"} }

具体操作见 4.2 节。文档数据库值类型由程序员通过代码进行控制（参考第 6 章），本身不进行类型检查和出错提醒。而传统关系型数据库表里的值类型插入时，先进行强制类型检查。

读书笔记

4.1.4　数据库建立

1. 数据库类型

（1）admin 数据库：一个权限数据库，如果创建用户的时候将该用户添加到 admin 数据库中，那么该用户就自动继承了所有数据库的权限。

（2）local 数据库：这个数据库永远不会被负责，可以用来存储本地单台服务器的任意集合。

（3）config 数据库：当 MongoDB 使用分片模式时，config 数据库在内部使用，用于保存分片的信息。

（4）test 数据库：MongoDB 安装后的默认数据库，可以用于数据库命令的各种操作，包括测试。

上述数据库为 MongoDB 安装完成后的保留数据库。

（5）自定义数据库：根据应用系统需要建立的业务数据库。

2. MongoDB 数据库建立相关命令

1）创建自定义数据库 use

语法：use 数据库名

实例：

```
>use goodsdb                    //在 Shell 环境下执行
```

如果 goodsdb 数据库不存在，则新建立数据库；如果 goodsdb 数据库存在，则连接该数据库，然后可以在该数据库上做各种命令操作。

2）查看数据库 show dbs

语法：show dbs

实例：

```
> show dbs                      //可以在任意当前数据库上执行该命令
admin     0.000GB               //保留数据库，admin
goodsdb   0.000GB               //自定义数据库，goodsdb，该数据库里已经插入几条记录了
```

```
local      0.000GB                //保留数据库，local
test       0.000GB                //保留数据库，test
```

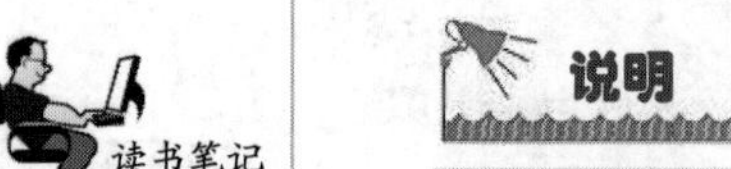

说明

对于刚刚建立的 goodsdb 数据库并没有显示出来，原因是 goodsdb 数据库里没有内容。若 goodsdb 数据库里有数据了，则会在上述命令显示结果上增加一列 goodsdb 0.028GB 类似的记录。可以用 4.2.1 的命令事先插入几条集合记录。

3）统计某数据库信息 db.stats()

语法：db.stats()

实例：

```
>use test                          //选择 test 数据库
>db.stats()                        //执行 db.stats() 命令，执行结果显示如下
{
   "db":"test",                    //系统自带测试数据库
   "collections":2,                //集合数量，刚刚安装为 0
  "views":0,
  "objects":3,                     //文档对象的个数，所有集合的记录数之和
  "avgObjSize":55.66666664,        //平均每个对象的大小，通过 dataSize/objects 得到
  "dataSize":167,                  //当前库所有集合的数据大小
  "storageSize":49152              //磁盘存储大小
  "numExtents":0,                  //所有集合的扩展数据量统计数
  "indexes":2,                     //已建立索引数量
  "indexSize":49152,               //索引大小
   "ok":1
}
```

4）删除数据库 dropdatabase()

语法：db.dropDatabase()　//删除当前数据库

实例：

```
> use goodsdb                      //连接到 goodsdb 数据库
>db.dropdatabase()                 //执行删除当前数据库命令
{"dropped":"goodsdb","ok":1}       //显示删除成功
```

说明

在生产环境下，不要随便使用该命令。因为执行该命令后对应的数据库文件就消失了，一般情况下具有不可恢复性。

5）查看当前数据库下的集合名称 getCollectionNames()

语法：db. getCollectionNames ()　//查看当前数据库下的所有集合的名称

实例：

```
> db.getCollectionNames()
```

6）查看数据库用户角色权限 show roles

语法：show roles　//查看当前数据库的用户角色权限及用户名、密码等信息

实例：

```
>use test
>show roles                          //显示 test 数据库的所有角色权限
{
      "role" : "dbAdmin",            //数据库管理角色，执行数据库管理相关操作功能
      "db" : "test",
      "isBuiltin" : true,            //内置角色
      "roles" : [ ],                 //放置用户角色、权限等信息
      "inheritedRoles" : [ ]
}
{
       "role" : "dbOwner",           //提供数据库任何管理操作功能，此角色集合了
                                       readWrite、dbAdminhe  userAdmin 角色
                                       授予的权限
       "db" : "test",
      …
}
{
       "role" : "enableSharding"     //提供分片操作权限
       "db" : "test",
       …
}
{
       "role" : "read",              //主要提供自定义业务数据库读权限
       "db" : "test",
       …
}
{
       "role" : "readWrite",         //主要提供自定义业务数据库读写权限
       "db" : "test",
       …
}
{
       "role" : "userAdmin",         //提供在当前数据库上创建和修改角色和用户的功
能。由于该角色允许操作员向任何用户授予任何权限，该角色还间接地提供对数据库的超级用户
（root）的访问权限
       "db" : "test",
       …
}
```

在实际生产环境下，执行 show roles 命令，获得的信息会有所变化。技术人员可以通

读书笔记

过 db.createUser 来建立新的用户角色、权限、用户名和密码等信息。

用类似下述格式的命令来修改用户角色权限等信息：

```
db.runCommand({updateRole: "LLRole",
  privileges:
      [
        { resource: { db:""}, actions: ["find" , "update", "insert",
"remove"] },                                                //设置操作权限
      ],
  roles:
      [
        { role: "dbAdminAnyDatabase", db: "admin" }        //设置 admin 管理角色
      ],
  writeConcern: <w:"majority">} )                           //设置写约束范围
```

（1）在生产环境下建议对 MongoDB 的访问建立严格的访问授权，以预防网络安全问题。

（2）在开发环境下为了快速调试，允许无授权访问。

4.2 MongoDB 基本操作

数据库实例[①]建立后，就可以对数据库进行各种基本命令操作了，具体包括了插入、更新、删除、查询、索引、聚合、复制、分片等。本节操作命令都基于 Mongo Shell 交互式执行平台执行（db.Collection.命令函数，为典型的 Shell 专用操作命令格式）。

初学者必须先学会在 Mongo shell 环境下熟悉和使用 MongoDB 的各种命令；在转入业务系统代码开发后，如 Java 将提供对应的类似命令 API 开发接口（详见 4.4 节）。

4.2.1 插入文档

通过 Mongo 往 MongoDB 指定集合里插入文档，在传统关系型数据库里相当于往表里插入记录，最主要的区别是 MongoDB 事先无需对数据存储结构进行定义，用插入命令往数据库文件里写入数据的同时就自动建立相关内容。

① 数据库实例（Database Instance），已经安装完成的可运行的一套数据库管理系统，其中可以包括若干个数据库。

语法：db.collection.insert

```
(<document or array of documents>,          //必填写字段
  { //可选字段
    writeConcern: <document>,
    ordered: <boolean>
  }
)
```

命令说明：

在集合里插入一条或多条文档。

db 为数据库名（在 Shell 平台用 db 代表当前数据库；在客户端用编程语言调用时，用具体的数据库名，如当前数据库名为“test”，则用 test 代替 db），collection 为集合名，insert 为插入文档命令；它们三者之间用“.”连接。

参数说明：

（1）<document or array of documents>，可以设置插入一条或多条新文档。

（2）writeConcern: <document>，自定义写出错确认级别，详见例 4.6 或 4.2.9 节相关内容，是一种出错捕捉机制。

（3）ordered: <boolean>，当值为 false 时，忽略文档错误，继续执行数组中文档的无序插入。true（默认值）值时，执行文档中的有序插入，如果某个文档发生错误，命令将返回，不再处理。

返回值：

（1）insert 命令插入成功，返回插入文档对象 WriteResult({ "nInserted" : 1})。

（2）insert 命令插入失败，返回结果中会包含 WriteResult.writeConcernError 对象字段内容，需要与 writeConcern 配合使用。

【例 4.1】插入一条简单文档。

进入 mongo 命令输入状态，依次输入以下操作命令：

```
>use goodsdb                                //若 goodsdb 已经存在，则选择为当前数
                                              据库，否则建立数据库名
Switched to db goodsdb                      //use 执行成功提示信息
>db.goodsbaseinf.insert(
  {name:"<C 语言编程>",price:32
  }
)
WriteResult({ "nInserted" : 1 })            //插入成功提示
>db.goodsbaseinf.find()                     //显示集合内容，详细功能见 4.2.2 节
```

显示：

```
{ "_id" : ObjectId("593214cc902fb7b0c344eaab"), "name" : "<C 语言编程>",
"price": 32 }
```

说明

（1）insert 命令，自动产生一个_id 值。

（2）insert 命令可以用 save 命令代替。若给 save 命令指定_id 值，则会更新默认的_id 值，如 db.set1.save({_id:1002,x:"Ok"})。

（3）如果没有 goodsbaseinf 集合对象，则第一次 insert 时自动建立集合；若存在集合，则变成多条文档的集合。

【例 4.2】插入一条复杂文档。

```
>db.goodsbaseinf.insert(    //为了美观，可以在 mongo 输入过程，按 Enter 键另行输入
{
 name:"《c 语言》",
 bookprice:33.2,
 adddate:2017-10-1,
 allow:true,
 baseinf:{
        ISBN:183838388,press:"清华大学出版社"
 },
 tags:["good","book","it","Program"]
 }
)
>goodsdb.goodsbaseinf.find()
```

显示：将显示两条文档记录（具体内容略）。

说明

（1）insert 插入值里可以嵌套文档，这样可以避免传统关系库里多表的关联（join）运算，在大数据量情况下，join 会拖累数据库的执行速度。

（2）insert 命令也可以包含数组，用于记录分类等信息。

（3）文档数据库接受数据冗余问题，它更关心执行效率问题。

（4）执行过程出现类似提示“SyntaxError: missing ; before statement @(shell)”则是输入语法结构存在问题。

作者在使用 MongoDB 提供的 mongo 过程中也发现了它的很多不足，为了加快读者的学习进度，提供如下的学习技巧。

（1）初学者在利用 mongo 输入数据测试时，很可能会产生格式问题，如输入复杂内容的数据更是如此。本书附赠代码里提供了文本格式的测试代码，如图 4.4 所示。把 TXT 文件里的测试内容直接复制到 mongo 的执行界面上，可以代替手工输入，然后按 Enter 键，就可以执行相应命令的

操作了。

（2）另外，利用“笔记本”工具输入中文等字符或进行内容修改等操作，会比直接使用 Mongo 操作容易得多。

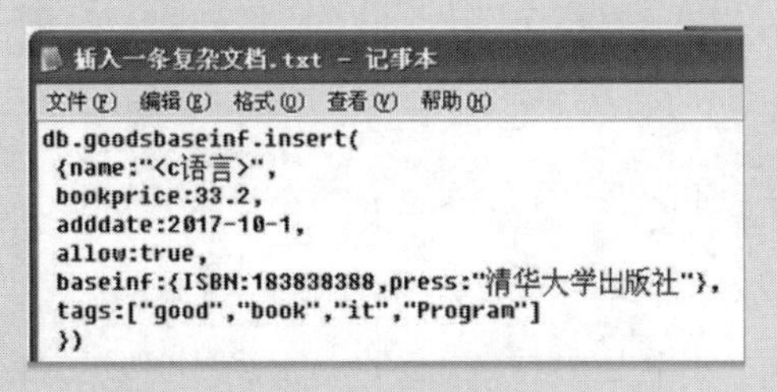

图 4.4　附赠测试代码文件

读书笔记

【例 4.3】插入多条文档。

```
>db.goodsbaseinf.insert(
  [
    {
      item: "小学生教材",name:"《小学一年级语文(上册)》",price:12
    },
    {
      item: "初中生教材",name:"《初中一年级语文(上册)》",price:15
    },
    {
      item: "高中生教材",name:"《高中一年级语文(上册)》",price:20
    },
    {
     item: "外语教材",name:"《英语全解\nABC（五年级上）》",price:30
    }
  ]
)
```

利用中括号，实现一次多条文档插入

显示：将在集合 goodsbaseinf 里增加 4 条文档（具体内容略）。

说明

（1）使用 insert 命令一次性插入多条文档会比一条一条地插入省时，这在大数据环境下是必须考虑的问题。

（2）多条文档一次性插入，利用了 insert 的原子性事务特征，保证所有插入文档要么插入成功，要么不成功。关于原子性事务，详见 5.1 节。

【例 4.4】用变量方式插入文档。

```
>document=({name:"《C 语言编程》",price:32})      //document 为变量名
>db.goodsbaseinf.insert(document)
```

显示：如果采用通过 txt 文件粘贴复制形式，可以连续执行上述两条命令。这提示读

者，可以利用复制、粘贴形式，成批连续执行数据库命令。这里要记得 Mongo 本身是 JavaScript 脚本执行平台。

【例 4.5】有序插入多条文档。

```
>db.goodsbaseinf.insert(
  [
    {
      _id:10,item:"小学生教材",name:"《小学二年级语文(上册)》",price:10
    },
    {
      _id:12,item:"小学生教材",name:"《小学四年级语文(上册)》",price:13
    },
    {
      _id:11,item:"小学生教材",name:"《小学三年级语文(上册)》",price:12
    }
  ],
  {ordered:true}                              //有序插入设置
)
```

说明

假设在 goodsdb.goodsbaseinf 集合里已经有“_id:11”的一条文档记录。那么在执行上述命令时，命令执行将失败。也就是一条文档在_ids 相同的情况下不能重复插入。在 ordered:true 时，一条都不插入；在 ordered:false 时，除了出错记录外，其他记录继续插入。

【例 4.6】自定义写出错确认级别（含 insert 命令出错返回对象显示）。

```
>db.goodsbaseinf.insert(
    {
        _id:1,item:"大学生教材",name:"《大学一年级语文(上册)》",price:50
    },
    {
        writeConcern: { w: "majority", wtimeout: 5000 }
    } //5000 毫秒
)
```

假设在多服务器插入该条文档命令时，因网络拥堵原因，超过 5 秒未完成命令操作。该命令将放弃执行，并返回一个出错对象内容，如下所示：

```
WriteResult({
   "nInserted" : 1,
   "writeConcernError" : {
      "code" : 64,
      "errmsg" : "waiting for replication timed out at shard-a"
   }
})
```

说明

（1）对 insert 插入出错信息的捕捉非常重要，要确保重要数据能正确插入，而不能丢失或插入错误内容。这对程序员提出了更高的数据检查要求。
（2）writeconcern 使用方法详见 4.2.9 节。

读书笔记

【例 4.7】 简化的插入命令。

从 MongoDB 3.2 开始出现了两种新的文档插入命令：

（1）db.collection.insertOne()

（2）db.collection.insertMany()

语法：db.collection.insertOne(document)　//一次性插入一条文档命令

```
>db.goodsbaseinf.insertOne(
  {
    name:"《C 语言编程(V2)》",price:32
  }
)
```

该命令与 insert 的区别，可以让程序员确保插入的是一条文档，而不能做多文档操作处理。

语法：db.collection.insertMany(documents)　//一次性插入多条文档命令

```
>db.goodsbaseinf.insertMany(
  [
    {name:"《B 语言编程(V2)》",price:32},
    {name:"《A 语言编程(V2)》",price:40},
    {name:"《D 语言编程(V2)》",price:50}
  ]
)
```

说明

显然 insertOne()和 insertMany()是为程序员偷懒准备的，事实上，它们可以更好地减少程序插入文档的出错率，并提高编程效率，在实际软件项目中是鼓励使用的。本书的读者，最好先使用 insert 命令，确保基础扎实。

4.2.2　查询文档

MongoDB 数据库建立集合，并插入文档后，就可以用查询文档命令查看数据。

语法：db.collection_name.find

```
(query,                              //查询条件设置
```

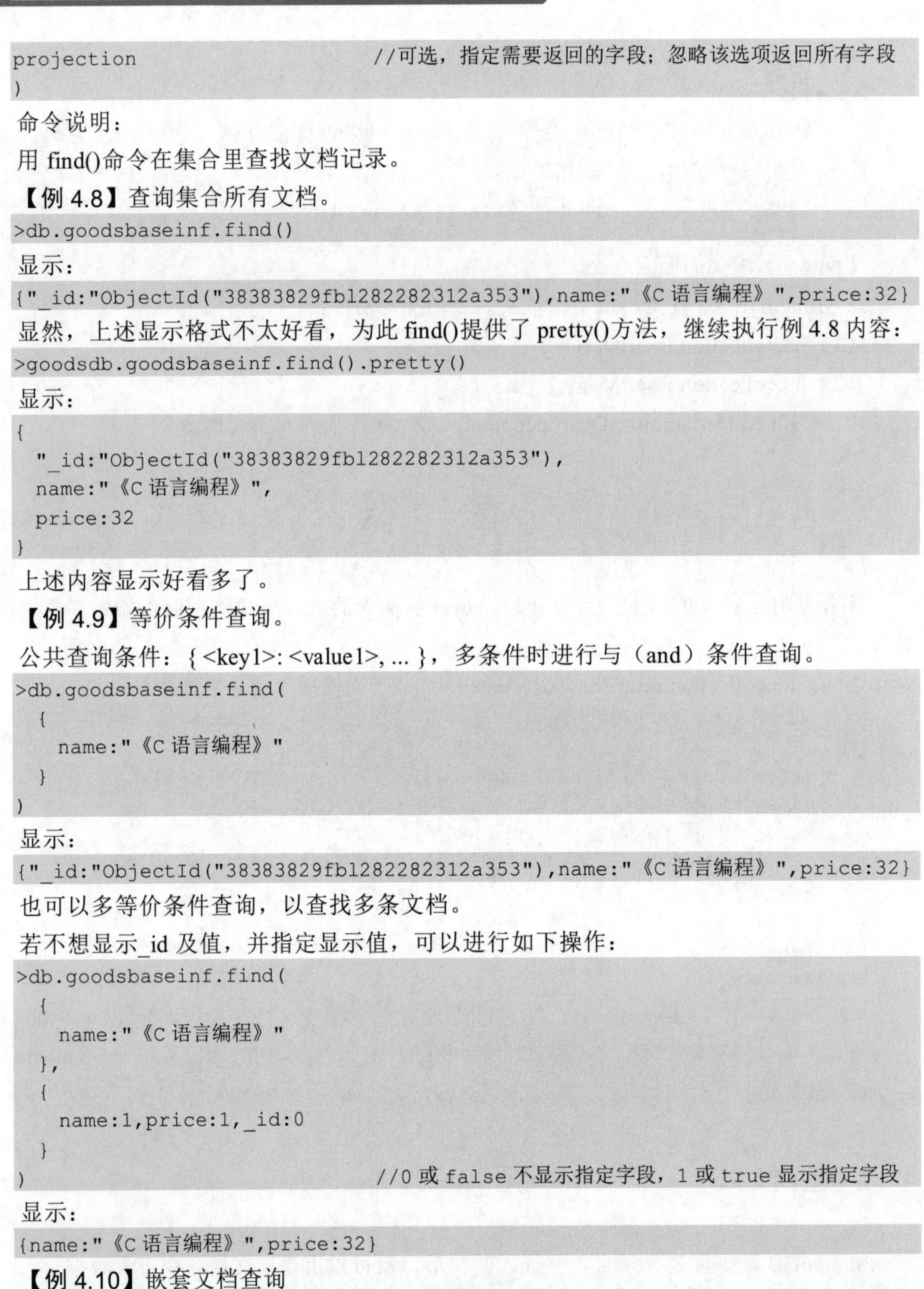

```
projection                    //可选，指定需要返回的字段；忽略该选项返回所有字段
)
```

命令说明：

用 find()命令在集合里查找文档记录。

读书笔记

【例 4.8】查询集合所有文档。

```
>db.goodsbaseinf.find()
```

显示：

```
{"_id:"ObjectId("38383829fbl282282312a353"),name:"《C 语言编程》",price:32}
```

显然，上述显示格式不太好看，为此 find()提供了 pretty()方法，继续执行例 4.8 内容：

```
>goodsdb.goodsbaseinf.find().pretty()
```

显示：

```
{
  "_id:"ObjectId("38383829fbl282282312a353"),
  name:"《C 语言编程》",
  price:32
}
```

上述内容显示好看多了。

【例 4.9】等价条件查询。

公共查询条件：{ <key1>: <value1>, ... }，多条件时进行与（and）条件查询。

```
>db.goodsbaseinf.find(
  {
    name:"《C 语言编程》"
  }
)
```

显示：

```
{"_id:"ObjectId("38383829fbl282282312a353"),name:"《C 语言编程》",price:32}
```

也可以多等价条件查询，以查找多条文档。

若不想显示_id 及值，并指定显示值，可以进行如下操作：

```
>db.goodsbaseinf.find(
  {
    name:"《C 语言编程》"
  },
  {
    name:1,price:1,_id:0
  }
)                              //0 或 false 不显示指定字段，1 或 true 显示指定字段
```

显示：

```
{name:"《C 语言编程》",price:32}
```

【例 4.10】嵌套文档查询

```
> db.goodsbaseinf.find(
      {
```

```
            "baseinf.press":"清华大学出版社"
        }
)
```

显示：略。

读书笔记

这里通过“.”号连接 baseinf 和 press，并以加双引号方式来实现指定嵌套文档的查询。

【例 4.11】数组查询。

```
>db.goodsbaseinf.find(
    {
      tags:["good","book","it","Program"]
    }
)//等价查询某一数组
>db.goodsbaseinf.find(
    {
      tags:"good"
    }
)//查询数组里的某一个值
>db.goodsbaseinf.find(
    {
      tags:{$size:4}
    }
)//查询有 4 个元素的数组
```

显示：略。

【例 4.12】查找 null 值字段，查找指定无值字段。

```
>db.goodsbaseinf.insert(
    [
        {_id:2222,toy:null},
        {_id:1112}
    ]
)
>db.goodsbaseinf.find(
    {
        _id:2222,toy:null
    }
)                                        //查找 null 值字段
>db.goodsbaseinf.find(
    {
        _id:1112,toy:{$exists:false}
    }
)                                        //查找的值不存在
```

显示：略。

【例 4.13】查找返回值游标操作。

```
>var showCursor=db.goodsbaseinf.find()
>showCursor.forEach(printjson);           //打印显示游标获取的集合
```

显示：略

读书笔记

【例 4.14】limit 与 skip 方法查询。

```
>db.goodsbaseinf.find().limit(1)       //返回第一条文档
>db.goodsbaseinf.find().skip(2)        //显示第 3 条开始的文档记录
```

【例 4.15】带$in 运算符的查询。

用带$in 运算符实现或（or）条件查找，代码如下：

```
>db.goodsbaseinf.find(
  {
    _id:{
      $in:[12,ObjectId("59322b6051baf2e220bac1c2")]
    }
  }
)                                       //查找_id等于12或ObjectId("59322b6051-
                                          baf2e220bac1c2")的文档记录
```

【例 4.16】通过查询操作符来查询

公共查询条件：{ <key1>: { <operator1>: <value1> }, ... }

如表 4.6 所示为 find()的查询条件操作符及实例。

表 4.6　find()的查询条件操作符及实例

操作符	格式	实例	与 TRDB 的类似语句
小于	{<key>:{$lt:<value>}}	db.goodsbaseinf.find({price:{$lt:15}})	where price<15
小于等于	{<key>:{$lte:<value>}}	db.goodsbaseinf.find({price:{$lte:15}})	where price <=15
大于	{<key>:{$gt:<value>}}	db.goodsbaseinf.find({price:{$gt:15}})	where price>15
大于等于	{<key>:{$gte:<value>}}	db.goodsbaseinf.find({price:{$gte:15}})	where price >=15
不等于	{<key>:{$ne:<value>}}	db.goodsbaseinf.find({price:{$ne:15}})	where price!=15
与（and）	{key1:value1, key2:value2,…}	db.goodsbaseinf.find({name:"《小学一年级语文(上册)》", price:12}).pretty()	where name="《小学一年级语文(上册)》"and price=12
或（or）	{$or:[{key1: value1}, {key2:value2},…]}	db.goodsbaseinf.find({$or:[{ name:"《小学一年级语文(上册)》"},{price:20}]})	where name="《小学一年级语文(上册)》" or price=20
正则表达式	<key>:{$regex:/**pattern**/<**options**>}也可以写成<key>: {$regex:'**pattern**'<**options**>}	pattern 实例见表 4.7 options 实例见表 4.8	

说明

$in 用于不同文档指定同一个 Key 进行或条件匹配，$or 可以指定多个 Key 或条件匹配。

表 4.7　正则表达式 pattern 选项

pattern 选项	实例	比较说明
/查询值的固定后一部分$/	db.goodsbaseinf.find({name:{$regex:/语文$/}}) .pretty()	where name like "%语文"
/^查询值的固定前一部分/	db.goodsbaseinf.find({name:{$regex:/^C 语言/}}) .pretty()	where name like "C 语言%"
/查询值的任意部分/	db.goodsbaseinf.find({name:{ $regex:/C/}}) .pretty()	where name like "%C%"

表 4.8　正则表达式 options 选项

options 选项	实例	选项说明
i	db.goodsbaseinf.find({name: {$regex:/^c 语言/i}}).pretty()	不区分大小写字母
m	db.goodsbaseinf.find({name: {$regex:/^C/,$options:"m"}})	在一个文档值存在多字符串记录的情况下（中间以\n 或$分隔），以记录为单位，匹配符合的文档记录。如果文档值中不包含\n 或$，则 m 选项不起作用
x	db.goodsbaseinf.find({name: {$regex:/上/,$options:"x"}})	在字符串文档值中，忽略有空格的、hash 值的或带#的文档记录
s	db.goodsbaseinf.find({name: {$regex:/^.*C/,$options: "si"}})	在**多字符串记录**情况下，使用 s 可以做到 pattern 带".*"情况下的多字符串行匹配

说明

表 4.6、表 4.7、表 4.8 中实例都是基于 4.2.1 节产生的 goodsbaseinf 集合数据执行，需要读者仔细地一条条地上机体验。

【例 4.17】区间条件查找。

```
>db.goodsbaseinf.find(
  {
   price:{$gt:3,$lt:33}
  }
)              //查询价格范围大于 3 小于 33 的值。可用于文档数值字段，也可以用于数组字段
```

显示：略。

4.2.3　更新文档

对于集合里插入的文档，若需要修改，则需要使用 MongoDB 提供的文档更新命令。

语法：db.collection.update

```
(
<query>,                                      //update 的查询条件
<update>,                                     //更新对象文档，含操作符功能使用
                                              //以下为可选参数：
  {upsert: <boolean>,
   multi: <boolean>,
     writeConcern: <document>,
   collation: <document>                      //MongoDB 3.4 版本新增参数
    }
)
```

命令说明：

用 update 命令在集合里更新一条或多条文档记录。

db 在 shell 里为当前数据库、collection 为指定的集合名、update 为更新命令。

参数说明：详见表 4.9。

表 4.9 update 命令参数

序号	参数名称	说明
1	**query**	update 的查询条件，类似 sql update 查询 where 子句后面的查询条件
2	**update**	update 的更新对象和一些更新的操作符（如$,$inc...）等，也可以理解为 sql update 查询 set 子句后面的更新内容
3	upsert	可选。如果不存在 update 的记录，是否插入 objNew：true 为插入，默认是 false，不插入
4	multi	可选。MongoDB 默认是 false，只更新找到的第一条记录，如果这个参数为 true，就把按条件查出来多条记录全部更新
5	writeConcern	可选。自定义写出错确认级别
6	collation	可选。指定特定国家语言的更新归类规则

返回值：

（1）更新成功，返回 WriteResult({ "nUpdated" : n})对象。

（2）更新失败，返回结果中会包含 WriteResult.writeConcernError 对象字段内容。

【例 4.18】修改一条简单文档。

在 goodsdb 数据库的新集合 order 里，先插入一条订单信息，含订单名称、数量、订单明细等记录，然后用 update 命令把订单名称从“商品购物单 1”改为“商品购物单 2”。

```
>user goodsdb
>db.order.insert(
   {
     title:"商品购物单 1",
     amount:35,
     detail:[
        {name:"苹果",price:22},{name:"面粉",price:18}
```

```
        ]
    }
)
>db.order.update(
  {
    title:"商品购物单 1"
  },
  {
    $set:{title:"商品购物单 2"}
  }
)                                                    //改订单名称
>db.order.find().pretty()
```

修改某一值，用$set 操作符

显示：

```
{"_id" : ObjectId("56064f89ade2f21f36b03136"),
  title:"商品购物单 2",                               //订单名称改变了
  amount:35,
  detail:[{name:"苹果",
          price:22
          },
          {name:"面粉",
           price:18}
         ]
}
```

```
>db.order.update(
{
title:"商品购物单 2"
},
{
$inc:{amount:5}
}
)
>db.order.find().pretty()
```

修改数值，做加法运算。直接用$inc 操作符，可以是正数、负数，也可以是小数

显示：amount:35 变为 amount:40。

```
>db.order.update(
  {
    title:"商品购物单 2"
  },
  {
    $mul:{amount:2}
  }
)
>db.order.find().pretty()
```

修改数值，做乘法运算。直接用$mul 操作符，可以是正数、负数也可以是小数

显示：amount:40 变为 amount:80。

```
>db.order.insert(
```

读书笔记

```
  {
    _id:10,
    titlss:"商品购物单 3",          //titlss 为输入出错的 key 名
    amount:50.5,
    unit:"元",
    detail:[
           {name:"西瓜",price:20.5},{name:"面粉",price:30}
           ]
    }
)
> db.order.update({_id:10},{$rename:{"titlss":"title"}})
>db.order.find().pretty()
```

修改错误字段的键名，可以直接用$rename 操作符。在键名大量出错的情况下尤其有用

显示：titlss:"商品购物单 3"变为了 title:"商品购物单 3"。

```
>db.order.update(
  {
    _id:10
  },
  {
    $unset:{unit:"元"}
  }
)
>db.order.find().pretty()
```

删除一个字段，可以用$unset 操作符

显示：_id:10 的文档记录删除了 unit:"元"字段。

```
>db.order.update(
  {
    _id:10
  },
  {
    $min:{amount:50}
})
```

将$min 给出的值与当前文档字段值进行比较，当给定值较小时则修改当前文档值为给定值

显示：_id:10 文档的 amount 由 50.5 修改为 50。

```
>db.order.update(
  {
    _id:10
  },
  {
    $max:{amount:50.5}
  }
)
>db.order.find().pretty()
```

将$max 给出的值与当前文档字段值进行比较，当给定值较大时则修改当前文档值为给定值

显示：_id:10 文档的 amount 由 50 修改为 50.5。

```
>db.order.insert(
  {
    _id:11,
    title:"商品购物单 4",
```

读书笔记

```
    amount:80,
    unit:"元",
    detail:[
            {name:"香蕉",price:50},{name:"面粉",price:30}
          ],
    lasttime: ISODate("2017-06-03 13:58:55")
  }
)
>db.order.find(
  {
    _id:11
  }
)
>db.order.update(
  {
    _id:11
  },
  {
    lasttime: ISODate("2017-07-03 13:58:55")
  }
)
>db.order.find({_id:11})
```

用 ISODate 更新当前文档时间字段的值

显示：find 显示的前后时间有变化。

说明

（1）上述实例都是基于字段已经存在的前提下进行的各种值变化操作。

（2）上述操作符，除了$set 受 upsert 参数影响外，其他操作符必须考虑空字段或无字段的情况，操作结果都为默认值，请读者自行测试。

（3）对数组进行的相关操作符使用方法，详见附录一。

【例 4.19】修改一条文档里的数组和嵌套文档。

对文档里的子文档值进行修改，可以通过主 Key.SubKey 的组合来实现指定子文档字段对应值的修改；对于数组值的修改，可以通过 Key.Number 的方式指定修改数组值，Number 从 0,1…开始，对应数组的第一个下标、第二个下标……

```
>db.order.insert(
  {
    _id:12,
    title:"商品购物单 5",
    amount:90,
    unit:"元",
    detail:[
          {name:"葡萄",price:60},{name:"面粉",price:30}
```

```
        ],
    lasttime: ISODate("2017-06-03 15:48:55"),
    overview:{shop:"丁丁电子商务平台",shopno:5,address:"地球村"}
  }
)
>db.order.update(
  {
     _id:12
  },
  {
    $set:{
       "detail.1":{name:"大米",price:40},
       "overview.address":"天津市和平区成都道 0 号"
       }
  }
)
>db.order.find(
  {
    _id:12
  },
  {
    _id:0
  }
).pretty()
```

显示：

```
{
  title:"商品购物单 5",
  amount:90,
  unit:"元",
  detail:[
     {name:"葡萄",price:60},{name:"大米",price:40}
     ],
  lasttime:2017-02-18 9:10:1,
  overview:{shop:"丁丁电子商务平台",shopno:5,address:"天津市和平区成都道 0 号"}
}
```

说明

（1）MongoDB 数组下标从 0 开始，"detail.1"代表数组第 2 个元素。

（2）引用数组或嵌入文档对象时，都需要加""号，如"detail.1""overview.address"，中间用点号隔离。

【例 4.20】多文档修改。

默认情况下 update 命令都执行修改一条文档动作，我们也希望能同时修改所有符合条件的文档记录，这里需要采用 **multi** 选项。

```
> db.order.update(
   {
     "detail.name":"面粉","detail.price":{$lte:30}
   },
   {
     $set:{
        "detail.1":{name:"面粉",price:40}
          }
   },
   {
     multi:true
   }
)
```

Find()查询条件操作符，可以用在 update 操作条件上

读书笔记

显示：修改所有面粉价格小于等于 30 的文档记录，把面粉价格改为 40。

【例 4.21】增加文档字段。

Update 命令在特定情况下，可以增加文档的字段，甚至实现 insert 命令功能。这个特定条件是要修改的文档没有要修改的字段，而且 update 命令带 **upsert** 选项。

```
>db.order.update(
    {
      _id:10
    },
    {
      $set:{"detail.0":{name:"西瓜",price:10},
                 unit:"元"}
    },
    {
      upsert:true
    }
)
>db.order.find(
   {
      _id:10
   }
).pretty()
```

显示：

```
{   "_id" : 10,
    "amount" : 50.5,
    "detail" : [{
              "name" : "西瓜","price" : 10        //修改了西瓜价格从 20.5 变成了 10
            },
            {
              "name" : "面粉","price" : 40
            }],
```

```
    "title" : "商品购物单 3",
    "unit" : "元"                                          //新增加字段
}
```

【例 4.22】自定义写确认级别。

writeConcern 选项为 update 修改数据异常时，提供出错处理机制。

```
>db.order.update(
  {
    item:""
  },
  {
    $set:{title:"测试",price:50}
  },
  {
    multi:true,
    writeconcern:{w: "majority",wtimeout:5000}
  }
)
```

当 update 命令在 5 秒内没有执行完成时，取消该命令操作，并返回错误值

说明

（1）对于 insert、update 类似的写命令，有时提供出错处理机制非常重要，除非所写入数据不重要，允许丢失、写错现象的存在。

（2）write concern:参数详细用法见 4.2.9 节。

（3）在分布式环境下，必须考虑多服务器更新执行问题（一般一份数据，至少有两个副本）。

【例 4.23】collation 参数使用。

语法：

```
collation: {
   locale: <string>,    //若要使用 collation 参数，locale 是必选的，其他是可选
   caseLevel: <boolean>,
   caseFirst: <string>,
   strength: <int>,
   numericOrdering: <boolean>,
   alternate: <string>,
   maxVariable: <string>,
   backwards: <boolean>,
   normalization <Boolean>
}
```

参数说明：更新规则参数允许程序员为字符串比较指定特定国家语言的规则，如字母的大小写、重音标记等。参数成员详细使用说明如表 4.10 所示。

表 4.10　collation 参数成员详细说明[①]

字段	说明
locale: <string>	<"zh">中文，如用来比较汉字；默认不填写或者填写 simple 为二进制简单字符串比较
caseLevel: <boolean>	<false>，默认为该值，表示不进行大小比较 <true>，基本字符比较（大小写、读音符等比较受 strength 控制）
caseFirst: <string>	当有大小写字母时，确定小写的排在前，还是大写的排在前： <"upper">大写的排在前 <"lower">小写的排在前 <"off">默认值，接近于 lower，有细微差异
strength: <int>	<1>表示只进行基本字符的比较 <2>表示先进行基本字符比较，再根据差异对读音符进行比较 <3>表示先进行基本字符比较，再根据差异对读音符进行比较，最后才根据差异对大小写和字母变体进行比较。这是默认级别 <4>处理特定用例。如需要考虑标点符号或处理日语时使用 <5>限于中断器的特殊用途
numericOrdering: <boolean>	确定是否比较字符串里的数字 <true>，"10"比"2"大（数值比较） <false>，"10"比"2"小（采用 ASCII 码位比较）
alternate: <string>	<"non-ignorable">空格和标点符号都被认为是基本字符，参与比较。默认参数。<"shifted">空格和标点符号不被认为是基本字符，并且 strength:值为 4 或 5 时该设置才执行该参数
maxVariable: <string>	<"punct">空格和标点符号被忽略 <"space">空格被忽略 若 alternate 设置了"non-ignorable"，则这里的所有设置都被忽略；若 alternate 设置了"shifted"，则决定哪部分被忽略
backwards: <boolean>	确定有读音符的字符串是否从字符串后面排序的标志，例如使用一些语法字典排序： <true>从后向前进行比较 <false>从前到后进行比较，默认值
normalization <Boolean>	是否需要对文档里的文本进行标准化检查，一般来说大多数文本不需要归一化处理 <false>不检查，默认值；<true>检查是否完全规范化

若没有 collation 选项参数，update 命令则进行默认的简单二进制比较（BSON[②]，

① http://docs.mongoing.com/manual-zh/reference/collation-locales-defaults.html#collation-languages-locales。

② 百度百科，BSON，http://baike.baidu.com/item/BSON。

MongoDB 所有数据都以 BSON 格式存储于磁盘）。

【例 4.24】查询条件符号条件修改。

实例见例 4.20。这里单独说明，要求读者重视利用查询条件符号（包括正则条件符号）来灵活设置 update 命令的选择条件。

【例 4.25】3 个新的修改简化命令。

MongoDB 在 3.2 版开始提供新的经过简化的 3 种修改命令。

（1）db.collection.updateOne()。与 update()唯一的区别是命令语法里少了一个 multi: <boolean>选项，也就是 updateOne()只适用于符合条件的一条文档的修改任务。

（2）db.collection.updateMany()。与 update()唯一的区别是命令语法里少了一个 multi: <boolean>选项，也就是 updateMany()只适用于符合条件的多条文档的修改任务。

（3）db.collection.replaceOne()。与 update()的区别有两处，一个没有 multi: <boolean>选项；另外一个在第二个参数（update 的<update>）里不能有更新操作符。

如：

```
>db.order.replaceOne(
{
_id:10
},
{
$inc:{amount:5}
}
)
>db.order.replaceOne(
{
_id:10
},
 {
amount:55
}
)
```

使用$inc 操作符是不允许的，执行该命令将报错

正确做法

4.2.4 删除文档

MongoDB 集合的文档记录，若不需要了，则可以通过删除命令永久删除。

语法：db.collection.remove

```
(
<query>,//删除文档条件
{
justOne: <boolean>,
    writeConcern: <document>,
```

```
    collation: <document>
  }
)
```

命令说明：

在集合里删除一条或多条符合条件的文档。

参数说明：

（1）**<query>**，必选，设置删除文档条件。

（2）justOne: <boolean>，可选，false 为默认值，删除符合条件的所有文档；true 删除符合条件的一条文档。

（3）writeConcern: <document>，可选，自定义写出错确认级别。

（4）collation: <document>，可选，指定特定国家语言的删除归类规则。

返回值：

（1）删除成功，返回 WriteResult({ "nRemoved" : n})对象。

（2）删除失败，返回结果中会包含 WriteResult.writeConcernError 对象字段内容（跟 writeConcern 配合使用）。

【例 4.26】删除一个集合里的所有文档记录。

```
>use goodsdb
>db.tests.insertMany(                       //注意命令大小写
  [
    {item:"铅笔",price:2},
    {item:"钢笔",price:60}
  ]
)
>db.tests.remove({})
```

显示：

```
WriteResult({ "nRemoved" : 1 })
```

说明

若要删除整个集合，采用 db.tests.**drop()**方法效率更高，它会把整个集合和索引一起删除。

【例 4.27】删除符合条件的所有文档记录。

```
>db.tests.insertMany(
  [
    {
      item:"铅笔",price:2
    },
    {
      item:"钢笔",price:60
    }
  ]
```

读书笔记

```
)
>db.tests.remove(
  {
    price:{$gt:3}
  }
)                                        //删除价格大于 3 的所有文档记录
```

显示：略。

【例 4.28】自定义写出错确认级别。

```
>db.tests.remove(
  {
    price:{$lt:3}
  },
  {
     writeConcern: { w: "majority", wtimeout: 5000 }
)
//删除价格小于 3 的所有文档记录，当时间超过 5 秒时，或者副本集大多数已完成该命令执行时，
就中断该命令的执行，返回该命令的操作结果
```

writeConcern 详细使用方法见 4.2.9 节。

【例 4.29】删除满足条件的单个文档记录。

```
>db.tests.insertMany(
   [
     {
       item:"水笔",price:3
     },
     {
       item:"钢笔",price:60
     },
     {
       item:"毛笔",price:20
     }
   ]
)
>db.tests.remove(
   {
     price:{$gte:3}
   },
   {
     justOne:true
   }
)                                        //删除价格大于 3 的第一个文档记录
```

显示：略。

【例 4.30】删除含特殊语言符号的文档记录。

```
>db.tests.insertMany(
   [
```

```
      {
        item:"café",price:3
        },                            //café 带读音符的法文
      {
        item:"cafe ",price:60
      },
      {
        item:"Cafe ",price:20
      }
    ]
)                                     //插入带法文的 3 条文档
>db.tests.remove(
    {
      item:"cafe",price:{$lte:20
    },
    {
      justOne:true
    },
    {
      cllation: { locale: "fr", strength: 1 }
    }                                 //只对法文的基本字母进行比较，忽略读音符和大小写等
)
>db.tests.find()
```

显示：删除价格为 3 的文档记录。

4.2.5　索引

MongoDB 是基于集合建立**索引（Index）**，索引的作用类似于传统关系型数据库，目的是为了提高查询速度。如果没有建立索引，MongoDB 在读取数据时必须扫描集合中的所有文档记录。这种全集合扫描效率是非常低的，尤其在处理大数据时，查询可能需要花费几十秒到几分钟的时间，这对基于互联网应用的网站来说是无法容忍的。

当集合建立索引后，查询将扫描索引内容，而不会去扫描对应的集合。

但在建立索引的同时，是需要增加额外存储开销的；在已经建立索引的情况下，若新插入了集合文档记录，则会引起索引重排序，这个过程会影响查询速度。MongoDB 的索引基于 B-tree 数据结构及对应算法形成。

默认情况下，在建立集合的同时，MongoDB 数据库自动为**集合_id 建立唯一索引**，可以避免重复插入同一_id 值的文档记录。

1. 单一字段（键）索引

语法：db.collection_name.createIndex({<key>:<n>})

命令说明：对一个集合文档的键建立索引，key 为键名，n=1 为升序，n=-1 为降序。

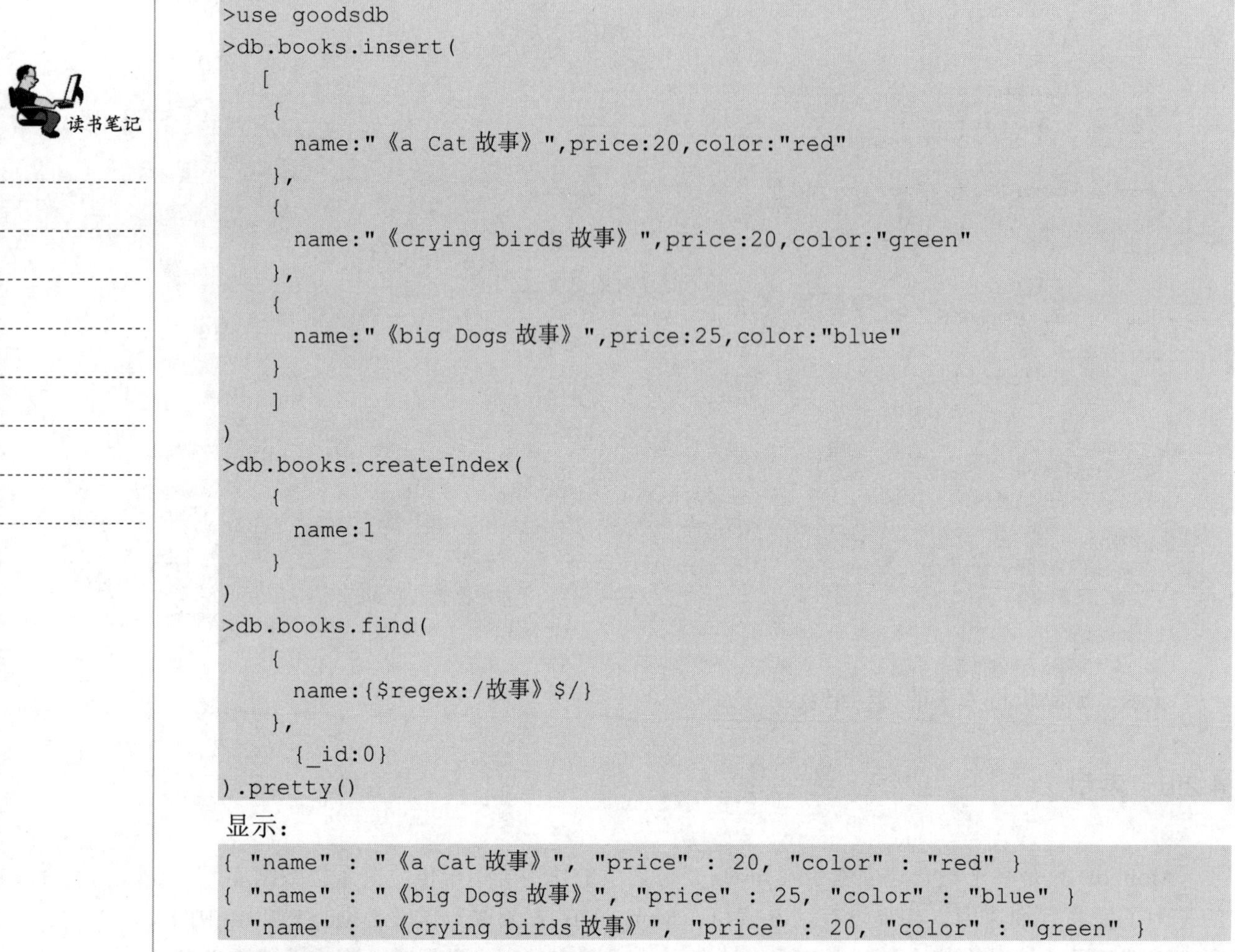

【例 4.31】对单一键建立索引。

```
>use goodsdb
>db.books.insert(
   [
    {
      name:"《a Cat 故事》",price:20,color:"red"
    },
    {
      name:"《crying birds 故事》",price:20,color:"green"
    },
    {
      name:"《big Dogs 故事》",price:25,color:"blue"
    }
    ]
)
>db.books.createIndex(
    {
      name:1
    }
)
>db.books.find(
    {
      name:{$regex:/故事》$/}
    },
      {_id:0}
).pretty()
```

显示：

```
{ "name" : "《a Cat 故事》", "price" : 20, "color" : "red" }
{ "name" : "《big Dogs 故事》", "price" : 25, "color" : "blue" }
{ "name" : "《crying birds 故事》", "price" : 20, "color" : "green" }
```

【例 4.32】嵌套文档单字段索引。

```
>db.books.insert(
    {
      name:"《dirty cocks 故事》",
      price:30,
      tags:{press:"x 出版社",call:"18200000000"}
    }
)
>db.books.createIndex( {"tags.press":1})
```

2. 字段值唯一索引

语法：db.collection_name.createIndex({<key>: <n>, <key>: <n>, ... },
{unique:true})

命令说明：对一个或多个字段建立唯一索引。key 为键名，n=1 为升序，n=-1 为降序。

【例 4.33】字段值唯一索引。

```
>db.books.createIndex({name:1},{unique:true})          //注意 MongoDB 的命令是
                                                          大小写敏感的
```

与本节【例 4.31】的区别是，name 的值必须是唯一的，不能有重复值出现；否则，MongoDB 将新插入的重复文档予以拒绝。在没有指定{unique:true}参数选项的情况下，索引方法允许存在字段值重复的多文档记录。

读书笔记

在集合的同一个键上不能重复建立单一索引；若已经建立了索引，再在同一个 Key 上建立索引，将给予出错提示。

```
>db.books.createIndex({price:1},{unique:true})         //在 price 有多个相同值
                                                          的情况下，不允许建立
```

因为 books 集合里有两个 price 为 20 的文档记录。

```
>db.books.createIndex({price:1})                        //允许建立索引
```

3．多字段索引

语法：db.collection_name.createIndex({<key>: <n>, <key>: <n>, ... })

命令说明：对两个或两个以上的字段建立索引。key 为键名，n=1 为升序，n=-1 为降序。

【例 4.34】建立多字段索引。

```
>db.books.createIndex(
  {
   price:1,color:-1
  }
)//对两个字段建立索引
>db.books.find({},{_id:0}).sort({price:1,color:-1})  //用 sort 排序查询
```

上述代码先用 createIndex 命令建立 price、color 多键组合索引，然后用 find()查找文档记录；对查找出来的文档记录结果用 sort({price:1,color:-1}先用做 price 升序排序，在 price 价格一样的情况下，再对 price 相同记录做 color 降序排序，最后的结果显示如下：

```
{ "name" : "《a Cat 故事》"         , "price" : 20, "color" : "red" }
{ "name" : "《crying birds 故事》"   , "price" :20, "color" : "green" }
{ "name" : "《big Dogs 故事》"      , "price" : 25, "color" : "blue" }
{"name" :"《dirty cocks 故事》" , "price":30, "tags" : { "press" : "x 出版社
","call" : "18200000000" } }
```

```
>db.books.find({},{_id:0}).sort({price:-1,color:1})  //用 sort 做 price 降序
                                                        排序，color 升序排序
```

```
{ "name" : "《dirty cocks 故事》", "price":30, "tags" : { "press" : "x 出版社","call" : "18200000000" } }
{ "name" : "《big Dogs 故事》",      "price" : 25, "color" : "blue" }
{ "name" : "《crying birds 故事》",    "price" : 20, "color" : "green" }
{ "name" : "《a Cat 故事》",          "price" : 20, "color" : "red" }
```

```
>db.books.find({},{_id:0}).sort({price:1,color:1})
```

对 price 做升序排序，在 price 相同值的文档记录上再做 color 升序的结果如下：

```
{ "name" : "《crying birds 故事》",   "price" : 20, "color" : "green" }
{ "name" : "《a Cat 故事》",         "price" : 20, "color" : "red" }
{ "name" : "《big Dogs 故事》",      "price" : 25, "color" : "blue" }
{"name" : "《dirty cocks 故事》", "price":30, "tags" : { "press" : "x 出版社","call" : "18200000000" } }
```

【例 4.35】多字段唯一索引。

```
>db.books.createIndex({name:1,price:1},{unique:true})      //是允许的
```

只要 name 和 price 组合起来的值保持唯一性。

4．文本索引

语法：db.collection_name.createIndex({<key1>:"text",<key2>:"text",… })

命令说明：在集合里，为文本字段内容的文档建立文本索引。

【例 4.36】基本文本索引。

```
>db.books.createIndex({name:"text"})                    //为 name 建立文本索引
```

显示：略。

【例 4.37】指定权重文本索引。

```
>db.books.createIndex(
   {
     name: "text",
     price: "text"
   },
   {
     weights: {name: 10},                               //为 name 指定索引权重
     name: "TextIndex"
   }                                                    //默认情况下，price 权重为 1
)
```

显示：略。

这里只对权重文本索引做了简单介绍，详细需参考 MongoDB 3.4.4 版本的使用白皮书。

【例 4.38】通配符文本索引。

为指定集合中的所有字符串内容进行搜索提供通配索引，这在高度非结构化的文档里

比较有用。

```
>db.books.createIndex({ "$**":"text" })
```

5. 哈希索引

读书笔记

用于支持对分片键（带哈希键值对的分片集合）的分片数据索引，主要用于分布式数据索引。

语法：db.collection_name.createIndex({key: "hashed" })

命令说明：key 为含有哈希值的键。

【例 4.39】建立哈希索引。

```
>db.collection.createIndex({_id:"hashed" } )
```

说明

（1）hashed 索引不支持多字段索引。

（2）hashed 会把浮点数的小数部分自动去掉，所以对浮点数字段进行索引时，要注意该特殊情况。如“2.2” “2.3” “2.4”都会当作“2”进行索引排序处理。

（3）hashed 不支持唯一索引。

（4）相关具体用法见 4.2.8 节。

6. ensureIndex()索引

语法：db.collection_name.ensureIndex({{key1:n},{key2:n},…},option)

命令说明：key1、key2 是集合里的键名；n=1 为升序，n=-1 为降序；option 为可选参数。

【例 4.40】用 ensureIndex 命令建立索引。

```
>db.collection.ensureIndex({_id:"hashed" })
```

（1）早期的 MongoDB 索引命令。

（2）MongoDB 3.0 开始用 createindex 命令代替 ensureIndex。

7. 与索引相关的其他方法

（1）db.collection.dropIndex(index)：移除集合指定的索引功能。index 参数为指定需要删除的集合索引名，可用 getIndexes()函数获取集合的所有索引名称。

（2）db.collection.dropIndexes()：移除一个集合的所有索引功能。

（3）db.collection.getIndexes()：返回一个指定集合的现有索引描述信息的文档数组。

（4）db.collection.reIndex()：删除指定集合上所有索引，并重新构建所有现有索引。在具有大量数据集合的情况下，该操作将大量消耗服务器的运行资源，引起运行性能急剧下降等问题的发生。

（5）db.collection.totalIndexSize()：提供指定集合索引大小的报告信息。

4.2.6 聚合

聚合（Aggregation）为集合文档数据提供各种处理数据方法，并返回计算结果。MongoDB 提供了 3 种方式来执行聚合命令：聚合管道方法、map-reduce 方法和单一目标聚合方法。

1. 聚合管道方法

聚合管道方法又可以直接理解为合计流水线法，就是把集合里若干含数值型的文档记录，其键对应的值进行各种分类统计。该方法支持分片集合操作。

语法：db.collection_name.aggregate(
    [{$match:{<field>}},//统计查找条件
        {$group:{<field1>,<field2>}}
        ]
        //field1 为分类字段；field2 为含各种统计操作符的数值型字段，如$sum、$avg、$min、$max、$push、$addToSet、$first、$last 操作符[①]
)

命令说明：aggregate 命令作用类似 SQL 语言里的 group by 语句的使用方法。

【例 4.41】聚合分类统计

```
>use goodsdb
>db.Sale_detail.insert(
   [ {goodsid:"1001",amount:2,price:10.2,ok:false},
    {goodsid:"1001",amount:3,price:14.8,ok:false},
    {goodsid:"1002",amount:10,price:50,ok:false},
    {goodsid:"1002",amount:2,price:10,ok:true}
   ]
)
>db.Sale_detail.aggregate(
  [
   {
     $match:{ok:false}
   },                          //查找条件，与 find()的查找条件使用方法一样
   {
```

① Aggregate 带"$"的全部操作符，https://docs.mongodb.com/manual/reference/operator/aggregation/#aggregation-expression-operators。

读书笔记

```
    $group:{
            _id:"$goodsid",total:{$sum:"$amount"}
          }                          //按 goodsid 分类统计 amount 字段的总数量
   }

  ]
)
```

统计结果，显示：

```
{ "_id" : "1002", "total" : 10 }
{ "_id" : "1001", "total" : 5 }
```

_id: "$goodsid"，goodsid 为分类字段名，_id 为必须指定唯一性字段，不能改为其他名称的字段；total 为统计结果字段名，可以是任意的符合起名规则的新名称。$sum 为求和操作符号；$amount 为求和字段，必须加上双引号。

2．map-reduce 方法

语法：db.collection_name.mapreduce(

function(){emit(<this.field1>,<this.field2>)},

function(key,values){return array.sum(values)},

{query:{<field>},out:<"resultname">}

)

命令说明：

function(){emit(<this.field1>,<this.field2>)}，把集合对应的字段<field1><field2>进行 map（影射）操作。

function(key,values){return array.sum(values)}，对 map 过来的 field1、field2 进行 reduce（归约）操作，求得 sum 值。

把 field1 值和求得值连同 out:<"resultname">一起返回。

query:{<field>}在集合里查询符合<field>条件的文档。

该方式进行聚合运算，效率较聚合管道方式要低，而且使用更复杂。

【例 4.42】map-reduce 分类统计。

```
>use goodsdb
>var mrr=db.Sale_detail.mapReduce(
   function(){                                     //map 自定义函数
           emit(this.goodsid,this.amount)
         },
   function(key,values){                           //Reduce 自定义函数
                 return Array.sum(values)
               },
```

```
    {query:{ok:false }, out:{replace:"result"} }
)
>db[mrr.result].find()
```

显示：

```
{ "_id" : "1001", "value" : 5 }
{ "_id" : "1002", "value" : 10 } }
```

读书笔记

3．单一目标聚合方法

该方法下，目前有两种聚合操作功能：db.collection_name.count()和 db.collection_name .distinct()。

（1）语法：db.collection_name.count(query,options)

命令说明：统计集合里符合查询条件的文档数量，query 为查询条件，option 参数详细说明如表 4.11 所示。

表 4.11　option 参数

名称	类型	说明
limit	integer	限制要计数的文档的最大数量
skip	integer	计数前要跳过的文档数
hint	string 或 document	对需要查询的索引进行提示或详细说明
maxTimeMS	integer	设置允许查询运行的最长时间
readConcern	string	指定读取关注。默认级别为"local" 指定"majority"级别时，受以下 3 个条件限制： （1）必须先启动 Mongod 实例 （2）多用于副本集数据库的读关注 （3）使用该级别时，必须指定非空的查询条件

【例 4.43】统计符合条件的记录数。

```
>goodsdb
>db.Sale_detail.count({ok:false})
3
```

【例 4.44】从第二条开始统计符合条件的记录数。

```
> db.Sale_detail.count({ok:false},{skip:1})
2
```

（2）语法：db.collection_name.distinct(<key>,query,option)

命令说明：统计集合里指定键的不同值，并返回结果。<key>只能指定一个键名，query 为集合查找条件，option 只提供 collations 选项（详细见 4.2.3 节表 4.10）。

【例 4.45】统计指定键的不同值并返回不同值。

```
>db.Sale_detail.distinct("goodsid")
[ "1001", "1002" ]
```

读书笔记

单一目标聚合方法，可以直接在 find()后加点使用。

如 goodsdb.Sale_detail.find({ok:false}).count()

goodsdb.Sale_detail.find({ok:false}).count().skip(1)

4.2.7　复制

MongoDB 数据库在实际生产环境下，多数基于多服务器集群运行，并进行相应的数据分布式处理。因此，必须考虑数据读写的可用性和安全性，如一台服务器出故障时，应该能保证 MongoDB 数据处理的正常进行。

复制（Replication，在 MongoDB 数据库里又称“副本集”[①]**）**就是为解决上述问题而产生的，通过复制功能可以实现多服务器的数据冗余备份操作；使备份数据的服务器具备额外提供独立读访问请求的功能（分布式读取数据，可以解决高并发客户端读用户访问问题）；当服务器出故障时，提供自动故障转移、自动数据恢复。

1．复制基本原理

在执行复制动作之前，需要先在不同服务器中安装 Mongod 实例（通常一个服务器安装一个 mongod.exe 程序）。一个典型副本集包括了几个数据保存节点（这里把一个节点看作一台服务器），并可以选择另外一个独立节点作为副本集数据复制管理的仲裁节点（Arbiter Node）。在副本集中，只有一个是主节点（Primary Node），其他几个是从节点（Secondary Node）。一般情况下一个副本集至少需要 3 个节点（一主二从），如图 4.5 所示。

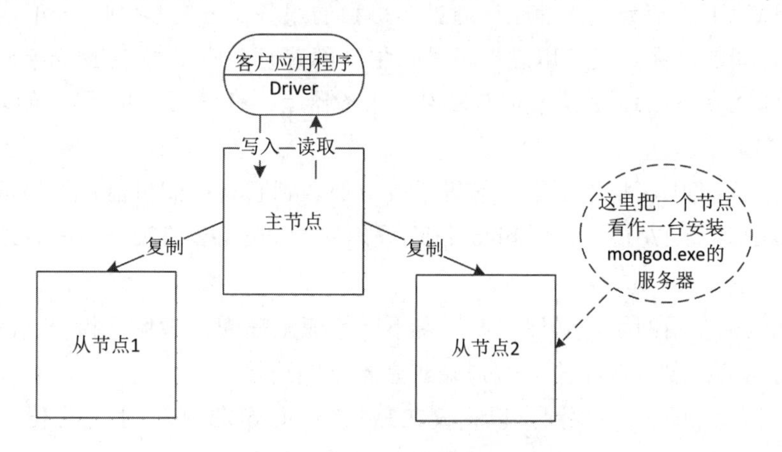

图 4.5　Mongodb 基本副本集结构

① 副本集（replica）是一种具有自动选举机制的主从复制，没有选举机制的主从复制 MongoDB 从 3.2 版本起不推荐使用。

主节点负责接收客户端写入数据操作（默认情况下主节点也承担了读的任务，在大访问量情况下，存在访问瓶颈问题）。

从节点负责从主节点复制数据，以保证主从节点数据的一致性和安全性。复制依据为本地的 **Oplog**（**复制操作日志** local.oplog.rs）集合。主节点与从节点进行同步 Oplog 更新。

当副本集只有偶数个节点时，可以增加仲裁节点。作为仲裁节点的服务器只装 mongod.exe 程序，不承担数据副本的存储任务。仲裁节点通过心跳（Hearbeat）功能保持与其他节点的联系，一旦主节点出故障，就进行新主节点选举投票，确保新的主节点及时产生并工作。

Driver，为客户端软件开发支持包或 API，如 Java 开发包。

（1）在 insert、update 等写命令里需要设置{w: "majority"}参数，写入主节点数据才能同时被复制到从节点。

（2）这里会涉及服务器安排及部署安装问题，需要结合业务同步考虑。

2．副本集管理

副本集的管理包括了集合初始部署、向集合添加和删除成员等内容。MongoDB 数据库管理员通常不需要干预故障转移或复制过程，因为 MongoDB 自动执行这些功能。在需要手动干预的异常情况下，了解上述内容是有帮助的。

【例 4.46】建立具有 3 个成员的副本集。

1）运行环境准备

对于生产环境下的部署，读者应该通过在单独的服务器上安装 Mongod 实例来尽可能多地保持成员之间的分离。当使用虚拟机进行生产部署时，应将每个 Mongod 实例放在由冗余电源电路和冗余网络路径服务的单独主机服务器上。在学习环境下，可以通过一台计算机来模拟副本集。

（1）在生产环境中，将副本集中的每个成员部署到它自己的机器，如果可能，绑定到标准的 MongoDB 端口 27017。使用 bind_ip 选项确保 MongoDB 监听来自配置地址上的应用程序的连接。

（2）建立虚拟专用网络，确保生产环境下网络流量畅通，避免互相干扰问题的发生。

（3）配置访问控制以防止未知客户端到副本集的连接。

（4）配置网络和防火墙规则，以便仅在默认 MongoDB 端口上允许传入和传出数据包，并且仅在部署中。

最后，确保副本集的每个成员都可通过可解析的 DNS 或主机名访问。应该适当地配置 DNS 名称或设置系统的/etc/hosts 文件以反映此配置。

配置每台服务器里的/etc/mongod.yaml 配置文件，详见 4.3 节内容。

2）部署清单

表 4.12 所示为单机环境下的部署清单，实际生产环境下把 IP 地址改为实际服务器 IP 地址即可。

表 4.12　单机环境下部署清单

序号	节点角色	安装 IP 地址：端口号
1	主节点（Primary）	127.0.0.1: 27017
	主节点存放路径	d: \mongodb\data \log\mongod.log（日志） d: \mongodb\data\db\（数据文件）
2	从节点（Secondary）	127.0.0.1: 27018
	从节点 1 存放路径	d: \mongodb1\data\log\mongod.log（日志） d: \mongodb1\data\db\（数据文件）
3	从节点（Secondary）	127.0.0.1: 27019
	从节点 2 存放路径	d: \mongodb2\data\log\mongod.log（日志） d: \mongodb2\data\db\（数据文件）

3）部署过程

（1）安装主节点 MongoDB 安装包。

用 MongoDB 下载的安装包安装主节点，可以参考 4.1.2 节内容（若已经安装完成，就可以直接利用了）。

把主节点 bin 里的文件复制到从节点的 bin 下，如从节点 1 的 d:\mongodb1\data\bin\路径下必须要有 mongod.exe 等可执行文件，从节点 2 也是如此。

在实际生产环境下，先在不同服务器中实际安装 MongoDB 数据库系统。

（2）用 replset 命令选项指定副本集名称。

关闭正在运行的 mongod.exe 文件，假如它正在运行。进入 Windows 命令提示符运行界面，执行如下命令。

```
d:\mongodb\data\bin>NET stop MongoDB          //关闭服务，若没有运行实例，无需执行
                                                该命令
d:\mongodb\data\bin>mongod -port 27017 -dbpath  "d:\mongodb\data\db"
-logpath "d:\mongodb\data\log\MongoDB.log" -replSet rs0
    //以上实例会启动一个名为 rs0 的副本集节点，其端口号为 27017
```

上述命令属于一次性启动，在执行完成命令后，不能关闭 Windows 命令提示符界面，否则后续 Mongo 客户端无法连接。

（3）安装从节点集群。

```
d:\mongodb1\data\bin> mongod -port 27018 -dbpath  "d:\mongodb1\data\db"
-logpath "d:\mongodb1\data\log\MongoDB.log" -replSet rs0

d:\mongodb2\data\bin> mongod -port 27019 -dbpath  "d:\mongodb2\data\db"
-logpath "d:\mongodb2\data\log\MongoDB.log" -replSet rs0
```

（4）设置集群配置文件。

在任意一个启动的 Mongo 上设置如下配置信息：

```
Mongo -port 27017
>use admin
>config = {_id: "rs0", members: [
           { _id: 0, host: "localhost:27017","priority":3 },
           { _id: 1, host: "localhost:27018","priority":2 },
           { _id: 2, host: "localhost:27019","priority":1 }
                                                    ]
         }
>rs.initiate(config)
{ "ok" : 1 }
```

上述 4 个步骤，已经实现 3 个节点的副本集的建立。

（1）可以执行 rs.conf()查看副本集配置对象内容。

（2）priority 为副本级节点选举优先级，数字越大优先级越高。

（5）将其他成员添加到副本集里。

用 rs.add(<host>,arbiterOnly)方法添加副本集成员。<host>参数可以是字符串或文档。

如果是字符串，则请指定副本新成员的主机名和端口号；如果是文档，请指定在 members 数组中找到的副本集成员配置文档。该文档内必须指定新成员[n]._id 和[n].host 字段内容。

arbiterOnly 是可选参数，仅用来当<host>是字符串时使用。用来区分是否是仲裁节点，true 是仲裁节点，false 不是，默认为 false。

```
>rs.add("mongodb.example.net:27030")  //添加之前要确保该数据库系统实例安装并启动
//服务器域名为"mongodb.example.net"，端口号为默认的 27030
```

（1）读者只能在主节点进行副本集成员的添加操作。

（2）文档<host>参数的使用实例：rs.add({ host: "mongodbd4.example.net:27047", priority:0})。

（6）检查副本集状态。

```
>rs.status()
```

复制部署分 3 种情况部署，本节是第一种部署方式。

（1）学习环境使用部署。

（2）实际测试及使用环境部署。

（3）异地环境部署。

其他两种部署方式见 MongoDB 使用手册。

读书笔记

在 Windows 环境下，可以直接通过任务管理器查看 mongod 进程运行情况并可结束进程，如图 4.6 所示。

Windows 任务管理器

文件(F)　选项(O)　查看(V)　帮助(H)

应用程序　进程　服务　性能　联网　用户

映像名称	用户名	CPU	内存(...	描述
dwm.exe	Admin...	00	1,908 K	桌面窗口管理器
explorer.exe	Admin...	00	71,028 K	Windows 资源..
LogonUI.exe	SYSTEM	00	8,704 K	Windows Logo..
lsass.exe	SYSTEM	00	4,464 K	Local Securi..
lsm.exe	SYSTEM	00	2,448 K	本地会话管理..
mongo.exe	Admin...	00	36,244 K	MongoDB Shell
mongod.exe	Admin...	00	91,544 K	MongoDB Data..
mongod.exe	Admin...	00	91,236 K	MongoDB Data..
mongod.exe	Admin...	00	90,184 K	MongoDB Data..

图 4.6　通过任务管理器查看 mongod 进程

4.2.8　分片

分片（Sharding）是指将数据拆分，将其分散存放在不同的机器上的过程。有时也用分区（Partitioning）来表示这个概念。MongoDB 数据库分片技术对大数据集和高吞吐量操作提供很好的部署支持功能。

当单机无法很好地满足大数据存储及读写应用要求时，就可以考虑采用多服务器分布式数据处理的分片技术了。

1．分片实现基本原理

MongoDB 数据库分片实现原理涉及分片集群组件构成、分片算法和分片管理等。

1）分片集群组件构成

MongoDB 分片集群原理如图 4.7 所示。

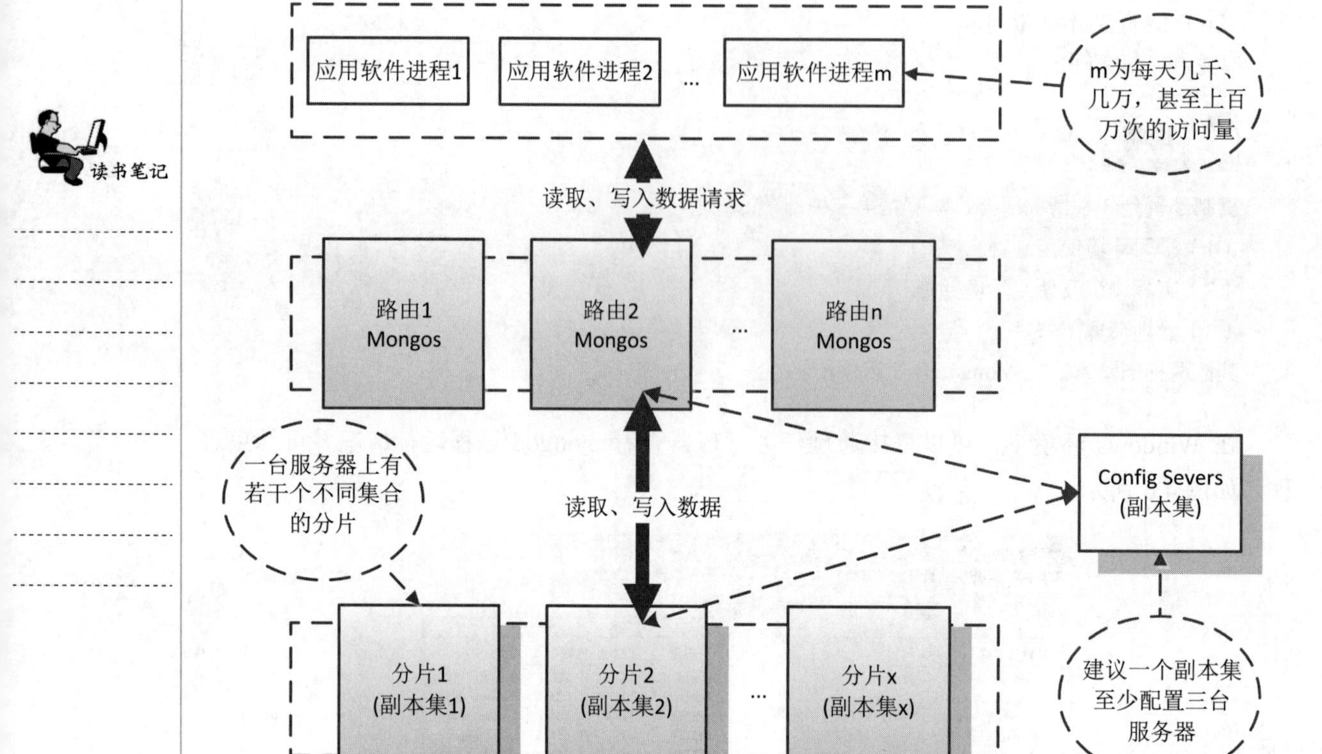

图 4.7　MongoDB 分片集群原理

（1）Shard（分片）。

每个分片包含被分片数据集合的子集，即一个集合可以被分为若干个分片，每个分片可以部署为副本集。

（2）Mongos（路由器）。

Mongos 充当查询路由器，提供用户端应用程序和分片集群之间的接口。

Mongos 实例通过跟踪 config 服务器上的分片元数据[①]来确定用户需要访问哪个分片服务器，为不同访问用户的读、写操作提供了数据访问统一接口。用户应用程序不能直接与分片服务器连接或通信。

如Mongos接受用户查询请求后，通过config服务确定查询数据分片所在位置，然后在所有分片服务器上建立游标，Mongos 把各分片服务返回的分片数据合并，并把最终结果文档返回给查询用户。

Mongos 经常与应用程序服务器部署在一起，也可以单独服务器部署。

[①] 元数据，这里指描述存放分片数据的服务器位置等数据信息。

（3）Config Servers（配置服务）。

配置服务存储集群的元数据（含数据块相关信息）和配置设置。配置服务必须部署为副本集。要将配置服务器部署为副本集，必须运行 WiredTiger 存储引擎（MongoDB 3.2 开始支持）。

（4）分片键（Shard Key）与块（Chunk）。

MongoDB 通过建立唯一性的分片键来把集合文档分片存储到各个分片服务器之中，也就是一个分片对应一个分片键，分片键一旦建立就不能更改。**分片键存在于集合中每个文档的索引字段或索引复合字段。**

MongoDB 使用分片键值范围对集合中的数据进行分割。每个范围定义分片键值与数据块关联。MongoDB 将集合文档分割成块（默认大小为 64MB），每块带有唯一性的分片键，然后通过分片集群**平衡器（Balancer）**实现不同服务器上的数据均衡块存储。

读者可以对默认块的大小进行修改，修改过程如下：

```
>use config
>db.settings.save({_id:"chunksize",value:<sizeInMB>})
```

db 为读者建立的实际数据库实例，<sizeInMB>为需要新设置的块值，一个块大小范围可以是 1～1 024MB 的任何数值。也可以直接在指定的数据库集合里设置分片功能。

```
>sh.shardCollection("phonebook.contacts",
                    {
                       last_name: 1
                    },
                       false,
                    {
                       numInitialChunks: 5, collation: { locale: "simple" }
                    }
 )
```

phonebook 为数据库名，contacts 为需要分片的集合名，false 为强制执行唯一索引，numInitialChunks 为指定分片包含的初始块数量，collation: { locale: "simple" }为默认的英语字符串内容。

说明

（1）允许读者更改块的大小。

（2）块自动拆分发生在 insert 或 update 这两个操作动作上。

（3）分块大小应该合理，太小意味着花费更多的时间进行拆分，查询汇总也会产生更多时间；太大意味着查询更方便，但是在不同服务器分布可能不均匀。

（4）在人工设置块大小过程，如果设置的比现有的小，则对所有现有块进行重新拆分，这是需要花时间的。也就是会影响 MongoDB 的执行速度，这个因素在生产环境下必须仔细考虑；设置的比现有的大，则现有块仅通过插入或更新增长，直到它们达到新的大小，这个过程对 MongoDB 的执行速度影响很小。

（5）一个分片最多设置 8192 个数据块。

读书笔记

2）分片算法

在不同服务器之间对数据块进行分布存储，Mongodb 提供了 3 种分片算法。

（1）哈希分片（Hashed Sharding）。

图 4.8 展示了基于哈希算法的集合数据分片切割成块的过程。哈希算法由 MongoDB 数据库自动完成，程序员在代码上要做的是，给需要分片的集合建立哈希索引，或用 sh.shardCollection("database.collection",{ <field> : "hashed"})方法来设置哈希分片操作。

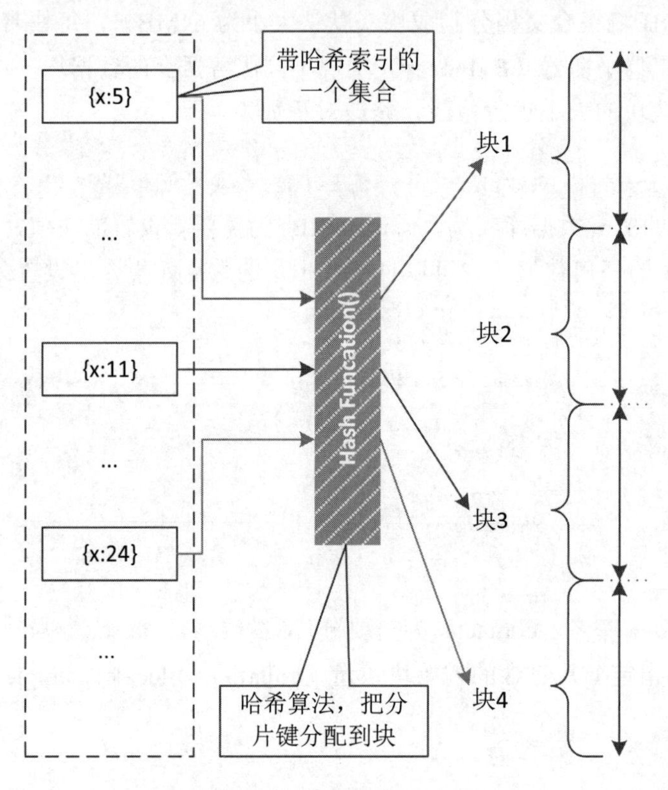

图 4.8　Mongod 基于哈希算法的分片

说明

（1）哈希分片，可以把集合数据相对均匀地分布到不同分片服务器上，使数据存储均匀化。

（2）若对空集合进行哈希分片，MongoDB 会默认把两个空块分配到一个分片上。

（2）范围分片（Ranged Sharding）。

当集合里具有连续的字段键值时，如 1、2、3、4、5…等，在分布式分片存储时，可以考虑按照顺序范围分片。

基于范围算法的分片如图 4.9 所示。MongoDB 把分片键值范围在 1≤x<10 的集合文档数据块存储到分片 1 中；把分片键值范围在 10≤x<20 的集合文档数据块存储到分片 2 中；把分片键值范围在 20≤x<30 的集合文档数据块存储到分片 3 中，依此类推。

读书笔记

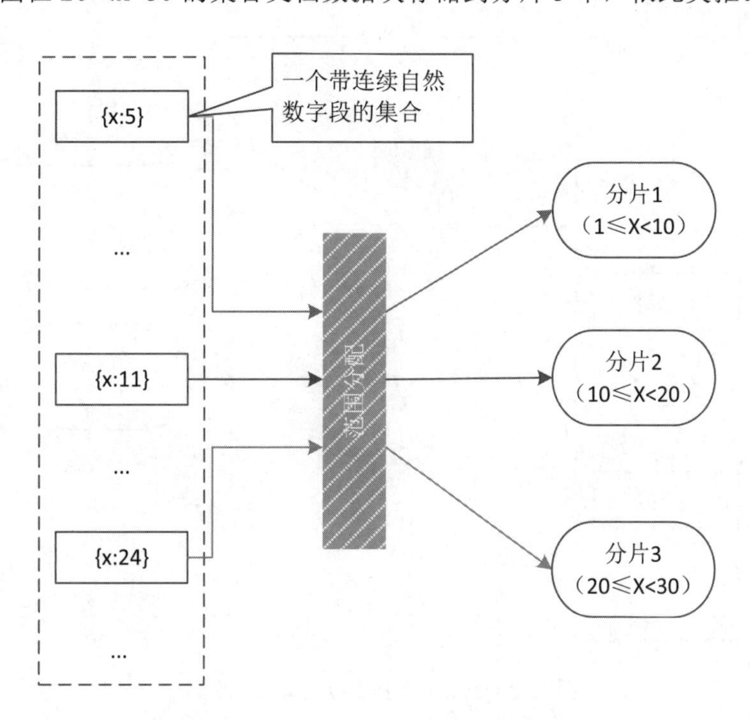

图 4.9　Mongod 基于范围算法的分片

用 sh.shardCollection("database.collection",{<shard key>})方法来设置范围分片操作（使用方法详见附录一）。

（1）范围分片的优点是同一范围的相邻数据块都可以存放在一个分片内，有利加快查询速度。

（2）范围分片是 MongoDB 默认的分片方法。

（3）分区分片。

就是根据文档字段的键值不同分类，同时根据读写数据的实际需要按类进行分片。

如某电子商务平台，销售产品包括了电子产品、书、食品、衣服、体育用品等。这里按照上述分类进行集合文档记录分片，就形成了分区分片，如图 4.10 所示。

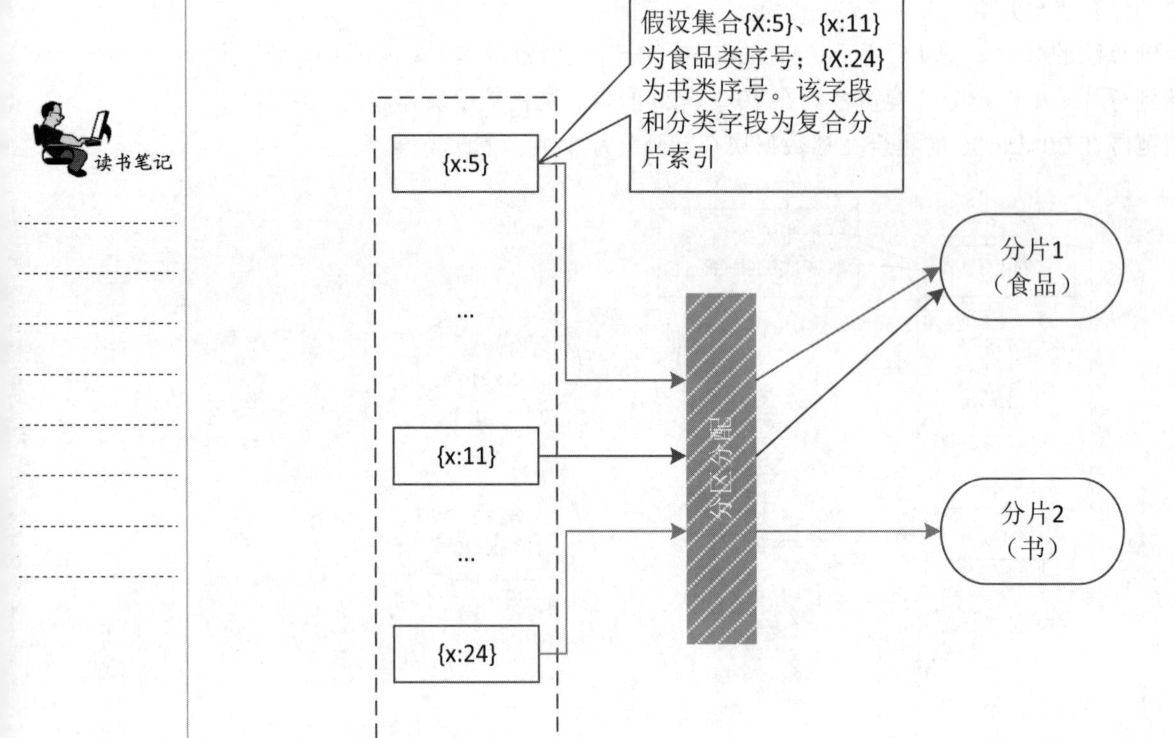

图 4.10　Mongod 基于分区算法的分片

（1）先要建立单一或复合索引。

（2）用 sh.shardCollection("database.collection",{<shard key>})方法来设置分区分片操作（使用方法详见附录一）。

3）分片集群管理

分片集群管理涉及 Config Server 管理、平衡器管理、查看集群配置、已分片集群迁移到其他硬件等内容。该部分内容属于 MongoDB 数据库系统深入应用部分，本书不作详细介绍，感兴趣的读者可以阅读 MongoDB 的使用文档手册或后续章节的部分内容。

2．分片实现案例（单服务器测试[1]）

在单一服务器（含 64 位 Windows 操作系统）上建立分片集群模拟结构，其要建立的清

[1] http://www.runoob.com/mongodb/mongodb-sharding.html。

单如下：

```
Shard Server 1: 27020  //分片服务器 1，端口号 27020
Shard Server 2: 27021  //分片服务器 2，端口号 27021
Shard Server 3: 27022  //分片服务器 3，端口号 27022
Shard Server 4: 27023  //分片服务器 4，端口号 27023
Config Server : 27100  //配置服务器，端口号 27100
Route Process: 40000   //路由处理器，端口号 40000
```

4 个分片服务（在实际多服务器环境下各安装一个 Mongod）用于分片数据存储；一个配置服务，用于提供配置信息服务；一个数据读写访问路由，用于客户端的读写访问和分片路由服务。

（1）配置分片服务，建立安装路径和分片端口号，启动分片服务。

在服务器 D:盘建立以下安装目录：

```
D:\mongodb\shard\s0
D:\mongodb\shard\s1
D:\mongodb\shard\s2
D:\mongodb\shard\s3
D:\mongodb\shard\log
```

上述 s0、s1、s2、s3 路径下都要存在\bin、\db、\log 子路径，可以通过复制已经安装完成的 MongoDB 实例实现。在实际生产环境下，每台服务器都得安装 MongoDB 实例（安装过程见 4.1.2 节）。

先在本机指定硬盘建立上述文件夹，然后在 Windows 命令提示符里依次配置并启动分片服务。

读者要保证 mongod 安装在与命令一致的文件夹下

```
d:\mongoDB\shard\s0\data\bin>mongod --port 27020 -dbpath
"d:\mongoDB\shard\s0\data\db" -logpath
"d:\mongoDB\shard\s0\data\log\s0.log" --logappend --shardsvr
d:\mongoDB\shard\s1\data\bin>mongod -port 27021 -dbpath
"d:\mongoDB\shard\s1\data\db" -logpath
"d:\mongoDB\shard\s1\data\log\s1.log" --logappend --shardsvr
d:\mongoDB\shard\s2\data\bin>mongod -port 27022 -dbpath
"d:\mongoDB\shard\s2\data\db" -logpath
"d:\mongoDB\shard\s2\data\log\s2.log" --logappend --shardsvr
d:\mongoDB\shard\s3\data\bin>mongod -port 27023 -dbpath
"d:\mongoDB\shard\s3\data\db" -logpath
"d:\mongoDB\shard\s3\data\log\s3.log" --logappend --shardsvr
```

（2）启动 Config Server，建立文件夹 D:\mongoDB\shard\config。

先在本机指定硬盘建立上述文件夹，然后在 Windows 命令提示符界面执行配置服务的主节点：

```
d:\mongoDB\bin>mongod -port 27017 --configsvr -dbpath
d:\mongoDB\shard\config -logpath d:\mongoDB\shard\log\config.log
--logappend -replSet rs0
```

接着执行配置服务的两个从节点：

```
d:\mongodb1\data\bin> mongod -port 27018 --configsvr -dbpath
"d:\mongodb1\data\db" -logpath "d:\mongodb1\data\log\MongoDB.log" -replSet rs0
d:\mongodb2\data\bin> mongod -port 27019 --configsvr -dbpath
"d:\mongodb2\data\db" -logpath "d:\mongodb2\data\log\MongoDB.log" -replSet rs0
```

设置副本集配置：

```
Mongo -port 27017
>use admin
>config = {  _id: "rs0",
             members: [
                { _id: 0, host: "localhost:27017","priority":3 },
                { _id: 1, host: "localhost:27018","priority":2 },
                { _id: 2, host: "localhost:27019","priority":1 }
             ]
          }

>rs.initiate(config)
{ "ok" : 1 }
```

（3）启动 Route Process。

```
d:\mongoDB\data\bin> mongos -port 40000 -configdb
"rs0/localhost:27017,localhost:27018,localhost:27019" -logpath
"d:\mongoDB\shard\log\route.log"
```

读者要保证 mongos 安装在与命令一致的文件夹下

在 Windows 命令提示符下配置并启动路由处理。在最新版本的 MongoDB 配置分片集群时，强制要求 Config 服务采用副本集配置。这里把 4.2.7 节 3 节点副本集直接用于该新的分片 Config 服务。

（4）配置 Sharding，添加分片节点。

```
d:\mongoDB\bin\>mongo admin --port 40000
mongos>db.runCommand({addShard:"localhost:27020"})
                                        //添加端口号为 27020 的本地分片
mongos>db.runCommand({addShard:"localhost:27021"})
mongos>db.runCommand({addShard:"localhost:27022"})
mongos>db.runCommand({addShard:"localhost:27023"})
```

```
mongos>db.runCommand({listshards:1})                    //查看分片服务器的配置
mongos>db.runCommand({enablesharding:"testdb"})         //设置分片存储的数据库
mongos>db.runCommand({shardcollection:"testdb.log",key:{id:1}})
                                          //对 log 集合的 id 设置片键索引并分片
```

这里确定了需要分片的数据库，并确定了一个集合数据可以存储到几个分片

读书笔记

（5）可以在应用程序端把连接 MongoDB 数据库的连接端口改为 40000，就可以像使用普通 MongoDB 数据库一样使用了。另外，也可以在 MongoDB shell 上进行各种数据操作测试。

```
>for (var i=0;i<15000;i++){db.log.save({id:i,"test1":"testval1"});}
                                          //在集合 users 里插入 5000 条文档
                                          //需要耐心等待几分钟
>sh.status()                              //显示数据库分片信息
```

上述分片测试结果如下所示：

```
...Sharding Status...
  shards:  //分片情况
        {  "_id" : "shard0000",  "host" : "localhost:27020",  "state" : 1 }
        {  "_id" : "shard0001",  "host" : "localhost:27021",  "state" : 1 }
        {  "_id" : "shard0002",  "host" : "localhost:27022",  "state" : 1 }
        {  "_id" : "shard0003",  "host" : "localhost:27023",  "state" : 1 }
 active mongoses:
        "3.4.4" : 1
 autosplit:
        Currently enabled: yes
  balancer:                                               //均衡器
        Currently enabled:  yes
        Currently running:  no
                Balancer lock taken at Thu Jun 08 2017 15:57:18 GMT+0800 by Conf
igServer:Balancer
        Failed balancer rounds in last 5 attempts:  4
        Last reported error:        L                               3
        Time of Reported error:  Thu Jun 08 2017 16:28:18 GMT+0800
        Migration Results for the last 24 hours:
                2 : Success
  databases:
        { "_id" : "testdb",  "primary" : "shard0000",  "partitioned" : true }
                testdb.log                                //分片 log 集合
                        shard key: { "id" : 1 }           //分片 Key
                        unique: false
```

```
                balancing: true
                chunks:                                     //分片分块情况
                        shard0000       1
                        shard0001       1
                        shard0002       1
 { "id" : { "$minKey" : 1 } } -->> { "id" : 1 } on : shard0001 Timestamp(2, 0)
 { "id" : 1 } -->> { "id" : 19 }            on : shard0002 Timestamp(3, 0)
 { "id" : 19 } -->> { "id" : {"$maxKey" :1 } } on : shard0000 Timestamp(3, 1)
http://blog.csdn.net/tanga842428/article/details/52584770
```

说明

（1）增加分片服务，>db.runCommand({ addshard:"localhost:27021"})等价于>sh.addShard("localhost:27021")。

（2）>数据库分片，>db.runCommand({ enablesharding:"testdb" })等价于>sh.enableSharding("testdb")。

（3）集合分片，>db.runCommand({shardcollection:"testdb.log",key:{id:1}})等价于>sh.shardCollection("testdb.log",{"id" :1})。

（1）分片，把数据块存放到不同分片服务器，以解决大数据存放问题。

（2）复制，把一台主节点服务器的数据完整地复制到从节点服务器上，起数据备份作用。

4.2.9　写出错机制

MongoDB 的写操作命令默认是没有任何出错返回值的，这减少了写操作的等待时间，也就是说，不管有没有写入到磁盘或者有没有遇到错误，它都不会报错。这在大量插入类似 GPS 定位坐标信息时是非常好的，既保证了插入速度，又允许在极端情况下丢失或插入错误数据。但是，在处理电商平台上类似商品订单的高价值数据时，是不允许丢或插入错误数据的。我们希望在出错前给予友好提示。

因此，在数据写操作出错时，我们希望能获得第一手的出错信息。MongoDB 的 GetLastError 就是用来获得写操作是否成功信息的命令。在大多数编程语言驱动包里，这个命令是被包装成 WriteConcern 类被客户端应用程序调用的（从 MongoDB 2.6 版开始，程序员无需直接调用 GetLastError 命令，通过 WriteConcern 参数选项确定写操作出错捕捉机制）。

1．WriteConcern

在插入、更新、删除命令中，WriteConcern 参数格式为：

Writeconcern:{w:<value>,j:<boolean>,wtimeout:<number>}

其参数如表 4.13 所示。

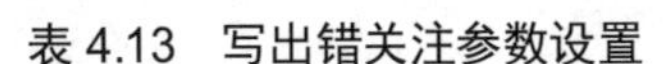

表 4.13　写出错关注参数设置

参数项	参数值	参数说明
w	0	写操作不返回确认错误信息，但是当通信 Socket 或网络错误时，可能会返回错误信息；w:0，但 j:true，则优先返回其他独立 Mongod 或副本集的主节点写操作错误信息
	1	写操作返回确认错误信息，w:1 是默认写入关注
		大于 1 的参数值仅对副本集有效，以指定确认出错成员的数量
	majority	写入磁盘日志（**Journal**），前提要启动磁盘日志。目前 MongoDB 都默认自动启动磁盘日志 当写操作返回结果对象里包含 w:"majority" 时，客户端可以 readConcern 读取该写的结果
J	true	j:true 时，MongoDB 返回写磁盘日志的出错信息，包括副本集里的任何成员。如果 Mongod 没有启动日志记录，也进行关注
wtimeout	毫秒数	该选项指定写入关注的时间限制，该参数仅适用大于 1 的 w 值时的设置 当写操作超过该参数指定的时间范围后，返回写出错信息。当返回时，MongoDB 不会撤销关注时间范围内已经执行写成功的数据。也就是存在一部分写入成功，一部分写入失败的问题

单机环境下常见的写出错关注参数配置，如表 4.14 所示。

表 4.14　单机环境下常见写出错关注参数配置

w 设置	不设置 j	j:true	j:false
w:1	数据写入内存	数据写入磁盘日志	数据写入内存
w:"majority"	数据写入磁盘日志，前提要启动磁盘日志	数据写入磁盘日志	数据写入内存

数据直接写入磁盘日志，速度比写入内存将明显降低，在大数据量写入的情况下尤为明显。

副本集环境下常见的写出错关注参数配置如表 4.15 所示。

表 4.15　副本集环境下常见写出错关注参数配置

w 设置	不设置 j	j:true	j:false
w:为数值	数据写入内存	数据写入磁盘日志	数据写入内存
w:"majority"	取决于 writeConcernMajorityJournalDefault()的值，如果为 ture，则写入磁盘日志；如果为 false，写入内存	数据写入磁盘日志	数据写入内存

2．写出错实例

（1）insert 出错实例。

假设已经插入一条下面的文档，再次插入该文档时将报出错。

```
>db.goodsbaseinf.insert(
   {_id:1,item:"大学生教材",name:"《大学一年级语文(上册)》",price:50 },
   { writeConcern: {w: "majority", wtimeout: 2000 } }
)
```

出错时由 WriteResult()对象提供出错信息。

```
WriteResult({
   "nInserted" : 1,
   "writeConcernError" : {                    //出错信息
    "code":11000,
    "errmsg" : "E11000 duplicate key error collection: goodsdb.goods
    baseinf index: _id_ dup key: { : 1.0 }"
   }
}
)
```

（2）update 出错实例。

```
>db.goodsbaseinf.update(
        {_id:1},
        {$set{item:"大学}$生教材"}},
        { writeConcern: { w:1,}
)
```

（3）remove 出错实例。

```
>db.goodsbaseinf.remove({_id:1/2s}})
```

3．查看 MongoDB 的系统日志

最新版本的 MongoDB 在安装时，默认启动系统日志（Journal）服务。日志文件的安装目录一般在数据库系统安装的目录下。如本书前面安装的 D:\MongoDB\data\db\joumal 里。系统日志默认记录 MongoDB 最新 60 秒内写操作记录。若在操作过程中，发生出错，该日志具备出错查询问题的辅助功能。

系统日志是一种往文件尾不停追加内容的临时文件，它的命名形式为 WiredTigerLog_i，

i 为序列号，从 1 开始。当文件超过 100MB 大小时，MongoDB 会新建一个系统日志文件，如 WiredTigerLog._1。当一个系统日志内的所有记录都成功写入磁盘后，该日志文件自动删除。所以，一般情况下会生成几个系统日志，如图 4.11 所示。

本地磁盘 (D:) ▸ mongodb2 ▸ data ▸ db ▸ journal

共享 ▾　新建文件夹

名称	修改日期
WiredTigerLog.0000000001	2017/6/6 18:33
WiredTigerPreplog.0000000001	2017/6/6 16:39
WiredTigerPreplog.0000000002	2017/6/6 16:39

图 4.11　MongoDB 系统日志

4.3　MongoDB 常用配置参数

MongoDB 常用配置参数可以由 config 配置文件统一设置实现。Mongod 的配置文件是 mongod.yaml，Mongos 的配置文件为 mongos.yaml。MongoDB 在 2.6 版本开始，配置文件采用 YAML 格式。在使用配置文件前，先需要手工建立 YAML 配置文件内容，配置文件详细内容可以参考后续网络配置、存储配置内容，或参考以下地址：

https://docs.mongodb.com/manual/reference/configuration-options/

手工输入建立过程，一定要严格按照 YAML 格式存储，具体格式要求见（http://www.yaml.org/），也可以参考本书附赠的代码文件。最后保存的文件的扩展名必须为“.yaml”。

在 Windows 命令提示符下执行如下命令，就可以启用 mongod.yaml 文件。

```
mongod -config mongod.yaml        //这里要求把 mongod.yaml 文件放到 bin 文件路径下
```

对于配置文件参数的设置，在 Linux 操作系统下，可以用 Vi 命令进行查看和编辑参数，如：

```
$ Vi /etc/mongod.yaml
```

4.3.1　网络配置

在 MongoDB 的配置文件内可以找到网络配置的相关参数。

1. 网络连接配置

MongoDB 官网提供的最新网络配置清单如下：

```
port: <int>
  bindIp: <string>
```

```
  maxIncomingConnections: <int>
  wireObjectCheck: <boolean>
  ipv6: <boolean>
  unixDomainSocket:
    enabled: <boolean>
    pathPrefix: <string>
    filePermissions: <int>
  http:
    enabled: <boolean>
    JSONPEnabled: <boolean>
    RESTInterfaceEnabled: <boolean>
  ssl:
    sslOnNormalPorts: <boolean>  # deprecated since 2.6
    mode: <string>
    PEMKeyFile: <string>
    PEMKeyPassword: <string>
    clusterFile: <string>
    clusterPassword: <string>
    CAFile: <string>
    CRLFile: <string>
    allowConnectionsWithoutCertificates: <boolean>
    allowInvalidCertificates: <boolean>
    allowInvalidHostnames: <boolean>
    disabledProtocols: <string>
    FIPSMode: <boolean>
  compression:
    compressors: <string>
```

（1）port <int>，中文含义为端口。

参数设置方式：port :27017

27017 是在服务器上安装 MongoDB 数据库时的默认端口号。若进行分片式多服务器安装，则要求每台服务器上的端口号是唯一的。port 是 MongoDB 数据库实例为客户端提供数据通信连接的 TCP 端口号。

（2）bindIp: <string>，中文含义为绑定 IP 地址。

参数设置方式：bindIp:127.0.0.1

MongoDB 数据库刚刚安装完，配置文件里默认的 IP 地址是 127.0.0.1。这意味只能为本机的 shell 或应用程序提供数据库访问地址。若在生产环境下，必须把 IP 地址设置为安装 Mongod 或 Mongos 的服务器的 IP 地址，以方便业务应用服务器上的业务系统访问 MongoDB。如假设一台服务器 IP 地址是 192.168.0.1，那么其上配置文件对应参数应设置为 bingIp:192.168.0.1。该参数允许多 IP 地址绑定，如：

bingIp:192.168.0.1,192.168.0.2...　　//IP 地址之间用逗号隔开

（3）maxIncomingConnections: <int>，中文含义为 Mongos 或 Mongod 能接受的最大并发连接数。

参数设置方式：maxIncomingConnections: 65536

65536 为默认的并发连接数。并发连接指访问 MongoDB 的各种应用系统同时连接数量，如读者可以把打开一个 shell 看作一个与 MongoDB 数据库的连接，打开两个就是两个连接。如果有 10 万个用户通过浏览器打开同一个电子商务平台软件，那么至少同时产生 10 万个客户端连接。

说明

（1）不同类型的服务器操作系统，对最大并发连接数量有个最大连接跟踪阀值，如果设置的值超过操作系统的阀值，则该设置值不起作用。

（2）不要为此参数分配太低的值，否则应用程序连接将频繁出错，影响用户的使用情绪。

（3）一台服务器上的该参数设置值，应该稍微高于连接池（connection pool）的最大支持数量。

（4）该参数的设置可以防止 Mongos 在访问各个分片时引起的超量连接数，超量的连接会破坏分片集群的操作和内存分配。

（5）在生产环境下，还需要考虑防火墙的最大连接数对客户端并发访问量的限制。

如 Windows Server 2008 的最大并发连接数量设置，可以参考 Dudumao 写的《修改 Windows Server 2008+IIS 7+ASP.NET 默认连接限制，支持海量并发连接数》[①]。

（4）wireObjectCheck: <boolean>，中文含义为客户端请求验证。

参数设置方式：wireObjectCheck=true

默认值为 true。当值为 true 时，Mongod 或 Mongos 实例在收到客户端提交的请求时，进行内容验证，以防止客户端将错误或无效的 BSON 数据插入 MongoDB 数据库。该参数对具有高度嵌套子文档对象的检查功能，对执行性能影响很小。值为 false 时，不验证插入值。

（5）ipv6: <boolean>，中文含义为互联网协议第 6 版[②]。

参数设置方式：ipv6:false

该参数在 MongoDB3.0 版本前被设置使用，MongoDB 3.0 版本后默认支持 ipv6 协议，不再进行参数设置。

（6）unixDomainSocket，中文含义为 UNIX 域套接字。

该设置有 3 个参数：enabled: <boolean>、pathPrefix: <string>、filePermissions: <int>。该设置仅适用于基于 UNIX 操作系统上的 MongoDB 的参数配置。

[①] Cnblogs，Dudumao，http://www.cnblogs.com/dudumao/p/4078687.html。

[②] 百度百科，ipv6，http://baike.baidu.com/item/IPv6?sefr=enterbtn。

- enabled 默认值为 true，代表 Mongod 或 Mongos 在 UNIX 上启动侦听功能。
- pathPrefix 默认值为/tmp，指定需要创建 Socket 的路径前缀。
- filePermissions 默认值为 0700，设置 UNIX 域 Socket 文件的权限。

（7）http，中文含义为 http 接口。

该设置有 3 个参数：enabled: <boolean>、JSONPEnabled: <boolean>、RESTInterface-Enabled: <boolean>。

该设置功能从 MongoDB 3.2 版本开始被弃用，因为它所提供的 http 接口开放在互联网上不安全。

（8）ssl，英文全称为 Secure Sockets Layer，中文含义为安全套接层协议。

参数设置：略。感兴趣的读者可以查看 MongoDB 官网的相关资料。

它已被广泛地用于 Web 浏览器与服务器之间的身份认证和加密数据传输。

（9）compression <string>，中文含义为数据压缩。

对 Mongod 或 Mongos 与其他客户端等进行数据通信时，提供网络数据压缩功能。

MongoDB 3.4 支持 Snappy 压缩器对网络通信数据进行压缩。

2. 网络安全配置

在生产环境下，必须非常重视 MongoDB 数据库应用的网络安全问题[①]。

```
keyFile: <string>
clusterAuthMode: <string>
authorization: <string>
transitionToAuth: <boolean>
javascriptEnabled:  <boolean>
redactClientLogData: <boolean>
sasl:
   hostName: <string>
   serviceName: <string>
   saslauthdSocketPath: <string>
enableEncryption: <boolean>
encryptionCipherMode: <string>
encryptionKeyFile: <string>
kmip:
   keyIdentifier: <string>
   rotateMasterKey: <boolean>
   serverName: <string>
   port: <string>
   clientCertificateFile: <string>
   clientCertificatePassword: <string>
   serverCAFile: <string>
```

① MongoDB 遭批量攻击 数据库如何避免被入侵？，http://mt.sohu.com/20170108/n478108182.shtml。

```
ldap:
  servers: <string>
  bind:
    method: <string>
    saslMechanism: <string>
    queryUser: <string>
    queryPassword: <string>
    useOSDefaults: <boolean>
  transportSecurity: <string>
  timeoutMS: <int>
  userToDNMapping: <string>
  authz:
    queryTemplate: <string>
```

（1）keyFile: <string>，中文含义为带路径的密钥文件。

用于存储 MongoDB 数据库分片集群、副本集中彼此进行身份验证的共享密钥。

（2）clusterAuthMode: <string>，中文含义为集群授权模式。

参数设置方式：clusterAuthMode:keyFile

默认值为 keyFile，其他可以选择的值包括 sendKeyFile、sendX509 和 x509。

（3）authorization: <string>，中文含义为授权★。

参数设置方式：authorization: disabled

默认值为 disabled，为禁用授权访问数据库功能，也就是无授权可以直接访问数据库。值设置为 Enable，则为授权访问数据库，没有角色授权的用户无法访问 MongoDB 数据库内容。该设置功能仅适用于 Mongod。

（4）transitionToAuth: <boolean>，中文含义为过渡方式授权。

参数设置方式：transitionToAuth:false

默认值为 false。当值设置为 true 时，Mongod 或 Mongos 对其他访问的对象，无论是经过身份验证的还是未经过身份验证的，都接受访问操作。该设置功能与 authorization 配合使用。当设置为 false 时，该功能不起作用。

（5）javascriptEnabled: <boolean>，中文含义为脚本执行控制★。

参数设置方式：javascriptEnabled:true

默认值为 true。启用或者禁止服务器端执行 JavaScript 命令。当值设置为 false 时，跟 JavaScript 相关的命令都无法执行，如 $where 查询运算符、MapReduce 命令、db.collection.group()方法等。

（6）redactClientLogData: <boolean>，中文含义为无业务数据日志记录方式★。

参数设置方式：redactClientLogData:false

当该设置值为 false 时，禁用该设置功能；当设置值为 true 时，启用该设置功能。该设置功能运行时，对 Mongod 或 Mongos 执行数据访问操作，操作日志仅记录操作过程发生的内容，如错误信息、操作代码、行号、源文件名称等，但是不记录业务敏感数据。比如客户端向 Mongod 执行了一条结账记录，那么结账数据内容不会被记入操作日志。而在不启动该设置的情况下，业务数据和操作过程数据都是记入数据库操作日志的。这样做的目的是为了提高业务数据的安全，却降低了日志的可阅读性。

（7）sasl，英文全称为 Simple Authentication and Security Layer，中文含义为 Sasl 协议。

sasl 设置涉及 hostName: <string>、serviceName: <string>、saslauthdSocketPath: <string> 三个参数。

- hostName 参数：实现基于 Sasl 和 Kerberos 协议支持的服务器的域名设置。
- serviceName 参数：可以设置为基于 Sasl 协议的服务器注册名称。仅用于企业版，详细功能介绍略。
- saslauthdSocketPath 参数：设置 UNIX 域 Socket 文件的路径。

（8）enableEncryption: <boolean>，中文含义为 WiredTiger 存储引擎加密。

参数设置方式：enableEncryption:false

当该设置值为 true 时，对 WiredTiger 存储引擎数据处理启动加密功能。该功能只适用于 MongoDB 的企业版（Enterprise）。

（1）MongoDB 产品分社区版本和企业版本，社区版本是可以免费、自由下载的，但是，有些功能不如企业版本的。

（2）本书定位于社区版本。

（9）encryptionCipherMode: <string>，中文含义为加密模式设置。

仅用于企业版，功能介绍略。

（10）encryptionKeyFile: <string>，中文含义为带路径的加密密钥文件。

仅用于企业版，功能介绍略。

（11）kmip，英文全称为 Key Management Interoperability Protocol，中文含义为密钥管理互操作协议。

仅用于企业版，功能介绍略。

（12）ldap，英文全称为 Lightweight Directory Access Protocol，中文含义为轻量目录访问协议。

LDAP 协议设置参数包括了 servers、bind、transportSecurity、timeoutMS、userToDNMapping、authz。

- servers: <string>，通过设置该参数实现 Mongod 或 Mongos 的 LDAP 身份验证或授权。该设置仅在 MongoDB 企业版里使用。
- bind 参数又包括了 method: <string>、saslMechanism: <string>、queryUser: <string>、queryPassword: <string>、useOSDefaults: <boolean>子参数的设置。该设置仅在

读书笔记

MongoDB 企业版里使用，具体实现详见 MongoDB 官网提供的使用手册。

- transportSecurity: <string>，实现 Mongod 或 Mongos 到 LADP 服务器的 TLS/SSL 安全连接。企业版设置功能。
- timeoutMS: <int>，设置 Mongod 或 Mongos 等待 LDAP 服务器响应请求时间(毫秒)。企业版设置功能。
- userToDNMapping: <string>，将 Mongod 或 Mongos 提供的用户名转换为 LDAP 协议可以分辨的名称。企业版设置功能。
- authz.queryTemplate，基于 C4515 和 RFC4516 格式的符合 LADP 的查询 URL。企业版设置功能。

（1）网络连接配置，作为生产环境下 MongoDB 数据库系统技术人员，必须熟悉。

（2）网络安全配置，带★符号的，读者重点掌握，其他了解即可。

4.3.2　存储配置

存储配置包括了对硬盘和内存的各种操作性能约束的配置。

```
dbPath: <string>
indexBuildRetry: <boolean>
repairPath: <string>
journal:
  enabled: <boolean>
  commitIntervalMs: <num>
directoryPerDB: <boolean>
syncPeriodSecs: <int>
engine: <string>
mmapv1:                          //MongoDB 3X 版本开始默认数据库引擎为 wiredTiger,
                                   mmapv1 相关参数介绍略
  preallocDataFiles: <boolean>
  nsSize: <int>
  quota:
    enforced: <boolean>
    maxFilesPerDB: <int>
  smallFiles: <boolean>
  journal:
    debugFlags: <int>
    commitIntervalMs: <num>
wiredTiger:
  engineConfig:
    cacheSizeGB: <number>
```

```
      journalCompressor: <string>
      directoryForIndexes: <boolean>
    collectionConfig:
      blockCompressor: <string>
    indexConfig:
      prefixCompression: <boolean>
inMemory:
    engineConfig:
      inMemorySizeGB: <number>
```

（1）dbPath:<string>，中文含义为 Mongod 实例存储数据的目录。

参数设置方式：dbPath: /data/db

该方式是在 Linux、OS X 操作系统下，并且是默认值，建议不要随便修改该值，而且需要与 MongoDB 实际安装情况一致。在 Windows 操作系统下的默认安装值为\data\db。

（2）indexBuildRetry:<boolean>，中文含义为索引重建。

参数设置方式：indexBuildRetry:true

true 为默认值。当在建立数据库索引过程中，发生 Mongod 关闭或停止问题，会导致索引建立不完整。当值设置为 true 时，Mongod 重启会删除不完整的索引，然后尝试重建该不完整的索引；当值设置为 false 时，Mongod 不重建索引。该设置只适用于 Mongod，不适用于使用内存存储引擎的 Mongod 实例。

（3）repairPath:<string>，中文含义为数据库修复临时存储路径。

参数设置方式：repairPath=A _tmp_repairDatabase_<num>

该值为默认值。

当启动数据库修复命令（-repair）时，该目录为临时使用的操作目录，将产生操作过程的临时文件。当修复结束后，该目录为空。该设置只适用于 Mongod，不适用于使用内存存储引擎的 Mongod 实例。

（4）journal，中文含义为数据操作记录日志。

journal 有 enabled 和 commitIntervalMs 两个子参数设置项。

参数设置方式：

- journal.enabled:true，启用数据操作记录日志，可以确保数据通过该日志，持久更新到磁盘上。false 为不启用。默认值：64 位系统上为 true，在 32 位系统上为 false。该设置只适用于 Mongod，不适用于使用内存存储引擎的 Mongod 实例。如果副本集的任何投票成员没有日志记录运行（即运行内存中的存储引擎或运行禁用日志功能），则必须将 writeConcernMajorityJournalDefault 设置为 false。
- journal.commitIntervalMs:100。默认值为 100 毫秒或 30 毫秒。该参数设置 Mongod 从内存向数据操作记录日志提交数据的最大间隔时间（毫秒）。MongoDB 现支持 3 种数据库引擎，MMAPv1、WiredTiger 和 In-Memory，前两种为硬盘存储引擎，后一种为内存存储引擎。在 MMAPv1 上，如果日志位于与数据文件不同的块设备（例如物理卷，RAID 设备或 LVM 卷）上，则默认日志提交间隔为 30 毫秒。另外，在 MMAPv1 上，当 j:true 的写操作等待处理时，Mongod 会将 commitIntervalMs 减少到设置值的 1/3。在 WiredTiger 上，默认日志提交间隔为 100 毫秒。此外，使用 j:true 写入将导致日志的即时同步。该设置只适用于 Mongod，不适用于使用内存存储引擎的 Mongod 实例。

（5）directoryPerDB:<boolean>，中文含义为给每个数据库建立独立的子文件路径。

参数设置方式：directoryPerDB:false

默认值为 false，不启动该设置功能。当值为 true 时，则 Mongod 会为每个数据库文件，在已经安装的 storage.dbPath 路径下，再建立各自的子路径，路径名为各自的数据库名。不建议在配置文件中配置，而是使用 Mongod 启动命令指定该参数。

具体操作过程为，先建立新的数据库数据存放路径（同步修改配置文件里的 dbPath 设置），保留老的数据库文件路径，然后用 mongodump 命令停止 Mongod 实例，在配置文件里设置 directoryPerDB:true（最好在 Mongod 启动时附加该设置参数，而不要在配置文件里设置），启动 Mongod，最后使用 mongorestore 命令在新的数据路径下建立每个新的数据库。对于副本集，可以通过停止辅助成员以滚动方式进行更新，使用新的 storage.directoryPerDB 值和新的数据目录重新启动，并使用初始同步来填充新的数据目录。要更新所有成员，请先从辅助成员开始。然后降低主要功能，并更新降级成员。该设置只适用于 Mongod，不适用于使用内存存储引擎的 Mongod 实例。

（6）syncPeriodSecs:<int>，中文含义为数据刷新到数据库文件的时间间隔。

参数设置方式：syncPeriodSecs:60

60 秒为默认值。不要在生产环境下修改该值。MongoDB 的数据存储过程是，先把存放于内存的数据记录到数据操作记录日志里，然后以 60 秒为时间间隔，把数据持久性地保存到硬盘的数据库文件上。该设置只适用于 Mongod，不适用于使用内存存储引擎的 Mongod 实例。

（7）engine: <string>，中文含义为数据库存储引擎。

参数设置方式：engine:wiredTiger

wiredTiger 为默认设置值，另外还可以设置为 MMAPv1、inMemory。

（8）wiredTiger，中文含义为 wiredTiger 存储引擎。

wiredTiger 的子参数设置包括 EngineConfig、CollectionConfig 和 IndexConfig。

- EngineConfig.cacheSizeGB:256MB,用于设置数据在内存中的缓存空间的大小，最新版本支持 256MB～10TB 的缓存量。从 MongoDB 3.4 版本开始，wiredTiger 内部缓存默认情况下将使用较大的值：50%的 RAM 减去 1 GB 或 256 MB。

（1）缓存就是数据交换的缓冲区（称作 Cache）。

（2）Mongod 可用的最大内存缓存大小受服务器的物理内存大小限制、操作系统可以给予的空闲内存大小限制，同时需要考虑到其他进程对内存的使用要求。
（3）分配合理大小的内存缓存，可以提高 Mongod 的访问性能；不合理的内存缓存大小，将影响业务系统访问性能。在实际生产环境下，这是个经验值，需要数据库系统管理员不断地调优和监控。
（4）在一台服务器上安装多个 Mongod，则需要减少该值的设置，以适应多 Mongod 对内存缓存的使用要求。

- EngineConfig.journalCompressor:snappy，Snappy 压缩方式为默认方式，用于压缩 wiredTiger 日志数据。可供选择的值包括 none、snappy 和 zlib。
- EngineConfig.directoryForIndexes:false，false 为默认值。当值为 true 时，Mongod 将索引和集合文件分开存放。索引存放在 Mongod 安装路径（storage.dbPath）下名为 Index 的子路径下，集合数据文件存放于名为 Collection 的子路径下。对于索引文件可以通过使用符号链接（Symbolic link）方法，把索引文件存放到指定的路径下。
- CollectionConfig.blockCompressor:snappy，snappy 是默认压缩方式，用于对集合数据进行压缩。可选的压缩方式值包括 none、snappy 和 zlib。该选项设置后，只影响新建立的集合数据的压缩方式，原先集合数据不受影响（继续使用原先的压缩方式）。
- IndexConfig.prefixCompression:true，true 为默认值，启用索引数据的前缀压缩功能；false 为禁用索引的前缀压缩功能。该设置启动后，只影响新建立的索引文件，不影响现有索引文件。

（9）inMemory，中文含义为 inMemory 存储引擎。

EngineConfig.inMemorySizeGB=物理内存大小的 50%-1GB 或 256MB，这是默认值。为内存存储引擎数据分配的最大内存量，值的范围为 256MB～10TB，可以是浮点数。该设置只适用于企业版。

4.4 第一个简单的案例

MongoDB 可以支持的客户端应用软件开发语言包括了 C、C++、C#、.Net、Java、Node.js、Perl、PHP、Python、Scala 等[①]。本书采用 Java 语言实现对 MongoDB 数据库的调用，并实现所有客户端应用程序功能。

MongoDB 为读者提供了最新的 Java driver 程序支持包下载地址：

http://mongodb.github.io/mongo-java-driver/?_ga=1.198663400.651423669.1482315372

建议读者根据最新的 MongoDB 数据库版本匹配相应的 Java driver 程序包版本。

① 详见 Mongo 使用手册，https://docs.mongodb.com/ecosystem/drivers/community-supported-drivers-toc/。

4.4.1　用 Java 连接 MongoDB

这里假设读者具有 Java 语言基础，为了实现基于 MongoDB 数据库的应用程序的开发，我们先需要准备好开发环境，然后才能用 Java 实现对 MongoDB 的连接功能。只有实现了连接功能，才能基于 Java 应用程序实现对 MongoDB 数据库的各种操作功能。这里的准备工作包括开发环境的安装、公共配置文件的设置、初始化 MongoDB 连接 Java 工具类。

读书笔记

1．学习环境的安装

（1）安装 MongoDB，在一台服务器上实现，本书实例为 MongoDB 3.4.2 版本，安装过程见 4.1.2 节。

（2）安装 Java 开发工具，本书采用 Eclipse 开发工具。

（3）下载 Mongodb-Java=driver-3.4.2.jar 安装包，并把该安装包放到服务器 classpath 下，实现 MongoDB JDBC 驱动功能。

（4）就可以在 Eclipse 里用代码实现 MongoDB 的连接操作了。

2．简易连接 MongoDB

import com.mongodb.MongoClient;

import com.mongodb.client.MongoDatabase;

上述为包含 MongoDB 客户端 API 各种类功能的开发驱动程序包。对于常用的驱动程序包及其内含的类对象应该要熟记。

```
public class MongoDBJDBC{
public static void main( String args[] ){
      try{//连接到 mongodb 服务，try 为 java 出错捕捉机制
         MongoClient mongoClient= new MongoClient("localhost" , 27017 );
       //连接到本地数据库，端口号为 27017
        MongoDatabase mongoDatabase=mongoClient.getDatabase("goodsdb");
     //连接到 goodsdb 数据库实例，若没有 goodsdb 数据库实例，系统将自动建立新数据库
     mongoDatabase. insertOne(new Document().append("name", "zhangsan"));
     //新增一条新数据
     System.out.println("Connect to database successfully");
     //数据库连接成功提示
       }catch(Exception e){
       System.err.println(e.getClass().getName()+":"+e.getMessage());
      //连接出错提示
}
}
}
```

读书笔记

表 4.16 所示为上述代码需要用到的驱动程序包说明，详细情况可以参考 MongoDB 的在线使用手册[①]。

表 4.16　本实例连接驱动程序包

驱动程序包名	包含对象	说明
com.mongodb.MongoClient	MongoClient	包含内部连接池功能的 MongoDB 客户端 API，提供到本地计算机或服务器端 IP 地址、端口号连接功能
com.mongodb.client.MongoDatabase	MongoDatabase、MongoCollection	实现对指定数据库和集合的连接功能

（1）该部分连接功能，虽然实现了与 MongoDB 的命令通信功能，可以在此基础上进行各种 Java 程序功能开发，但仅适合 Java 基础很差，或者没有 Java 使用经验的读者学习使用（但一定要有编程语言基础，否则就看不懂了。注意，本书不对 Java 基础知识进行过多解释）。

（2）该简易连接，连接参数都固定在代码里面，可移植性差，不具有商品级别的 Java 应用软件的特点。我们希望建立高可移植性的公共连接程序框架功能，详见 4.4.2 节。

4.4.2　生产级 Java 连接 MongoDB 公共架构

在实际正式项目开发时，几乎不会采用 4.4.1 节的连接方法。我们希望提供可移植性，可靠性非常好的公共架构。

为此，我们需要分两步实现该架构功能，第一步建立公共配置文件，第二步实现配置文件参数的读取和数据库的连接。

1．公共配置文件的设置

建立公共配置文件的目的就是为了可以灵活设置与数据库的连接参数，保证所开发的 Java 应用程序具有很强的灵活性和可移植性。

（1）公共配置文件作用说明。

先在 Eclipse 的项目上建一个公共配置文件：mongo-config.proprties，存放于项目根目录下。

① MongoDB v3.4.2 的 Java 版驱动程序使用手册，http://mongodb.github.io/mongo-java-driver/3.4/javadoc/。

（2）文件参数内容：

```
connectionsPerHost=10
```

与每个主机的连接数（线程个数），默认为 10。

```
connectTimeout=10000
```

连接超时时间（单位：毫秒），默认为 10000 毫秒。

```
cursorFinalizerEnabled=true
```

是否创建一个 finalize 方法，以便在客户端没有关闭 DBCursor 的实例时，清理掉它。默认为 true。

```
maxWaitTime=120000
```

线程等待连接可用的最大时间（单位：毫秒），默认为 120000 毫秒。

```
threadsAllowedToBlockForConnectionMultiplier=5
```

可等待线程倍数，默认为 5。例如 connectionsPerHost 最大允许 10 个连接，则 10*5=50 个线程可以等待，更多的线程将直接抛出异常。

```
readSecondary=false
```

是否主从读写分离（读取从库），默认为 false，读写都在主库。

```
socketTimeout=0
```

socket 读写时超时时间（单位：毫秒），默认为 0，不超时。

```
socketKeepAlive=false
```

是 socket 连接在防火墙上保持活动的特性，默认为 false。

```
write=0
```

对应全局的 WriteConcern 中的 w，默认为 0。

```
writeTimeout=0
```

对应全局的 WriteConcern 中的 wtimeout，默认为 0。

```
journal=false
```

对应全局的 WriteConcern.JOURNAL_SAFE，如果为 true，每次写入要等待日志文件写入磁盘，默认为 false。如果设置为 true 则会影响客户端软件的写操作响应速度。

```
hostConfString=127.0.0.1:27017
```

MongoDB 的 IP 地址、port 配置。在生产环境下需要指向安装 Mongos 的服务器地址。

注意

（1）从上述客户端配置内容，可以看出该框架没有提供访问安全方面的配置，如对访问 MongoDB 数据库用户名、密码的设置，而采用默认的无身份验证的访问方式，该方式有利于 MongoDB 数据库技术人员的测试工作；但对客户端应用系统开发而言，存在很大的安全漏洞。这在生产环境下是不允许的。

（2）对于高要求的业务应用系统开发，甚至要考虑对访问 MongoDB 数据库的用户名和密码进行加密处理。

（3）授权访问 MongoDB 数据库部分内容见 4.3.1 节。

2. 初始化 MongoDB 连接类

在 Eclipse 上实现下述代码内容：

```
package com.book.demo.log.mongo;

import java.io.IOException;
import java.io.InputStream;
import java.util.Properties;

import com.mongodb.MongoClient;
import com.mongodb.MongoClientOptions;
import com.mongodb.MongoClientOptions.Builder;
import com.mongodb.ReadPreference;
import com.mongodb.ServerAddress;
import com.mongodb.WriteConcern;

public class MongoDBUtil {                              //建立 MongoDB 客户端配置类
      public static MongoClient initMongo()             //加载 mongo 配置文件
throws IOException {
          InputStream inputStream=MongoDBUtil.class.getClass()
           .getResourceAsStream("/mongo-config.properties");
           Properties properties=new Properties();
           properties.load(inputStream);
              WriteConcern concern=new WriteConcern(Integer.valueOf(
properties.getProperty("write")),
 Integer.valueOf(properties.getProperty("writeTimeout"))
//读取 WriteConcern 对象的参数 write、writeTimeout 值
);
         concern.withJournal(Boolean.valueOf(
properties.getProperty("journal"))                      //读取 journal 参数值
);
          Builder
builder=MongoClientOptions.builder().connectionsPerHost(

Integer.valueOf(properties.getProperty("connectionsPerHost"))
           //读取 connectionsPerHost 参数值
           ).connectTimeout(

Integer.valueOf(properties.getProperty("connectTimeout"))
             //读取 connectTimeout 参数值
            ).cursorFinalizerEnabled(Boolean.valueOf(properties.getProp
erty("cursorFinalizerEnabled")        //读取 cursorFinalizerEnabled 参数值
            )).maxWaitTime(Integer.valueOf(properties.getProperty("maxW
aitTime"))//读取 maxWaitTime 参数值
```

Java 开发包支持类，自动产生

MongoDB 客户端 Java 版本开发包支持类，自动产生。若没有该内容，意味着 Eclipse 没有加装 MongoDB 客户端开发包

```
            ).threadsAllowedToBlockForConnectionMultiplier(Integer.valueOf
(properties.getProperty("threadsAllowedToBlockForConnectionMultiplier"))
  //读取 threadsAllowedToBlockForConnectionMultiplier 参数值
             ).socketTimeout(Integer.valueOf(properties.getProperty("soc
ketTimeout"))                           //读取 socketTimeout 参数值
             ).socketKeepAlive(Boolean.valueOf(properties.getProperty("s
ocketKeepAlive"))                       //读取 socketKeepAlive 参数值
             ).writeConcern(concern);
        if(Boolean.valueOf(properties.getProperty("readSecondary")))
{//读取 readSecondary 参数值，并判断值是 false 还是 true
builder.readPreference(ReadPreference.secondaryPreferred());
        }
        String[]
address=properties.getProperty("hostConfString").split(":");
//读取 hostConfString 参数值，并把 IP 地址和 Port 号分别放入 String[0]、String[1]
        ServerAddress serverAddress=new ServerAddress(address[0],
        Integer.valueOf(address[1])    //设置需要连接的服务器 IP 地址和端口号
);
        return new MongoClient(serverAddress, builder.build());
      //把设置结果返回到调用的主程序
    }
}
```

该公共框架在第 6 章将被使用，读者一定要注意。同时，该公共框架可以用于其他真正基于 MongoDB 项目的开发。

4.4.3　高并发模拟

考虑到 MongoDB 的实际应用场景多为大数据应用，为了测试方便，也为了展示 Java 业务系统代码与 MongoDB 结合的效果。这里提供了基于连接池的多并发数据插入功能。读者可以在本书附赠代码上直接获取相关文件，并调试使用。

```
package com.book.demo.mongo;

import java.util.concurrent.Executor;
import java.util.concurrent.Executors;

import org.bson.Document;

import com.mongodb.MongoClient;
import com.mongodb.client.MongoCollection;

public class Test {

    private static MongoClient client;
```

```
    public static void main(String[] args) {
        client = new MongoClient("127.0.0.1", 27017);
        MongoCollection<Document> collection = client.getDatabase("test")
                .getCollection("test");
        Executor executor = Executors.newFixedThreadPool(50);
        MongoTest t1 = new MongoTest(collection);
        MongoTest t2 = new MongoTest(collection);
        MongoTest t3 = new MongoTest(collection);
        executor.execute(t1);
        executor.execute(t2);
        executor.execute(t3);
    }
}package com.book.demo.mongo;

import java.util.ArrayList;
import java.util.List;

import org.bson.Document;

import com.mongodb.client.MongoCollection;

public class MongoTest implements Runnable {

    private MongoCollection<Document> collection;

    public MongoTest(MongoCollection<Document> collection){
        this.collection = collection;
    }

    private List<Document> init() {
        List<Document> list = new ArrayList<Document>(100000);
        for (int i = 0; i < 100000; i++) {
            Document doc = new Document("test", i);
            list.add(doc);
        }
        return list;
    }

    public void run() {
        collection.insertMany(this.init());
    }

}
```

4.5　小　结

对于初次接触 MongoDB 数据库的读者，本章内容非常重要，只有掌握了从安装 MongoDB、MongoDB 基本操作命令到常用配置参数等内容，才具备基于 MongoDB 开发应用程序的初步能力，并可以很好地理解本章给的案例的使用功能。

对于基本操作命令的学习，必须反复上机测试使用，只有这样才能熟能生巧，对于基础比较好的读者，可以拓展查看本书附录一的或相关页脚注给予的学习内容。

另外要注意所提供命令的综合运用，如查询一条文档，可以是范围查找，也可以是匹配模糊查找，那么这样的查询条件是否可以用到更新、删除命令里去？答案是可以的。

对于 Java 基础扎实的读者，4.4.2 节提供的公共架构可以直接应用到各个测试程序中，这样可以节省不少前期开发时间，并提高开发效率。

（1）对于本章的代码案例，建议读者先根据书上说明，自己尝试着重新建立调试，这样可以加深对代码的理解和掌握程度；而不要直接运行本书提供的源代码。

（2）只有调试出错，或者实在无法下手时，才可以去对照所提供的源代码。

4.6　实　验

实验一　在单机环境搭建具有如下要求的 MongoDB 开发环境

（1）在本机安装 MongoDB 数据库。

（2）建立含 3 个路由、3 个分片、1 个配置服务的模拟环境，并对配置文件实现副本集模拟部署（3 个节点）。

实验二　用公共架构开发一个具有如下功能的 Java 应用程序

在实验一的基础上，用 Eclipse 开发工具在本章所提供的公共开发架构上，实现对 MongoDB 数据库的插入、修改、删除、查找功能各两个。

第 5 章

文档数据库 MongoDB 提高

扫一扫，看视频

具有 MongoDB 基本运行环境搭建、命令使用、基于 Java 开发技术对接等基础知识后，就可以继续提高自己的知识使用技能了。本章重点涉及如下内容：

- BASE 操作
- 高级索引及索引限制
- 查询高级分析
- 可视化管理工具

5.1　BASE 操作

在传统关系型数据库中，事务（Transaction）是一项很重要的功能，可以说是该类型数据库的标配功能。事务能保证 SQL 在执行多表操作时，所有操作内容保持一致，要么所有记录数据被处理，要么所有记录数据不被处理，确保数据处理的 ACID 特征(见 2.2.3 节)。

而 MongoDB 作为 NoSQL 数据库产品，设计之初就没有事务功能（主要是为了在大数据环境下，避免事务处理所带来的低效响应问题），所以不存在对集合之间进行事务处理的操作可能性，这是 MongoDB 应用系统设计者必须慎重考虑的问题。

当 MongoDB 被用来存储海量 GPS 定位信息（主要是地理空间定位坐标信息）、网页信息类似内容时，没有事务处理功能是允许的，允许数据出现偶然的问题，如数据丢失。

但是程序员往往希望 MongoDB 也能处理电子商务平台上的类似商品订单这样的重要数据，而且不允许数据出任何问题。MongoDB 为此提供了单文档原子性（**Atomicity**）操作、多文档原子性操作功能，部分解决了上述问题。

5.1.1　单文档原子性操作

MongoDB 提供对集合里的一条文档记录的原子性操作，确保做插入、更新、删除等操作时要么操作成功，要么操作不成功，避免只操作一部分成功的问题出现。如假设修改三个字段值，只成功了两个，另外一个没有修改，这是不允许的。

在实现对一条文档记录的原子性操作之前，我们先假设一个业务使用场景：

在 A 电子商务平台购物的人们都会进行这样的操作，先浏览或查找商品，然后选择需要购买的商品，选中后电子商务平台会自动把所选择的商品放入“购物车”，所有的商品选择完成后，就要通过“购物车”去结账。图 5.1 所示为电子商务平台购物流程。

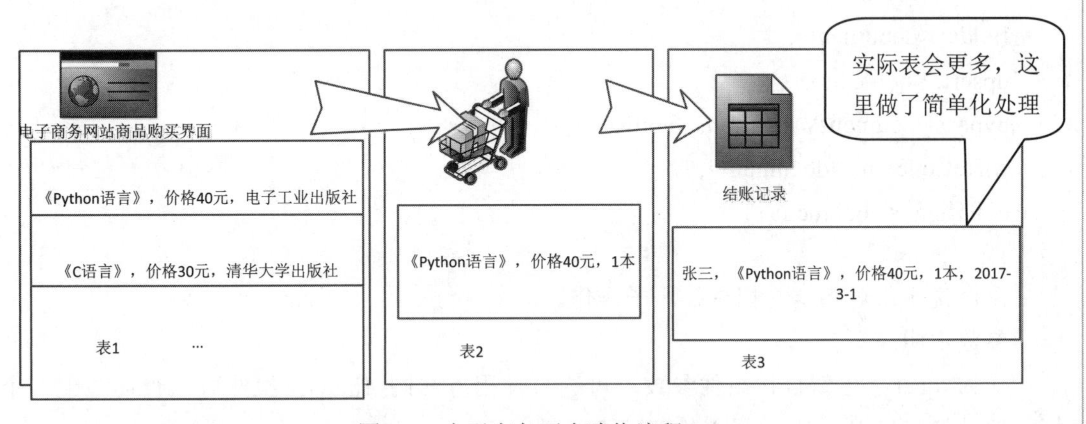

图 5.1　电子商务平台购物流程

在传统关系型数据库环境下设计上述数据库表很简单，先要有商品销售信息表（表1），记录需要销售的商品；接着要有商品“购物车”表（表 2），记录选择商品的明细；最后要有结算表（表 3）。如表 1 有 10 本《Python 语言》，张三选择了一本，记入表 2，最后结账时表 3 要有 1 本《Python 语言》记录明细。为了保证数据操作的安全和可靠，必须使用事务来保证操作过程。最终操作结果是表 1《Python 语言》数量变成 9 本，表 2 购物车记录被标注为已经结账，表 3 插入一条《Python 语言》销售记录。这个结果都是通过事务一次性操作完成的。

在中小规模的数据业务量情况下，可以直接使用传统关系型数据库，但是当面对的是基于互联网环境下的大数据应用场景，就不得不选择NoSQL来更好地解决读写速度问题。速度对用户的体验是第一位的。

而在 MongoDB 环境下，可以把表 1 看作集合 1，表 2 看作集合 2，表 3 看作集合 3。首先不能对多集合进行事务操作，但可以在 NoSQL 的 BASE（见 2.2.3 节）的规则下，采用最终一致的设计思路。当人们点“结账”按钮时，我们希望把集合 2 标记为已经结账，并写入结账用户的基本信息，而暂时不去处理集合 1 和集合 3 的内容（集合 1 和集合 2 的数据可以在后台另外单独处理）。由此，我们只需要集中注意力对集合 2 内容进行修改即可。为此，MongoDB 提供了具有原子性修改功能的方法 db.collection.findAndModify()。

1. FindAndModify()

语法：

```
db.collection.findAndModify({
        query: <document>,
sort: <document>,
remove: <boolean>,
update: <document>,
new: <boolean>,
fields: <document>,
upsert: <boolean>,
bypassDocumentValidation: <boolean>,
writeConcern: <document>,
collation: <document>
});
```

命令说明：对指定文档进行原子操作。

参数说明：

（1）query 更新查找条件参数，可选。使用方法同 find()；虽然可以查询匹配多个文档，但是 findAndModify()只能修改一个文档。

（2）sort，可选参数。指定查询得到的多文档的排序顺序，以决定对哪一个文档进行修改。如 sort:{<field1>:1}为升序，sort:{<field1>:0}为降序。

（3）remove，当值为 true 时，删除指定的一条文档；当值为 false 时，更新指定一条文档，false 为默认值（默认值不用设置）。

（4）update，必须指定需要删除或更新的字段。

（5）new，可选参数，如果值为 true，返回修改后的文档；值为 false 返回原始文档，默认值为 false；FindAndModify()在做删除文档时，忽略 new 参数的选择。

（6）fields，可选参数。确定需要返回的字段子集。如 fields:{<field1>:1, <field2>:1,…}。

（7）upsert，可选参数。当值为 true 时，如果没有找到匹配的文档，则建立一条新文档，找到文档，则更新单一文档（**为了避免多用户访问情况下，产生的多次对一条文档进行操作，应该对查询字段建立唯一索引**）；当值为 false 时，找不到匹配文档不建立新文档，false 为默认值。

（8）bypassDocumentValidation，可选参数。当值为 true 时，FindAndModify()使用时会绕过 MongoDB 默认的对所操作文档的基本规则的验证，允许做不符合验证要求的文档操作。默认为 false。

（9）writeConcern，使用方法详见 4.2.9 节。

（10）collation，可选参数。对特定国家的语言更新归类规则，详见 4.2.3 节。

返回值：

（1）返回删除文档结果。当删除成功时，返回所删除的文档；若没有匹配的文档可以删除时，返回 null 值。

（2）返回更新文档结果。如果 new 参数没有设置或设置为 false，则返回原始文档；如果 new 参数设置为 true，则返回命令操作后的文档。

此外，如果没有匹配所查询的文档，也没有做命令操作动作的情况下，返回 null 值。

2. 实例

在这里继续假设 A 电子商务平台的“购物车”记录内容为商品名称、价格、数量、单位、记录时间。在 MongoDB 数据库里操作如下：

```
>use eshops
>db.shoppingcart.insert(
   {_id:100100001,
    goodsName: "《Python 语言》",
    price:40,
    amount:1,
    unit: "元",
    recordtime:ISODate("2017-09-24")},
    flag:false,                          //结账标志，false 为没有结账
```

```
    checkout:[{by:"user",enddate:ISODate("2017-09-24")}]
)
```

注意

读书笔记

在“购物车”集合里直接做原子操作，没有把结账内容写到另外一个结账集合里，这与 TRDB 处理思路明显不同。TRDB 处理至少提供一个主表和一个明细表。主表记录结账整体信息，明细表记录采购明细。

接着做结账更新记录。

在 db.shoppingcart 集合里对_id:100100001 字段的文档修改 flag 标志为 true，并增加结账用户的信息（张三结账信息）：

```
>db. shoppingcart.findAndModify (
    {
    query:{_id:100100001},
    update:{
        "$set":{"flag":1},                                //修改
        " push":{checkout:{by:"张三",date:new Date()}}      //插入
        }
    }
)
```

注意

FindAndModify()使用注意事项：

（1）分片环境中使用时，查询条件必须包含分片集合的分片键字段。

（2）$push 把新值追加到 field 里面去，field 一定是数组类型才行，如果 field 不存在，会新增一个数组类型加进去。

（3）对于字段的更新操作符号使用见 4.2.3 节，对于数组的更新操作符号见附录一。

5.1.2 多文档隔离性操作

MongoDB 为多文档隔离性操作提供了**$isolated** 操作符，虽然，该操作符号功能有所局限，但是给了程序员解决一些问题的机会。

当 update 等更新命令在指定查询条件范围字段上设置$isolated:1 时，满足条件的文档，在执行 update 命令时具有隔离性。即在执行更新命令期间，其他用户的进程无法对正在执行的相关文档进行读写操作。直到更新结束，相关的文档才能给其他用户的进程使用。这显然会影响文档的共享性，当其他用户需要及时读取相关文档信息时，可能需要耐心地等待。

读书笔记

1．实例，修改多文档

在前面实例里再插入几条“购物车”记录，对 unit 进行统一修改。

```
>db.shoppingcart.update(
    { unit: "元" , $isolated : 1 },        //查询条件，查找 unit=“元” 的文档记录
    { $set: {unit:"美元"} },               //把“元” 改为“美元”
    { multi: true }                        //多文档修改
)
WriteResult({ "nMatched" : 3, "nUpserted" : 0, "nModified" : 3 })
                                           //执行结果提示
```

2．$isolated 的局限性

（1）当更新过程出错时，不提供 RollBack（回滚）机制，这意味着在异常问题发生时（如突然网络中断），有些文档已经修改，有些文档没有修改的情况会发生。在某些情况下，这样的结果是比较糟糕的。我们应该在更新命令出错时及时捕捉到出错信息，并采取补救措施。

（2）$isolated 不支持分片处理。

事务使用说明（根据 MongoDB 官网提供的信息, http://source.wiredtiger.com/2.6.1/）：
从 MongoDB3.0 版开始，引入 wiredTiger 存储引擎，支持真正意义上的事务功能。

5.2　高级索引及索引限制

高级索引可以让读者更好地处理文档中的子文档和数组索引问题，同时也介绍了地理索引功能。建立索引的唯一目的是提高查询效率，所以必须清楚地了解建立索引所带来的限制条件，否则很可能好事变坏事。

5.2.1　高级索引

高级索引主要实现对文档中的子文档和数组建立索引，实现地理空间数据索引。

1．子文档索引

语法：db.collection_name.createIndex({<key>: <n>, <key>: <n>, ... })
命令说明：在集合里，对子文档建立索引。key 为指向子文档的带"."的字符串。

实例：

```
>use eshops
>db.books.insert(
    [
      {
        name:"《生活百科故事 1》",price:50,summary:{kind: "学前",content: "1-7
岁用"}
      },
      {
        name:"《生活百科故事 2》",price:50,summary:{kind: "少儿",content: "8-16
岁用"}
      }
    ]
)
>db.books.createIndex({
                  "summary.kind":1,"summary. content ":-1
                }
            )               //对一个子文档的两个键的值进行索引。1 为升序、-1 为降序
>db.books.find({"summary.kind":"少儿"}).pretty()
```

2. 数组索引

语法：db.collection_name.createIndex({<key>: <n>, <key>: <n>, ... })

命令说明：在集合里，对数组建立索引时，MongoDB 会为数组中的指定元素创建一个索引键。key 为指向数组的带"."字符串。

实例：

```
>db.books.insert(
    [
      {name:"《e 故事》",
      price:30,
      tags:[{no:1,press:"x 出版社"},{no:2,press:"y 出版社"},{no:3,press:"z 出
版社"}]
      },
     {name:"《f 故事》",
      price:30,
      tags:[{no:11,press:"x 出版社"},{no:4,press:"y 出版社"},{no:2,press:"z 出
版社"}]
      }
    ]
)                               //插入两个带数组的文档
>db.books.createIndex(
  {
    "tags.no":1,"tags.press":-1
}
```

```
)                             //对一个数组的两个键的值进行索引。1 为升序、-1 为降序
>db.books.find({"tags.no":2}).pretty()
```

（1）多键值索引时，只能针对集合里一条文档的一个数组建立多键索引，不允许建立多数组索引。

（2）不能为分片建立多键值索引（分片内容详细见 4.2.8 节）。

读书笔记

3. 2dsphere 索引（地理空间索引）

2dsphere 索引支持所有 MongoDB 数据库地理空间查询：包含、交集和邻近的查询；并支持 GeoJSON 存储格式的数据。

语法：db.collection_name.createIndex({<location key>:"2dsphere" })

命令说明：在集合里，为指定键建立 2dsphere 索引。

实例：

```
>db.places.insert(
    {
    location:{type:"Point",coordinates:[ -29.32, 50.11 ] },
    name: "北海公园",
    category:"公园"
   }
)                             //插入一条地理空间属性文档数据
>db.places.createIndex({
                    location:"2dsphere"
                  }
                )             //建立 2dsphere 索引
```

（1）这里只对 2dsphere 索引做了简单介绍，详细需参考 MongoDB 3.4.4 版本的使用白皮书。

（2）MongoDB 2.2 及以前的版本用 2d 索引命令来实现二维平面坐标的索引管理。

5.2.2　索引限制

建立索引的目的是为了提高查询效率，但在有些情况下，建立索引反而会出现各种问题。这迫使程序员去深入考虑建立索引的限制条件。

对于索引建立所引起的相关限制必须重视，否则很可能导致业务系统响应变得迟缓，这有时是很糟糕的。

读书笔记

1．索引额外开销

建立一个索引至少需要 8KB 的数据存储空间，也就是索引是需要消耗内存和磁盘的存储空间的。

另外，对集合做插入、更新和删除时，若相关字段建立了索引，同步也会引起对索引内容的更新操作（锁独占排他性操作），这个过程是影响数据库的读写性能的，有时甚至会比较严重。所以，如果业务系统所使用的集合很少对集合进行读取操作，则建议不使用索引。

2．内存使用限制

索引在具体使用时，是驻内存中持续运行的，所以索引大小不能超过内存的限制。MongoDB 在索引大小超过内存限制范围后，将会删除一些索引，这将导致系统运行性能下降。索引占用空间大小，可以通过 db.collection.totalIndexSize()方法来查找了解（详见 4.2.5 节）。有经验的数据库技术人员，应该学会提早预估索引所占用的内存总容量，避免问题的发生。这里的预估索引大小，不但要包括所有同时运行在内存中集合的索引，也包括运行集合大小本身，操作系统的内存使用等。

3．查询限制

索引不能被以下的查询使用：

（1）正则表达式及非操作符，如$nin、$not 等。

（2）算术运算符，如$mod 等。

（3）$where 子句。

（1）查询语句能否使用索引功能，可以用 find()的 explain()来查看，详见 5.3.2 节。

（2）对重要的集合进行索引查询操作，使用前建议进行严格的模拟测试。

4．索引最大范围

集合中索引不能超过 64 个；索引名的长度不能超过 125 个字符；一个多值索引最多可以有 31 个字段。

如果现有的索引字段的值超过索引键的限制，MongoDB 中不会创建索引。

5．不应该使用索引场景

使用索引是否合适，主要看查询操作的使用场景，预先进行模拟测试非常重要。

（1）如果查询要返回的结果超过集合文档记录的 1/3，那么是否建立索引，需要慎重考虑。

（2）对于以写为主的集合，建议慎用索引，默认情况下_id 够用了。

5.3　查询高级分析

在集合文档记录建立索引的情况下，索引性能是数据库操作员非常关心的问题。因此 find()提供了 Explain()、Hint()等方法来进行检查和测试。

5.3.1　大规模记录数据准备

为了模拟在大数据环境下的查询索引性能，我们提供了高并发模拟小工具，方便读者测试。读者可以利用 4.4.3 节的 Java 代码实现大量数据的写入（本书附赠相关代码），也可以通过 13.1.1 节的 YCSB 工具产生海量测试数据。当然，读者也可以直接在 Mongo 上编写代码脚本，通过循环产生大规模数据，如 4.2.8 节分片里的循环插入脚本。

在实际环境下，测试的数据一个集合应该达到 10 万条、100 万条级别；在存储容量应该考虑 500GB 或几个 TB 级别。并且应该考虑对比测试方法，如插入 1 万条需要多少时间、插入 10 万条需要多少时间等。

5.3.2　Explain()分析

Explain()通过对 find()、aggregate()、count()、distinct()、group()、remove()、update()命令执行结果的分析，为程序员提供了索引是否可靠等性能的判断依据。

1．Explain()命令格式

语法：db. Collection.Command().explain(modes)

db 为当前数据库，Collection 为命令需要操作的集合名，Command()为上述 find()、update()等命令，explain 的 modes 参数为"queryPlanner"、"executionStats"或"allPlansExecution"。

（1）queryPlanner 模式，为该命令的默认运行模式，通过运行查询优化器对当前的查询进行评估，并选择一个最佳的查询计划，最后返回查询评估相关信息。

（2）executionStats 模式，运行查询优化器对当前的查询进行评估并选择一个最佳的查询计划执行，在执行完毕后返回相关统计信息，但是，该模式不会为被拒绝的计划提供查询执行统计信息。

（3）allPlansExecution 模式，该模式结合了前两种模式的特点，返回统计数据，描述获胜计划的执行情况以及在计划选择期间捕获的其他候选计划的统计数据。

2. Explain()执行返回结果及分析

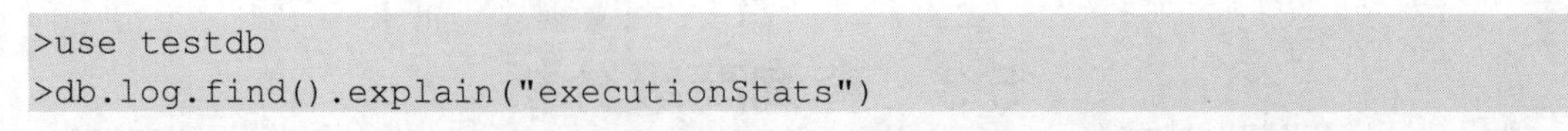

```
>use testdb
>db.log.find().explain("executionStats")
```

```
{
  "queryPlanner" : {
      "mongosPlannerVersion" : 1,
    "winningPlan" : {
      "stage" : "SINGLE_SHARD",
      "shards" : [
        {
          "shardName" : "shard0003",
          "connectionString" : "localhost:27023",
          "serverInfo" : {
            "host" : "win7-PC",
            "port" : 27023,
            "version" : "3.4.4",
            "gitVersion" : "888390515874a9debd1b6c5d36559ca86b44babd"
           },
            "plannerVersion" : 1,
            "namespace" : "eshops.log",
            "indexFilterSet" : false,
            "parsedQuery" : {},
            "winningPlan" : {
                  "stage" : "EOF"
                  },
            "rejectedPlans" : [ ]
        }]}
    },
   "executionStats" : {
         "nReturned" : 0,
          "executionTimeMillis" : 1,
          "totalKeysExamined" : 0,
          "totalDocsExamined" : 0,
          "executionStages" : {
              "stage" : "SINGLE_SHARD",
              "nReturned" : 0,
              "executionTimeMillis" : 1,
              "totalKeysExamined" : 0,
              "totalDocsExamined" : 0,
              "totalChildMillis" : NumberLong(0),
                 "shards":[
                      {
```

读书笔记

```
                    "shardName" : "shard0003",
                    "executionSuccess" : true,
                    "executionStages" : {
                        "stage" : "EOF",
                        "nReturned" : 0,
                        "executionTimeMillisEstimate" :0,
                        "works" : 1,
                        "advanced" : 0,
                        "needTime" : 0,
                        "needYield" : 0,
                        "saveState" : 0,
                        "restoreState" : 0,
                        "isEOF" : 1,
                        "invalidates" : 0
                    }
            }]}},
    "ok" : 1}
```

Explain()在不同模式不同运行环境下，产生的结果会不同，相关参数也会变化。上述测试结果是在分片的基础上对 log 集合数据做 find()运行分析。

上述分析结果的主要参数：

（1）winningPlan.stage，最佳的计划阶段，其值为（含子阶段值）：

- SINGLE_SHARD，单一分片操作。
- SHARD_MERGE，多分片合并操作。
- IXSCAN，带索引查询。
- COLLSCAN，集合扫描。在处理海量数据时，尽量避免出现这种执行方式。因为集合扫描过程比较低效，甚至影响系统的运行性能。
- AND_HASH，带哈希索引的操作。
- AND_SORTED，对查找结果做排序操作。
- OR，索引操作的条件里带“$or”表达式。
- SHARDING_FILTER，分片索引。
- SORT，在内存中进行了排序，在处理大规模数据时，需要慎重考虑是否需要这样做，因为它消耗内存，影响系统运行性能。
- LIMIT，使用 limit()命令限制返回数。
- SKIP，使用 skip()进行跳过 IDHACK：针对_id 进行查询。
- COUNT，使用 count()进行了查询。
- TEXT，使用全文索引进行查询。
- COUNT_SCAN，查询时使用了 Index 进行 count()。

（2）shardName，分片名，如"shard0003"。

（3）connectionString，分片所在的服务器地址，如"localhost:27023"。

读书笔记

（4）serverInfo，服务器相关的详细信息，如 host、port、version、gitVersion 信息。

（5）namespace，find()数据库空间，包括了数据库名和集合名，如"testdb.log"。

（6）indexFilterSet，代表 find()运行时，是否使用了带索引 key 条件；其值为 true 代表使用了索引键，为 false 代表没有利用索引进行查询；

（7）parsedQuery，解析查询条件，如"$eq" : 1、"$and" : [ ]等。

（8）inputStage，嵌套文档操作类型。

（9）rejectedPlans，查询优化器考虑和拒绝的候选计划数组，如果没有候选计划，数组为空。

上述参数内容，在 Explain()为"queryPlanner"模式下类似，下面为 executionStats 模式下新增统计内容：

（1）nReturned，返回符合查询条件的文档数。

（2）executionTimeMillis，查询计划选择和查询执行所需的总时间（单位：毫秒），如上述 find()命令执行结果为 1 毫秒；该执行时间越小，系统响应越快，若超过 2、3 秒就应该引起重视。

（3）totalKeysExamined，扫描的索引条目数量；扫描索引条目的数量越少越好。

（4）totalDocsExamined，扫描文档的数量；扫描文档的数量越少越好。

（5）executionStages.works，查询工作单元数，一个查询执行可以将其工作分成若干个小单元，如检查单个索引字、从集合中获取单个文档，将投影应用于单个文档等。

（6）executionStages.advanced，优先返回的结果数目。

（7）executionStages.needTime，在子阶段，执行未优化的操作过程所需要的时间。

（8）executionStages.needYield，数据库查询时，产生的锁的次数；次数越少越好，越多说明查询性能存在问题，并发查询冲突等问题严重。

（9）executionStages.isEOF，指定执行阶段是否结束，如果结束该值为 true 或 1；如果没有结束该值为 false 或 0。

（10）executionStages. invalidates，执行子阶段无效的数量。

利用 Eplain()的执行结果信息，在生产环境下，可以发现存在的各种运行性能问题。

5.3.3 Hint()分析

虽然 MongoDB 查询优化器一般工作得很不错，但是也可以使用 hint 来强制 MongoDB 使用一个指定的索引。

这种方法某些情形下会提升性能。

hint()可以为查询临时指定需要索引的字段，其主要用法有两种：

（1）强制指定一个索引 Key，如 db.collection.find().hint("age_1")；

（2）强制对集合做正向扫描或反向扫描，如：

db.users.find().hint({ $natural : 1 })　　　　　//强制执行正向扫描

db.users.find().hint({ $natural : -1 })　　　　　//强制执行反向扫描

```
>use eshops
>db.books. getIndexes()
[
        {
            "v" : 2,
            "key" : {
                  "_id" : 1
                },
             "name" : "_id_",
             "ns" : "eshops.books"
        },
        {
             "v" : 2,
              "key" : {
                    "summary.kind" : 1,
                    "summary. content " : -1
              },
              "name" : "summary.kind_1_summary. content _-1",
              "ns" : "eshops.books"
        },
        {
              "v" : 2,
              "key" : {
                     "tags.no" : 1,
                     "tags.press" : -1
                },
               "name" : "tags.no_1_tags.press_-1",
              "ns" : "eshops.books"
        }
]
```

通过 db.books. getIndexes()查找，可以发现 books 集合有 3 个索引，一个是_id 索引（集合默认索引），一个是子文档复合索引（含 kind 和 context 键），第三个是数组复合索引（含 no 和 press 数组键名）。

```
>db.books.find({"summary.kind": "少儿
"}).hint({_id:1}).explain("executionStats")
```

在 hint()强制执行基于_id 正向扫描时，其执行结果 Explain()主要时间参数如下：

"executionTimeMillis" : 1,

"totalKeysExamined" : 4,

"totalDocsExamined" : 4,

```
>db.books.find({"summary.kind": "少儿"}).explain("executionStats")
```

在没有强制指定索引方式时，其执行结果 Explain()主要时间参数如下：

"executionTimeMillis" : 1,

"totalKeysExamined" : 1,

"totalDocsExamined" : 1,

虽然在总用时时间上都是 1 毫秒，几乎没有区别，但是在查找执行过程中，在强制方式下扫描了 4 个索引对象，并检查了 4 个文档；在没有强制方式下，只扫描了一个索引对象，一个文档；这在大数据环境下，后者效率要高得多。程序员可以通过指定不同的索引键来测试并对比，采用哪种索引查询最优。

5.4　可视化管理工具

Mongo Shell 上的交互式命令操作，对初学者加深基础知识的学习有利，但是不直观，调试过程也不方便，我们总希望有直观可视化的数据库管理工具，以提高对数据库的操作效率。MongoDB 确实也支持类似的可视化管理工具，如 Robomongo、Rockmongo、MongoVue、Ops 管理工具、Compass 数据浏览和分析工具、Cloud 管理工具等。

5.4.1　Robomongo 管理工具

在介绍 MongoDB 综合可视化管理工具方面，首先想到的是 Robomongo 管理工具。该工具类似于 Oracle 的 PLSQL Developer 工具、SQL Server 的 Management Studio 工具，MySQL 的 phpMyAdmin 工具。对于那些熟悉 Oracle、SQLServer 或 MySQL 的程序员来说，会感到很兴奋，因为对 MongoDB 的各种操作将变得更加容易。

这里选择介绍 Robomongo 的另外一个原因是它是免费而且开源的，只要使用者遵守 New BSD License 协议[1]，就可以下载使用。

1．Robomongo 安装过程

Robomongo 官网下载地址：https://robomongo.org/。在其主界面中单击 Download 按钮，弹出如图 5.2 所示的下载界面。

[1] 百度百科，BSD 协议，http://baike.baidu.com/item/BSD 协议?sefr=enterbtn。

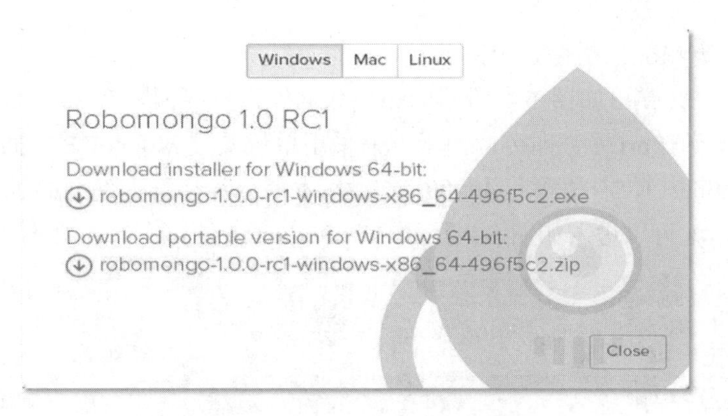

图 5.2　Robomongo 下载界面

从上述界面可以知道最新 Robomongo 版本为 1.0 RC1，这里提醒读者，应该从官网下载并使用最新版本的 Robomongo 工具，因为其最新版本能很好地匹配最新版本的 MongoDB 产品，而安装了旧版本的 Robomongo 可能存在版本不匹配的问题。

见到该界面感觉非常高兴，因为 Robomongo 支持 Windows、Mac、Linux 三大系列操作系统平台下的安装。在此选择 Windows 操作系统进行安装说明。

这里的 Windows 操作系统要求的是 64 位，CPU 也是 64 位的，不然安装会失败。

第一步，在图 5.2 所示界面中单击第一个可执行包，下载到本地计算机。

第二步，执行 Robomongo-1.0.0-rc1-windows-x86_64-496f5c2.exe，弹出如图 5.3 所示的安装开始界面。

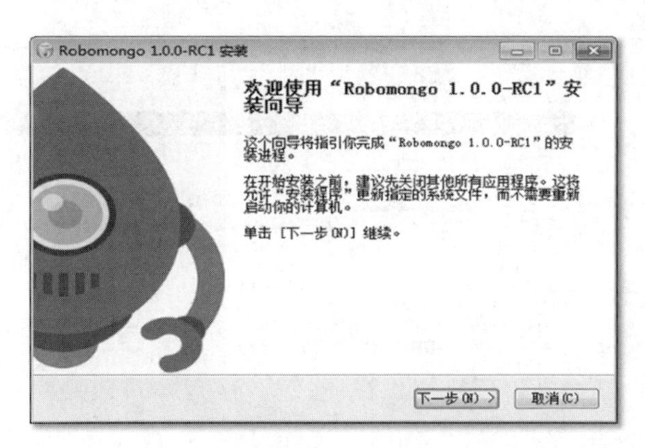

图 5.3　Robomongo 安装开始界面

单击“下一步”按钮，选中“我接受”，在目录文件夹，选择 D:\Robomongo 文件夹（通过浏览）作为 Robomongo 的安装目录（该目录事先在计算机里建立）。

读书笔记

第三步，连接 MongoDB 数据库。

在最后一步，会弹出如图 5.4 所示的连接数据库设置界面。在 Connection 选项卡中，依次填写 Address 和 Port 参数即可。由于本书采用单机安装 MongoDB 方式，所以在左边选择了默认值(localhost)、右边输入 40000 端口号(本书分片集群里建立的 Mongos 端口号)，单击 Save 按钮，就可以进入如图 5.5 所示的 Robomongo 管理工具主界面。

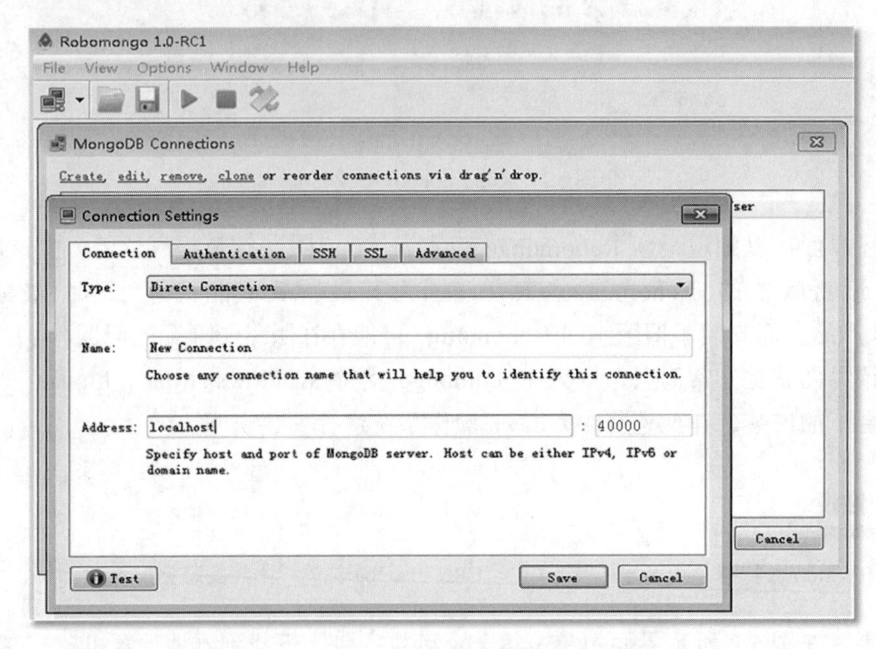

图 5.4　Robomongo 数据库连接设置界面

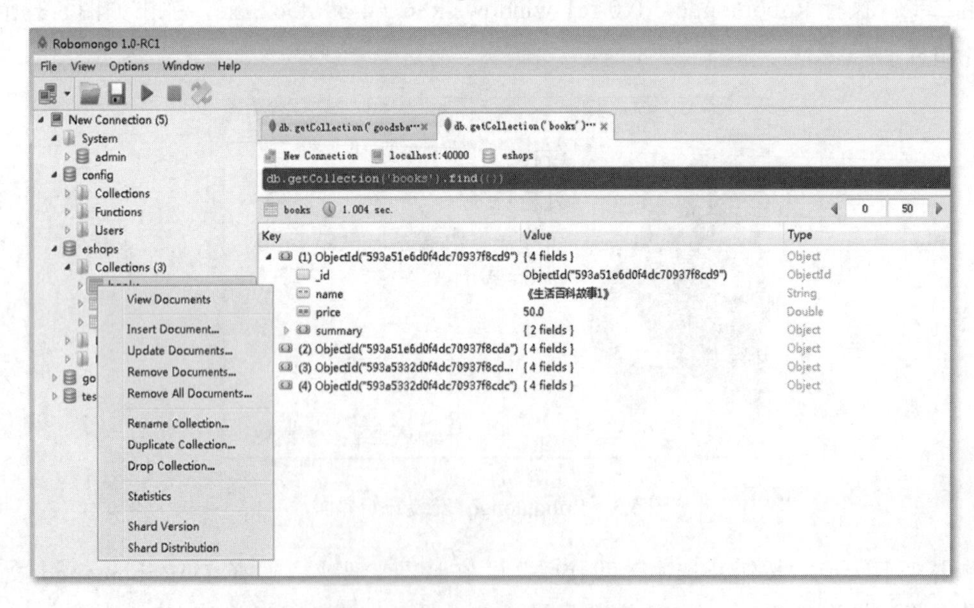

图 5.5　Robomongo 管理工具主界面

2．Robomongo 工具主要功能特点

图 5.4 所示为 Robomongo 安装完成后的可操作主界面。该界面是在 MongoDB 自带的 JavaScript 引擎的基础上开发而成，而 JavaScript 引擎是缩小版本的 Shell，这意味着读者前面在 MongoDB Shell 操作过的命令，都可以在该界面中以可视化操作的方式来实现。Robomongo 其本身提供语法高亮，自动完成，并且支持不同的显示模式（文本、树或表格）。

1）查看功能

数据库查看功能，可以查看已经建立的 MongoDB 数据库，如 eshops、goodsdb、testdb 三个数据库，并可以在其上双击展开数据库子树，看到对应的集合，如 eshops 数据库下面包括了 books、places、shoppingcart 三个集合，如图 5.6 所示。然后，在集合上单击鼠标右键，选择查询条件，可以在右边集合数据显示区显示集合的文档记录内容，如图 5.7 所示。

图 5.6 eshops 下的 3 个集合

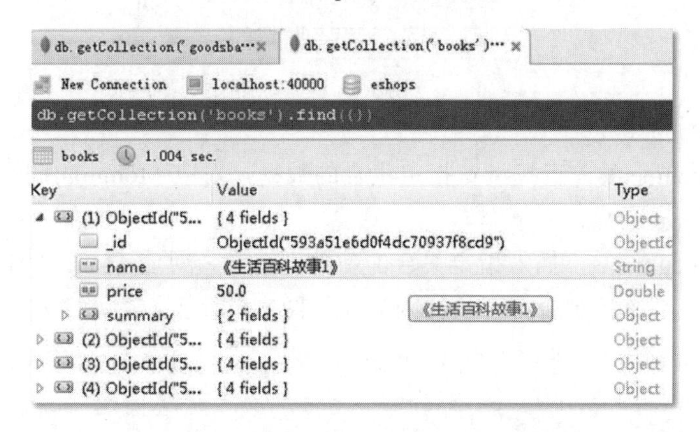

图 5.7 Robomongo 查询命令及显示结果

图 5.7 中显示命令处，本身就是一个命令交互终端（又称命令控制台），读者直接可以在其上修改或者输入新的命令，按 F5 键或 Ctrl+Enter 快捷键或单击图 5.5 左上角的绿色三角按钮执行命令。如对命令做如下修改，按 F5 键将顺利执行：

```
db.getCollection('books').find({}).pretty()
```

通过按 Ctrl+T 快捷键可以打开新的 Robomongo 操作界面，让使用者具备了多操作界面。

当操作人员在 Robomongo 进行多界面操作结果时，可以通过按 F10 键，对操作结果界

面从垂直方向切换到水平方向，这有利于操作人员并排查看和分析文档。

最新的 Robomongo 1.0-RC1 版本，支持集群副本集、集群分片的显示和管理，图 5.5 所示其实是一个分片集群的管理界面。

2）建立、修改、删除功能

在 Robomongo 界面中对指定数据库的集合进行查找、插入、修改、删除等操作，可以在图 5.8 所示的快捷菜单中选择相应的命令，然后在右边的命令控制台中执行，或直接在命令控制台中输入新的命令。

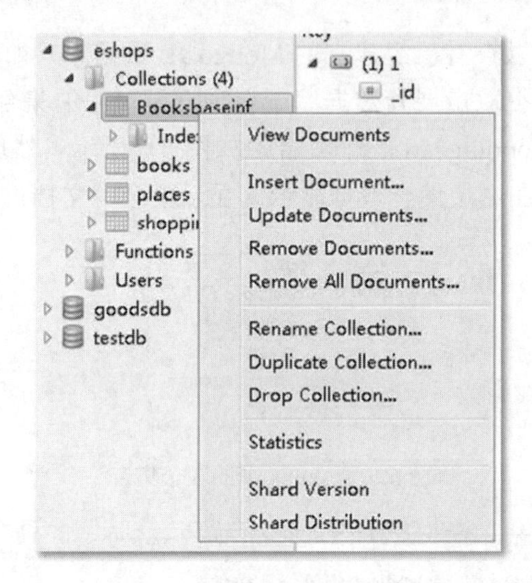

图 5.8 Robomongo 集合快捷菜单

（1）Veiw Documents，查找浏览指定集合的数据，对应 MongoDB 里的 find()命令（详见 4.2.2 节）。

（2）Insert Documents，插入指定集合的新数据记录，对应 MongoDB 里的 insert()命令（详见 4.2.1 节）；命令控制台打开的插入界面如图 5.9 所示，输入插入文档后，单击 Save 按钮即可。

图 5.9 命令控制台打开的插入界面

（3）Update Documents，修改指定集合的文档数据，对应 MongoDB 里的 insert()命令

（详见 4.2.3 节）。

（4）Remove Documents，删除指定集合的部分文档数据，对应 MongoDB 里的 Remove 命令（详见 4.2.4 节）。

读书笔记

（5）Remove All Documents，删除指定集合的所有文档数据，对应 MongoDB 里的如下命令：

```
>db.collection.remove( { } )
```

（6）Rename Collection，对指定集合重新命名。

（7）Duplicate Collection，对指定集合进行复制操作。

（8）Drop Collection，对指定集合彻底卸载，对应 MongoDB 里的 db.collection.drop() 命令，若对集合本身及相关索引做一次性删除，不能用 remove 命令，必须用 db.collection.drop()命令。

（9）Statistics，对指定集合信息做统计分析，对应 MongoDB 里的 db.getCollection.stats() 命令。

（10）Shard Version，获取当前分片集群基本版本信息。

（11）Shard Distribution，对指定集合的分片情况进行统计分析，其执行结果如图 5.10 所示。

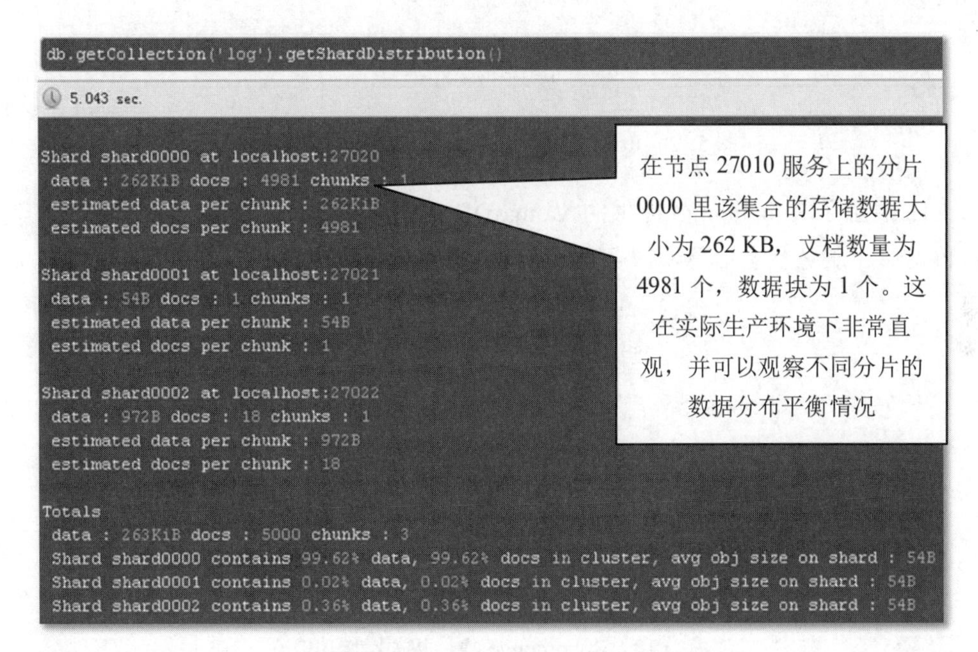

图 5.10　Robomongo 分片统计分析结果

3）索引功能

Robomongo 也为集合提供了直观的索引查看、新建、重构、修改、删除等功能，如

图 5.11 所示。

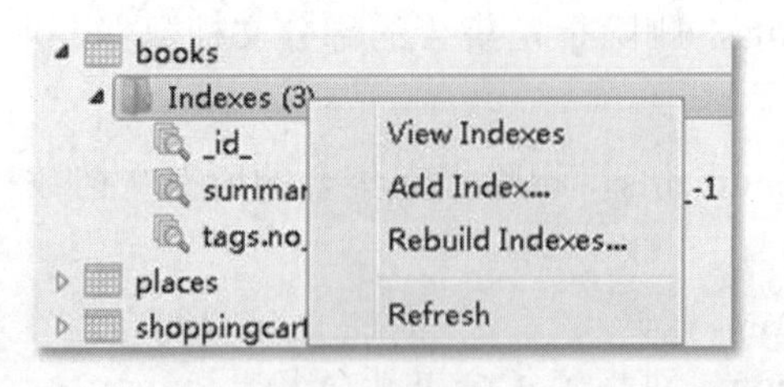

图 5.11　Robomongo 集合索引相关操作功能

4）数据库相关操作功能

Robomongo 为数据库提供了打开新的控制台、刷新、数据库信息统计、当前命令操作、结束当前命令进程、修复数据库、卸载数据库等功能，如图 5.12 所示。

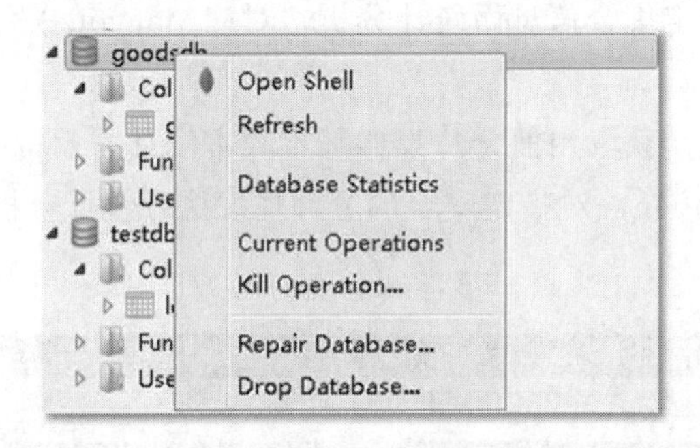

图 5.12　Robomongo 指定数据库相关操作功能

图 5.13 展示了 Robomongo 提供的 MongoDB 集群相关操作功能，如打开新的控制台、建立新数据库、服务状态信息、服务器相关信息、MongoDB 操作日志等。

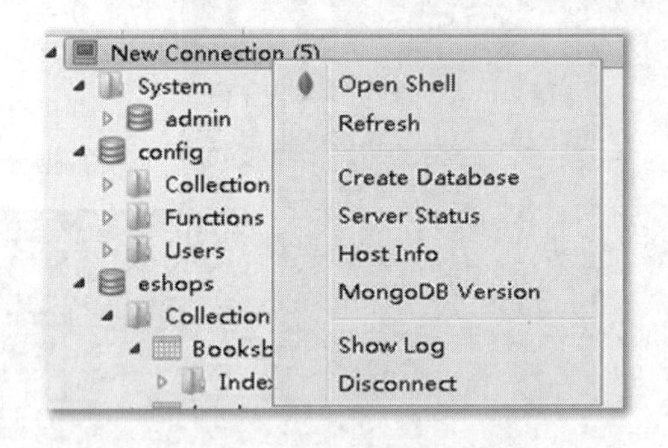

图 5.13　Robomongo 集群相关操作功能

5）其他相关功能

Robomongo 还为程序员提供了 Java Script 脚本文件的导入、导出功能，方便代码执行。

5.4.2　其他可视化管理工具

1．Ops 管理工具（MongoDB Ops Manager）

Ops 是 MongoDB 官网推出的企业版 Mongodb 管理工具，所谓企业版就是付费授权使用。

Ops 最主要的功能是帮助数据库管理员，实现在大规模服务器集群环境下的 MongoDB 管理、运行情况的监控，并提供数据库备份恢复功能，可以减少生产环境下的操作风险，并大幅提高管理效率。

- MongoDB 管理：Ops 提供简易的数据库部署、扩展、升级和任务管理功能。
- 运行情况监控：Ops Monitoring 提供服务器硬件运行情况及 MongoDB 运行指标的实时检测报告，该报告是图文界面的，并可以提供运行警报信息。
- 数据库备份及恢复：Ops Backup 提供 MongoDB 副本集和分片的定时快照和时间点恢复功能。

Ops 安装过程，参考 https://docs.opsmanager.mongodb.com/current/installation/ 或 https://yq.aliyun.com/articles/42380。

2．Compass 数据浏览和分析工具

MongoDB Compass 设计的目的是允许操作人员无需了解 MongoDB 查询语句的语法，就能轻松地分析和理解数据集合的内容。

MongoDB Compass 通过从集合中抽取文档子集来为操作人员提供可视化的操作界面。

Compass 安装过程，参考 https://docs.mongodb.com/compass/current/install/。

3．云管理工具（MongoDB Cloud Manager）

MongoDB 为在云平台上部署与运行数据库提供了 Cloud Manager 工具。

Cloud Manager 所提供的功能类似 Ops，只不过其使用环境为基于云平台，实现对数据库的管理、监控、数据备份及恢复等功能，如图 5.14 所示。

Mongodb Cloud Manager 安装过程，参考 https://docs.cloudmanager.mongodb.com/tutorial/getting-started/或 http://blog.csdn.net/sl543001/article/details/49176637。

读书笔记

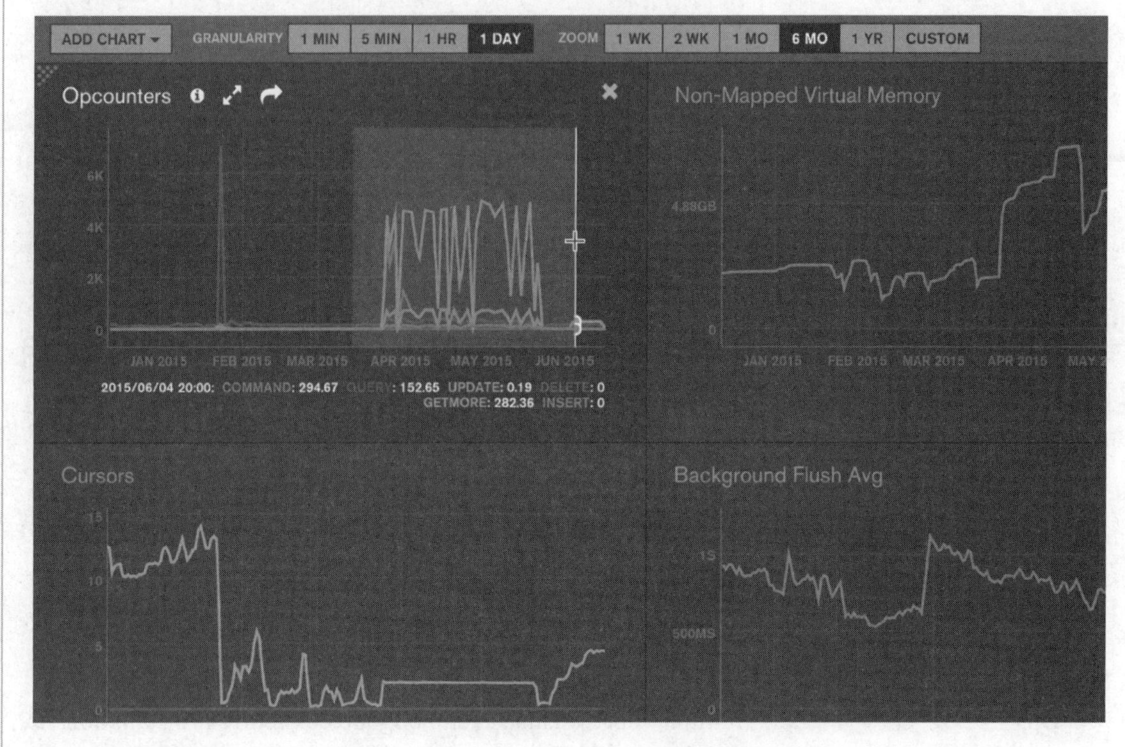

图 5.14　Cloud Manager 官网提供的运行界面

5.5　小　　结

MongoDB 在设计初期没有引入事务功能，这给处理重要数据，特别是保证它们的插入、修改、删除的安全性、可靠性等带来了问题。我们不希望插入的文档记录是错误的或者丢失了。所以，MongoDB 提供了 BASE 操作，在文档级别的原子性操作及多文档的隔离性操作，部分解决了数据操作安全性、完整性、可靠性的问题。

2015 年，MongoDB 引入了新的 WiredTiger 存储引擎[①]，直接提供了事务 ACID 功能，真正实现了传统关系型数据库才具有的事务处理功能。本书由于定位于 NoSQL 实战入门级别，没有对它的使用进行详细介绍。

高级索引主要涉及对文档嵌套子文档、文档数组、地理空间建立索引方法进行了介绍。并指出了索引所受的各种限制，该部分内容要引起读者重视，MongoDB 运行性能的好坏，体现在类似细节之处。好的索引能提高查询性能，坏的索引会引起 MongoDB 运行性能急剧下降。

[①] MongoDB 早期的存储引擎为 MMAPv1 引擎，加上 WiredTiger 存储引擎，变成了双引擎。

NoSQL 数据库包括 MongoDB，最主要的思考要点就是读、写操作需求，在大数据环境下更是如此。能满足成千上万，甚至几百万人的同时访问要求（读要求），而不产生让用户头疼的时间延迟所带来的等待问题，这是读者必须考虑的问题，于是对 MongoDB 的各种查询操作在实际生产环境下的性能分析，是数据库技术人员必须考虑的问题。这里的索引分析包括了 Explain()分析、Hint()分析及其他相关辅助功能分析。

为 MongoDB 数据库管理员提供可视化操作工具，将是件非常开心的事情。这里提供了 RockMongo、Ops、Compass、Cloud 工具的简单介绍。感兴趣的读者可以深入研究。

5.6 实　　验

实验一　BASE 操作

（1）自行建立一个集合，插入多条文档记录。

（2）对其中一条文档进行原子修改操作。

（3）对多文档同一字段内容进行连续隔离操作。

（4）最后给出实验过程和实验结果。

实验二　索引性能比较

实验条件，在同一台符合要求的单机上，实现该实验。

在 5.3.1 生成的大数据记录的基础上，执行 find().Explain()分析，记录分析结果。在 5.3.1 生成的大数据记录的基础上加入字段索引，对该字段进行 find().Explain()分析记录分析结果。删除 5.3.1 生成的大数据记录多余的数据，保留 200 条记录，再执行 find().Explain()，记录分析结果；在此基础上删除所建立的索引，再执行 find().Explain()，记录分析结果。最后，进行执行结果统计，制出统计分析比较表，说明比较结论。

第6章 MongoDB案例实战（电商大数据）

扫一扫，看视频

本章模拟某大型电商平台的业务需求，借助MongoDB和Eclipse开发工具，实现相关业务功能模块开发。本章主要涉及如下内容：

- 日志存储
- 商品评论
- 用户扩展信息管理
- 订单信息记录
- 商品信息管理
- 历史订单
- 点击量存储

对于上述功能的实现，从需求内容、数据集合的建立到功能模块代码的实现，最后实现效果的展现，涉及了实际开发的不同阶段。为了避免本书内容的冗余，这里只对日志存储代码功能做完整介绍，其他功能仅介绍核心部分内容。详细代码实现，读者可以同步阅读本书附赠源代码。

6.1　日 志 存 储

MongoDB 提供不少自生成日志，如 Mongod 的系统日志，见 Mongod 的安装路径下的相关子文件夹里的日志文件。如 Mongos 日志、Config Server 日志、复制日志等。这些日志记录 MongoDB 运行过程所产生的事件信息或数据记录信息。这些信息对 Mongo 数据库技术人员来说非常重要，他们可以通过日志信息发现并解决 MongoDB 运行中存在的各种问题。

6.1.1　日志使用需求

这里我们想自己编写基于 MongoDB 的业务操作日志，为什么要这么做呢？在单机环境或小规模服务器环境下（如 10 台左右），检查每台服务器的日志，对于操作者来说也许还能忍受，但是一旦服务器规模变成了几十台、几百台、几千台甚至上万台时，那么一台台地检查日志几乎是不可能的，除非安排大量的人员，产生巨大的人力成本。

另外，MongoDB 每台服务器上自带的系统日志文件，在读取时采用的是文件级别的排它锁机制，那么意味着产生一个读取行为时，其他操作人员是无法查看同一个日志文件的，不能解决并发访问的问题。

鉴于上述两方面的原因，我们希望建立具有并发访问能力的、扩展性很好的、自定义的、基于 MongoDB 存储的业务操作日志，主要捕捉 Java 代码访问 MongoDB 产生的错误（部分替代了系统日志）。

6.1.2　建立数据集

确定日志数据内容和数据类型，建立数据集属性类，为后续的读写代码操作提供方便。

```
package com.book.demo.log.model;
import java.util.Date;
   /**
 * @描述 : 日志
 * @创建者: 《NoSQL》
 * @创建时间: 2017 年 2 月 18 日下午 8:44:59
 */
public class Log {
```

保持良好的注释习惯非常重要

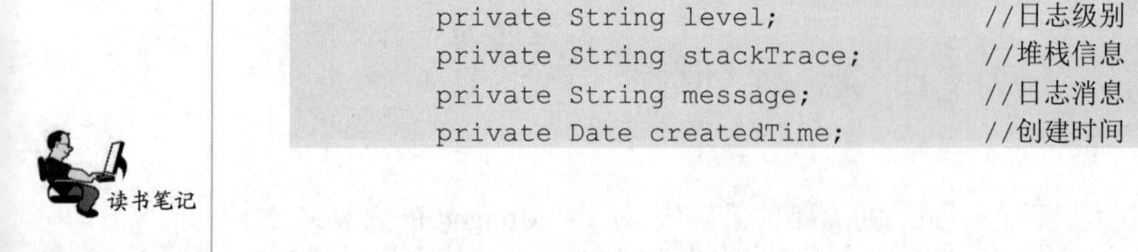

```
    private String level;                //日志级别
    private String stackTrace;           //堆栈信息
    private String message;              //日志消息
    private Date createdTime;            //创建时间
```

该日志关心的集合文档记录内容

上述代码主要定义了 level、stackTrace、message、createdTime 4 个私有变量。

level 属性读写封装，为下面代码 log.setLevel()或 log.getLevel()调用做准备

```
    public String getLevel() {      //读 level 属性
    return level;
    }
    public void setLevel(String level) {            //写 level 属性
        this.level = level;
    }
    public String getStackTrace() {                 //读 stackTrace 属性
        return stackTrace;
    }
    public void setStackTrace(String stackTrace){ //写 stackTrace 属性
        this.stackTrace = stackTrace;
    }
    public String getMessage() {                    //读 message 属性
        return message;
    }
    public void setMessage(String message) {        //写 message 属性
        this.message = message;
    }
    public Date getCreatedTime() {                  //读 createdTime 属性
        return createdTime;
    }
    public void setCreatedTime(Date createdTime){//写 createdTime 属性
        this.createdTime = createdTime;
    }
}
```

上述代码实现了 4 个私有变量的读写属性封装。

（1）因为 MongoDB 本身不对文档键值类型做判断和检查，那么在客户端对文档字段做变量约束是

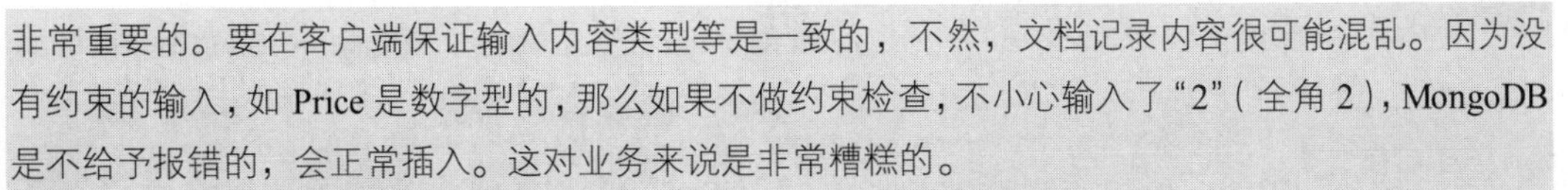
非常重要的。要在客户端保证输入内容类型等是一致的，不然，文档记录内容很可能混乱。因为没有约束的输入，如 Price 是数字型的，那么如果不做约束检查，不小心输入了“2”（全角 2），MongoDB 是不给予报错的，会正常插入。这对业务来说是非常糟糕的。

（2）这也提醒程序员，在客户端代码开发时，必须考虑输入内容的各种约束和检查。

读书笔记

6.1.3　新增一个日志

上一节讲述了日志数据集合内容的建立和封装，本节将在此基础上实现日志数据库 LogTest 的自动建立，模拟日志集合 Log 的自动建立，及一条模拟日志文档记录的插入过程。

在 Eclipse 开发工具上新建一个代码页，其功能实现内容代码如下：

```
package com.book.demo.log.test;
import java.io.IOException;
import java.io.PrintWriter;
import java.io.StringWriter;
import java.util.Date;
import org.bson.Document;
import org.junit.After;
import org.junit.Before;
import org.junit.Test;
```

以 Java、org 开头的为 Java 开发包支持类，在代码编写过程自动产生。

```
import com.book.demo.log.model.Log;
import com.book.demo.log.mongo.MongoDBUtil;
import com.book.demo.log.util.ConvertUtil;
import com.mongodb.Block;
import com.mongodb.MongoClient;
import com.mongodb.client.FindIterable;
```

Log 引用自定义日志数据集类，详细内容见 6.1.2 节。

MongoDBUtil 引用自定义公共配置类，起连接 MongoDB 作用，详见 4.4.2 节代码。

ConvertUtil 引用自定义文档格式转换类。功能详见本书附赠源代码。

MongoClient 引用 MongoDB 提供的客户端开发程序支持包，在此处为下面代码提供 MongoClient 类功能。若没有该内容，意味着 Eclipse 没有加装 MongoDB 客户端开发包，安装见 4.4 节内容。

```
public class MongoDBTest {                          //日志模拟插入一条文档类开始
        private MongoClient mongoClient;            //建立 mongoClient 类私有
                                                      实体对象
        @Before                                     //before 表示在方法前执行
        public void initMongoClient() throws IOException{       //出错捕捉机制
         mongoClient = MongoDBUtil.initMongo();     //实现与 Mongodb 数据库连接
      }
```

读书笔记

```
    @Test(timeout = 1000)                    //timeout 表示该测试方法
                                              执行超过 1 秒会抛出异常

    public void saveLogTest() throws IllegalArgumentException,
          IllegalAccessException {
        mongoClient.getDatabase("LogTest").getCollection("log")
            .insertOne(ConvertUtil.convertDoc(this.initLog()));
        }
}//核心功能实现代码
```

上述代码中 saveLogTest()为日志保存方法，实现一条文档插入集合过程。

GetDatabase("LogTest")连接 LogTest 数据库（第一次执行是创建新数据库）。

GetCollection("log")连接 log 集合（第一次为创建新的集合）。

InsertOne(ConvertUtil.convertDoc(this.initLog()))为插入一条日志文档实现过程。

This.initLog()，包含了要插入数据（详细功能代码见下面 initLog()定义）。

ConvertDoc()是把插入内容进行文档格式化。

```
    @After  //该插入日志方法主要操作结束，执行下面的 mongoClient 实体对象的关闭动作
     public void closeMongoClient() {
       mongoClient.close();
     }
   /**
    * @描述 : 初始化日志数据
    * @创建者: 《NoSQL》
    * @创建时间: 2017 年 2 月 18 日下午 9:04:53
    * @return
    */
 private Log initLog() {                    //产生一条模拟服务器记录日志
       Exception e = new NullPointerException("------Test------");
   StringWriter sw = new StringWriter();
       e.printStackTrace(new PrintWriter(sw));
       Log log = new Log();                 //建立 log 集合实例对象
       log.setCreatedTime(new Date());
       log.setLevel("ERROR");
       log.setMessage(e.getMessage());      //得到代码执行出错相关信息
       log.setStackTrace(sw.getBuffer().toString());
       return log;                          //返回产生的日志集合对象的文档内容
     }
}
```

设置一条文档需要插入的实际值

上述插入内容包括了创建时间、日志级别（这里定义为 ERROR）、捕捉的日志消息、堆栈信息。对于日志级别，可以根据实际需要进行灵活定义，如插入记录信息（INSERT）、提醒信息（HINT）、警告信息（WARNING）、出错信息（ERROR）、系统出错（SYS_
ERROR）等。

（1）MongoClient 程序支持包及其包含的函数（或方法）必须熟悉，该包是基于 MongoDB 进行客户端业务功能开发的最常用 API 功能支持包之一。

（2）所有 MongoDB 客户端 Java 版本的 API 开发包支持功能使用方法，见 http://api.mongodb.com/java/current/，读者可以深入学习。

（3）该处是利用代码直接建立数据库和集合，读者也可以直接通过 mongodb shell 等工具先建立，再开发代码。

（4）在日志量很大的情况下，需要配置专业日志储存服务器，甚至需要考虑分片服务器。

读书笔记

6.1.4　查询日志信息

对于上一节建立的 MongoDB 数据库 LogTest、集合 log 及所插入的一条文档记录，我们希望直接利用客户端业务系统功能显示出来，这就需要建立查询功能。

```
package com.book.demo.log.test;
import java.io.IOException;
import java.io.PrintWriter;
import java.io.StringWriter;
import java.util.Date;
import org.bson.Document;
import org.junit.After;
import org.junit.Before;
import org.junit.Test;
import com.book.demo.log.model.Log;
import com.book.demo.log.mongo.MongoDBUtil;
import com.book.demo.log.util.ConvertUtil;
import com.mongodb.Block;
import com.mongodb.MongoClient;
import com.mongodb.client.FindIterable;
public class MongoDBTest {
      private MongoClient mongoClient;
      @Before
       public void initMongoClient() throws IOException {
         mongoClient = MongoDBUtil.initMongo();
      }
      @Test(timeout = 1000)
      @Test
      public void queryLogTest() {     //查询功能方法开始
         FindIterable<Document> iter =
         mongoClient.getDatabase("LogTest").getCollection("log").find();
         iter.forEach(new Block<Document>() {
           public void apply(Document doc) {
```

作用同上一节，不再详细解释。下一个功能开始，该部分代码省略

查询方法程序支持包

调用 find()方法，实现对 log 集合数据的查找

```
            System.out.println(doc.toJson());
            }});
        }
        @After
        public void closeMongoClient() {
        mongoClient.close();
        }
}
```

用 Json 格式显示查找结果

上述代码最核心部分是 find()方法，实现对 log 集合数据的查找。

6.1.5 查询结果显示

日志存储查找的结果如下所示。从其记录的内容，相关数据库操作人员就可以判断 MongoDB 在执行过程发生了什么问题。

```
"_id": {
"$oid": "58a846e02cebe412306f1deb"
},
"level": "ERROR",
"stackTrace": "java.lang.NullPointerException: -------Test-------
  at com.book.demo.log.test.MongoDBTest.initLog(MongoDBTest.java:62)
  at com.book.demo.log.test.MongoDBTest.saveLogTest(MongoDBTest.java:35)
  at sun.reflect.NativeMethodAccessorImpl.invoke0(Native Method)
  at sun.reflect.NativeMethodAccessorImpl.invoke(NativeMethodAccessorImpl
.java:57)
  at sun.reflect.DelegatingMethodAccessorImpl.invoke
(DelegatingMethodAccessorImpl.
   java:43)
  at java.lang.reflect.Method.invoke(Method.java:606)
  at org.junit.runners.model.FrameworkMethod$1.runReflectiveCall
(FrameworkMethod.
   java:44)
  at org.junit.internal.runners.model.ReflectiveCallable.run
(ReflectiveCallable.java:15)
  at org.junit.runners.model.FrameworkMethod.invokeExplosively
(FrameworkMethod.
    java:41)
  at
org.junit.internal.runners.statements.InvokeMethod.evaluate(InvokeMethod
.java:20)
  at
org.junit.internal.runners.statements.FailOnTimeout$1.run(FailOnTimeout.
java:28)",
"message": "-------Test-------",
"createdTime": {
```

```
  "$date": 1487423200642
  }
}
```

日志主要为数据库维护人员、软件系统开发人员所用。通过使用自定义日志功能，可以给相关操作人员发现问题、解决问题提供很大帮助。

6.2 商品评论

进入电子商务平台的客户，经常会对所购买的商品是否符合自己需要，进行留痕点评。通过商品点评信息，可以发现商品服务过程存在的问题，促进商家提高商品的服务质量；同时，通过点评信息的参考和星级评定分级，为客户选择好的商品，提供了参考依据。

因此，商品评论是客户和商家交易良性互动的过程。客户可以更好地选择需要的商品，而商家可以根据客户需求的变化及时调整商品内容。

6.2.1 商品评价使用需求

电子商务网站为实现商品评价功能，首先需要为客户提供评价登记内容，这里包括了用户在网站上注册的用户名称（有些网站也支持匿名评价）、评价内容、评价商品、评价时间、评价星级、评价标签等。

（1）用户名称，方便网站平台细化跟踪。如张三评论某商品印刷存在质量问题，这给商家提供了重要的帮助信息，同时，为了避免不良影响的扩大，可以主动与客户联系，提供额外的善后服务，避免问题的扩大化，所以记录评价的用户信息是非常重要的。

（2）评价内容，至少为客户提供文字输入评价功能，好的网站还提供购买商品的晒图功能。图文结合，在让客户表达购买心情的同时，也提高了优秀商品的人气。

（3）评价商品，包括了商品名称、商品 ID 号等，主要为电子商务平台后台分析所用。商品销售平台可以根据评价商品的 ID 号，确定哪些商品畅销，哪些商品滞销，然后决定新的促销或排行策略。

（4）评价时间，记录评价时间是非常必要的，方便商品销售人员及时跟踪问题商品，也有利于电子商务平台按时间范围做评价商品情况的统计。

（5）评价星级，在电子商务网站非常流行。通过购买商品用户的量化打分，可以确定一件商品及相关服务在消费者心目中更精确的评价结果。同时，该评价方式非常简单，用户只要在界面上点选一下，就可以完成评价选择。本案例里把评价星级分五个等级，一星级用 1 代表、二星级用 2 代表、三星级用 3 代表、四星级用 4 代表、五星级用 5 代表。显然一星级最差，五星级最好。评价星级的记录，为后台深入分析提供了基础。

（6）评价标签，为懒惰的评价者提供了另外一种评价选择方式。针对一种商品，有些网站会为客户提供评价选择内容，如“商品不错”“非常耐用”“一般般”“太糟糕”等，让用户点选即可，简单又快速。

6.2.2 建立数据集

商品评价操作记录的集合数据内容及数据内容属性类设计如下：

```
package com.book.demo.comment.model;
import java.util.Date;
   …                                            //代码编写注释，略
   public class Comment {
       private String userName;           //评价用户名称，字符串类型
       private String content;            //评价内容，字符串类型
       private int pid;                   //评价商品 ID，整型
       private Date createdTime;          //评价时间，日期型
       private int star;                  //评价星级，整型
       private String commentLabels;      //标签集合 Json，字符串类型

      public String getUserName() {       //评价用户名称，字段属性读封装
        return userName;
      }
      Public void setUserName(String userName) {//评价用户名称，字段属性写封装
        this.userName = userName;
      }
     …//其他字段属性读写封装过程同上，代码略，详见本书附赠源代码
}//评价数据集合文档记录内容类结束
```

评价集合文档记录内容

6.2.3 新增评价

在前节评价数据集类及公共代码框架的基础上，可以新增一个商品评价记录功能，其核心代码如下：

```
package com.book.demo.comment.test;
   //Java、Mongodb API 程序支持包，略，详见源代码
   //自定义功能支持包，略，详见源代码
public class MongoDBTest {//开始建立 MongoDB 新增一个评价类
    private MongoClient mongoClient;
… //…代表部分代码略
mongoClient = MongoDBUtil.initMongo();//调用公共框架，连接 Mongos
```

```
    …
public void saveCommentTest() throws IllegalArgumentException,
    IllegalAccessException {
Document document = ConvertUtil.convertDoc(this.initComment());
mongoClient.getDatabase("CommentTest").getCollection("comment")
            .insertOne(document);
    }
    …
    }
```

把一条商品评价文档记录插入 ComentTest 数据库的 Comment 集合中

调用 initComment()自定义函数，记录评价内容，转为文档格式

读书笔记

上述文档记录保存于 CommnetTest 数据库下的 Comment 集合中。

下面代码为自定义 initComment()函数，记录一条商品评价内容。

```
private Comment initComment() {
List<CommentLabel> commentLabels = new ArrayList<CommentLabel>();
     CommentLabel commentLabel1 = new CommentLabel();
     commentLabel1.setContent("商品不错");
     CommentLabel commentLabel2 = new CommentLabel();
     commentLabel2.setContent("非常耐用");
     commentLabels.add(commentLabel1);
     commentLabels.add(commentLabel2);
     Comment comment = new Comment();
     comment.setCommentLabels(JsonUtil.toJson(commentLabels));
     comment.setContent("快递非常快，下次还会买。");
     comment.setCreatedTime(new Date());
     comment.setPid(9000198);
     comment.setStar(4);
     comment.setUserName("admin");
     return comment;
    }
}
```

依次记录了两个标签内容（“商品不错”和“非常耐用”，在客户界面上体现为选择项）、一次模拟输入评价内容（“快递非常快，下次还会买。”）、评价时间、评价商品 ID 记录、商品评价星级记录（这里给出的是 4 星级）、商品评价用户名记录。

说明

（1）读者可以进一步对 initComment()进行改造，使函数具有用户评价信息的灵活接受参数，如 initComent(String sUserName,…)；同理改造 saveCommentTest()。

（2）接下来，就可以在软件客户端界面上模拟用户进行商品评价操作了。

6.2.4 分页查询评价

对于上面新增评价的记录结果，为了在客户端浏览方便，采用分页查询及显示功能。

```
package com.book.demo.comment.test;
    …
public class MongoDBTest {
    private MongoClient mongoClient;
    …
        public void queryCommentTest() {
        FindIterable<Document>iter = mongoClient.getDatabase("CommentTest")
                .getCollection("comment").find().skip(2).limit(2);
        iter.forEach(new Block<Document>() {
            publicvoid apply(Document doc) {
                System.out.println(doc.toJson());
            }
        });
    }
…
}
```

这里主要通过 find()方法来获取插入集合中的文档。

skip(2)为移动两条记录，从第三条开始获取评价记录。

limit(2)为一次限制 find()方法获取两条评价记录。

在一件商品存在比较多的点评记录的情况下，分页获取点评记录提供了方便。

图 6.1 所示为当当电子商务平台的多页评价页面。

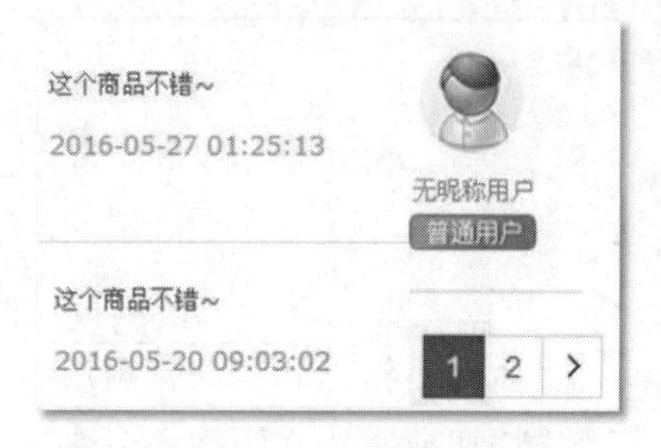

图 6.1　多页评价页面

6.2.5 执行结果显示

执行结果显示代码如下：

```
{
  "_id": {
```

```
        "$oid": "58aa91e12cebe40734b57228"
  },
  "userName": "admin",
  "content": "快递非常快，下次还会买。",
  "pid": 9000198,
  "createdTime":
  {
          "$date": 1487573473948
   },
  "star": 4,
  "commentLabels": "[{\"content\":\"商品不错\"},{\"content\":\"非常耐用\"}]"
}
```


读书笔记

6.3　用户扩展信息管理

利用现有电子商务平台用户相关信息，挖掘用户潜在的消费能力，是电子商务平台需要深入考虑的问题。从广告推广入手，提高用户的购买欲望，是一个好办法。但是大型电子商务平台在每日上亿的访问量中，我们该如何更好、更准确地向用户推荐广告信息呢？其实，用户的扩展信息就成为一个重要的因素，因为通过扩展信息（如学校、兴趣等）我们可以分析出用户的一些日常相对偏好的行为——如他是学什么专业的、喜欢唱歌等信息，就能更准确地推荐广告内容。例如，李四是某大学计算机专业毕业的、男、年龄 28，那么根据上述精确的信息，当他登录电子商务平台时，平台可以自动为他推荐 IT 方面的书籍促销广告。

6.3.1　用户扩展信息使用需求

在电子商务平台上，一个已经注册的用户，除了用于登录系统的基本注册信息外，与之相关的用户扩展信息，包括了用户特定个人信息的描述；用户在电子商务平台上的消费记录；用户在电子商务平台上的界面操作痕迹记录等内容。这些信息都可以为广告定向推送，提供智能化的依据。

本案例以用户特定个人信息的描述，来为广告的定向推送提供数据支持。

在具体数据库设计时，对用户的基本信息和扩展信息的记录，必须同步实现。

用户基本信息至少包括了用户名、昵称、姓名、年龄、性别；这里的用户扩展信息包括了所在学校、住址、身份证和手机号等。

6.3.2 建立数据集

在 Eclipse 工具上，先根据上述用户扩展信息需求，建立经过封装的数据集，数据集内容包括了用户基本信息和用户扩展信息两部分。

定义用户基本信息代码如下：

```
package com.book.demo.user.model;

public class UserInfo {                          //用户基本信息

  private String userName;                       //用户名
  private String nickName;                       //昵称
  private String name;                           //姓名
  private int age;                               //年龄
  private String sex;                            //性别

public String getUserName() {
        return userName;
    }
  Public void setUserName(String userName) {
        this.userName = userName;
    }
  public String getNickName() {
        return nickName;
    }
  Public void setNickName(String nickName) {
        this.nickName = nickName;
    }
  public String getName() {
        return name;
    }
  Public void setName(String name) {
        this.name = name;
    }
  Public int getAge() {
        Return age;
    }
  Public void setAge(intage) {
        this.age = age;
    }
  public String getSex() {
        return sex;
    }
  Public void setSex(String sex) {
```

```
        this.sex = sex;
    }
}
```

定义用户扩展信息代码如下：

```
package com.book.demo.user.model;
public class UserExtendInfo {                       //用户扩展信息
    private String school;                          //所在学校
private String address;                             //住址
    private String codeNum;                         //身份证
    private String phone;                           //手机号
    public String getSchool() {
        return school;
    }
    publicvoid setSchool(String school) {
        this.school = school;
    }
    public String getAddress() {
        return address;
    }
    publicvoid setAddress(String address) {
        this.address = address;
    }
    public String getCodeNum() {
        return codeNum;
    }
    publicvoid setCodeNum(String codeNum) {
        this.codeNum = codeNum;
    }
    public String getPhone() {
        return phone;
    }
    publicvoid setPhone(String phone) {
        this.phone = phone;
    }
}
```

上述数据属性定义，只定义了基本的数据类型，对于数据的输入范围、数据的输入格式，如手机号长度、手机号的格式需要在用户登记界面终端进行严格约束。

6.3.3　新增用户扩展信息

新增用户扩展信息是模拟用户登记界面功能，实现登记信息的插入库过程。

```
…
public void saveUserTest() throws IllegalArgumentException,
```

```
    IllegalAccessException {
    Document userInfoDoc = ConvertUtil.convertDoc(this.initUserInfo());
    Document userBaseDoc =
ConvertUtil.convertDoc(this.initUserExtendInfo(), userInfoDoc);
    mongoClient.getDatabase("UserTest").getCollection("user").insertOne
(userBaseDoc);
    }
    …
}
```

上述代码实现用户登记基本信息和扩展信息，同步插入 UserTest 数据库的 user 集合过程。下面两段代码分别实现了用户基本信息记录、用户扩展信息记录过程。

```
private UserInfo initUserInfo() {
    UserInfo userInfo = new UserInfo();
    userInfo.setAge(20);
    userInfo.setName("张三");
    userInfo.setNickName("小明");
    userInfo.setSex("男");
    userInfo.setUserName("zhangsan");
    return userInfo;
}
```

这里的用户基本信息包括了年龄（20）、姓名（张三）、昵称（小明）、性别（男）、登录用户名（zhangsan）。

```
private UserExtendInfo initUserExtendInfo() {//初始化用户扩展信息
    UserExtendInfo userExtendInfo = new UserExtendInfo();
    userExtendInfo.setAddress("中国北京");
    userExtendInfo.setCodeNum("123456789012345678");
    userExtendInfo.setPhone("13000000000");
    userExtendInfo.setSchool("清华大学");
    return userExtendInfo;
}
```

用户扩展信息包括了地址（中国北京）、身份证号（123456789012345678）、手机号（13000000000）、学校名称（清华大学）。

6.3.4　多条件查询用户扩展信息

对于用户登录电子商务平台时，先需要获取用户的扩展信息，如下代码，根据查询条件：年龄为 20、姓名为“张三”获取该用户的基本信息和扩展信息。然后，把获取相关信息，转为特定广告信息获取的查询参数，最终获取特定广告内容，推送到用户的客户端界面上，进行精确推送。

```
package com.book.demo.user.test;
    …
```

```
    public void queryUserTest() {
        FindIterable<Document> findIterable = mongoClient
                .getDatabase("UserTest").getCollection("user")
                .find(new Document("age", 20).append("name", "张三"));
       System.out.println(findIterable.first().toJson());…
                }
        });
  …}
```

6.3.5　执行结果显示

前一节代码执行结果显示如下：

```
{
"_id": {
"$oid": "58aa97d62cebe4137013ea30"
},
"userName": "zhangsan",
"nickName": "小明",
"name": "张三",
"age": 20,
"sex": "男",
"school": "清华大学",
"address": "中国北京",
"codeNum": "123456789012345678",
"phone": "13000000000"
}
```

6.4　订单信息记录

订单是商业专业术语，用于记录用户向商品商家提交的采购信息。作为电子商务平台需要销售大量的商品，那么为用户提供方便的订单功能成为必然。作为登录电子商务平台的用户，把自己喜欢的商品加入“购物车”，然后形成订单、提交订单、最后结账，是一个购买记录过程。

6.4.1　订单使用需求

本案例实现订单商品信息记录。作为 NoSQL 数据库产品，MongoDB 记录商品订单记

录的优势是可以记录海量数据，而且读写操作响应性能良好。这对每天需要应对以几十万计的大型电子商务平台来说非常必要。响应速度快意味着用户的满意度会更高。但是，一个不争的事实也需要读者重视，对于处理订单这样高价值的数据（包括购买数量、价格），完全交于 NoSQL 是需要非常谨慎的。因为这不是 NoSQL 的长项。要高度保证交易数据的 ACID 特性，必须考虑具有事务处理功能的关系型数据库的支持。所以，在实际生产环境下，主流电子商务平台上采用NoSQL数据库和关系型数据库搭配使用的方法，来兼顾访问速度的响应和数据处理的高可靠性等方面的要求。

在本案例中，用户在电子商务平台上采购商品过程为先把预选的商品记录存放到 MongoDB 数据库集合内，当正式结账时一次性复制到关系型数据库之中。

6.4.2 建立数据集

同样，先需要通过 Eclipse 建立如下的订单记录数据集类。

```
package com.book.demo.order.model;

import java.util.Date;
public class Order {

    private long orderId;              //订单 ID
    private Date createdDate;          //下单时间
    private String userName;           //下单用户
    private String goodsList;          //购买商品 Json，可以记录商品销售明细

public long getOrderId() {
       return orderId;
    }
    Public void setOrderId(long orderId) {
       this.orderId = orderId;
    }
    public Date getCreatedDate() {
       return createdDate;
    }
    Public void setCreatedDate(Date createdDate) {
       this.createdDate = createdDate;
    }
    public String getUserName() {
       return userName;
    }

    Public void setUserName(String userName) {
       this.userName = userName;
```

```
    }
    public String getGoodsList() {
       returngoodsList;
    }
    Public void setGoodsList(String goodsList) {
       this.goodsList = goodsList;
    }
}
```

上述订单数据集，既记录了订单总的信息，如订单 ID、下单时间、下单用户，又为商品销售明细记录提供了 GoodsList 属性。这在关系型数据库中必须通过一个主表和一个明细表来实现。而 MongoDB 可以通过一个集合文档的嵌套来实现，这样做的好处是可以快速读取记录。

6.4.3　新增订单

在订单数据集和公共代码框架基础上，通过 Eclipse 可以实现如下新增订单功能。

```
package com.book.demo.history.order.test;
…
public class MongoDBTest {

    private MongoClient mongoClient;
    public void saveOrderTest() throws IllegalArgumentException,
        IllegalAccessException {
        Document document = ConvertUtil.convertDoc(this.initOrder());
        mongoClient.getDatabase("OrderTest")
                .getCollection("Order").insertOne(document);
    }
```

上述代码通过 initOrder()模拟用户的订单记录信息，然后通过 insertOne(document)插入 MongoDB 的 OrderTest 数据库的 Order 集合之中。下面代码具体实现了 initOrder()的订单记录内容。

```
/**
* @描述 : 初始化订单信息
*/
private Order initOrder() {
    Goods goods = new Goods();          //商品信息数据集类详见 6.5.2 节
    goods.setAdInfo("<html></html>");
    goods.setGoodsInfo("商品名称：华硕 FX53VD 商品编号：4380878 商品毛重：4.19kg
商品产地：中国大陆");
    goods.setId(4380878);
    goods.setSpecificationsInfo("主体系列飞行堡垒型号 FX53VD 颜色红黑平台 Intel
操作系统 Windows 10 家庭版处理器 CPU 类型 Intel 第 7 代酷睿 CPU 速度 2.5GHz 三级缓存 6M
其他说明 I5-7300HQ 芯片组");
```

```
    goods.setNum(10);
    goods.setPrice(1978.0);
    Order order= new Order();
    order.setCreatedDate(new Date());
    order.setGoodsList(JsonUtil.toJson(goods));//嵌入子文档
    order.setOrderId(3456712);
    order.setUserName("zhangsan");
    return order;   }
}
```

上述订单记录内容包括了商品销售记录和订单总信息两部分。

在用户下订单前，需要选择商品，商品基本信息的数据集实现代码，详见 6.5.2 节。

6.4.4 聚合查询订单数量

用户记录订单信息后，比较关心所选择商品的总额是多少，下述代码实现了对订单记录总金额的统计。

```
…
public void queryOrderTest() {
    goods.setNum(10);
goods.setPrice(10);FindIterable<Document> iter = mongoClient
    .getDatabase("OrderTest").getCollection("Order")
    .find(new Document("price", "$sum"));
    System.out.println(iter.first().toJson());
    }
…
```

6.4.5 执行结果显示

前一节代码执行结果如图 6.2 所示。

```
三月 30, 2017 9:42:21 上午 com.mongodb.diagnostics.logging.JULLogger log
信息: Cluster created with settings {hosts=[127.0.0.1:27017], mode=SINGLE, requiredClusterT
1978.0
```

图 6.2 执行结果

6.5　商品信息管理

读书笔记

任何一个电子商务平台，要销售商品，必须在其商品展示界面上提供所销售商品对应的相关信息。该信息是电子商务平台最主要、最基本的信息之一，如图 6.3 所示。由于商品信息占据了电子商务平台界面的主要部分，并且考虑到商品数量众多（以亚马逊为例，其商品达到了 32 大类、上千万种产品，平均每种产品有 3 种款式，那么光商品记录信息就达到了几千万条甚至上亿条），采用可以存储大数据并具有快速响应的 NoSQL 数据库技术便成为必然。这里自然采用了 MongoDB 数据库。

图 6.3　商品信息展示

6.5.1　商品信息使用需求

电子商务平台商品信息的展示，需要考虑用户的浏览信息获取需要，并要考虑广告等特殊应用需要。本案例记录的商品信息包括了商品 ID、商品基本信息、规格信息、促销广告信息、数量和单价。

（1）商品 ID，这是几乎所有以进销存为基础的数据库必须具有的记录内容。除了对每种商品起唯一性编号外，还为分类、检索、分析等提供方便。如《战神：软件项目管理深度实战》在京东商城的商品编号为：10987567292。

（2）商品基本信息，是浏览电子商务平台的用户最为关心的信息之一，包括商品名称、产地、出产时间、价格等内容。

（3）规格信息，用于进一步描述商品信息的准确特征的内容，如书的大小、重量、包装类型、出版社、ISBN 等内容；电子产品的基本配置信息等。

（4）促销广告信息，为商品促销信息预留。

（5）数量，指可以销售的商品数量（有些电子商务网站不直接显示该数量）。

（6）单价，指一件商品的销售价格。

6.5.2 建立数据集

根据上述需求，在 Eclipse 开发终端建立如下的商品基本信息数据集类。

```
package com.book.demo.goods.model;
public class Goods {

    private int id;                                  //商品 ID
    private String goodsInfo;                        //商品基本信息
    private String specificationsInfo;               //规格信息
    private String adInfo;                           //广告信息
    private int num;                                 //数量
    private int price;                               //价格

    public int getId() {
        return id;
    }
    public void setId(int id) {
        this.id = id;
    }
    public String getGoodsInfo() {
        return goodsInfo;
    }
    public void setGoodsInfo(String goodsInfo) {
        this.goodsInfo = goodsInfo;
    }
    public String getSpecificationsInfo() {
        return specificationsInfo;
    }
    public void setSpecificationsInfo(String specificationsInfo) {
        this.specificationsInfo = specificationsInfo;
    }
    public String getAdInfo() {
        return adInfo;
    }
    public void setAdInfo(String adInfo) {
        this.adInfo = adInfo;
    }
    public int getNum() {
```

```
        return num;
    }
    public void setNum(int num) {
        this.num = num;
    }
    public int getPrice() {
        return price;
    }
    public void setPrice(int price) {
        this.price = price;
    }
}
```

读书笔记

6.5.3　新增商品

下面这段代码为电子商务平台建立新的商品信息插入功能。

```
    …
public void saveGoodsTest() throws IllegalArgumentException,
            IllegalAccessException {
    Document document = ConvertUtil.convertDoc(this.initGoods());
    mongoClient.getDatabase("GoodsTest").getCollection("goods")
            .insertOne(document);
    }
    …
```

上述代码通过调用 initGoods()方法，往数据库的集合里插入一条新的商品信息记录。

```
private Goods initGoods() {                   //初始化商品信息
    Goods goods = new Goods();
    goods.setAdInfo("<html>酷</html>");
    goods.setGoodsInfo("商品名称：华硕 FX53VD 商品编号：4380878 商品毛重：4.19kg
商品产地：中国大陆");
    goods.setId(4380878);
    goods.setSpecificationsInfo("主体系列飞行堡垒型号 FX53VD 颜色红黑平台 Intel
操作系统 Windows 10 家庭版处理器 CPU 类型 Intel 第 7 代 酷睿 CPU 速度 2.5GHz 三级缓存 6M
其他说明 I5-7300HQ 芯片组");
    goods.setNum(1);
    goods.setPrice(7299);
        return goods;
    }
}
```

initGoods()提供的商品基本信息包括了促销广告信息、商品名称、商品 ID、商品规格、数量和单价。

6.5.4 查询修改商品

对于输入出错的商品基本信息，可以通过如下代码实现原子性修改。

```
…
Public void queryGoodsTest() {
   Document doc = mongoClient.getDatabase("GoodsTest")
   .getCollection("goods").findOneAndUpdate(new Document("id", 4380878),
new Document("adInfo", "<htt>红<htt>"));
   System.out.println(doc.toJson());
}
…
```

上述代码实现对 ID 为 4380878 的商品的广告内容的修改。

6.5.5 执行结果显示

前两节代码执行结果如下：

```
{
"_id": {
"$oid": "58b662114655fb1328b6aa72"
},
"id": 4380878,
"goodsInfo":"商品名称：华硕 FX53VD 商品编号：4380878 商品毛重：4.19kg 商品产地：中国大陆",
"specificationsInfo": "主体系列飞行堡垒型号 FX53VD 颜色红黑平台 Intel 操作系统 Windows 10 家庭版处理器 CPU 类型 Intel 第 7 代酷睿 CPU 速度 2.5GHz 三级缓存 6M 其他说明 I5-7300HQ 芯片组",
"num":1,
"price": 7299,
"adInfo": "<html></html>"
}
```

6.6 历 史 订 单

历史订单，顾名思义，就是用户曾经购买过的商品订单信息，一般 3 个月以上的订单信息就可以作为历史订单进行处理。例如，某用户每年都要在网上购物 100 次，而且已经在同一电子商务网站上购物了 10 年之久，累计了 1000 条订单记录。这些历史订单信息对用户来说，再次使用它们的意义不是很大，但是对电子商务平台来说，具有潜在的价值挖掘和利用价值，值得继续保留。

另外电子商务海量订单记录的累积也会影响 MongoDB 的运行效率，如一个用户 10 年累计 1000 条订单记录，那么 1 亿个用户 10 年将产生 1000 亿条订单记录。假设每条订单记录平均产生 1KB 的存储量，那么 1000 亿条记录将产生约 100TB 的存储量。为了提高用户端对订单的查询响应速度，对于几乎不需要使用的历史订单，定期进行批量转移也是一个好办法。

本案例实现用户订单的批量转移处理，以继续保留用户订单的历史记录。

6.6.1　历史订单使用需求

在 6.4 节已经实现了订单记录入库，具体的插入位置为 OrderTest 数据库的 Order 集合。我们假设 Order 就是记录 1000 亿条记录的集合。为了加快对 Order 的查询响应速度，我们需要定期把历史订单批量导出到另外一个历史记录集合中，它的名称为 historyOrder 集合。

把一个集合里的业务数据导入另外一个集合，在 MongoDB 中至少有两种处理方式：一种是通过代码编程实现数据的转移，另外一种是通过导入/导出工具进行批量转移。本案例采用的是第一种方式，实现方式如图 6.4 所示。

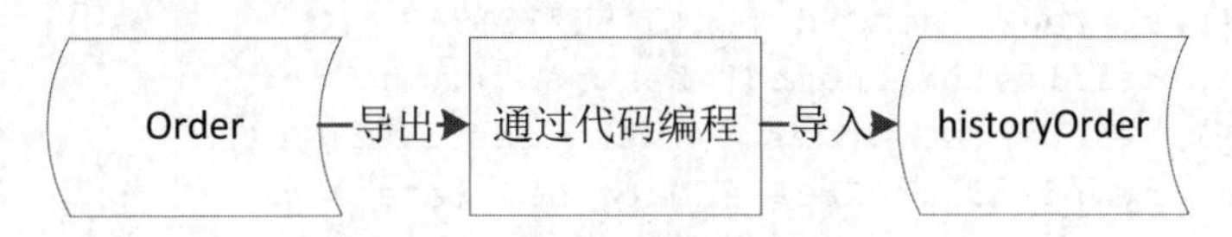

图 6.4　通过代码实现订单记录的转移

6.6.2　建立数据集

这里通过 Java 代码实现订单数据的转移，需要用到订单数据集类和商品基本信息集类。由于订单数据集类已经在 6.4.2 节定义，商品基本信息集类已经在 6.5.2 节定义，在此省略，详细代码参考附赠源代码。

6.6.3　批量新增历史订单

下述代码为实现批量新增历史订单插入 HistoryOrderTest 数据库的 historyOrder 集合过程。

```
…
public void saveHistoryOrderTest() throws IllegalArgumentException,
```

```
            IllegalAccessException {
        List<Document> documents = ConvertUtil.convertDoc(this
                .initHistoryOrders());
        mongoClient.getDatabase("HistoryOrderTest")
                .getCollection("historyOrder").insertMany(documents);
    }
…
```

insertMany(documents)为一次性插入多条文档记录。下述代码为模拟已经从 Order 集合获取两条订单记录内容，为前面代码提供批量插入内容。

```
    private List<HistoryOrder> initHistoryOrders() {  //初始化历史订单信息
        List<HistoryOrder> historyOrders = new ArrayList<HistoryOrder>();
        Goods goods = new Goods();
        goods.setAdInfo("<html></html>");
        goods.setGoodsInfo("商品名称：华硕 FX53VD 商品编号：4380878 商品毛重：
4.19kg 商品产地：中国大陆");
        goods.setId(4380878);
        goods.setSpecificationsInfo("主体系列飞行堡垒型号 FX53VD 颜色红黑平台
Intel 操作系统 Windows 10 家庭版处理器 CPU 类型 Intel 第 7 代 酷睿 CPU 速度 2.5GHz 三级
缓存 6M 其他说明 I5-7300HQ 芯片组");
        HistoryOrder historyOrder1 = new HistoryOrder();
    historyOrder1.setCreatedDate(new Date());
        historyOrder1.setGoodsList(JsonUtil.toJson(goods));
        historyOrder1.setOrderId(3456712);
    historyOrder1.setUserName("zhangsan");
    HistoryOrder historyOrder2 = new HistoryOrder();
        historyOrder2.setCreatedDate(new Date());
        historyOrder2.setGoodsList(JsonUtil.toJson(goods));
        historyOrder2.setOrderId(3456712);
        historyOrder2.setUserName("zhangsan");
        historyOrders.add(historyOrder1);
        historyOrders.add(historyOrder2);
        return historyOrders;
    }
```

第一条订单记录

第二条订单记录

从 Order 集合获取订单记录，到转入 historyOrder 集合，存在操作失败的可能性。如执行服务器突然出问题。这样的问题，在关系数据库中可以通过事务功能解决。但是 MongoDB 不具备对多集合的事务操作能力。但是，由于是历史数据，允许这样的问题出现，也可以通过日志跟踪解决问题。

6.6.4 查询历史订单

下面代码实现了对历史记录订单信息的条件查询。

```
Public  void queryHistoryOrderTest() {
   FindIterable<Document>iter = mongoClient
   getDatabase("HistoryOrderTest").getCollection("historyOrder").find
(Filters.text("1")).limit(3);
   iter.forEach(new Block<Document>() {
   public void apply(Document doc) {
     System.out.println(doc.toJson());
     }
});
}
```

读书笔记

6.6.5　执行结果显示

前一节查询的结果如下：

```
   {
   "_id": {
   "$oid": "58b3b9fd07ad440870f77834"
   },
   "orderId": {
   "$numberLong": "3456712"
   },
   "createdDate": {
   "$date": 1488173565138
   },
   "userName": "zhangsan",
   "goodsList": "{\"id\":4380878,\"goodsInfo\":\"商品名称：华硕 FX53VD 商品编
号：4380878 商品毛重：4.19kg 商品产地：中国大陆\",\"specificationsInfo\":\"主体系
列飞行堡垒型号 FX53VD 颜色红黑平台 Intel 操作系统 Windows 10 家庭版处理器 CPU 类型 Intel
第 7 代酷睿 CPU 速度 2.5GHz 三级缓存 6M 其他说明 I5-7300HQ 芯片组\",\"adInfo\":\"<html>
</html>\"}"
   }
```

6.7　点击量存储

用户浏览电子商务平台产生的鼠标点击行为的记录，可以分析用户操作习惯，进而分析栏目内容的安排是否合理，并为电子商务平台提供个性化推荐商品界面提供了依据。具有较高的数据记录及分析使用价值。

6.7.1 点击量需求描述

一个独立的用户访问电子商务平台，是由 IP 地址或者 Cookie 来决定的。在默认情况下，用户在电子商务平台上停留超过 30 分钟，而没有任何操作，访问就会被终止。这可以释放服务器端连接资源，而这些资源的释放，可以更好地服务于其他访问者。如果用户离开了网站，30 分钟后再次访问，网站日志分析器将认为是两次访问。如果用户在 30 分钟以内再次访问，网站日志分析器仍然会看成是一次访问。在这期间用户的任何一次对页面的点击网站都会记录下来，记录内容包括了页面编号、页面地址、点击位置、页面内容等。显然，面对每天成百万、千万的访问用户，该记录数据是海量大数据，需要 NoSQL 数据库进行分布式存储及处理。

6.7.2 建立数据集

先建立点击日志数据集类，主要通过相关属性的建立，记录网页页面编号、页面地址、点击位置和页面内容。

```
package com.book.demo.clicks.model;

public class ClicksLog {                          //点击日志

    private String pageCode;                      //页面编号
    private String url;                           //页面地址
    private String clickPosition;                 //点击位置
    private String pageContent;                   //页面内容

    public String getPageCode() {
        return pageCode;
    }
    Public void setPageCode(String pageCode) {
        this.pageCode = pageCode;
    }
    public String getUrl() {
        return url;
    }
    Public void setUrl(String url) {
        this.url = url;
    }
    public String getClickPosition() {
        return clickPosition;
    }
```

```
    Public void setClickPosition(String clickPosition) {
        this.clickPosition = clickPosition;
    }
    public String getPageContent() {
        return pageContent;
    }
    Public void setPageContent(String pageContent) {
        this.pageContent = pageContent;
    }
}
```

读书笔记

6.7.3　新增点击量日志

在点击日志数据集类及公共代码框架基础上，实现一条点击事件的记录入数据库。这里 ClicksLogTest 为 MongoDB 数据库名，clicksLog 为集合名。

```
    public void saveClicksLogTest() throws IllegalArgumentException,
            IllegalAccessException {
        Document document = ConvertUtil.convertDoc(this.initClicks());

mongoClient.getDatabase("ClicksLogTest").getCollection("clicksLog")
                .insertOne(document);
    }
```

下面代码模拟一条点击网页记录内容，并被上面代码调用。

```
    private ClicksLog initClicks() {        //初始化点击日志信息
        ClicksLog clicksLog = new ClicksLog();
        clicksLog.setClickPosition("p_001");
        clicksLog.setPageCode("page_001");
        clicksLog.setPageContent("广告页面");
        clicksLog.setUrl("http:              //test.ad.com");
        return clicksLog;
    }
}
```

6.7.4　查询统计点击量

下面代码实现了对记录点击量数据的简易统计。主要统计网页位置编号为 p_001 处的点击数量为多少条。

```
public void queryClicksLogTest()
{
    long count = mongoClient.getDatabase("ClicksLogTest")
```

```
.getCollection("clicksLog").count(new Document("clickPosition", "p_001"));
    System.out.println(count);
}
```

6.7.5 查询结果展示

前一节代码的统计结果显示如下：

```
1
```

其对应的记录为：

```
{
    "_id": "58b3b9fd07ad440870f77834",
    "pageCode": "page_001",
    "pageContent": "广告页面",
    "url": "http://test.ad.com",
    "clickPosition": "p_001"
}
```

6.8 小　　结

读者在具备基本的MongoDB数据库基础知识后，就可以实现基于MongoDB数据库的业务系统的代码开发，实现数据的海量存储及高效操作。

本章模拟大型电子商务平台的日志存储、商品评论、用户扩展信息管理、订单信息记录、商品信息管理、历史订单、点击量存储功能的实现。向读者展示了如何结合MongoDB 数据库，实现软件功能模块的开发。上述功能模块的实现有以下特点，需要读者掌握。

（1）采用 Java 类封装功能，实现对数据属性的高度提炼和数据类型的精确约束，这在大幅提高软件代码开发效率和质量的同时，避免一些输入问题的发生（如价格属性输入了字符串内容）。在 MongoDB 数据库里，对数值和字符串值是不敏感的，都可以接受，所以作为优秀的业务应用客户端软件功能开发程序员，必须更加重视类似的数据处理约束。

（2）在利用 MongoDB 数据库做业务系统开发时，必须考虑 MongoDB 的优点和缺点。这里我们利用它实现了对商品海量基本信息的储存及相关操作。因为商品海量基本信息，从用户使用角度，排第一位的需求就是操作响应速度要快！而 MongoDB 数据库可以快速响应海量数据的读取行为，这一点传统数据库是不容易做到的。但是，在历史订单数据处理方面，利用 MongoDB 数据库做备份查询之用；而对具有高价值的订单记录的保存、修改数量等财务处理行为，选择关系数据库，要确保高价值数据记录，不能出现任何的差

错！而这不是 MongoDB 的长项。从这里，聪明的读者应该体会到，合理选择不同种类的数据库是非常重要的！

（3）从本章的代码案例，读者们也会体会到，每节的代码都有相似之处。如代码设计过程都遵循从需求、数据集类的建立，数据写功能的实现，数据读功能的实现，及一些操作结果的展示。这是一种清晰的代码设计思路和高质量代码的体现，当代码具有高度的复用性和简洁性后，代码本身的质量及以后维护会变得更加容易。特别是采用 Java 类似的面向对象的编程语言后，对复杂的算法要求相对就减少了，这本身是面向对象的编程语言的优势。如 C 语言要实现一个字符串数组结构，算法相对复杂，而 MongoDB 似乎不用考虑这样的算法问题。

（4）本章所提供的功能模块，更多偏向于 MongoDB 数据库设计人员的测试之用，距离业务系统客户端软件功能的开发及使用还是有点距离。对 Web 开发基础扎实的读者，可以在本章代码的基础上，实现真正的客户端应用软件的功能。

6.9　实　　验

实验　模拟本章所提供功能模块代码，做一个微型的电子商务平台。

主要实现功能日志存储、商品评价、用户扩展信息管理、订单信息记录、商品信息管理、历史订单、点击量存储。

对于已结账的订单，要求保存到关系型数据库中，读者可以任意选择一款关系型数据库。

对于未结账的数据，要求对 MongoDB 数据库集合里的某一条记录进行商品数量修改。

实验结果，要求提交实验测试数据报告和源代码清单。

第7章 键值数据库 Redis 入门

扫一扫，看视频

Redis 是一种主要基于内存存储和运行的，能快速响应的键值数据库产品。它的英文全称是 Remote Dictionary Server（远程字典服务器，简称 REDIS）。Redis 数据库产品用 ANSI C 语言编写而成，开源。少量数据存储、高速读写访问，是 Redis 的最主要应用场景。

在数据库排行网上，Redis 长期居于内存数据库排行第一的位置。毋庸置疑，它很受程序员的喜欢，也说明了它在市场上很成功。

在读写响应性能上，传统关系型数据库最一般，MongoDB 类似的基于磁盘读写的 NoSQL 数据库较好，基于内存存储的 Redis 数据库最好。

但是传统关系型数据库应用业务范围最广、MongoDB 主要应用于基于互联网的 Web 业务应用，Redis 只能解决 Internet 应用环境下的特定应用业务。表 7.1 对 TRDB、MongoDB、Redis 三者之间的主要特点进行了比较。

单服务器每秒插入处理速度可以超过 8 万条，这在高并发处理方面非常具有诱惑力

表 7.1 TRDB、Mongodb、Redis 比较

比较项	TRDB	MongoDB	Redis
读写速度	一般	较快	最快[1]
	基于硬盘读写，强约束	基于硬盘读写，约束很弱	主要基于内存读写

[1] http://bbs.redis.cn/forum.php?mod=viewthread&tid=13。

续表

比较项	TRDB	MongoDB	Redis
应用范围	最广	互联网应用为主	互联网特定应用为主
	无法很好处理大数据存储和高并发访问	能很好处理大数据存储和高并发访问	最善于处理高并发、高响应的内存数据应用

虽然 Redis 的应用范围相对有些窄，但在互联网业务环境下的很多大型网站却很需要它。由此，我们应该深入了解它，并合理使用它。

7.1 使 用 准 备

本节将介绍Redis的使用功能范围、Redis数据库的下载及安装、Redis数据库的基本存储模式。

7.1.1 了解 Redis

2009 年，意大利人 Salvatore Sanfilippo 因不满 MySQL 的某些性能，自己动手开发完成了 Redis 第一个版本，并在社区开源代码。由于其功能强大，很快获得了其他程序员和 IT 公司的大力支持和推广。截止到 2017 年 6 月份，Redis 的最新稳定版本是 V3.2.9，内部 Beta 测试版本为 4.0，可以在其官网自由下载。使用时，只需要遵循简单的 BSD 许可即可。

根据 Redis 官网最新介绍，Redis 是一个开源的基于内存处理的数据结构存储系统，可以作为数据库（Database）使用，也可以用于缓存（Cache）处理和消息（Message）传递处理。

它支持的数据结构包括字符串（String）、列表（List）、散列表（Hash）、集合（Set）、带范围查询的有序集合（Sorted set）、位图（Bitmap）、Hyperloglog 和带半径查询的地理空间（Geospatial）索引。

Redis 提供了内置复制、Lua 脚本、LRU 驱动事件、事务和不同级别的磁盘持久化功能，并通过哨兵（Sentinel）和集群自动分区（Partitioning）功能实现高可用性。

Redis 还提供了原子操作功能，如增加字符串内容，在散列表中增减值操作，在列表里增加一个元素成员，进行集合的交、并、差等运算，或者从有序集合获得排名最高的成员等。

Redis 主要在内存中实现对各类数据的运算，以提高数据处理速度。但 Redis 也提供了隔一段时间转存到磁盘，或通过命令附加到日志来持久化数据。当然，为了提高处理速度，也可以完全禁用持久性功能。

Redis 支持的操作系统包括 Linux、UNIX、OS X、Windows 四大系列，但是 Windows 版本的是微软开源团队自行维护的，在功能实现上有所差异[①]。

为了完整体现 Redis 功能，我们这里采用 Linux 操作系统环境来安装 Redis。

[①] http://www.redis.cn/download.html。

读书笔记

7.1.2　Redis 安装

如果读者的计算机上安装的是 Linux 操作系统，那么可以跳过下面 1 安装过程，直接进入 2 安装过程。这里假设读者用的是 Windows 操作系统，而且要满足操作系统和 CPU 都支持 64 位的，而不是 32 位，否则安装存在问题。

1．在 64 位 Windows 操作系统下安装 Docker[①]（操作系统虚拟层应用容器软件）

1）下载 Docker

下载地址为 https://github.com/docker/docker/releases/tag/v17.03.0-ce，下载界面如图 7.1 所示，下载对应 Windows 版本的 Docker 安装包。

Downloads

deb/rpm install: `curl -fsSL https://get.docker.com/ | sh`
Linux 64bits tgz: https://get.docker.com/builds/Linux/x86_64/docker-17.03.0-ce.tgz
Darwin/OSX 64bits client tgz: https://get.docker.com/builds/Darwin/x86_64/docker-17.03.0-ce.tgz
Linux 32bits arm tgz: https://get.docker.com/builds/Linux/armel/docker-17.03.0-ce.tgz
Windows 64bits zip: https://get.docker.com/builds/Windows/x86_64/docker-17.03.0-ce.zip
Windows 32bits client zip: https://get.docker.com/builds/Windows/i386/docker-17.03.0-ce.zip

64 位 Windows 操作系统，Docker 安装包下载地址

图 7.1　Docker 下载界面

2）安装 Docker

点击 Docker 安装包执行安装，安装完成后运行 Docker。为了使 Docker 与 Redis Cluster 兼容，需要使用 Docker 的主机联网模式，通过--net=host 选项实现（其设置详见 https://docs.docker.com/engine/userguide/networking/）。

3）安装 Linux

接着在 Docker 里安装 Linux（安装过程略，可以是 RedHat、Debian、Ubuntu 等）。

2．安装 Redis

1）下载 Redis

在 Redis 官网上下载最新版本的 Redis，下载地址为 https://redis.io/download。

在图 7.2 所示界面中下载最新稳定版本的 Redis。

---

① 百度百科，docker，http://baike.baidu.com/item/Docker?sefr=enterbtn。

读书笔记

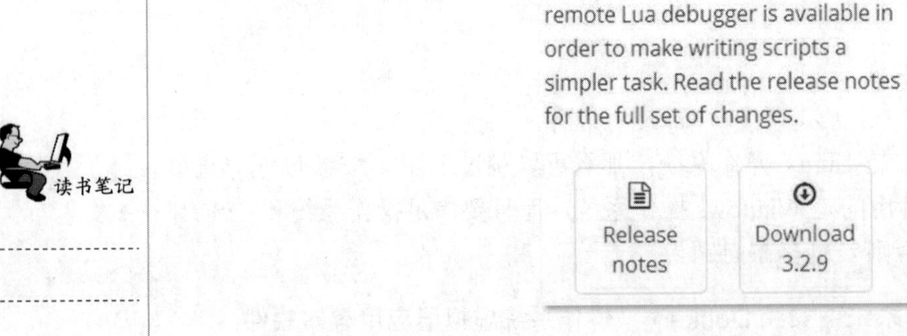

remote Lua debugger is available in order to make writing scripts a simpler task. Read the release notes for the full set of changes.
Release notes
Download 3.2.9

图 7.2　Redis 最新发布版本下载界面

2）安装 Redis

在 Linux 环境中解压缩 Redis 安装包，然后执行 Make 命令对 Redis 解压后文件进行编译。

```
$[1] cd /root/lamp                    //把 redis-3.2.9.tar.gz 放到该路径下
$tar -zxvf redis-3.2.9.tar.gz         //解压 redis-3.2.9.tar.gz 文件
$cd redis-3.2.9
$make                                 //编译 Redis 源代码文件为可执行文件
$cd src
$make install                         //安装该 Redis 文件
```

编译完成之后，可以看到解压文件 redis-3.2.9 中会有对应的 src、conf 等文件夹。这和 Windows 下安装解压的文件一样，大部分安装包都会有对应的类文件、配置文件和一些命令文件。

编译成功后，进入 src 文件夹，执行 make install 进行 Redis 安装。

3．部署 Redis

安装完成 Redis 后，需要进一步对相关内容进行部署配置，方便数据库的使用。

先将配置文件和常用命令文件放到新指定的文件夹下，在 Linux 环境下执行如下命令：

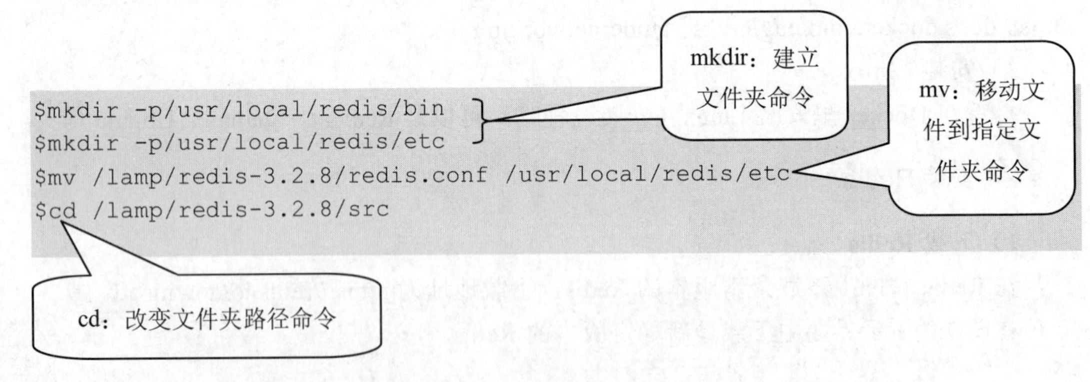

$mkdir -p/usr/local/redis/bin
$mkdir -p/usr/local/redis/etc
$mv /lamp/redis-3.2.8/redis.conf /usr/local/redis/etc
$cd /lamp/redis-3.2.8/src
mkdir：建立文件夹命令
mv：移动文件到指定文件夹命令
cd：改变文件夹路径命令

[1] 类似 DOS 下的>命令操作提示符，本书统一用$符号代表 Linux 操作系统下的命令提示符，Linux 命令都在该符号后操作。不同的 Linux 产品命令提示符有所不同。

```
$mv mkreleasdhdr.sh redis-benchmark redis-check-aof redis-check- dump
redis-cli redis-server /usr/local/redis/bin
$cd etc/
$Vi① redis.conf
```

Vi：修改 conf 文件路径命令

在 conf 文件里将 daemonize 属性改为 yes（意味启动 Linux 时自动启动 Redis）。

```
$①redis-server /usr/local/redis/etc/redis.conf
```

启动 Redis 服务器端软件

Redis 服务器端启动界面如图 7.3 所示。

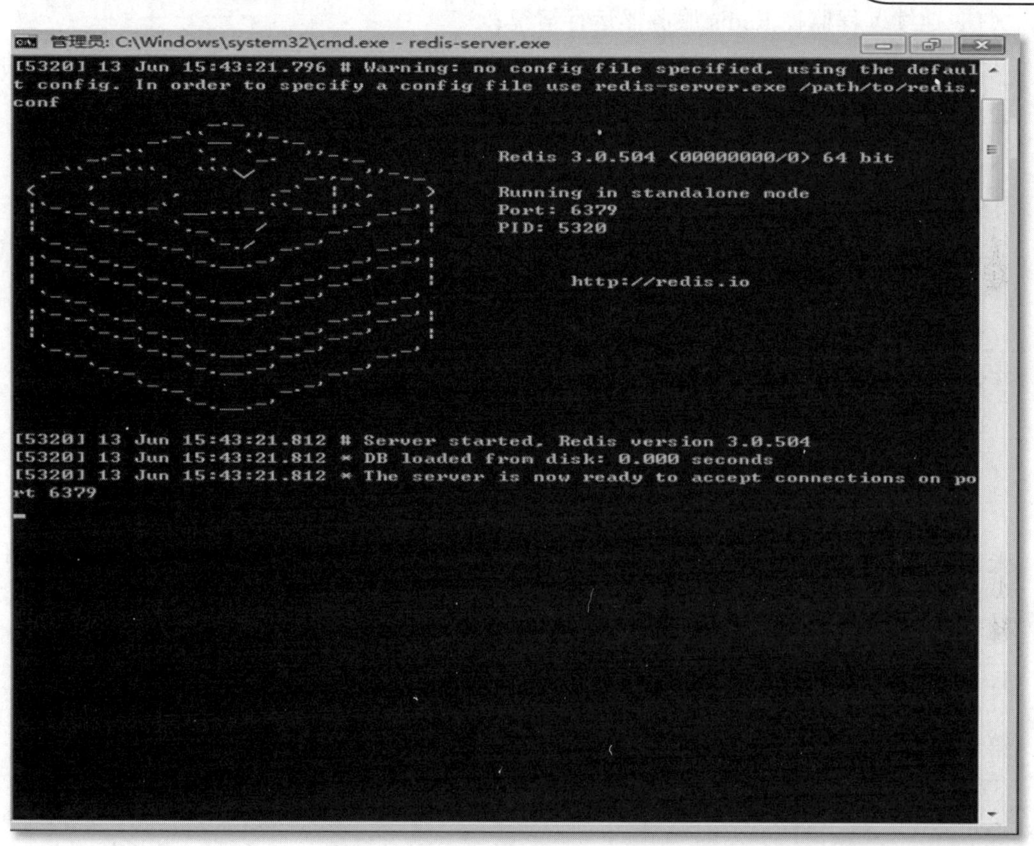

图 7.3　Redis 服务器端启动界面

Redis 服务器端安装完成并启动后，才可以在 Linux 下执行 Redis-cli。

Redis-cli 为客户端执行命令操作平台，是读者经常需要用的命令操作平台，所以读者

① mac 的学习笔记，Linux vi 命令详解，http://www.cnblogs.com/mahang/archive/2011/09/01/2161672.html。

先要了解该平台的基本使用方法。

7.1.3 Redis-cli

Redis-cli 是 Redis 客户端命令操作的简易工具，类似 MongoDB 的 Shell 工具，为 Redis 提供两方面的命令操作支持功能。

一方面，提供 Redis 数据操作的基本功能，如实现对字符串、列表、集合、散列、有序集合、位图、超文本、地理空间索引等数据结构的建立和操作。

另一方面，提供 Redis 数据库管理的辅助功能，如：

（1）连续远程监控 Redis 服务器运行情况；

（2）扫描 Redis 数据库，以发现特殊的巨大键（Very Large Keys）情况，巨大键的存在，会影响 Redis 数据库的执行效率；

（3）基于模式匹配的键空间扫描；

（4）为信息订阅渠道提供发布、订阅操作终端；

（5）监控在 Redis 数据库中命令执行情况；

（6）检查不同应用方式下的 Redis 服务延迟情况；

（7）检查本计算机的调度延误情况；

（8）将远程数据库备份到本地；

（9）在客户端展现 Redis 从数据库的情况；

（10）模拟 LRU 工作负载，显示键点击统计情况；

（11）实现对 Lua 的客户端操作。

本书重点介绍 Redis-cli 的数据操作基本功能。在后续章节中酌情介绍其他辅助操作功能。

1. Redis-cli 两种使用方式

从这里开始，读者必须动手体验各种 Redis 命令的用法

第一种为带参数方式，举例如下：

```
$redis-cli -h 127.0.0.1 -p 6379 ping
PONG
```

以参数形式指出 Redis-cli 连接的 Redis 数据库，同时执行 ping 命令。这里指向 IP 地址为 127.0.0.1，端口号为 6379 的本机 Redis 数据库。显然，通过变换 IP 地址和端口号，Redis-cli 也可以连接其他服务器上的 Redis 数据库。ping 的结果如果返回的是 PONG，说明 Redis-cli 跟 Redis 数据库连接成功。当连接失败时，会返回以 ERR 开头的连接失败信息。

第二种为交互式，举例如下：

```
$redis-cli
```

在 Linux 提示符下执行上述命令，进入如下的 Redis 客户端交互操作界面：

```
redis 127.0.0.1:6379>
```

方便起见，本书后续统一采用 r>方式

这样就可以在其上输入各种 Redis 操作命令，执行各种数据库操作了。该方式是 MongoDB shell 程序员所熟悉的交互命令方式。

2．试用 Redis 命令

检查 Redis-cli 与 Redis 数据库连接状态，代码如下：

```
r>ping
PONG
```

（1）Redis 数据库对**命令大小写不敏感**，这意味着 ping、Ping、PING 是同一个命令。

（2）Redis 数据库对**变量大小写敏感**，如 Title 和 title 是两个变量。

（3）执行 Redis-cli 客户端工具之前，Redis 数据库必须正常启动状态，否则无法执行数据库命令。

7.1.4　Redis 存储模式

Redis 数据库数据存储模式，基于键值（Key-Value）基本存储原理的基础上，进行细化分类，构建了具有自身特点的数据结构类型。

截止到 2017 年 6 月，Redis 官网提供的数据结构类型已经达到 8 种。在对数据进行各种命令操作之前，首先要掌握 Redis 的数据结构类型特点。

1．字符串（String）

字符串是 Redis 数据库最简单的数据结构，其形式如图 7.4 所示。

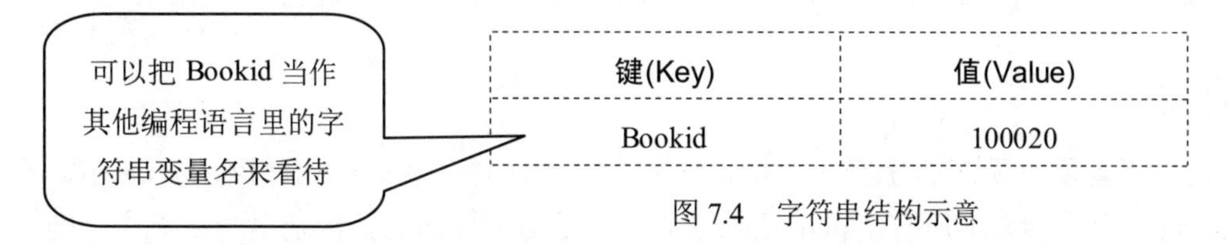

图 7.4　字符串结构示意

字符串值内容是二进制安全的，这意味着程序可以把数字、文本、图片、视频等都赋给这个值。而且 Redis 为上述值内容提供了丰富的操作命令，详见 7.2.1 节。

读书笔记

注意

（1）键名命名要容易阅读，这样方便系统维护；键名不要过长，太长的键名会影响 Redis 数据库的执行效率。

（2）值最大的长度不能超过 512MB。

（3）键可以用 IT:Bookid 方式增加键的提示信息。

2．列表（List）

列表是由若干插入顺序排序的字符串元素组成的集合。可以理解为多个字符串组成一个集合对象，并按照链表（Link List）[①]的插入顺序排序，在读写操作时只能从其两头开始（由链表的寻址方式所决定）。其数据结构如图 7.5 所示。

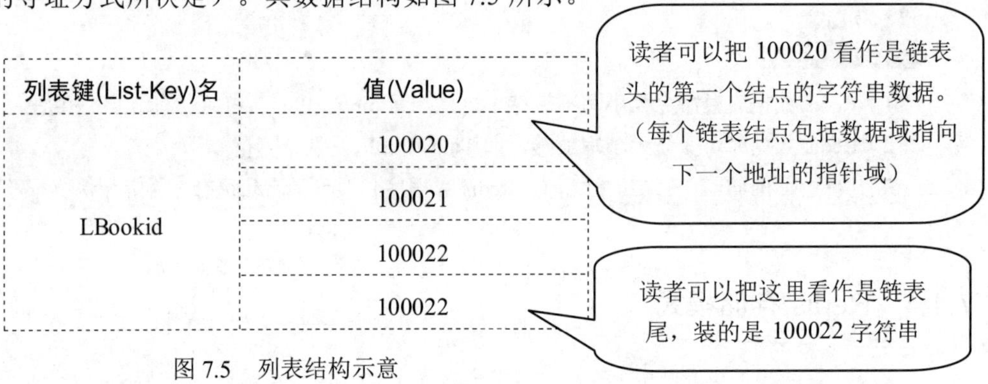

列表键(List-Key)名	值(Value)
LBookid	100020
	100021
	100022
	100022

读者可以把 100020 看作是链表头的第一个结点的字符串数据。（每个链表结点包括数据域指向下一个地址的指针域）

读者可以把这里看作是链表尾，装的是 100022 字符串

图 7.5　列表结构示意

（1）允许值内容重复出现，如图 7.5 中 100022 出现两次。

（2）由于列表采用链表技术实现，所以在链表头插入新字符串，速度非常快。

（3）列表可以用于聊天记录、博客评论等无需调整字符串顺序，而又需要快速响应的应用场景。

（4）List 的有序排序，指按照插入顺序排列，而不一定按照值本身的 ASCII 顺序排列。

（5）对列表的各种操作命令见 7.2.2 节。

3．集合（Set）

集合是指由**不重复**且**无序**的字符串元素构成的一个整体。其数据结构如图 7.6 所示。不重复，意味着一个集合里的所有字符串是唯一的，这是与列表的主要区别之一；无序，则意味着所有字符串值的读写可以是任意的，不存在列表一定要从两头操作的问题，集合对字

① 互动百科，链表，http://www.baike.com/wiki/链表。

符串地址的统一管理原理[①]，决定了字符串值之间是无序的，这是与列表的又一个区别。

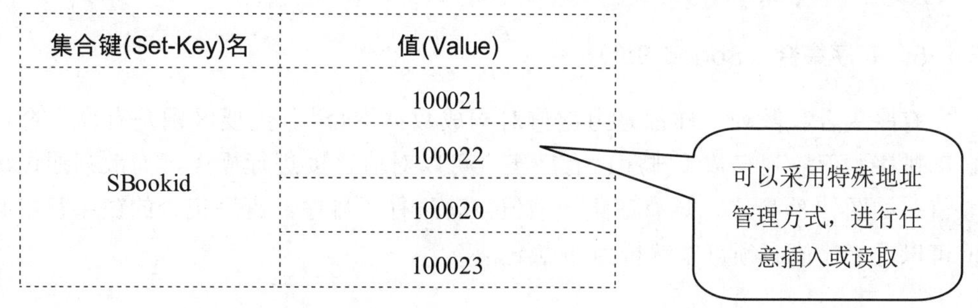

集合键(Set-Key)名
值(Value)
SBookid
100021
100022
100020
100023
可以采用特殊地址管理方式，进行任意插入或读取

图 7.6　集合结构示意

（1）一个集合内的字符串值不能重复。
（2）一个集合内的字符串值不排序。
（3）对集合的各种操作命令见 7.2.3 节。

这两个特征决定了集合的使用场景

4．散列表（Hash）

散列表可以存储多个**键值对**的映射，是无序的一种数据集合，如图 7.7 所示。键的内容必须是唯一的，不能重复。键内容中间可以采用类似“:”的隔离符号，主要是为了增加可阅读性，并给使用者提供更多的信息。键必须为字符串型内容，值可以是字符串型也可以是数字型。由于这个特性，Hash 特别适用于存储一个对象。将一个对象存储在 Hash 中会占用更少的内存，并且可以方便地存取整个对象。Redis 中每个 Hash 可以存储键值 2^{32}-1 对（40 多亿）。

散列键(Hash-Key)名	值(Value)
Book:name	《熊出没》
Book:id	100022
Book:ISBN	978-7-115-11111-1
Book:price	35

图 7.7　散列表结构示意

（1）键内容的字符串不应太长，以免占用过多内存，影响执行效率。

① Redis 集合，用 Hashtable 或 intset 统一管理字符串值，涉及数据结构实现原理了，有实力的读者可以下载 Redis 源码进行详细研究。

（2）Hash 更适合对小规模数据结构对象的存储及操作。

（3）对散列表的各种操作命令见 7.2.4 节。

读书笔记

5．有序集合（Sorted Set）

有序集合和散列一样都是由**键值对**构成数据集合[1]，主要区别是有序集合根据值进行自动排序，而散列表值不排序；有序集合可以对值直接进行操作，而散列通过键查找来获取值。如图 7.8 所示，该有序集合的值自动进行了排序。有序集合的键字符串必须唯一；值可以重复，值必须可以解析为浮点数。

有序集合键(zset-Key)名	值(Value)
Book:id4	100021
Book:id2	100022
Book:id3	100023
Book:id1	100023

图 7.8　有序集合结构示意

（1）有序集合由于采用自动值排序，所以在数据量相对多的情况下，在检索速度上会比散列快。

（2）有序集合支持大量的值更新，这在游戏修改积分等方面具有应用优势。

（3）有序集合的键又叫成员（Member），值又叫分值（Score）。

（4）对有序集合的各种操作命令见 7.2.5 节。

6．位图（Bitmap）

位图不是实际的数据类型，而是在 String 类型上定义的一组面向比特（Bit）的操作。由于字符串是二进制安全的 BLOB（Binary Large Object，二进制大对象）并且它们的最大长度是 512MB，它们适合于设置为 2^{32} 个不同的位。

用位图表示存储信息，可以极大节省内存空间。如用单一的比特信息（0 或 1），在 512MB 的内存空间上可以记录 40 亿用户 ID 信息[2]。

由于 Redis 官网把位图单独分类描述，所以本书也遵循这个分类原则。位图操作命令使用见 7.2.1 节。

---

[1] 有序集合采用跳表（Skip List）结构实现数据底层的实现。

[2] Bitmaps，https://redis.io/topics/data-types-intro。

读书笔记

7．HyperLogLog

HyperLogLog 是一种概率数据结构，用于对数据集合中的数据进行唯一性统计。统计的结果就是集合的基数，也就是该数据结构不包含统计集合的元素，只记录统计结果值。

如 HyperLogLog 的统计对象是{1,3,5,7,9,9,10}数据集，那么这个数据集的基数集为{1,3,5,7,9,10}，最后统计结果基数为 6。

HyperLogLog 数据结构来统计集合基数，需要内存都在 12KB 以内。它的优点是在集合元素越多或存储量越大的情况下，计算基数所需要的存储空间是相对固定的，并且很小。Redis 为 HyperLogLog 数据结构提供了专用的操作命令，详见 7.2.11 节。

8．地理空间（Geospatial）

地理空间是一种特殊的有序集合，存储纬度、经度、名称、地理空间位置等信息。地理空间有序集合使用一种称为 Geohash[①]的技术进行填充。经度和纬度的位是交错的，以形成一个独特的 52 位整数。一个地理空间带 WGS84[②]坐标数据的记录形式为：

```
31.463494，121.140566，"上海"（纬度、经度、名称）
```

地理空间命令的使用详见 7.2.12 节。

7.2 Redis 命令

根据 Redis 官网提供的最新内容[③]，Redis 数据库命令分字符串（Strings）、列表（Lists）、集合（Sets）、散列表（Hashes）、有序集合（Sorted Sets）、发布订阅（Pub/Sub）、连接（Connection）、Server 脚本（Scripting）、键（Keys）、HyperLogLog、地理空间（Geo）、事务（Transactions）、集群（Cluster），一共 14 大类 200 多种命令。

7.2.1 字符串命令

Redis 中的字符串类似 Java、C、C#、Python 等语言里的字符串，但其所提供的功能远超其他语言的字符串功能。所能存储的值类型包括了字节串、整数、浮点数、二进制数，并无需各种转换，可以直接对上述值内容进行各种命令操作。

目前，对字符串进行操作的命令主要分为字符串命令和位图命令。

① 维基百科，Geohash，https://en.wikipedia.org/wiki/Geohash。

② 百度百科，WGS84，http://baike.baidu.com/item/WGS84?sefr=enterbtn。

③ Redis 官网命令大全，https://redis.io/commands。

1．字符串命令

1）基本字符串操作命令

表 7.2 列出了一些最常用的字符串操作命令。其中，左边为命令名称，中间为对应的命令功能说明，右边为命令执行时间复杂度[①]。

表 7.2　基本字符串操作命令（设置、获取、删除、取长度）

序号	命令名称	命令功能描述	执行时间复杂度
1	Set	为指定的一个键设置对应的值（任意类型）；若已经存在值，则直接覆盖原来的值	O(1)
2	MSet	对多个键设置对应的值（任意类型）；若已经存在值，则直接覆盖原来的值。该命令是原子操作，操作过程是排它锁隔离的	O(N)
3	MSetNX	对多个键设置对应的值（任意类型）；该命令不允许指定的任何一个键已经在内存中建立，如果有一个键已经建立，则该命令执行失败。它是原子操作，所执行的命令内容要么都成功，要么都不执行。它适用于通过设置不同的键来表示一个唯一的对象的不同字段	O(N)
4	Get	得到指定一个键的字符串值；如果键不存在，则返回 nil；如果值不是字符串，就返回错误信息，因为该命令只能处理 String 类型的值	O(1)
5	MGet	得到所有指定键的字符串值，与 Get 的区别是可以同时指定多个键，并可以同时获取多个字符串的值	O(N)
6	Del	删除指定键的值（任意类型）	O(1)
7	StrLen	获取指定键的值为字符串的长度。如果值为非字符串，返回错误信息	O(1)

由于 Redis 需要在内存中保持高速执行数据操作，而不同命令执行所产生的时间复杂度是不一样的。对这些差异，读者应能敏感地意识到，哪些命令执行效率高，哪些命令执行效率低。如 O(1)与 O(2)相比，显然是 O(1)效率高。

（1）Set 命令。

语法：Set key value [EX seconds] [PX milliseconds] [NX|XX]

参数说明：key value，必选项，填写字符串键和值，键和值中间空一格；EX seconds，设置指定的到期时间(单位：秒)；PX milliseconds，设置指定的到期时间(单位：毫秒)；NX，如果指定的键不存在，仅建立键名；XX，只有指定的键存在时，才能设置对

[①] 百度百科，时间复杂度，http://baike.baidu.com/item/时间复杂度?sefr=enterbtn。

应的值。

返回值：命令执行正常，返回 OK；如果命令加了 NX 或 XX 参数，但是命令未执行成功，则返回 nil。

读书笔记

Redis 所有的操作命令，在语法说明里带“[”和“]”符号时，意味着括号内的参数是可选的，不是必须的。

在安装 Redis-cli 的 Linux 环境下启动该命令交互平台

【例 7.1】Set 命令使用实例。

```
$redis-cli
r>Set BookName "《C 语言》"            //设置键名为 BookName，值为《C 语言》的字符串
OK                                    //返回值
```

```
r>Set BookName0 "《D 语言》" EX 1      //1 秒后 BookName 过期
OK                                    //返回值
```

（2）MSet 命令。

语法：MSet key value [key value ...]

参数说明：key 为指定需要设置的字符串键，value 为键对应的值（可以是任意类型）；该命令支持多键值对同步设置。

返回值：返回值总是 OK，因为该命令设计为不会失败。

【例 7.2】MGet 命令使用实例。

```
r>MSet BookName1 "《A 语言》" BookName2 "《B 语言》"      //同时设置两个键-值对
 OK                                                     //返回值
```

（3）MSetNX 命令。

语法：MSetNX key value [key value ...]

参数说明：key 为指定需要设置字符串的键，value 为指定键对应的值（可以是任意类型）；该命令支持多键—值对同步设置。

返回值：如果所有的键都被设置值，则返回 1；如果有键没有被设置值（至少有一个键先前已经存在），则返回 0。

【例 7.3】MSetNX 命令使用实例。

```
r>MSetNX BookID1 1001 BookID2 1002 BookID3 1003
(integer) 1
r>MSetNX BookID3 1003 BookID4 1004 BookID5 1005
(integer) 0
```

上述第一条命令的 BookID3 已经存在，那么第二条命令执行时，全部不执行。

读书笔记

（4）Get 命令。

语法：Get key

参数说明：key 指定需要读取字符串的键。

返回值：返回指定键对应的值；键不存在时，返回 nil。

【例 7.4】Get 命令使用实例。

在例 7.1 的基础上执行如下命令：

```
r>Get BookName
《C 语言》                                          //返回值
```

若 Get 命令得到结果为十六进制值（一般在含中文值情况下出现），可以通过启动 redis-cli 时在其后面加上--raw 参数解决。

（5）MGet 命令。

语法：MGet key [key ...]

参数说明：key 指定需要读取字符串的键，这里允许多 key 指定。

返回值：返回所有指定键对应的值，用列表形式显示。对于不是 String 值或者不存在的键，都返回 nil，所以，该命令从来不会返回命令执行失败的信息。

【例 7.5】MGet 命令使用实例。

在例 7.2 基础上执行如下命令。

```
r>MGet BookName1 BookName2 BookName3   //同时获取 3 个字符串键的值
1)  "《A 语言》"
2)  "《B 语言》"
3)  (nil)                             //第 1、2 个字符串值显示成功,第 3 个返回 nil
```

（6）Del 命令。

语法：Del key [key ...]

参数说明：key 指定需要删除的字符串键，允许一次删除多个。

返回值：被删除字符串的个数。

【例 7.6】Del 命令使用实例。

```
r>Set FirstName "TomCat1 "
OK
r>Set SecondName "TomCat2 "
OK
r>Get FirstName
" TomCat1 "
r>Get SecondName
" TomCat2 "
r>Del FirstName SecondName                //一次删除两个字符串
```

```
(integer) 1                          //返回值为 1
r>Get SecondName
(nil)                                //返回值为 nil，意味该字符串在内存中不存在了
```

Del 还可以删除其他类型的数据结构，如列表、集合、散列等。

读书笔记

（7）StrLen 命令。

语法：StrLen key

参数说明：key 指定需要获取长度的字符串键。

返回值：返回字符串长度；如果值为非字符串，则返回错误信息；如果键不存在，则返回 0。

【例 7.7】StrLen 命令使用实例。

```
r>Set MyName "张三"
OK
r>StrLen MyName
(integer) 4                          //一个汉字 2 个字节，两个汉字 4 个字节
r>StrLen Sky
(integer) 0
```

2）修改字符串操作命令

表 7.3 所示为修改字符串操作命令。其中，左边为命令名称，中间为对应的命令功能说明，右边为命令执行时间复杂度。

表 7.3　修改字符串操作命令

序号	命令名称	命令功能描述	执行时间复杂度
1	Append	追加字符串。当字符串指定键存在时，把新字符串追加到现有值的后面；若键不存在，则建立新的字符串（该操作类似 Set）	O(1)
2	GetRange	得到指定范围的字符串的子字符串	O(N)
3	GetSet	得到指定字符串键的旧值，然后为键设置新值	O(1)
4	SetRange	替换指定键字符串的一部分	O(1)

（1）Append 命令。

语法：Append key value

参数说明：key 为指定字符串键的名称；value 为需要增加的字符串内容。

返回值：增加字符串后，整个新字符串的长度。

【例 7.8】Append 命令使用实例。

```
r>Get AddTail
```

```
(nil)                            //返回值为nil，说明键名为AddTail的字符串不存在
r>Append AddTail "A"             //建立一个字节长度的新字符串
(integer) 1
r>Append AddTail " dog!"
(integer) 6                      //新字符串长度为6个字节
r>Get AddTail
"A dog! "
```

因为 Redis 在建立字符串的同时，会给字符串增加一倍的可用空闲空间，所以后续增加同样大小的值的情况下，所用时间为 O(1)。这也提醒读者增加固定长度的字符串速度最快。

（2）GetRange 命令。

语法：GetRange key start end

参数说明：key 为指定字符串的键，start 为字符串的开始位置，end 为字符串的结束位置。开始位置从 0 开始，也就是字符串第一个字节位置为 0，第二个字节位置为 1，依此类推；开始、结束位置也可以用负数表示，如-1 代表字符串最后一个位置，-2 代表倒数第二个位置，依此类推。当开始、结束位置超出字符串的范围时，该命令会自动把结果控制在字符串长度范围之内。

返回值：返回指定范围内的子字符串。

【例 7.9】 GetRange 命令使用实例。

```
r>Set context "This a white dog! "
OK
r>GetRange context 0 3           //字符串正向数位置从0开始
"This"
r>GetRange context -4 -2         //从字符串后往前数，进行子字符串截取
"dog"
r>GetRange context 13 50         //结束位置超过了字符串本身的长度
"dog!"
r>GetRange context 0 -1
"This a white dog! "             //结束位置用-1比较方便，无需一个个地数字节或
                                   用StrLen获取长度
```

在 Redis 2.0 版之前截取字符串子串使用的命令是 SubStr，后面的版本命令改成了 GetRange。

（3）GetSet 命令。

语法：GetSet key value

参数说明：key 为指定字符串的键，value 为键设置新的值。

读书笔记

返回值：返回之前的旧值；如果指定的键不存在，则返回 nil。

【例 7.10】GetSet 命令使用实例。

```
r>Set counter "1"                        //值一定是字符串型的
"OK"
r>GetSet counter "0"                     //给 counter 设置"0"，并返回"1"
"1"
r>Get counter                            //counter 的值为"0"
"0"
```

GetSet 主要应用场景为实现支持重置的计数功能，可与 Incr 命令配合使用。

（4）SetRange 命令。

语法：SetRange key offset value

参数说明：key 为指定字符串的键，offset 为字符串需要修改的开始位置，value 为新的子串值。如果 offset 位置超过了指定字符串的长度，则超出部分补“0”。所以该命令可以确保在指定位置设置新的子字符串值。

返回值：该命令修改后的新的字符串长度。

【例 7.11】SetRange 命令使用实例。

```
r>Set title "I like dogs."
OK
r>SetRange title 7 "cats."
(integer) 12
r>Get title
"I like cats."
```

补“0”的例子：

```
r>SetRange titles 4 "注意"
(integer) 8
r>Get titles
"\x00\x00\x00\x00 注意"                   //每个\x00 代表一个"0"
```

（1）Redis 把字符串的大小限制在 512MB 以内，所以 offset 不能超过 536870911 位。

（2）当指定的键没有值的情况下，在指定位置设置新值，Redis 需要立即分配内存，这有可能会导致服务阻塞现象的出现。新建立值长度越大需要消耗的时间越多，一般消耗时间在几百毫秒到几毫秒之间。

3）修改数字值操作命令

另外，Redis 为字符串值为数字的数据提供了专门的修改操作命令，如表 7.4 所示。

表 7.4　修改数字值操作命令

序号	命令名称	命令功能描述	执行时间复杂度
1	Decr	对整数做原子减 1 操作	O(1)
2	DecrBy	对整数做原子减指定数操作	O(1)
3	Incr	对整数做原子加 1 操作	O(1)
4	IncrBy	对整数做原子加指定数操作	O(1)
5	IncrByFloat	对浮点数做原子加指定数操作	O(1)

（1）Decr 命令。

语法：Decr key

参数说明：key 为指定字符串的键，该字符串的值必须为整型。如果 key 不存在，则会新建键，并设置对应的值为 0。

返回值：返回减 1 后的数字。如果指定键的字符串值存储的是非整型数据，则该命令返回错误信息。

【例 7.12】Decr 命令使用实例。

```
r>Set countLog "10"
OK
r>Decr countLog
(integer) 9                                         //值减 1
r>Set countLog "10g"                                //非整型值
OK
r>Decr countLog
ERR value is not an integer or out of range         //出错信息提示
```

（1）Decr 命令最大支持 64 位有符号的整型数字。

（2）英语水平好的读者，可以发现 Decr 是英文 decrease（减少）的缩写。通过英文全称，可以更好地记住命令。

（2）DecrBy 命令。

语法：DecrBy key decrement

参数说明：key 为指定需要做减数操作的字符串键，decrement 为需要减少的整数数量。如果 key 不存在，则会新建键，并设置对应的值为 0。该命令使用方法类似 Decr 命令，主要区别在于 Decr 一次减 1，该命令一次减指定数量。

返回值：返回减少数量后的数字。如果指定键的字符串值存储的是非整型数据，则该命令返回错误信息。

读书笔记

【例 7.13】DecrBy 命令使用实例。

```
r>Set countLog "10"
OK
r>DecrBy countLog 8                    //一次直接减 8
(integer) 2
```

（3）Incr 命令。

语法：Incr key

参数说明：key 为指定字符串的键，键对应的值必须为整型数字。如果指定的键不存在，则会新建键，并设置对应的值为 0。

返回值：返回增 1 后的数字。如果指定键的字符串值存储的是非整型数据，则该命令返回错误提示信息。

【例 7.14】Incr 命令使用实例。

```
r>Set countLog "10"
OK
r>Incr countLog
(integer) 11
r>Get countLog
"11"
```

（1）Incr 命令最大支持 64 位有符号的整型数字。

（2）Incr 是英文 Increase（增多）的缩写。

（3）原子递增操作最常用的使用场景是计数器、特定场景的限速器。

（4）IncrBy 命令。

语法：IncrBy key increment

参数说明：key 为指定需要做加数操作的字符串键，increment 为需要增加的整数数量。如果 key 不存在，则会新建键，并设置对应的值为 0。该命令使用方法类似 Incr 命令，主要区别是 Incr 一次加 1，该命令一次增加指定数量。

返回值：返回增加数量后的数字。如果指定键的字符串值存储的是非整型数据，则该命令返回错误信息。

【例 7.15】IncrBy 命令使用实例。

```
r>Set countLog "10"
OK
r>IncrBy countLog 2
(integer) 12                           //一次增加 2
```

（5）IncrByFloat 命令。

语法：IncrbyFloat key increment

读书笔记

参数说明：key 为指定字符串的键，键所对应的值必须是浮点数字，并存放于 String 中；increment 为需要增加的浮点数。

返回值：返回增加后的浮点数值。若操作出错，则给出出错提示信息。

【例 7.16】IncrByFloat 命令使用实例。

```
r>Set countPrice 10.1
OK
r>IncrByFloat countPrice 0.2
"10.3"                                      //一次增加 0.2，而且是字符型结果
r>Set countPrice 10.0e3                     //可以用任意指数符号，这里用 e，设置
                                              值为 10000.0
OK
r> IncrByFloat countPrice 2.0e2             //新增值为 200.0
"10200.0"                                   //最终结果值
```

满足以下任意一个条件，该命令将返回出错信息。

（1）key 包含非法值（不是一个 String）。

（2）当前的值增加指定数后，不能解析为一个双精度的浮点数（超出精度范围）。无论各计算内部精度如何，输出精度都固定为小数点后 17 位。

2．位图命令

Redis 利用字符串的值存储二进制数据时，就可以利用位图操作命令，如表 7.5 所示。所有的位图命令是以 Bit 开头或结尾的特殊字符串处理命令。利用位图命令处理数据存在两方面的好处：一可以大幅减少存储量（利用 Bit 位存放数据，所需要内存空间最少）；二在特定应用场景做数据处理时速度相对较快。位图适用于用户访问记录统计类似的应用场景。显然，该类型的数据利用二进制表示，直接展示给用户看不是很直观。

表 7.5 位图操作命令

序号	命令名称	命令功能描述	执行时间复杂度
1	BitCount	统计字符串指定起止位置的值为“1”比特（Bit）的位数	O(N)
2	SetBit	设置或者清空指定位置的 Bit 值	O(1)
3	GetBit	获取指定位置的 Bit 值	O(1)
4	Bitop	对一个或多个二进制位的字符串进行比特位运算操作	O(N)
5	BitPos	获取字符串里第一个被设置为 1Bit 或 0Bit 的位置	O(N)
6	BitField	对指定字符串数据进行位数组寻址、位值自增自减等操作	O(1)

1）BitCount 命令

语法：BitCount key [start end]

参数说明：key 为指定字符串的键，start 为需要统计的字符串开始字节下标位置（所有的字符串值第一个字节的下标位置都为 0）；end 为需要统计的字符串结束字节下标位置。如图 7.9 所示，字符串 foods 的开始位置在 f 的下标值为 0，结束位置在 s 的下标值为 4，则该命令统计的是字符串值的所有比特位为 1 的数量；如果把 start 值设置为 2，end 值设置为 2，则统计 o 的比特位为 1 的数量。

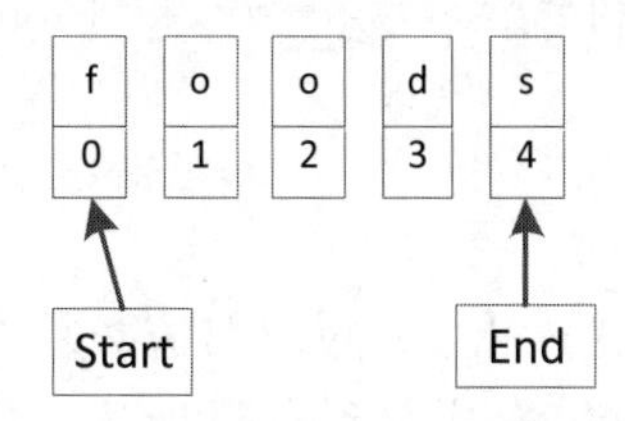

图 7.9　foods 字符串值的位置下标关系

GetRange 命令类似，起止下标位置也可以用负数表示，如-1 代表字符串值的最后一个字节，-2 代表倒数第二个字节。Start 和 End 参数省略时，则统计指定字符串的二进制值为 1Bit 位的总数。

返回值：返回指定范围的 1Bit 位的总数；如果指定的 Key 不存在，则返回 0。

【例 7.17】BitCount 命令使用实例。

```
r>Set tkey "foods"
OK
r>BitCount tkey 0 0
(integer)4
```

为了直观地分析 BitCount 命令的统计结果，我们需要把字符串值 foods 通过 ASCII 码换算成二进制形式，如图 7.10 所示。

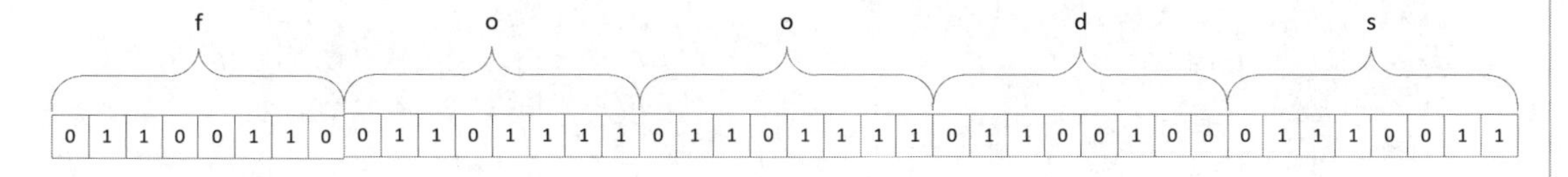

图 7.10　foods 的二进制形式

在 ASCII 码表里 f 对应的二进制值是 01100110，o 对应的二进制值为 01101111，d 对应的二进制值为 01100100，s 对应的二进制值为 01110011。从字符串值角度来说一个英文字母对应的是一个字节（Byte）8 个比特位（Bit）。当参数 Begin=0 时，统计的开始字节位置是 f；End=0 时，则统计结束位置为 f 本身。f 的二进制 1 比特位为 4 个，所以，最终该命令统计的结果为 4。

```
r>BitCount tkey 1 2
(integer) 12
```

这里 BitCount 命令的开始位置指向 1（第一个 o 所在的位置），结束位置指向 2（第二个 o 所在的位置），所以，统计两个 o 的 1 比特位的数量，最终结果为 12。

说明

（1）Set tkey "foods"，从侧面证明了 Redis 字符串所有的值最终是以二进制形式存储的。

（2）若要直接通过命令存储二进制位的值，则需要使用 SetBit 命令。

2）SetBit 命令

语法：SetBit key offset value

参数说明：key 为指定字符串的键，键对应的值必须为 String；offset 为值的二进制偏移量，在二进制中一个字节的偏移量从左到右数为从 0 到 7，如字母 s 的二进制值为 01110011，那么左边第一位的偏移量为 0，第二位为 1，依此类推，最右位为 7。value 为比特位“1”或“0”。该命令就对指定键的值的比特位进行置“1”或置“0”，从而改变值的内容。当键不存在时，建立一个新的字符串值，并保证 offset 处有 Bit 值，其他部分比特值都为 0。offset 值的设置范围从 0～231。

返回值：返回在 offset 处的二进制的原先的 Bit 值。

通过 SetBit 命令从 s 修改为 t。通过检查 ACSII 码对照表，可以得到 s 的二进制码为 01110011，t 的二进制码为 01110100。具体修改代码如下：

【例 7.18】SetBit 命令使用实例。

```
r>Set MyName "somcat"                        //假设 s 输入错了，要改为 t
OK
r>SetBit MyName 5 1                          //偏移量为 5 的地方设置比特位为 1
(integer)0                                   //原先值为 0
r>SetBit MyName 6 0                          //偏移量为 6 的地方设置比特位为 0
(integer)1                                   //原先值为 1
r>SetBit MyName 7 0                          //偏移量为 7 的地方设置比特位为 0
(integer)1                                   //原先值为 1
r>Get MyName
"tomcat"
```

（1）当 offset 等于 $2^{32}-1$，并且键为空或键对应的值字符串比较小时，会引起 Redis 立即分配所有内存，可能会导致服务阻塞，进而影响业务系统的操作响应。

（2）从新分配内存的时间在几毫秒到几百毫秒之间。

3）GetBit 命令

语法：GetBit key offset

参数说明：key 为指定字符串的键，键对应的值必须为 String；offset 为键对应值（二进制）的偏移位置。当 offset 超出字符串值（二进制）的长度后，超出部分用 0 Bit 填充。

返回值：返回在 offset 处的 Bit 值；当 key 不存在时，认为是一个空字符串，返回 0。

【例 7.19】 GetBit 命令使用实例。

```
r>SetBit TestBit 7 1          //这里设 TestBit 键是新的，所以新建该键，0 到 6Bit
                                位都是 0，7 为 1
(integer)0                    //返回原先 0
r>GetBit TestBit 0            //偏移量为 0 处的比特值为 0
(integer)0                    //返回 0 处的比特值为 0
r>GetBit TestBit 7            //偏移量为 7 处的比特值为 1
(integer)1                    //返回 7 处的比特值为 1
r>GetBit TestBit 10           //偏移量为 10 处的比特值为 0，超过原先值的范围了
(integer)0                    //返回 10 处的比特值为 0
```

这里需要对 SetBit TestBit 7 1 做进一步解释。在命令执行后，该字符串值的二进制形式如图 7.11 所示。由于是新建该字符串，前面 1 到 6 位都置 0Bit，第 7 位设置 1Bit。

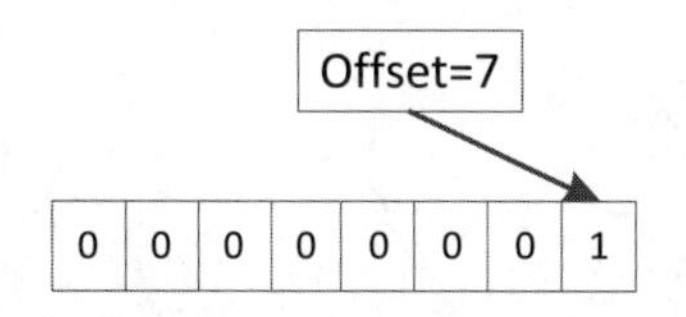

图 7.11　SetBit TestBit 7 1 的设置结果

所以 GetBit TestBit 7 得到的比特位为 1Bit。

4）Bitop 命令

语法：Bitop operation destkey key [key ...]

参数说明：operation 为二进制比特位运算方式，这里可以指定为 AND（并）、OR（或）、NOT（非）、XOR（异或）4 种操作方式。该命令的二进制位运算结果保存到 destkey。key 为指定字符串的键，要求键对应的值必须为 String。除了 NOT 的键只能为一个外，其他操作允许多键。

在数学上 AND、OR、NOT、XOR 操作举例如下。

（1）AND 运算：00001001 AND 01100001，其运算结果为 00000001，详细过程如图 7.12 所示。

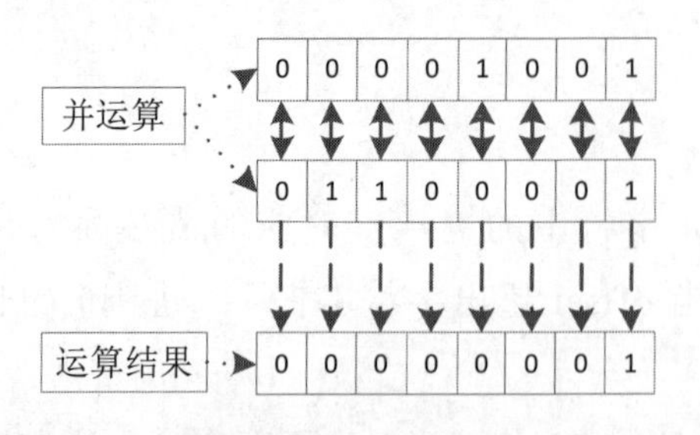

图 7.12　AND 运算过程

从图 7.12 可以看出，AND 运算是按比特位进行运算的，只有对应比特位都为 1Bit 的情况下，对应位运算结果为 1Bit，其他结果都为 0Bit。

（2）OR 运算：00001001 OR 01100001 其运算结果为 01101001，也就是对应比特位只要有 1Bit 出现，运算结果都为 1Bit；只有所有参加运算的值的对应的比特位都为 0Bit，才出现结果为 0Bit。

（3）NOT 运算：只允许一个操作字符串。NOT 00001001，其运算结果为 11110110。也就是把二进制数的每一个比特位值取反，0Bit 变成 1Bit，1Bit 变成 0Bit。

（4）XOR 运算：00001001 XOR 01100001，其异或运算结果为 01101000。也就是当二进制数对应的比特位进行运算时，只有不相同的比特位才能得到 1Bit 位。

返回值：返回保存到 DestKey 的字符串长度数，与设置在 Key 中最长的字符串长度数相等。

【例 7.20】 Bitop 命令使用实例。

```
r>SetBit One 6 1
(integer)0                          //返回原先 0，产生的 One 值为 00000010
r>Set Two "a"                       //a 的二进制数为 01100001
OK
r>Bitop OR dest One Two             //00000010 OR 01100001，结果为 01100011
(integer)5                          //一个字符 c，其二进制 ASCII 码为 01100011
r>Get dest
"c"
```

5）BitPos 命令

语法：BitPos key bit [start] [end]

参数说明：key 为指定字符串的键，键对应的值必须为 String；键不存在时，视字符串为空串。Bit 为指定的比特值（0 或 1）。start 和 end 的用法与 BitCount 命令一样，以字节为单位进行位置值设置，start=0 指左边第一个字节。

返回值：返回字符串里第一个 1Bit 或 0Bit 的位置数值。如果在空字符串里找比特值（0 或 1），则返回-1；如果要找的比特值是 1，而字符串只包含 1Bit 的值时，将返回字符串最右边的第一个空位数；如果在指定的 start 和 end 范围找不到对应的比特位时，将返回-1。

【例 7.21】 BitPos 命令使用实例。

```
r>Set testBit "\xff\x0f\x00"        //以\x 开头的为十六进制数，可以在 ASCII 表里对照
```

```
                                检查值
OK
r>BitPos testBit 0
(integer)8                    //\xff 转为二进制为 11111111，x0f 转为二进制为
                                00001111
r> BitPos testBit 1 1         //查找第二个字节开始的第一个 1Bit，第二字节为\x0f
(integer)12
r> BitPos testBit 1 2         //查找第三个字节开始的第一个 1Bit，第三字节为\x00
(integer)-1                   //找不到 1Bit，返回-1
```

6）BitField 命令

语法：BitField key [GET type offset] [SET type offset value] [INCRBY type offset increment] [OVERFLOW WRAP|SAT|FAIL]

参数说明：略，详见 Redis 官网命令使用手册。

返回值：返回一个针对子命令给定位置的处理结果组成的数组。OVERFLOW 子命令在响应消息中，不会统计结果的条数，返回 nil。

该命令的使用动机是用许多小整数存储来代替一个单一的大位图（Large BitMap），这样可以提高内存的使用效率。这在实时分析领域非常有用。

7.2.2　列表命令

从 7.1.4 节可以知道列表是一种可以记录重复字符串值、有序排列的数据存储结构。列表主要适应场景是无需次序调整的业务数据记录和读取，如记录用户在网页端浏览过程的网页信息、记录商品评论信息、传递聊天记录、记录任务队列等。

1. 基本列表操作命令

基本列表操作命令如表 7.6 所示。

表 7.6　基本列表操作命令

序号	命令名称	命令功能描述	执行时间复杂度
1	LPush	从列表的左边插入一个或多个元素值	O(1)
2	LRange	获取指定范围列表的元素值	O(S+N)
3	RPush	从列表的右边插入一个或多个元素值	O(1)
4	LPop	从列表的左边读出并移除一个元素值	O(1)
5	RPop	从列表的右边读出并移除一个元素值	O(N)
6	LRem	从列表里删除指定元素	O(N)

续表

序号	命令名称	命令功能描述	执行时间复杂度
7	LIndex	通过指定列表下标，获取一个元素值	O(1)
8	LLen	获取指定列表的元素个数	O(1)
9	LSet	设置列表指定位置的元素值	O(N)
10	LTrim	对指定列表范围的元素进行修剪	O(N)

说明

（1）在表 7.6 中，命令名称里的第一个“L”为 Left 的缩写，即“左边”。

（2）在表 7.6 中，命令名称里的第一个“R”为 Right 的缩写，即“右边”。

1）LPush 命令

语法：LPush key value [value ...]

参数说明：key 为指定的列表名；value 为需要插入列表左边的字符串值（元素），允许一次插入多个值。如果 key 不存在，在命令插入值前，先会创建一个空列表。在多值插入过程，如 LPush“1”“2”“3”，先把“1”插入列表，后插入“2”，最后把“3”插入。那么列表第一个元素是“3”，第二个是“2”，第三个是“1”。

返回值：返回插入操作后的列表的长度；若 key 对应的值不是列表，则返回一个错误提示信息。

【例 7.22】LPush 命令使用实例。

```
r>LPush NewList "one"                //先建空列表，再从左边插入第一个元素"one"
(integer) 1
r>LPush NewList "two"
(integer) 2
r>LPush NewList "three"
(integer) 3
```

以上代码是向 key 名为 NewList 的列表里连续插入 3 个值。注意它们在列表中的顺序从左到右为 three、two、one，符合链表从左边插入的顺序特点，如图 7.13 所示。具体要查看插入结果，见 LRange 命令用法。

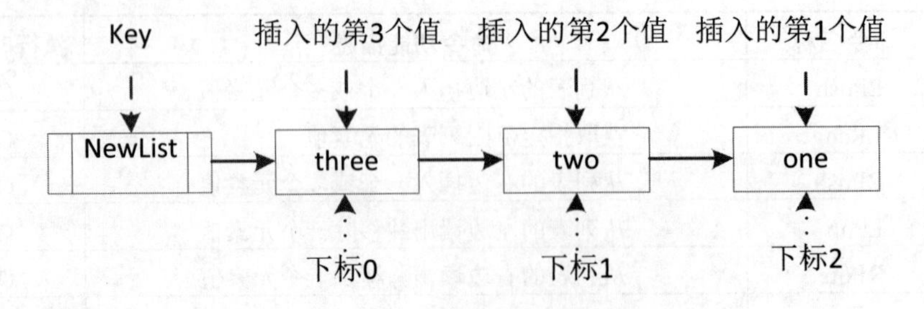

图 7.13　链表式列表左插入结果

2）LRange 命令

语法：LRange key start stop

参数说明：key 为指定的列表名；start 为列表元素的开始位置；stop 为列表元素的读取结束位置。若 stop 指定范围大于列表范围时，默认为列表最大下标的那个元素位置。列表的第一个元素下标为 0，第二个元素下标为 1，依此类推。允许以负数形式倒着对列表下标进行标注，如列表的右边的最后一个元素可以标注为-1，倒数第二个标注为-2，依此类推。则 start=-1，表示从最后一个开始，stop=-2 表示结束于倒数第二个元素。

返回值：返回指定范围里的列表元素，当 start 大于列表的范围时，返回空列表信息。

【例 7.23】LRange 命令使用实例。

在例 7.22 LPush 命令代码执行的基础上，继续进行 LRange 命令操作。

```
r>LRange NewList 0 -1            //前面命令里的列表已经有 3 个元素，0 为列表的第一个
                                   元素位置，-1 为列表的最后一个元素位置
1) "three"                       //最后从左边插入列表的值，在最左边
2) "two"                         //其次从左边插入列表的值，在中间位置
3) "one"                         //最先从左边插入列表的值，在最右边
r>LRange NewList 0 0             //获取列表左边第一个元素值
1) "three"
r>LRange NewList -2 -1           //获取列表右边第一、第二个元素值
1) "two"                         //倒数第二个
2) "one"                         //倒数第一个
r>LRange NewList 3 5             //开始值为 3，大于 NewList 的最大范围 0-2
(empty list or set)              //返回空列表提示
```

3）RPush 命令

语法：RPush key value [value ...]

参数说明：key 指定列表名；value 为需要从列表右边插入的值，允许多值插入。如果 key 不存在，先创建新的空列表，再在列表右边插入值。该命令使用方法类似 LPush 命令。唯一的区别是插入值从列表的右边进入。

返回值：返回插入操作后的列表的长度；若 key 对应的值不是列表，则返回一个错误提示信息。

【例 7.24】RPush 命令使用实例。

```
r>RPush NewLIst1 "1" "2" "3"   //在新建列表 NewList1 里一次插入 3 个值
(integer) 3
r>LRange NewList 0 -1
1) "1"
2) "2"
3) "3"
```

上述代码的右插入操作过程如图 7.14 所示。

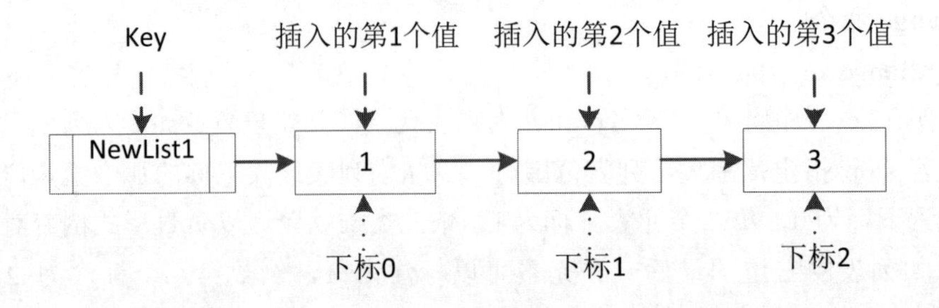

图 7.14　链表式列表右插入结果

4）LPop 命令

语法：LPop key

参数说明：key 为指定的列表名。

返回值：返回列表左边第一个元素值；当 key 不存在时，返回 nil。

在 RPush 命令代码实例的基础上，继续执行以下代码。

【例 7.25】LPop 命令使用实例。

```
r>LPop NewList1
"1"
r>LRange NewList1 0 -1
1) "2"
2) "3"
```

从上述代码可以看出，执行一次 LPop 命令后，NewList1 的第一个元素被删除了。

5）RPop 命令

语法：RPop key

参数说明：key 为指定的列表名。

返回值：返回列表右边最后一个元素值；当 key 不存在时，返回 nil。

【例 7.26】RPop 命令使用实例。

```
r>RPush NewLIst2 "1" "2" "3"        //在新建列表 NewList2 里一次插入 3 个值
(integer) 3
r>RPop NewList1                     //从列表右边获取第一个值，并删除该值
"3"
r>LRange NewList1 0 -1
1) "1"
2) "2"
```

6）LRem 命令

语法：LRem key count value

参数说明：key 为指定的列表名。count 为指定列表元素的下标位置，可以用正数，从左往右从 0 开始数下标；可以为负数，从右往左从-1 开始数下标。value 指定需要删除的值。

（1）count>0：从头往尾删除值为 value 的元素。

（2）count<0：从尾往头删除值为 value 的元素。

（3）count=0：删除所有值为 value 的元素。

返回值：返回被删除的元素个数；key 不存在时，返回 0。

读书笔记

【例 7.27】LRem 命令使用实例。

```
r>RPush TestList1 "a" "a" "b" "c" "a"
(integer) 5
r>LRem TestList1 1 "a"                  //删除前两个 a
(integer) 2
r>LRange TestList1 0 -1
1) "b"
2) "c"
3) "a"
r> RPush TestList2 "a" "a" "b" "c" "a"
(integer) 5
r>LRem TestList1 -1 "a"                 //删除后一个 a
(integer) 1
r>LRange TestList2 0 -1
1) "a"
2) "a"
3) "b"
4) "c"
```

7）LIndex 命令

语法：LIndex key index

参数说明：key 为指定列表名；index 为列表指定的下标值，可以设置为从 0 开始的正数，也可以设置为从-1 开始的负数。

返回值：返回 index 下标对应的列表元素值；当 key 指定的不是列表时，返回错误信息；当 index 超出列表下标范围时，返回 nil。

【例 7.28】LIndex 命令使用实例。

```
r>RPush TestIndex "a" "b" "c" "d" "e"
(integer) 5
r>LIndex TestIndex 0
"a"
r>LIndex TestIndex -1
"e"
r>LIndex TestIndex 2
"c"
r>LIndex TestIndex 5
(nil)
```

8）LLen 命令

语法：LLen key

参数说明：key 为指定列表名。

返回值：返回指定列表的长度（元素个数）；key 不存在时，返回 0；当 key 指定不是列表时，返回错误信息。

【例 7.29】LLen 命令使用实例。

```
r>RPush names "TomCat1"
(integer) 1
r>LLen names
(integer) 1
r> RPush names "TomCat2"
(integer) 2
r>LLen names
(integer) 2
```

9）LSet 命令

语法：LSet key index value

参数说明：key 为指定列表名；index 为列表指定的下标（可以用正数，也可以用负数）；value 为 index 下标处需要设置的值。

返回值：设置成功，返回 OK；当 index 超出范围时，返回一个错误信息。

【例 7.30】LSet 命令使用实例。

```
r>RPush names1 "TomCat1" "TomCat1"
(integer) 2
r>LSet names1 1 "TomCat2"              //在下标为 1 处设置新值 TomCat2
OK
r>LRange names 0 -1
1) TomCat1
2) TomCat2
```

10）LTrim 命令

语法：LTrim key start stop

参数说明：key 为指定的列表名，start 为列表指定的开始下标，stop 为列表指定的结束位置下标。该命令会保留 start 和 stop 指定范围列表的元素，而删除其他元素。start 和 stop 可以是正数也可以是负数，使用方法同 LRange 命令的参数。如果 start 超过列表尾部或 start>stop，修剪的列表为空列表。stop 超过列表尾部，当作列表的最后一个元素的位置看待。

返回值：修剪成功返回 OK。

【例 7.31】LTrim 命令使用实例。

```
r>RPush TestTrim "One" "Two" "Three"
(integer) 3
r>LTrim TestTrim 1 -1
OK
r>LRange TestTrim 0 -1
1) "Two"
2) "Three"
```

2．其他列表操作命令

其他列表操作命令如表 7.7 所示。

表 7.7　其他列表操作命令

序号	命令名称	命令功能描述	执行时间复杂度
1	LInsert	在指定位置处插入一个新元素	O(N)
2	LPushX	只有列表存在的前提下，从左边插入一个元素	O(1)
3	RPopLPush	删除左边列表中的最后一个元素，并将其追加到另外一个列表头部	O(1)
4	RPushX	只有列表存在的前提下，从右边插入一个元素	O(1)
5	BLPop	带阻塞式功能的 LPop 命令	O(1)
6	BRPop	带阻塞式功能的 RPop 命令	O(1)
7	BRPopLPush	带阻塞式功能的 RPopLPush 命令	O(1)

1）LInsert 命令

语法：LInsert key Before|After pivot value

参数说明：key 为指定的列表名；Before|After 二选一，Before 为在指定元素前插入 value；After 为指定元素后插入 value；pivot 为列表里存在的指定一个元素值。当 key 不存在时，该命令不执行任何操作。

返回值：插入值成功，返回操作后的列表长度；当指定的 pivot 值不存在时，返回-1；当指定的 key 不为列表时，返回出错信息。

【例 7.32】LInsert 命令使用实例。

```
r>RPush TestInsert "One" "Two" "four"
(integer) 3
r>LInsert TestInsert Before "four" "three"    //four 为 Before 的参数 Pivot
(integer) 4
r>LRange TestInsert 0 -1
1) "One"
2) "Two"
3) "three"
4) "four"
```

2）LPushX 命令

语法：LPushX key value

参数说明：key 为指定的列表名，value 为需要插入列表左边的值。只有当 key 已经存在并且是列表的情况下，该命令才能执行；key 不存在时，不执行。这是与 LPush 命令的唯一区别。

返回值：返回操作后的列表的长度；若 key 不存在，则返回 0；若 key 对应的值不是列表，则返回一个错误提示信息。

【例 7.33】LPushX 命令使用实例。

```
r>LPushX testPushX "TOM"            //testPushX 原先不存在
(integer) 0
r>LRange testPushX 0 -1
(empty list or set)
```

读书笔记

3）RPopLPush 命令

语法：RPopLPush source destination

参数说明：source、destination 都为列表名。该命令从 source 列表获取并删除右边最后一个元素，把获取的元素插入 destination 列表左边第一个位置。

返回值：返回移动的那个元素值；如果 source 不存在，则返回 nil，且不会执行任何操作。

【例 7.34】RPopLPush 命令使用实例。

```
r>RPush RoundList "one" "two" "three"
(integer) 3
r>RPopLPush RoundList DList        //把 three 值转到 DList 列表，该列表允许为新建
"three"
r>LRange RoundList 0 -1
1)"one"
2)"two"
r>LRange DList 0 -1
1)"three"
```

使用场景说明：

（1）可以利用 RPopLPush 命令，实现对消息队列的轮询。

（2）在 source 和 destination 列表存储相同内容的情况下，通过该命令可以实现客户端一个接一个地循环访问，而不用像 LRange 那样需要把列表里的所有元素传递到客户端，再进行值获取操作。

4）RPushX 命令

语法：RPushX key value

参数说明：key 为指定列表名，value 为需要插入列表右边的值。与 RPush 命令唯一的区别是，当 key 不存在时，该命令什么也不做。

返回值：返回命令执行后的列表的长度。

【例 7.35】RPushX 命令使用实例。

```
r>RPushX TestNewList "one" "two" "three"
(integer) 0
r>LRange TestNewList 0 -1
(empty list or set)
```

读书笔记

5）BLPop 命令

语法：BLPop key [key ...] timeout

参数说明：key 为指定列表名，可以是多个。timeout 为指定阻塞的最大秒数（整型值）；当 timeout 为 0 时，表示阻塞时间无限制。

阻塞模式：当 BLPop 指定的列表无元素可供获取时，则客户端连接进入阻塞模式，一直到有新的值通过 LPush 或 RPush 被插入指定的列表时，阻塞解除，成对读取列表名和左边第一个元素值到客户端，并把该元素从列表中删除。

返回值：当读取的列表都没有值时，返回 nil，并且 timeout 过期；当列表存在元素时，会返回成对的值（列表名和该列表左边第一个元素值）。

【例 7.36】BLPop 命令使用实例。

```
r>Del B1 B2                          //确保 B1、B2 为空值
(integer) 0
r>RPush B1 "a" "b" "c"
(integer) 3
r>BLPop B1 B2 0                      //0 为过期时间无限制
1)"B1"
2)"a"
r>LRange B1 0 -1
1)"b"
2)"c"                                //a 被读取后，在列表中被删除了
```

上述代码中，由于 B1 列表中存在元素值，所以被 BLPop 成对读取 B1 和 a 值，并没有进入阻塞方式。

（1）利用 BLPop 读取列表元素值到客户端时，当客户端发生故障时，该元素将丢失。下面的 BRPopLPush 命令将进一步对该命令进行改进。

（2）BLPop 配合 Push 类命令，可以实现类似即时聊天消息传递的效果。当服务器端列表插入新值时，BLPop 命令具有客户端自动获取最新消息数据的能力。

6）BRPop 命令

语法：BRPop key [key ...] timeout

参数说明：使用方法同 BLPop 命令的参数。

返回值：返回值同 BLPop 命令，唯一的区别是返回的元素是列表的右边最后一个。

代码实例：略（类似 BLPop 处理过程）。

7）BRPopLPush 命令

语法：BRPopLPush source destination timeout

参数说明：Source 和 Destination 使用方法同 RPopLPush 命令参数。Timeout 使用方法

同 BLPop 对应参数。当 Source 指定列表包含元素时，这个命令表现得跟 RPopLPush 一样；当 source 指定的列表是空时，Redis 将会阻塞这个连接，直到另外一个客户端 Push 类命令把一个新的元素插入 Source 指定的列表或 Timeout 超阻塞时限。

返回值：移动的元素值；如果 timeout 超时限，返回多批量的 nil。

代码实例：略。

说明

（1）BRPopLPush 在把读取的值返回给客户端的同时，会把该值插入 destination 指定的列表，所以不受客户端操作影响，而产生元素丢失的问题。

（2）该命令一次只能读取一个元素值；在读取不到元素值时，进入阻塞方式，一直等到新的值 Push 入 source 指定的列表。该命令代码使用方法同 RPopLPush。

7.2.3 集合命令

集合与列表的主要区别是集合元素无序且必须唯一。集合适用的场景，如对文章进行分类、存储文章书签等。

1. 基本集合操作命令

基本集合操作命令如表 7.8 所示。

表 7.8 基本集合操作命令

序号	命令名称	命令功能描述	执行时间复杂度
1	SAdd	添加一个或多个元素到集合中	O(N)
2	SMembers	返回集合的所有元素	O(N)
3	SRem	删除集合中指定的元素	O(N)
4	SCard	返回集合元素的数量	O(1)
5	SRandMember	从集合中随机返回一个或多个元素	O(N)-O(N)
6	SMove	把一个集合的元素移动到另外一个集合中	O(1)
7	SPop	从集合中随机返回（并删除）一个或多个元素	O(1)
8	SIsMember	集合成员是否存在判断	O(1)
9	SScan	增量叠代式返回集合中的元素	O(1)-O(N)

集合命令都以 S 开头，代表 Set。

1）SAdd 命令

语法：SAdd key member [member ...]

参数说明：key 为指定集合名；member 为需要插入的新元素，允许多值插入，如果集合中已经存在指定的 member 值，则忽略插入。如果 key 不存在，则新建集合，并添加 member 指定的元素。

返回值：返回成功添加到集合里的元素数量；如果 key 指定的为非集合，则返回错误信息。

【例 7.37】SAdd 命令使用实例。

```
r>SAdd TitleSet "Group:a1"          //这里假设 Group 为文章分类，a1 代表第一个文章
                                      名称
(integer) 1                         //新加入一个集合元素
r>SAdd TitleSet "Group:b2"          //新加入分 Group 里的第二篇文章 b2
(integer) 1
r>SAdd TitleSet "Group:b2"          //b2 文章重复加入，该命令给予忽略
(integer) 0
```

若要查看集合 TitleSet 里的所有元素，可以使用下面的 SMembers 命令。

2）SMembers 命令

语法：SMembers key

参数说明：key 为指定的集合名。

返回值：返回集合中的所有元素列表。

【例 7.38】SMembers 命令使用实例。

对例 7.37 TitleSet 集合里的所有元素进行获取。

```
r>SMembers TitleSet
1)"Group:a1"
2)"Group:b2"
```

3）SRem 命令

语法：SRem key member [member ...]

参数说明：key 为指定的集合名；member 为需要移除的元素，允许多值移除。如果指定的 member 元素不是集合里的，则忽略该移除操作。

返回值：返回集合中移除元素个数，不包括被忽略的元素；如果 key 不存在，则返回 0；如果 key 指定的不是集合，则返回错误信息。

【例 7.39】SRem 命令使用实例。

```
r>SAdd TestSet "one" "two" "three"
(integer) 3
r>SRem TestSet "one"
(integer) 1
r>SMembers TestSet
1) "three"
2) "one"
```

SRem 里的 Rem 为 Remove（清除）的缩写。

读书笔记

4）SCard 命令

语法：SCard key

参数说明：key 为指定的集合名。

返回值：返回集合存储的元素数量；如果 key 不存在，则返回 0。

【例 7.40】SCard 命令使用实例。

在实例 7.39 的基础上，继续对 TestSet 集合进行操作。

```
r>SMembers TestSet
1) "three"
2) "one"
r>SCard TestSet
(integer) 2
r>SCard Testset1                          //不存在的集合
(integer) 0
```

5）SRandMember 命令

语法：SRandMember key [count]

参数说明：key 为集合名；可选参数 count 是整数，确定该命令随机返回的元素个数。

返回值：不使用 count 情况下，随机返回集合中的一个元素；如果 count>0 且小于指定集合元素的个数，则返回含有 count 个的元素；如果 count>0 且大于集合的元素个数，则返回整个集合的元素；如果 count<0 且绝对值小于指定集合元素的个数，则返回绝对值 count 个数的元素；如果 count<0 且绝对值大于指定集合元素的个数，则返回值里会出现一个元素出现多次的情况。如果 key 不存在，则返回 nil。

【例 7.41】SRandMember 命令使用实例。

```
r>SAdd testRandSet "1" "2" "3" "4"
(integer) 4
r>SRandMember testRandSet                 //随机返回一个元素
"2"
r>SRandMember testRandSet 2               //随机返回两个元素
1)"2"
2)"3"
4> SRandMember testRandSet -5
1)"1"
2)"1"
3)"1"
4)"1"
5)"1"
```

读书笔记

6）SMove 命令

语法：SMove source destination member

参数说明：source 为移出元素集合，destination 为移入元素集合，member 为移动元素。把 member 指定的元素，从 source 集合里移动到 destination 集合里，并删除 source 集合的该元素。如果 source 集合不存在或不包含指定的 member 元素，该命令不执行任何操作；如果 destination 集合里已经存在指定的 member 元素，则该命令只删除 source 集合里的该元素。

返回值：如果指定元素移除成功，则返回 1；如果该命令无任何操作，则返回 0；如果 source 或 destination 不是集合，则返回错误提示信息。

【例 7.42】SMove 命令使用实例。

```
r>SAdd testS "1" "2"
(integer) 2
r>SAdd testD "3" "4"
(integer) 2
r>SMove testS testD "1"
(integer) 1
r>SMembers testD
1)"3"
2)"4"
3)"1"
4>SMemebers testS
1)"2"
```

7）SPop 命令

语法：SPop key [count]

参数说明：key 为指定的集合名，可选参数 count 为随机返回集合元素个数。与 SRandMember 命令类似，主要区别为 SPop 命令在返回随机元素的同时，删除集合里对应的元素，而 SRandMember 只随机读取元素。

返回值：返回移除的元素；key 不存在时，返回 nil。

【例 7.43】SPop 命令使用实例。

```
r>SAdd testP "1" "2" "3"
(integer) 3
r>SPop testP
"3"                                   //随机返回一个元素，并在集合里删除它
r>SMembers testP
1)"1"
2)"2"
```

8）SIsMember 命令

语法：SIsMember key member

参数说明：key 为指定的集合名，member 为需要在集合里寻找的元素。

返回值：如果 member 指定的元素在集合内，则返回 1；如果 member 指定的元素不在集合内，则返回 0。

【例 7.44】SIsMember 命令使用实例。

```
r>SAdd testIs "1" "2" "3"
(integer) 3
r>SIsMemeber testis "2"          //2 在集合内
(integer) 1
r>SIsMemeber testis "4"          //4 不在集合内
(integer) 0
```

9）SScan 命令

语法：SScan key cursor [MATCH pattern] [COUNT count]

参数说明：key 指定集合名；cursor 为返回给客户端的集合读取游标；可选参数 MATCH 为读取指定模式的元素，如*f 为读取以 f 结尾的元素；可选参数 COUNT 指定读取元素数量。

返回值：分批次返值，返回的是两个数组列表，第一个数组元素是用于进行下一次迭代的新游标，而第二个数组元素则是一个数组，这个数组中包含了所有被迭代的元素（一次最多几十个元素，可以把迭代一次看作是读取其中一部分元素）。

【例 7.45】SScan 命令使用实例。

```
r>SAdd testScan "1" "2" "3" "Banana" "Bag" "Bear"
(integer) 5
r>SScan testScan 0 MATCH B*
1)"0"                            //下次迭代游标值，0 值代表迭代结束
2)1) "Banana"
  2) "Bag"
  3) "Bear"                      //由于 testScan 是小集合，所以一次迭代全部读取
```

（1）SScan 和 SMembers 命令都是用来获取集合元素：SMemers 运行于服务器端，在高并发读取大集合时，容易引起服务器运行性能下降；SScan 可以避免类似问题。

（2）SScan 在读取小规模集合时，比较有效；SScan 由于采用分批迭代从服务器集合里获取指定范围的元素，存在获取过程集合被修改的问题，导致返回值无法提供准确性的保证。另外存在同一个元素被反复返回多次的可能，需要客户端软件进行代码处理。每次迭代，最多返回几十个元素。

2. 集合并、交、差运算操作命令

如表 7.9 所示为集合并、交、差运算操作命令。

读书笔记

表 7.9　集合并、交、差运算操作命令

序号	命令名称	命令功能描述	集合论里对应数学符号	执行时间复杂度
1	SUnion	集合并运算	∪	O(N)
2	SUnionStore	带存储功能集合并运算	∪	O(N)
3	SInter	集合交运算	∩	O(N*M)
4	SInterStore	带存储功能集合交运算	∩	O(N*M)
5	SDiff	集合差集运算	\	O(N)
6	SDiffStore	带存储功能集合差运算	\	O(N)

1）SUnion 命令

语法：SUnion key [key ...]

参数说明：key 为指定集合，允许多集合做并运算。不存在的 key 默认为空集合。

返回值：返回并运算后的所有元素列表。

【例 7.46】SUnion 命令使用实例。

```
r>SAdd Set1 "1" "2" "3" "Banana"
(integer) 4
r>SAdd Set2 "Banana" "Bag" "Bear"
(integer) 3
r>SUnion Set1 Set2
1) "1"
2)"2"
3)"3"
4)"Banana"                          //注意，这里把重复的一个 Banana 给去掉了，也就是
                                      并的结果成员不能重复
5)"Bag"
6)"Bear"
```

2）SUnionStore 命令

语法：SUnionStore destination key [key ...]

参数说明：destination 为存储并运算的结果，也就是生成一个并后的新集合，如果 destination 集合已经存在，会被重写；key 为指定的集合名，允许多集合一起参与并运算。与 SUnion 的区别是，该命令把并运算的结果存储到新的集合中，而非返回并结果。

返回值：返回并运算后的新的集合中的元素个数。

【例 7.47】SUnionStore 命令使用实例。

```
r>Del Set1 Set2                     //删除集合 Set1、Set2，确保是新的集合
(integer) 2
r>SAdd Set1 "1" "2" "3" "Banana"
(integer) 4
r>SAdd Set2 "Banana" "Bag" "Bear"
(integer) 3
r>SUnionStore SetD Set1 Set2
```

```
(integer) 6
r>SMembers SetD
1)"1"
2)"2"
3)"3"
4)"Banana"
5)"Bag"
6)"Bear"
```

3）SInter 命令

语法：SInter key [key ...]

参数说明：key 为指定集合名，允许多集合参与交运算。

返回值：返回所有集合的交运算结果的成员列表。

【例 7.48】SInter 命令使用实例。

```
r>Del Set1 Set2                    //删除集合 Set1、Set2，确保是新的集合
(integer) 2
r>SAdd Set1 "1" "2" "3" "Banana"
(integer) 4
r>SAdd Set2 "Banana" "Bag" "Bear"
(integer) 3
r>SAdd Set3 "Banana" "1" "0"
(integer) 3
r>Sinter Set1 Set2 Set3
1)"Banana"
```

4）SInterStore 命令

语法：SInterStore destination key [key ...]

参数说明：destination 为交运算后存储结果的新集合，如果 destination 集合已经存在，会被重写；key 为指定的集合，允许多集合参与交运算。

返回值：返回结果集合中成员的个数。

【例 7.49】SInterStore 命令使用实例。

```
r>Del Set1 Set2 Set3 SetD      //删除集合 Set1、Set2、Set3、SetD，确保是新的集合
(integer) 4
r>SAdd Set1 "1" "2" "3" "Banana"
(integer) 4
r>SAdd Set2 "Banana" "Bag" "Bear"
(integer) 3
r>SAdd Set3 "Banana" "1" "0"
(integer) 3
r>SinterStore SetD Set1 Set2 Set3
(integer) 1
r>SMembers SetD
1)"Banana"
```

5）SDiff 命令

语法：SDiff key [key ...]

参数说明：key 为指定的集合名，允许多集合参与差运算。key 不存在，默认为空集。

返回值：返回一个集合与给定集合的差集的元素。

【例 7.50】SDiff 命令使用实例。

```
r>Del Set1 Set2                       //删除集合 Set1、Set2，确保是新的集合
(integer) 2
r>SAdd Set1 "1" "2" "3" "Banana"
(integer) 4
r>SAdd Set2 "Banana" "Bag" "Bear"
(integer) 3
r>SDiff Set1 Set2                     //Set1-Set2
1)"1"
2)"2"
3)"3"                                 //把 Set1 里的公共元素"Banana"删除了
```

6）SDiffStore 命令

语法：SDiffStore destination key [key ...]

参数说明：destination 为差运算后存储结果的新集合，如果 destination 集合已经存在，重写该集合成员；key 为集合名，允许多集合参与差运算。

返回值：返回差运算结果集的元素个数。

【例 7.51】SDiffStore 命令使用实例。

```
r>Del Set1 Set2 SetD                  //删除集合 Set1、Set2，SetD 确保是新的集合
(integer) 3
r>SAdd Set1 "1" "2" "3" "Banana"
(integer) 4
r>SAdd Set2 "Banana" "Bag" "Bear"
(integer) 3
r>SDiffStore SetD Set1 Set2           //SetD=Set1-Set2
(integer) 3
r>SMembers SetD
1)"1"
2)"2"
3)"3"
```

7.2.4　散列表命令

从 7.1.4 节和 3.1 节、3.2 节内容可以看出 Redis 的散列表数据存储结构，非常类似文档存储结构，所以可以把 Redis 的散列表看作是基于内存的文档数据存储结构。它比 MongoDB 的处理速度要快，处理功能要强大，但是它的持久性显然没有 MongoDB 可靠。读者们在学习 Redis 知识的同时，应该发挥它的优势，避开它的缺点。散列表的最大特点是实现了键和值（键值对）的一对一的影射关系；其次它的键必须是唯一的，在一个散列表里不能出现重复键；再次它的键是无序的。

读书笔记

1．基本散列表操作命令

基本散列表操作命令如表 7.10 所示。

表 7.10　基本散列表操作命令

序号	命令名称	命令功能描述	执行时间复杂度
1	HSet	给指定的散列表插入一个键值对	O(1)
2	HGet	返回指定散列表指定键的一个值	O(1)
3	HMSet	给指定的散列表插入一个或多个键值对	O(N)
4	HMGet	返回指定散列表指定键的值（允许多键值对操作）	O(N)
5	HGetAll	返回指定散列表的所有键值对	O(N)
6	HExists	返回指定散列表的指定键是否存在的标志（1 或 0）	O(1)
7	HDel	删除散列表中指定的键值对	O(N)

表 7.10 中，H 为 Hash 的缩写，M 为 More 的缩写。

1）HSet 命令

语法：HSet key field value

参数说明：key[①]为指定的散列表名，field 为需要插入的键名，键对应的 value 为需要插入的值。如果指定的 key 不存在，则创建新的散列表；当 field 存在时，其值被重写。

返回值：如果是新插入一个键值对，则返回 1；如果修改键的值，则返回 0；如果指定的 key 不是散列表，则返回错误提示信息。

【例 7.52】HSet 命令使用实例。

```
r>HSet H1 name "Cat1"        //H1 为新建的散列表名，name 为键名，Cat1 为键对应的值
(integer)1                   //1 为创建一个新的键值对
```

2）HGet 命令

语法：HGet key field

参数说明：key 为指定的散列表名，field 为散列表里指定的键名。

返回值：返回指定散列表里指定键的一个值；若指定的散列表或指定的键不存在时，则返回 nil。

【例 7.53】HGet 命令使用实例。

接例 7.52 HSet 代码执行结果，用 HGet 获取散列表指定键的内容。

```
r>HGet H1 name               //一定要确保 H1 是刚刚被执行过的，并且是存在的
"Cat1"
```

① Redis 官网里对不同数据存储结构的 key 的用法和叫法不统一，需要读者仔细区分。

3）HMSet 命令

语法：HMSet key field value [field value ...]

参数说明：key 为指定的散列表名；field 为需要插入的键名，键对应的 value 为需要插入的值，允许多键值对一起插入。如果指定的 key 不存在，则创建新的散列表；当 field 存在时，其值被重写。

返回值：命令执行成功返回 OK，指定的 key 不是散列表时，返回出错信息。

【例 7.54】HMSet 命令使用实例。

```
r>Del H1                                    //删除 H1 散列表
(integer) 1
r>HMSet H1 name "Cat1" sex "男"
OK
```

4）HMGet 命令

语法：HMGet key field [field ...]

参数说明：key 为指定的散列表名；field 为指定的键，允许一次指定多个键。

返回值：返回指定键对应的值的列表；若指定的键不存在，或 Key 指定的散列表不存在，则返回 nil；若指定的 key 为非散列表，则返回出错信息。

【例 7.55】HMGet 命令使用实例。

在例 7.54 HMSet 代码实例的基础上执行如下代码：

```
r>HMGet H1 name sex address                 //要保证 H1 已经存在
1)"Cat1"
2)"男"
3)(nil)
```

5）HGetAll 命令

语法：HGetAll key

参数说明：key 为指定的散列表名。

返回值：返回指定散列的所有键值对的列表；若 key 指定的散列不存在时，则返回 nil；若指定的 key 为非散列表，则返回出错信息。

【例 7.56】HGetAll 命令使用实例。

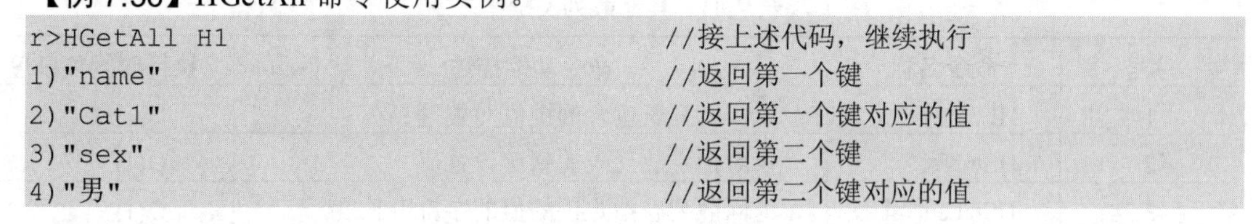

```
r>HGetAll H1                                //接上述代码，继续执行
1)"name"                                    //返回第一个键
2)"Cat1"                                    //返回第一个键对应的值
3)"sex"                                     //返回第二个键
4)"男"                                      //返回第二个键对应的值
```

HGetAll 命令返回的内容大小将为散列表本身大小 2 倍。注意观察上述代码执行的结果，连键带值一起返回了。

读书笔记

6）HExists 命令

语法：HExists key field

参数说明：key 为指定的散列表名，field 为指定的键名。

返回值：若指定的散列表的键存在，则返回 1；若散列表或键不存在，则返回 0；若 key 指定的不是散列表，则返回出错信息。

【例 7.57】HExists 命令使用实例。

```
r>HExists H1 name                    //继续上述代码执行结果，要确保 H1 已经存在
(integer) 1                          //name 键存在
r>HExists H1 phone                   //指定的 phone 键不存在
(integer) 0
```

7）HDel 命令

语法：HDel key field [field ...]

参数说明：key 为指定的散列表名；field 为指定的键名，允许多键名指定。

返回值：返回从散列表中删除的键值对个数，不包括不存在的键值对数；若指定的散列表或键不存在，则返回 0。

【例 7.58】HDel 命令使用实例。

```
r>HMSet H2 BookId "200101" Bookname "《C 语言》" Press "水利水电出版社"
OK
r>HDel H2 Bookid
(integer) 1
r>HMGet H2 Bookname Press
1) "《C 语言》"
2) "水利水电出版社"
r>HDel H2 Bookname Press
(integer) 2
```

2．其他散列表操作命令

其他散列表操作命令如表 7.11 所示。

表 7.11　其他散列表操作命令

序号	命令名称	命令功能描述	执行时间复杂度
1	HLen	返回散列表包含的键值对数量	O(1)
2	HSetNX	仅对指定散列表的新键设置值	O(1)
3	HStrLen	返回散列表指定键的值的字符串长度	O(1)
4	HVals	返回指定散列表中所有键的值	O(N)
5	HIncrBy	对散列表指定键的整型值进行增量操作	O(1)
6	HIncrByFloat	对散列表指定键的浮点型值进行增量操作	O(1)
7	HKeys	返回指定散列表的所有键名	O(N)
8	HScan	增量迭代式返回散列表中的指定键值对	O(1)- O(N)

读书笔记

1）HLen 命令

语法：HLen key

参数说明：key 为指定的散列表名。

返回值：返回散列表中键值对的数量；当散列表不存在时，返回 0；当指定的不是散列表时，返回出错信息提示。

【例 7.59】HLen 命令使用实例。

```
r>HMSet H3 title "新闻头条" id "1010"
OK
r>HLen H3
(integer) 2
```

2）HSetNX 命令

语法：HSetNX key field value

参数说明：key 为指定的散列表名，field 为指定的新键，value 为新键对应的值。

返回值：如果新建键值对成功，则返回 1；如果已经存在该建，则返回 0；当指定的不是散列表时，返回出错信息提示。

【例 7.60】HSetNX 命令使用实例。

```
r>HSetNX H4  Address "中国上海"
(integer) 1
r> HSetNX H4  Address "中国天津"
(integer) 0
r>HGet H4 Address
"中国上海"
```

3）HStrLen 命令

语法：HStrLen key field

参数说明：key 为指定的散列表名；field 为指定的键名。

返回值：返回散列表指定键的值的字符串长度，若散列表或键不存在，则返回 0；若指定的不是散列表，则返回出错信息提示。

【例 7.61】HStrLen 命令使用实例。

```
r>HStrLen H4 Address                //在例 7.60 代码的执行结果上进行，要确保 H4 已经存在
(integer) 8                         //一个汉字两个字节
```

4）HVals 命令

语法：HVals key

参数说明：key 为指定的散列表名。

返回值：返回指定散列表里所有键值的列表；当 key 指定的散列表不存在时，返回空列表；当指定的不是散列表时，返回出错信息提示。

【例 7.62】HVals 命令使用实例。

```
r>HMSet H5 first "LI" next "ming"
OK
```

```
r>HVals H5
1)"Li"
2)"ming"
```

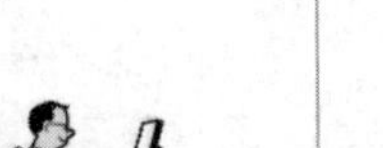

5）HIncrBy 命令

语法：HIncrBy key field increment

参数说明：key 为指定的散列表名，field 为指定的键名，increment 为增量。若指定的散列表或键不存在，则先建立散列表或键，并给值赋予 0，然后做增量操作。

返回值：返回增量操作后该键的新值。

【例 7.63】HIncrBy 命令使用实例。

```
r>HSet Goods amount 1
(integer) 1
r>HIncrBy Goods amount 5
(integer) 6
r>HIncrBy Goods amount -1
(integer) 5
r>HIncrBy Goods price 10        //新增加了一个键值对，值初始值为 0
(integer) 10
```

6）HIncrByFloat 命令

语法：HIncrByFloat key field increment

参数说明：key 为指定的散列表名，field 为指定的键名，increment 为增量。若指定的散列表或键不存在，则先建立散列表或键，并给值赋予 0，然后做增量操作。与 HIncrBy 命令的主要区别是，该命令对浮点数进行增量操作，而 HIncrBy 命令对整数进行增量操作。

返回值：返回键指定的值增量后的结果数；若指定的不是散列表或键对应的值不能解析为浮点数时，则返回出错提示信息。

【例 7.64】HIncrByFloa 命令使用实例。

```
r>HSet H6 price "10.5"          //带小数的数值为浮点数
(integer) 1
r>HIncrByFloat H6 price "0.2"
"10.7"
r>HIncrByFloat H6 amount "0.8"
"0.8"
```

7）HKeys 命令

语法：HKeys key

参数说明：key 为指定的散列表名。

返回值：返回指定散列表的所有键名列表；当指定的散列表不存在时，返回空列表；当指定的不是散列表时，返回出错信息提示。

【例 7.65】HKeys 命令使用实例。

```
r>HKeys H6                      //在上述代码执行的结果上继续，要确保 H6 已经存在
1)"price"
2)"amount"
```

8）HScan 命令

语法：HScan key cursor [MATCH pattern] [COUNT count]

参数说明：同 7.2.3 节的 SScan 命令。

返回值：分次返回指定符合条件的散列表里的键值对。

代码实例：略。

7.2.5　有序集合命令

有序集合与散列表数据存储结构类似，都采用一对一影射关系的键值对实现对数据的管理。不同之处是有序集合键（又叫成员 Member）所对应的值只能是浮点数，因此有序集合的键所对应的值又叫分值（Score），而且对该值按照由低到高的顺序进行排序，如图 7.15 所示。有序集合的使用场景为需要排序的各种浮点数值，如对文章按照分数多少进行排名，也可以根据时间的先后顺序进行排名；可以对游戏建立排行榜等。有序集合由于采用排序方法，因此对有序集合的操作速度会明显快于散列表。

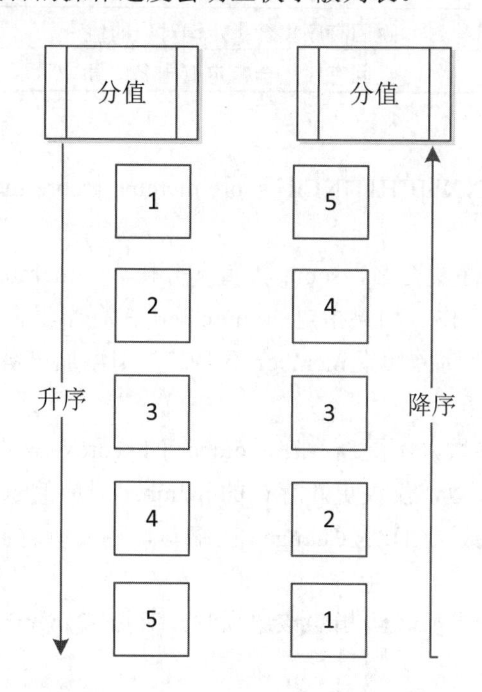

图 7.15　有序集合的顺序与倒序示意图

（1）有序集合的键必须唯一，值允许相同。

（2）有序集合的分值，默认排序方式是顺序排序方式，也就是从低分值往高分值递增排序。

（3）按照分值大小进行顺序排序是有序集合的第一排序条件，在分值相同的情况下，对键（成员）字符串，按照二进制大小进行顺序排序（Lexical Order，又叫词典排序）。（可以参考 ASCII 码表）。

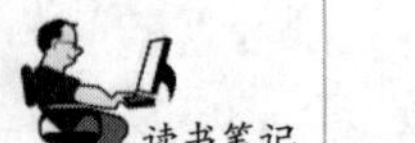

1．基本的有序集合操作命令

基本的有序集合操作命令如表 7.12 所示。

表 7.12　基本的有序集合操作命令

序号	命令名称	命令功能描述	执行时间复杂度
1	ZAdd	有序集合增加键值对	O(log(N))
2	ZRange	返回指定范围有序集合的键或键值对	O(log(N)+M)
3	ZCount	返回有序集合指定值范围的个数	O(log(N))
4	ZRem	删除有序集合指定键值对	O(M*log(N))
5	ZCard	返回有序集合键值对个数	O(1)
6	ZIncrBy	对有序集合指定键的值进行增量操作	O(log(N))
7	ZLexCount	返回有序集合指定键范围的个数	O(N)
8	ZScore	返回有序集合指定键对应的值	O(1)
9	ZRank	返回有序集合指定值排名位号	O(log(N))

1）ZAdd 命令

语法：ZAdd key [NX|XX] [CH] [INCR] score member [score member ...]

参数说明：

（1）key 为指定的有序集合名，score 为值（分值），member 为对应的键（成员）；该命令允许多键值对添加操作。如果指定的 member 在有序集合里已经存在，则修改对应的 score，并对 score 重新排序；如果 member 不存在，则添加该键值对。如果指定的 key 不存在，则创建新的有序集合。

（2）[NX]附加可选参数，不更新存在 member 的 score，只添加新增键值对。

（3）[XX]附加可选参数，仅仅更新存在的 member 对应的 score，不新增键值对。

（4）[CH]附加可选参数，CH 是 Changed 的缩写，返回所有值被修改的键值对总数（包括新增键值对）。

（5）[INCR]附加可选参数，当指定该选项时，对指定 member 的 score 进行递增 1 操作，等同于 ZIncrBy 命令。

返回值：在没有附加可选参数的情况下，该命令只返回新增加的键值对数量；在加 CH 参数情况下，返回所有变化的键值对数量。

【例 7.66】ZAdd 命令使用实例。

```
r> ZAdd SSet1 1 "Game1" 1 "Game2" 2 "Game3" 3 "Game4"
(integer) 4                                  //新建一个包含 4 个键值对的有序集合
```

上述代码的有序集合 SSet1 执行结果，见下面的 ZRange 命令。

Redis 有序集合的分值使用双精度 64 位浮点数。它能包括的整数范围是-9007199254740992 到 9007199254740992。更大的整数在内部用指数形式表示，但是是近似的十进制数。

读书笔记

2）ZRange 命令

语法：ZRange key start stop [WITHSCORES]

参数说明：key 为指定的有序集合名，start 为有序集合分值从低往高的第一个分值的下标位置，初始第一个下标位置为 0，第二个为 1，第三个为 4，依此类推；stop 为结束下标位置。start 和 stop 的下标位置也可以用负数表示，-1 表示分值最高的下标位置，-2 表示分值次高的下标位置，依此类推。如果 stop 大于有序集合的最大下标位置数，则 redis 会默认 stop 取该有序集合的最大下标位置数。

返回值：返回指定范围的键列表；如果 start 超出有序集合的最大下标位置数或 start>stop，则返回一个空列表；选择 WITHSCORES 选项，则返回键值对列表。

【例 7.67】ZRange 命令使用实例。

```
r>ZRange SSet1 0 -1                  //在例 7.66 的基础上执行，要确保 SSet1 存在
1)"Game1"
2)"Game2"
3)"Game3"
4)"Game4"
```

3）ZCount 命令

语法：ZCount key min max

参数说明：key 为指定的有序集合名。min 和 max 为指定范围的 score：（1）准确指定参数闭区间范围，如 min≤score≤max，代表 4≤score≤10；(2)也可以在参数前指定“(”代表小于符号、“)”代表大于符号，如(5Score(10,代表 5<score<10；（3）min 和 max 可以是-inf 和+inf，-inf 代表无限小（Infinitely small）；+inf 代表无限大（Infinitely big）。如-inf score +inf 代表−∞ score −∞ 。该方法适合在无法指定 min、max 确切值的情况下使用。

返回值：返回指定分值范围的键值对个数，当指定的 key 为非有序集合时，返回出错信息。

【例 7.68】ZCount 命令使用实例。

```
r>ZCount SSet1 -inf +inf             //在例 7.67 代码执行的基础上继续进行，要确保
                                       SSet1 存在
(integer) 4
r>ZCount SSet1 (1 3                  //1<Score<=3
(integer) 2
```

4）ZRem 命令

语法：ZRem key member [member ...]

参数说明：key 为指定的有序集合名；member 为指定的需要删除的键名，允许多键指定。

返回值：返回删除的键值对个数（不包括不存在的 member）；当指定的 key 为非有序集合时，返回出错信息。

【例 7.69】ZRem 命令使用实例。

```
r>ZRem SSet1 "Game1" "Game4"        //在例 7.66 基础上执行，要确保 SSet1 存在
(integer) 2
r>ZRange SSet1 0 -1 withScores
1)"Game2"
2)"1"
3)"Game3"
4)"2"
```

5）ZCard 命令

语法：ZCard key

参数说明：key 为指定的有序集合名。

返回值：返回有序集合的键值对个数；若 key 不存在，则返回 0。

【例 7.70】ZCard 命令使用实例。

```
r>ZCard SSet1                       //在例 7.69 的代码执行的基础上继续执行，要确保
                                      SSet1 存在
(integer) 2                         //还剩余 Game2 1、Game3 2 两个键值对
```

6）ZIncrBy 命令

语法：ZIncrBy key increment member

参数说明：key 为指定的有序集合名；increment 为指定键的值进行增量，该增量为整数或浮点数；member 为需要进行增量操作的键。如果 member 不存在，则创建 member，并给对应的值先赋 0.0，再做增量操作。

返回值：返回指定 member 对应做增量操作后的新值；若 key 指定的为非有序集合，则返回出错信息。

【例 7.71】ZIncrBy 命令使用实例。

```
r>ZIncrBy SSet1 2 "Game2"
"3"
r>ZRange SSet1 0 -1 WithScores
1)"Game3"
2)"2"
3)"Game2"
4)"3"                                //注意，值从 1 变成了 3，而且排序调整了
```

7）ZLexCount 命令

语法：ZLexCount key min max

参数说明：key 为指定的有序集合名；min 和 max 为指定键范围的下限值和上限值，它们与有序集合的键进行比较时，采用二进制值比较法（可以参考 ASCII 码表）。采用 min 和 max 参数时，必须以“[”“(”开头，或“-”“+”代表。

（1）“[”代表闭区间的范围，也就是包含 min 和 max 本身。

（2）“(”代表小于符号，也就是不包含 min 和 max 本身。

（3）“-”代表二进制值最小的键，“+”代表代表二进制值最大的键，“-”“+”一起使用，就是统计有序集合的全部键值对。

返回值：返回有序集合 min 和 max 之间的键值对数量。min 和 max 若放反位置了，则返回 0；若 key 指定的为非有序集合，则返回出错信息。

【例 7.72】ZLexCount 命令使用实例。

```
r> ZAdd ZSet1 1 "a" 2 "b" 3 "c" 4 "d" 5 "e" 6 "f"
(integer)6
r>ZLexCount ZSet1 [b [d             //b≤Member≤d，它们进行的是二进制值比较
(integer)3
```

8）ZScore 命令

语法：ZScore key member

参数说明：key 为指定的有序集合名；member 为指定的键。

返回值：返回指定 member 对应的值；若指定的 key 或 member 不存在，则返回 nil。

【例 7.73】ZScore 命令使用实例。

```
r>ZScore ZSet1 "c"                  //在例 7.72 代码执行的基础上继续进行，要确保
                                      ZSet1 已经存在
"3.0"
```

9）ZRank 命令

语法：ZRank key member

参数说明：key 为指定的有序集合名；member 为指定的键。

返回值：返回指定 member 在有序集合中的排名数(根据分值排序)；若指定的 member 不存在，则返回 nil。

【例 7.74】ZRank 命令使用实例。

```
r>ZRank ZSet1 "c"                   //在上述 7）代码执行的基础上继续进行，要确保
                                      ZSet1 已经存在
(integer) 2                         //排名也是从下标 0 开始，c 排第三个，下标为 2
r>ZRank ZSet1 "g"                   //g 不存在
(nil)
```

2．其他有序集合操作命令

表 7.13 所示为其他有序集合操作命令。

表 7.13　其他有序集合操作命令

序号	命令名称	命令功能描述	执行时间复杂度
1	ZUnionStore	带存储功能的多有序集合并运算	O(N)+O(M log(M))
2	ZinterStore	带存储功能的多有序集合交运算	O(N*K)+O(M*log(M))
3	ZremRangeByLex	在同值情况下，删除指定范围的键值对	O(log(N)+M)
4	ZrangeByLex	在同值情况下，返回指定范围的键的列表	O(log(N)+M)
5	ZrangeByScore	返回指定范围有序集的键或键值对列表	O(log(N)+M)
6	ZremRangeByScore	删除指定值大小范围的键值对	O(log(N)+M)
7	ZremRangeByRank	删除指定值下标范围的键值对	O(log(N)+M)
8	ZrevRange	返回指定值下标范围的固定排序键值对列表	O(log(N)+M)
9	ZrevRangeByLex	在同值情况下，返回指定键范围倒排序键列表	O(log(N)+M)
10	ZrevRangeByScore	返回指定值大小范围的固定排序键或键值对列表	O(log(N)+M)
11	ZrevRank	返回指定键在有序集合里的排名位数	O(log(N))
12	ZScan	增量迭代式返回有序集合中的键值对列表	O(1)- O(N)

Rev 为 Reverse order 的缩略方式，中文为相反的排序。

1）ZUnionStore 命令

语法：ZUnionStore destination numkeys key [key ...] [WEIGHTS weight] [SUM|MIN|MAX]

参数说明：destination 为存放多个有序集合并运算结果的有序集合，若 destination 已经存在，则覆盖原先内容；numkeys 为参与并运算的有序集合的个数；key 为参与并运算的有序集合，key 数量要与 numkeys 保持一致；可选参数 WEIGHTS，可以为每个 key 指定一个乘法因子，用于该命令在进行聚合运算之前，每个 key 里参与运算的 score 先跟该因子相乘，如果没有指定该选项，则默认值为 1。

Redis 官网里给出的[WEIGHTS weight]看上去似乎只能指定一个 weight（乘法因子），在实际使用该参数应该这样理解：

（1）没有该参数时，参与运算的所有有序集合的乘法因子都默认为 1。

（2）当使用该参数时，必须按照顺序指定所有参与运算的有序集合的乘法因子，如有 3 个有序集合参与运算(Key1 ,Key2 ,Key3)，那么就应该这样指定该参数 WEIGHTS 2 3 4：Key1 的乘法因子为 2，Key2 的乘法因子为 3，Key3 的乘法因子为 4。

该命令执行过程为先为参与运算的所有有序集合的 Score 乘以 weight 因子，然后根据并运算，对每个 member 的所有 score 进行聚合运算。该命令的集合运算方式可以通过以下几个可选参数来实现：

（1）SUM：把确定 member 的所有 score 进行累加，作为某 member 的新分值。

（2）MIN：把确定 member 的所有 score 取最小值，作为某 member 的新分值。

（3）MAX：把确定 member 的所有 score 取最大值，作为某 member 的新分值。

返回值：返回并运算结果有序集合 destination 中键值对个数。

【例 7.75】ZUnionStore 命令使用实例。

```
r>ZAdd ZSet2 1 "Book1" 2 "Book2" 3 "Book3"
(integer) 3
r>ZAdd ZSet3 2 "Book1" 2 "Book2" 4 "Book4"
(integer) 3
r>ZUnionStore ZEnd0 2 ZSet2 ZSet3 WEIGHTS 1 2      //默认 SUM
(integer) 4
r>ZRange ZEnd0 0 -1 WithScores
1)"Book3"
2)"3"                                              //Book3=3*1=3
3)"Book1"
4)"5"                                              //Book1=1*1+2*2=5
5)"Book2"
6)"6"                                              //Book2=2*1+2*2=6
7)"Book4"
8)"8"                                              //Book4=4*2=8
```

2）ZInterStore 命令

语法：ZInterStore destination numkeys key [key ...] [WEIGHTS weight] [SUM|MIN|MAX]

参数说明：该命令所有的参数使用方法同 ZUnionStore 命令。

返回值：返回交运算结果有序集合 Destination 中键值对个数。

【例 7.76】ZInterStore 命令使用实例。

```
r>ZInterStore IEnd0 ZSet2 ZSet3 WEIGHTS 1 2        //默认 SUM。在 1）代码执行基
                                                     础上进行，要确保 ZSet2、
                                                     ZSet3 存在
(integer) 2
r> ZRange IEnd0 0 -1 WithScores
1)"Book1"
2)"5"                                              //Book1=1*1+2*2=5
3)"Book2"
4)"6"                                              //Book2=2*1+2*2=6
```

读书笔记

读书笔记

3）ZRemRangeByLex 命令

语法：ZRemRangeByLex key min max

参数说明：key 为指定的有序集合名；min 和 max 为指定键范围的下限值和上限值，它们与有序集合的键进行比较时，采用二进制值比较法（可以参考 ASCII 码表）。采用 min 和 max 参数时，必须以“[”“(”开头，或“-”“+”代表。

（1）“[”代表闭区间的范围，也就是包含 min 和 max 本身；

（2）“(”代表小于符号，也就是不包含 min 和 max 本身；

（3）“-”代表二进制值最小的键，“+”代表代表二进制值最大的键，“-”“+”一起使用，就是统计有序集合的全部键值对。

返回值：返回删除键值对个数；min 和 max 若放反位置了，则返回 0；若 key 指定的为非有序集合，则返回出错信息。

【例 7.77】ZRemRangeByLex 命令使用实例。

```
r>ZAdd ZDel 0 "Bag" 0 "Bed" 0 "Bear"
(integer) 3
r>ZRemRangeByLex ZDel - +                //要确保在 score 都一样时，使用该命令
(integer) 3                              //删除 ZDel 的所有键值对
```

必须在 score 都一样的情况下，使用该命令；当 score 不一样时，删除结果会不正常。

4）ZRangeByLex 命令

语法：ZRangeByLex key min max [LIMIT offset count]

参数说明：key 为指定有序集合名；min 为二进制值 member 比较中的下限值，max 为二进制值 member 比较中的上限值，min 和 max 的“[”“(”“-”“+”用法同 ZRemRangeByLex 命令对应参数的用法。可选参数 LIMIT 同 offset、count 一起使用。指定 LIMIT 将对该命令执行结果进行分页处理，分页起始位置由 offset 指定，分页内显示数量由 count 指定。

返回值：返回指定键范围的键列表。

【例 7.78】ZRangeByLex 命令使用实例。

```
r> ZAdd ZDel 0 "Bag" 0 "Bed" 0 "Bear" 0 "apple" 0 "and" 0 "ant"
(integer) 6
r>ZRangeByLex ZDel - +
1)"and"
2)"ant"
3)"apple"
4)"Bag"
5)"Bear"
6)"Bed"
```

注意观察上述代码的执行结果，在分值都为 0 的情况下，键排序是根据二进制值的大小从小到大进行的，关于每个字母的二进制值见对应的 ASCII 码表。在上述代码的基础上继续进行分页操作：

```
r>ZRangeByLex ZDel - + Limit 0 3                    //第一页三条记录
1)"and"
2)"ant"
3)"apple"
r>ZRangeByLex ZDel - + Limit 3 3                    //第二页三条记录
1)"Bag"
2)"Bear"
3)"Bed"
```

必须在 score 都一样的情况下，使用该命令；当 score 不一样时，返回结果会不正常。

5）ZRangeByScore 命令

语法：ZRangeByScore key min max [WITHSCORES] [LIMIT offset count]

参数说明：key 为指定有序集合名；min 为 score 检索的下限值，max 为 score 检索的上限值。min 和 max 也可以在参数前加“(”（小于）符号，或用-inf 和+inf 代表无限小和无限大。可选参数 WITHSCORES 指定后，会返回键值对。可选参数 LIMIT 同 offset、count 一起使用，使用方法同 ZRangeByLex 里对应的参数。

返回值：返回指定分值范围的键或键值对列表。

【例 7.79】 ZRangeByScore 命令使用实例。

```
r>ZAdd ZGet 1 "Bag" 2 "Bed" 3 "Bear" 4 "apple" 5 "and" 6 "ant"
(integer) 6
r>ZRangeByScore ZGet -inf +inf
1)"Bag"
2)"Bed"
3)"Bear"
4)"apple"
5)"and"
6)"ant"
```

根据上述代码执行的结果，可以看出 ZRangeByScore 是根据 score 升序排行来显示对应的 member 的。而这里不要求 score 必须一样。这是 ZRangeByScore 和 ZRangeByLex 的主要区别。

6）ZRemRangeByScore 命令

语法：ZRemRangeByScore key min max

参数说明：key 为指定有序集合名；min 和 max 为指定分值的下限值和上限值，可以使用“(”、-inf 和+inf 符号。该命令的参数使用方法同 ZRangeByScore 命令。

返回值：返回删除键值对个数。

读书笔记

【例 7.80】ZRemRangeByScore 命令使用实例。

```
r>ZRemRangeByScore ZGet (3 +inf          //在例 7.79 代码执行的基础上继续，要确保
                                           ZGet 存在
(integer) 3
r>ZRange ZGet 0 -1 WithScores
1)"Bag"
2)"1.0"
3)"Bed"
4)"2.0"
5)"Bear"
6)"3.0"
```

7）ZRemRangeByRank 命令

语法：ZRemRangeByRank key start stop

参数说明：key 为指定有序集合名；start 和 stop 都为以 score 排序基础上的 member 的下标位置，start 为开始下标位置，stop 为结束下标位置，可以从 0、1 开始类推，0 代表 score 最小的数的下标；若以负数表示从-1、-2 开始类推，-1 代表 score 最大的下标。

返回值：返回被删除的键值对个数。

【例 7.81】ZRemRangeByRank 命令使用实例。

```
r>ZRemRangeByRank ZGet 0 1               //在例 7.80 代码执行的基础上进行，要确保
                                           ZGet 存在
 (integer) 2
r>ZRange ZGet 0 -1 WithScores
1)"Bear"
2)"3.0"
```

8）ZRevRange 命令

语法：ZRevRange key start stop [WITHSCORES]

参数说明：key、start、stop 使用同 7）、WITHSCORES 使用同 5）。

返回值：返回指定分值下标范围的键或键值对列表。

【例 7.82】ZRevRange 命令使用实例。

```
r> ZAdd ZGetRev 1 "Bag" 2 "Bed" 3 "Bear" 4 "apple" 5 "and" 6 "ant"
(integer) 6
r>ZRevRange ZGetRev 0 -1
1)"ant"
2)"and"
3)"apple"
4)"Bear"
5)"Bed"
6)"Bag"
```

这里的命令执行结果返回的是分值降序排列的，读者应该同 5）里的返回结果进行仔细对比，“ant”的分值为6，“and”的分值为5。ZRevRange 与 ZRange 的唯一区别，前者返回结果是倒序排列，后者是升序排列。

读书笔记

说明

（1）有序集合里带 rev 英文缩略字母的，都为 score 倒序排序；在 score 相同的情况下，member 按倒序排序。

（2）读者应该可以发现，存储在 ZGetRev 中的键值对还是按照默认的 score 顺序排列的。只不过 ZRevRange 在返回键的同时，给键值对按照倒序规则进行了重新排序。

9）ZRevRangeByLex 命令

语法：ZRevRangeByLex key max min [LIMIT offset count]

参数说明：key 为指定有序集合名；min 为二进制值 member 比较中的下限值，max 为二进制值 member 比较中的上限值，min 和 max 的“[”“(”“-”“+”用法同 ZRangeByLex 命令对应参数的用法。可选参数 LIMIT 同 offset、count 一起使用，指定 LIMIT 将对该命令执行结果进行分页处理，分页起始位置由 offset 指定，分页内显示数量由 count 指定。

返回值：返回指定键范围的键列表。

【例 7.83】ZRevRangeByLex 命令使用实例。

```
r> ZAdd ZRev1 0 "Bag" 0 "Bed" 0 "Bear" 0 "apple" 0 "and" 0 "ant"
(integer) 6
r>ZRevRangeByLex ZRev1 + -
1)"Bed"
2)"Bear"
3)"Bag"
4)"apple"
5)"ant"
6)"and"
```

代码执行结果可以与 4）的代码执行结果进行仔细比较。ZRevRangeByLex 与 ZRangeByLex 的唯一区别是返回的结果一个是倒序排列一个是顺序排列。

注意

必须在 score 都一样的情况下，使用该命令；当 score 不一样时，返回结果会不正常。

10）ZRevRangeByScore 命令

语法：ZRevRangeByScore key max min [WITHSCORES] [LIMIT offset count]

参数说明：key 为指定有序集合名；min 为 score 检索的下限值，max 为 score 检索的上限值。min 和 max 也可以在参数前加“(”（小于）符号，或用-inf 和+inf 代表无限小和无限大。可选参数 WITHSCORES 指定后，会返回键值对。可选参数 LIMIT 同 offset、count 一起使用，使用方法同 ZRangeByLex 里对应的参数。

返回值：返回指定分值范围的键或键值对列表。

【例 7.84】ZRevRangeByScore 命令使用实例。

```
r> ZAdd ZGetRev 1 "Bag" 2 "Bed" 3 "Bear" 4 "apple" 5 "and" 6 "ant"
(integer) 6
r>ZRevRangeByScore - +
1)"ant"
2)"and"
3)"apple"
4)"Bear"
5)"Bed"
6)"Bag"
```

代码执行结果可以与 5）的代码执行结果进行仔细比较。ZRevRangeByScore 与 ZRangeByScore 的唯一区别是返回的结果一个是降序排列一个是升序排列。

11）ZRevRank 命令

语法：ZRevRank key member

参数说明：key 为指定的有序集合名；member 为指定的键。

返回值：返回指定 member 在有序集合中的排名数（根据分值倒序排序）；如果指定的 member 不存在，则返回 nil。

【例 7.85】ZRevRank 命令使用实例。

```
r> ZAdd ZSetRev 1 "a" 2 "b" 3 "c" 4 "d" 5 "e" 6 "f"
(integer)6
r>ZRevRank ZSetRev "c"
(integer)3
```

12）ZScan 命令

语法：key cursor [MATCH pattern] [COUNT count]

参数说明：同 7.2.3 节里的 SScan 命令。

返回值：分批次返回游标指定的有序集合内容。

代码实例，略。

7.2.6 发布订阅命令

为了灵活发布或获取消息，人们发明了发布订阅模式来处理消息，其基本原理示意如图 7.16 所示。由发布者发布信息，存储到指定的频道上，然后，订阅者根据自己订阅的频道接收信息。从图中可以看出，发布者可以对一个频道发布信息，也可以对几个频道发布信息；订阅者可以对一个频道接收信息，也可以接收几个频道的信息，未指定的频道不接收信息。发布订阅命令的应用场景为各种即时通信应用，如网络聊天室、实时广播、实时提醒等；如博客里的订阅信息，假设读者订阅了某作者的文章，那么该作者发布新文章时，读者会及时收到新文章的发布消息。

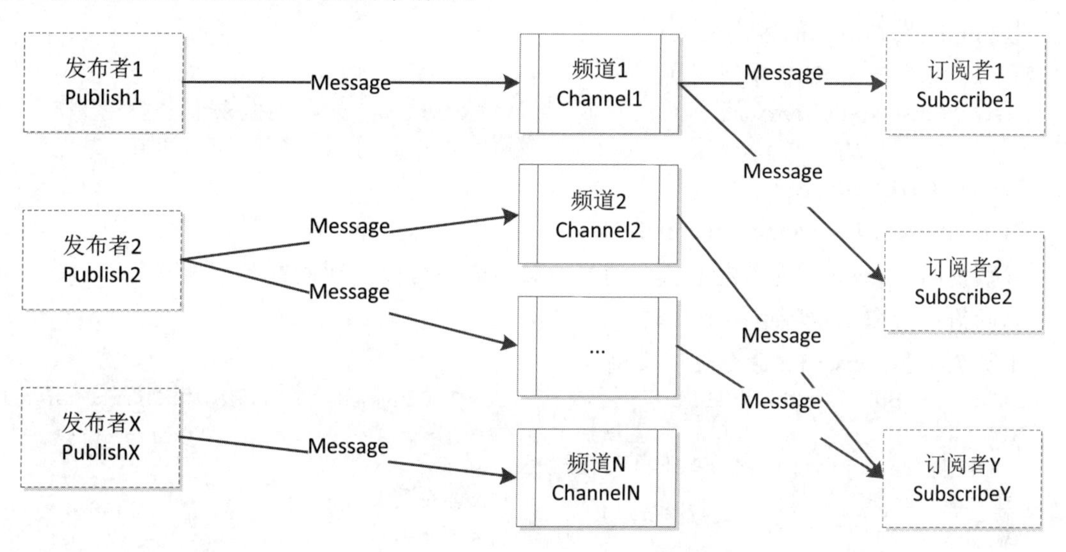

图 7.16　发布/订阅基本原理示意图

发布订阅操作命令如表 7.14 所示。

表 7.14　发布订阅操作命令

序号	命令名称	命令功能描述	执行时间复杂度
1	Publish	发布信息到指定的频道	O(N+M)
2	Subscribe	订阅指定频道的信息	O(N)
3	PSubscribe	订阅指定模式的频道信息	O(N)
4	PunSubscribe	退订指定模式，并返回相关信息	O(N+M)
5	UnSubscribe	退订指定频道的信息	O(N)
6	PubSub	统计 Pub/Sub 子系统状态的数量	O(N)

Publish 和 Subscribe 命令的缺点是，客户端一方一下线，下线后发布的信息无法继续接收。也就是一部分信息将被丢失，因为这些命令都是基于内存运行，没有把信息先保存到磁盘上。

1）Publish 命令

语法：Publish channel message

参数说明：channel 为建立的频道名，也可以把它看作键名；message 为需要发送的信息，也可以看作值，该值为字符串类型。在服务器端，频道内部自行产生存储频道名、消息及连接客户端地址特定数据结构（也叫字典），应用程序开发员无需关心该数据结构的生成，Redis 自动生成。

返回值：收到消息的客户端数量。

【例 7.86】Publish 命令使用实例。

```
r>Publish ChatChannel1 "在家么？"    //往指定的 ChatChannel1 频道发送一条消息
(integer) 1                          //假设已经有一个订阅者建立了该通道
```

2）Subscribe 命令

语法：Subscribe channel [channel ...]

参数说明：channel 为指定的获取消息的频道名，可以一次设置多个频道名。

返回值：读取指定频道的消息列表。

【例 7.87】Subscribe 命令使用实例。

```
r>Subscribe ChatChannel1             //在例 7.86 的基础上执行，要确保 ChartChannel1
                                       存在
Reading messages…(press Ctrl-C to quit)
1)"subscribe"                        //订阅命令反馈
2)"ChatChannel1"                     //订阅的频道名
3) (integer) 1                       //目前客户端已订阅频道/模式的数量
1)"message"                          //订阅信息标志
2)"ChatChannel1"                     //发送信息的频道
3) "在家么？"                        //接收信息内容
```

订阅命令返回的结果分两部分：第一部分为“1)subscribe”，“3)(integer)1”结束，是订阅设置的相关信息；第二部分为“1)"message"”，“3)"在家么？"”结束，是订阅指定频道收到的消息。该命令可以实现多频道的信息接收，在多频道情况下，接收到多个消息，返回的第一部分包括了多频道的设置相关信息，第二部分为多频道发过来的消息相关内容。一旦客户端调用 Subscribe 命令，并进入订阅状态，客户端只能接受订阅相关的命令，其他命令被禁止执行。这里的订阅相关命令包括了 Subscribe、PSubscribe、PunSubscribe 和 UnSubscribe。

3）PSubscribe 命令

语法：PSubscribe pattern [pattern ...]

参数说明：pattern 为指定的订阅模式，允许多模式指定。

这里的模式包括了：

（1）?，如设置 pattern 为 w?，则返回的消息为 we、wo、wa、w1、w2 等。也就是第一个字母必须为 w，第二个可以是任何可以输入的其他字符。

（2）*，如设置 pattern 为 w*，则返回的消息为 we、want、wove、w123322 等。也就是第一个字母必须为 w，第二个开始可以是任何可以输入的其他字符。

（3）[]，如设置 pattern 为 w[2e]are，则返回的消息为 weare、w2are。也就是第一个字母必须为 w，第二字母为[]里的任意一个字母。

返回值：返回指定模式的消息列表。

读书笔记

【例 7.88】PSubscribe 命令使用实例。

```
r>PSubscribe w?
Reading message…(press Ctrl-C to quit)
1)" psubscribe"
2)"w?"
3) (integer) 1
1)"pmessage"
2)"w?"                              //匹配模式
3)"Channel2"                        //消息来源频道名
4)"We"                              //消息内容
```

4）PunSubscribe 命令

语法：PunSubscribe [pattern [pattern ...]]

参数说明：pattern 为指定的订阅模式，允许多模式指定。使用方法同 PSubscribe 命令对应的参数。如果执行该命令，则取消客户端指定的订阅模式；如果没有在该命令上指定取消模式，则取消该客户端所有的订阅模式，在这种情况下，将向客户端发送每个没有订阅模式的消息。

返回值：返回取消模式的消息列表；存在其他返回情况。

【例 7.89】PunSubscribe 命令使用实例。

```
r>PunSubscribe w?
Reading message…(press Ctrl-C to quit)
1)"punsubscribe"
2)"w?"
3(integer)1                         //一个模式被取消
```

5）UnSubscribe 命令

语法：UnSubscribe [channel [channel ...]]

参数说明：channel 为指定需要退订的频道，允许多个指定。当没有指定取消频道时，则取消所有订阅的频道，在这种情况下，每个未订阅频道的消息将发送给客户端。

返回值：当去取消某指定的频道后，将返回取消消息列表；存在其他返回结果。

【例 7.90】UnSubscribe 命令使用实例。

```
r>UnSubscribe ChatChannel1          //在 1）基础上执行，要确保 ChatChannel1 存在
1)"unsubscribe"
2)"ChatChannel1"
3)(integer) 1                       //1 为退订成功，0 为退订失败
```

6）PubSub 命令

语法：PubSub subcommand [argument [argument ...]]

参数说明：subcommand 为子命令，这里包括了 Channels、NumSub、NumPat，

argument 为子命令对应的参数。

（1）PubSub Channels [pattern]，列出当前活动的频道，活动频道指具有一个或多个订阅者的频道。如果没有 pattern，则列出所有通道；反之，列出与指定模式匹配的通道。

返回活动频道的列表及相关匹配模式。

（2）PubSub NumSub [channel_1, …, channel_N]，返回指定频道的订阅者数量。返回的格式是频道名、计数，频道名、计数，频道名、计数……；在没有指定通道的情况下，返回一个空列表。

（3）PubSub NumPat，返回指定模式的订阅数量（使用 PSubscribe 命令执行的结果）。这里是所有客户端订阅的模式总数。

返回值：略。

PubSub 都为服务器端发布订阅信息的统计。

7.2.7 连接命令

连接服务器端 Redis 数据库的基本操作命令如表 7.15 所示。

表 7.15 连接服务器端 Redis 数据库的基本操作命令

序号	命令名称	命令功能描述	执行时间复杂度
1	Auth	验证服务器命令	略
2	Echo	回显输入的字符串	略
3	Ping	Ping 服务器	略
4	Quit	关闭客户端跟服务器端 Redis 的连接	略
5	Select	选择新数据库	略

1）Auth 命令

语法：Auth password

参数说明：password 为 Redis 数据库登录认证密码。如果数据库管理员已经在/etc/redis.conf配置文件的#requirepass foobared 参数选项上设置了密码，则客户端登录 Redis 数据库服务器时，先要求通过 Auth 命令，输入与配置里一样的密码，才能进行客户端命令操作。

返回值：如果该命令的密码跟配置文件里的密码一致，则返回 OK；否则返回错误码。

【例 7.91】Auth 命令使用实例。

```
r>Auth ErrorRedis                  //假设 ErrorRedis 为错误密码
```

```
(error) ERR invalid password
r>Auth touchRedis                 //假设配置文件参数 requirepass touchRedis
OK
```

为了防止通过快速轮询实现对 Redis 数据库的暴力解密，密码设置必须足够复杂，在生产环境下最好对密码加密，防止被攻击。

读书笔记

2）Echo 命令

语法：Echo message

参数说明：message 为输入的字符串。

返回值：在客户端直接返回输入的字符串。

【例 7.92】Echo 命令使用实例。

```
r>Echo "See me!"
"See me!"                              //该命令只是返回输入的内容，客户端测试功能
```

3）Ping 命令

语法：Ping [字符串]

参数说明：没有参数时，返回 PONG，否则连字符串一起返回。这个命令用于测试客户端跟服务器端 Redis 之间的连接是否可用，或者用来测试一个连接的延时情况。

返回值：连接正常返回 PONG，带参数时返回 PONG 字符串；如果客户端处于频道订阅模式，批次返回 PONG、nil 或 PONG、字符串。

【例 7.93】Ping 命令使用实例。

```
r>Ping
PONG                                   //如果马上返回，则说明与服务器 Redis 是连接的；
                                         若返回延迟，说明连接过程发生了堵塞等问题
```

4）Quit 命令

语法：Quit

参数说明：无参数，请求服务器关闭跟客户端的连接，在关闭前，连接将会尽可能快地将未完成的客户端请求完成处理。

返回值：返回 OK。

【例 7.94】Quit 命令使用实例。

```
r> Quit
OK                                     //关闭后，不能继续执行客户端命令
```

5）Select 命令

语法：Select index

参数说明：index 为跟服务器端 Redis 数据库连接下标值，从 0 开始，第一个新连接的

读书笔记

数据库是 DB0，第二个是 DB1，第三个 DB2，依此类推。

返回值：指定的索引值，有对应的数据库，则返回 OK；指定的索引值没有对应的数据库，则返回出错信息。

【例 7.95】Select 命令使用实例。

```
r>Select 1
OK                                               //第二个数据库存在
```

7.2.8 Server 操作命令

Redis 数据库 Server 操作命令，主要实现对数据库的各种管理。这里包括了与客户端连接相关的命令，获取 Redis 命令相关信息的命令，与 Redis 配置文件相关的命令，与磁盘操作相关的命令及对数据库进行测试、调试等相关的命令。

1．与客户端连接、获取命令信息相关的命令

与客户端连接、获取命令信息相关的命令如表 7.16 所示。

表 7.16　与客户端连接、获取命令信息相关的命令

序号	命令名称	命令功能描述	执行时间复杂度
1	Client List	获得客户端连接信息及数量列表	O(N)N 为客户端连接数
2	Client SetName	设置当前连接的名称	O(1)
3	Client GetName	获得当前连接的名称	O(1)
4	Client Kill	关闭客户端连接	O(N)
5	Client Pause	暂停处理客户端命令	O(1)
6	Command	返回 Redis 所有命令	O(N)
7	Command Count	统计 Redis 命令总数	O(1)
8	Command GetKeys	获得指定命令的所有键	O(N)
9	Command Info	获得指定命令的详细使用信息	O(N)

1）Client List 命令

语法：Client List

参数说明：无。

返回值：每个已连接客户端对应一行（以 LF 分割），每行字符串由一系列“属性=值”（Property=Value）形式的域组成，每个域之间以空格分开。

（1）每个域包含如下内容：

- Id，唯一的 64Bit 的客户端 ID 号。
- Addr，对应客户端的 IP 地址/端口号。

- Fd，对应于套接字的文件描述符。
- Age，连接的总持续时间（单位：秒）。
- Idle，连接的空闲时间（单位：秒）。
- Flags，客户端标志（标志值，见下文（2））。
- Db，当前数据库 ID。
- Sub，频道订阅客户端数。
- PSub，模式匹配订阅数。
- Multi，客户端运行 Multi/Exec（Redis 事务）后所执行的命令数量。
- Qbuf，查询缓冲长度（字节为单位，0 表示没有查询缓冲区）。
- Qbuf-free，查询缓冲区剩余空间的长度（字节为单位，0 表示没有剩余空间）。
- Obl，输出缓冲区长度（Output Buffer Length）。
- Oll，输出列表包含对象长度（缓冲区已满时，命令回复会以字符串对象的形式被入队到这个队列里）。
- OMem，输出缓冲区和输出列表占用的内存总量。
- Events，文件描述符事件（事件标志，见下文（3））。
- Cmd，最近一次执行的命令。

（2）客户端标志可选项（注意要区分大小写）：

- O，客户端是 Monitor 模式下的附属节点（Slave）。
- S，客户端是一个普通模式下（Normal）的附属节点。
- M，客户端是主节点（Master）。
- x，客户端正在执行事务（Multi/Exec）。
- b，客户端正在等待阻塞操作。
- i，客户端正在等待 VM I/O 操作（已废弃）。
- d，一个受监视（Watched）的键已被修改，EXEC 命令将失败。
- c，在将回复完整地写出之后，关闭连接。
- u，客户端未被阻塞（Unblocked）。
- U，客户端通过 UNIX 域套接字连接。
- r，客户端是针对集群节点的只读模式。
- A，连接即将关闭。
- N，未设置任何 flag。

（3）文件描述事件标志可选项：

- r，客户端套接字（在事件 loop 中），是可读的（Readable）。
- w，客户端套接字（在事件 loop 中），是可写的（Writeable）。

【例 7.96】Client List 命令使用实例。

```
r> Client List
```

```
addr=127.0.0.1:40000 fd=6 age=10 idle=0 flags=N db=0 sub=0 psub=0 multi=-1
qbuf=0 qbuf-free=34433 obl=0 oll=0 omem=0 events=r cmd=client
```

说明

该命令实际执行过程中返回的参数内容会不一样，有时多，有时少，需要使用者注意。

2）Client SetName 命令

语法：Client SetName

参数说明：无。

返回值：如果客户端连接名被设置成功，则返回 OK。

【例 7.97】Client SetName 命令使用实例。

```
r> Client SetName Conn1
OK                                          //该设置会体现在 Client List 显示结果里
```

（1）该命令的连接名称中不能使用空格，因为这将违反 Client List 的格式。

（2）连接名称具备可读性后，方便对连接的管理和调试，如调试连接泄露问题。

（3）客户端默认连接是 nil，可用 Client GetName 来检查连接名称。

3）Client GetName 命令

语法：Client GetName

参数说明：无。

返回值：如果连接没有设置名称，则返回 nil；如果有设置名称，则返回连接名称。

【例 7.98】Client GetName 命令使用实例。

```
r> Client GetName                           //在例 7.97 代码执行的基础上进行
Conn1
r> Client SetName ""                        //清除连接名称设置
OK
r> Client GetName
(nil)
```

4）Client Kill 命令

语法：Client Kill [ip:port] [ID client-id] [TYPE normal|master|slave|pubsub] [ADDR ip:port] [SKIPME yes/no]

参数说明：ip:port 为指定的客户端 IP 地址、端口号；ID 为指定的客户端唯一 ID 号（可以用 Client List 来获取）；TYPE 为 normal、master、slave、pubsub 指定一种特殊类型的客户端；ADDR ip:port 为指定客户端 IP 地址和端口号；SKIPME yes/no 选择一种开关，此选项设置为 yes，即调用该命令的客户端将不会被关闭，但是将此选项设置为 no，相关的客户端连接具备被该命令关闭的条件。

返回值：指定 IP 地址情况下，关闭成功，返回 OK；当使用 TYPE 参数时，返回被关闭的客户端个数。

【例 7.99】Client Kill 命令使用实例。

```
r> Client Kill 127.0.0.1:40000      //关闭 IP 地址为 127.0.0.1，端口号为 40000 的
                                     客户端连接
OK
```

读书笔记

允许 Client Kill 通过多条件同时约束，对指定范围的客户端连接进行关闭。如 Client Kill 127.0.0.1:40000 Type pubsub，指既是 127.0.0.1:40000 的客户端，而且该客户端的连接处于发布/订阅状态，在这两个条件满足的情况下，该连接才被关闭。

5）Client Pause 命令

语法：Client Pause timeout

参数说明：timeout 为客户端连接暂停的时间（单位：毫秒）。

返回值：设置成功，返回 OK；若 timeout 设置无效，则返回出错信息。

【例 7.100】Client Pause 命令使用实例。

```
r> Client Pause 3000                //所有客户端连接暂停 3 秒
OK
```

6）Command 命令

语法：Command

参数说明：无。

返回值：返回 Redis 所有命令的详细信息，以数组列表的形式显示。

【例 7.101】Command 命令使用实例。

```
r> Command
略                                  //请读者自行在测试计算机上执行
```

7）Command Count 命令

语法：Command Count

参数说明：无。

返回值：返回 Redis 命令的总统计数。

【例 7.102】Command Count 命令使用实例。

```
r> Command Count
200
```

8）Command GetKeys 命令

语法：Command GetKeys

参数说明：无。

读书笔记

返回值：返回 Redis 指定命令的键列表。

【例 7.103】Command GetKeys 命令使用实例。

```
r> Command GetKeys MSet a b c d e f        //该 MSet 命令，读者如果没有学过，就看
                                             不出哪些是键，哪些是值。MSet 命令用
                                             法见 7.2.1 节
1)"a"
2)"c"
3)"e"                                      //"a""c""e"为该命令的键
```

9）Command Info 命令

语法：Command Info command-name [command-name ...]

参数说明：Command-name 为 Redis 里的任意命令名，允许指定多个命令名。

返回值：返回指定命令的详细信息。

【例 7.104】Command Info 命令使用实例。

```
r> Command Info get                        //get 命令用法见 7.2.1 节
1)1)"get"
     2)(integer)2
     3)1)"readonly"
     2)"fast"
     4)(integer)1
     5)(integer)1
     6)(integer)1
```

2. 与配置文件、磁盘操作相关的命令

与配置文件、磁盘操作相关的命令如表 7.17 所示。

表 7.17　与配置文件、磁盘操作相关的命令

序号	命令名称	命令功能描述	执行时间复杂度
1	Config Get	获取服务器端配置文件参数的值	略
2	Config ResetStat	复位再分配使用 Info 命令报告的统计	略
3	Config set	设置配置文件指定参数的值	略
4	Config Rewrite	重写内存中的配置文件	略
5	BGRewriterAof	异步重写追加文件命令	略
6	BGSave	异步保存数据集到磁盘上	略
7	LastSave	获得最后一次同步磁盘的时间	略
8	Save	同步数据到磁盘上	略

1）Config Get 命令

语法：Config Get parameter

参数说明：parameter 为 Redis 配置文件里的参数名。在参数名里可以用“*”匹配符号。如*max*，可以返回所有参数名称里含 max 相关的参数键值对。

返回值：返回配置文件里给定参数的键值对列表。

【例 7.105】Config Get 命令使用实例。

```
r> Config Get slowlog-max-len       //指定一个参数名
1) "slowlog-max-len"
2) "1000"
r>Config Get *                      //可以列出所有配置文件，该命令支持的参数内容。
略                                  //显示省略
```

注意 redis.conf 文件里有部分参数不支持该命令的读取。

2）Config ResetStat 命令

语法：Config ResetStat

参数说明：无。

返回值：总是返回 OK。

【例 7.106】Config ResetStat 命令使用实例。

```
r> Config ResetStat
OK
```

Config ResetStat 命令用于重置 Info 命令的中的某些统计数据，包括了：

（1）Keyspace hits（键空间命中次数）。

（2）Keyspace misses（键空间不命中次数）。

（3）Number of commands processed（执行命令的次数）。

（4）Number of connections received（连接服务器的次数）。

（5）Number of expired keys（过期 key 的数量）。

（6）Number of rejected connections（被拒绝的连接数量）。

（7）Latest fork(2) time（最后执行 fork(2)的时间）。

（8）The aof_delayed_fsync counter（aof_delayed_fsync 计数器的值）。

3）Config Set 命令

语法：Config Set parameter value

参数说明：parameter 为 Redis 配置文件里的参数名；value 为参数对应的值。

返回值：如果配置参数设置成功，则返回 OK；若失败，则返回出错提示信息。

【例 7.107】Config Set 命令使用实例。

```
r> Config Get slowlog-max-len
1) "slowlog-max-len"
2) "1024"
r>Config Set slowlog-max-len 1050
OK
r> Config Get slowlog-max-len
```

```
1) "slowlog-max-len"
2) "1050"
```

读书笔记

Config Set 命令用于在**运行时重新配置服务器**，而无需重新启动 Redis。可以使用此命令更改两个简单的参数或从一个参数切换到另一个持久性选项。该命令只支持 Config Get 所能获取的配置文件参数的设置。使用 Config Set 设置的所有配置参数立即由 Redis 加载，并从执行的下一个命令开始生效。

4）Config Rewrite 命令

语法：Config Rewrite

参数说明：无。

返回值：如果配置重写成功，则返回 OK，若失败，则返回出错提示信息。

【例 7.108】Config Rewrite 命令使用实例。

```
r> Config Get appendonly
1) "appendonly"
2) "no"
r>Config Set appendonly yes
OK
r>Config Rewrite
OK
```

Congfig Rewrite 命令，重写会以非常保守的方式进行。

（1）原有 Redis.conf 文件的整体结构和注释会被尽可能地保留。

（2）如果一个选项已经存在于原有 Redis.conf 文件中，那么对该选项的重写会在选项原本所在的位置（行号）上进行。

（3）如果一个选项不存在于原有 Redis.conf 文件中，并且该选项被设置为默认值，那么重写程序不会将这个选项添加到重写后的 Redis.conf 文件中。

（4）如果一个选项不存在于原有 Redis.conf 文件中，并且该选项被设置为非默认值，那么这个选项将被添加到重写后的 Redis.conf 文件的末尾。

（5）未使用的行会被留白。比如说，如果在原有 Redis.conf 文件上设置了数个关于 Save 选项的参数，但现在你将这些 Save 参数的一个或全部都关闭了，那么这些不再使用的参数原本所在的行就会变成空白的。

即使启动服务器时所指定的 Redis.conf 文件已经不再存在，Config Rewrite 命令也可以重新构建并生成出一个新的 Redis.conf 文件。

Config Rewrite 与 Config Set 的主要区别是：Config Rewrite 是把运行于内存的配置信息更新到磁盘上

的配置文件，也就是具有持久性；而 Config Set 先写到内存配置文件上，再根据一定方式更新到磁盘上。所以内存配置文件和磁盘上的配置文件存在不确定性。

5）BGRewriterAof 命令

语法：BGRewriterAof

参数说明：无。

返回值：总是返回 OK。

Redis BGRewriteAof 命令用于异步执行一个 AOF（AppendOnly File）文件重写操作。重写会创建一个当前 AOF 文件的体积优化版本。

即使 BGRewriteAof 执行失败，也不会有任何数据丢失，因为旧的 AOF 文件在 BGRewriteAof 成功之前不会被修改。

从 Redis 2.4 开始，AOF 重写由 Redis 自行触发，BGRewriteAof 仅仅用于手动触发重写操作。通过该命令实现内存信息更新到磁盘文件上的过程，也就是实现持久化的过程。

【例 7.109】BGRewriterAof 命令使用实例。

```
r>BGRewriterAof
OK
```

6）BGSave 命令

语法：BGSave

参数说明：无。

返回值：把内存数据异步保存到磁盘文件上，返回 OK。

BGSave 命令执行之后立即返回 OK，然后 Redis fork 出一个新子进程，原来的 Redis 进程（父进程）继续处理客户端请求，而子进程则负责将数据保存到磁盘，然后退出。如果操作成功，可以通过客户端命令 LastSave 来检查操作结果。

【例 7.110】BGSave 命令使用实例。

```
r> BGSave
OK
```

7）LastSave 命令

语法：LastSave

参数说明：无。

返回值：返回 UNIX 的时间戳。

【例 7.111】LastSave 命令使用实例。

```
r> LastSave
(integer) 1410853592
```

读书笔记

8）Save 命令

语法：Save

参数说明：无。

返回值：若命令执行成功，则返回 OK。

Save 命令执行一个同步操作，以 RDB（关系型数据库）文件的方式保存所有数据的快照很少在生产环境直接使用 Save 命令，因为它会阻塞所有的客户端的请求，可以使用 BGSave 命令代替。如果在 BGSave 命令保存数据的子进程发生错误时，用 Save 命令保存最新的数据是最后的手段。

【例 7.112】Save 命令使用实例。

```
r> Save
OK
```

Server 操作命令的其他命令如表 7.18 所示。

表 7.18　其他命令

序号	命令名称	命令功能描述	执行时间复杂度
1	DBSize	返回数据库实例里数据存储对象个数	略
2	Debug Object	数据存储对象调试命令	略
3	Debug Segfault	让 Redis 崩溃	略
4	FlushAll	删除所有数据库里的所有数据	略
5	FlushDB	删除当前数据库里的所有数据	略
6	Info	返回 Redis 服务器的各种信息和统计数值	略
7	Monitor	持续返回服务器端处理的每一个命令信息	略
8	Role	返回主从实例所属的角色	略
9	ShutDown	异步保存数据到磁盘，并关闭服务器 Redis	略
10	SlaveOf	将当前服务器转变为指定服务器的从属服务器（slave server）	略
11	SlowLog	管理 Redis 的慢速记录日志	略
12	SYNC	用于复制（Replication）功能的内部命令	略
13	Time	返回当前服务器的时间	略

1）DBSize 命令

语法：DBSize

参数说明：无。

返回值：返回当前数据库实例里数据存储对象个数。

【例 7.113】DBSize 命令使用实例。

```
r> DBSize
(integer)18
```

```
r>Set NewSet1 "DBSize"
OK
r>DBSize
(integer)19                              //增加了一个字符串对象，其名为 NewSet1
```

2）Debug Object 命令

语法：Debug Object key

参数说明：key 为数据存储对象名，如字符串名、列表名、集合名等。

返回值：当 key 指定的对象存在时，返回有关信息；若 key 指定的对象不存在，则返回出错信息。

该命令不应该被客户端程序调用，只适用于测试数据库。

【例 7.114】Debug Object 命令使用实例。

```
r> Debug Object NoOne
(error) ERR no such key
```

3）Debug Segfault 命令

语法：Debug Segfault

参数说明：无。

返回值：无。

该命令执行非法的内存访问，从而让 Redis 系统崩溃，仅在开发时用于 Bug 调试。

【例 7.115】Debug Segfault 命令使用实例。

```
r> Debug Segfault
Could not connect to Redis at 127.0.0.1:6379: Connection refused
```

4）FlushAll 命令

语法：FlushAll

参数说明：无。

返回值：总是返回 OK。

【例 7.116】FlushAll 命令使用实例。

```
r>FlushAll                               //删除 Redis 所有数据库的数据！！！！！破坏力很强大
OK
r>Select 0                               //0 号数据库
OK
r>DBSize
(integer)0                               //0 号数据库里没有任何数据存储对象
r>Select 1                               //1 号数据库
OK
r>DBSize
(integer)0                               //1 号数据库里没有任何数据存储对象
```

（1）在生产环境下，不应该使用该命令，否则，很可能丢失数据！建议在配置文件里禁用该命令。

（2）删除所有数据库里面的所有数据，注意不是当前数据库，而是所有数据库。

（3）在 Redis 4.0 版本里该命令增加了对多线程异步删除数据库的功能，其命令使用方式为：r>FlushAll ASYNC。

读书笔记

5）FlushDB 命令

语法：FlushDB

参数说明：无。

返回值：总是返回 OK。

【例 7.117】FlushDB 命令使用实例。

```
r>FlushDB                                    //删除当前数据库的所有数据
OK
```

注意

（1）在生产环境下，不应该使用该命令；否则，很可能丢失数据！建议在配置文件里禁用该命令。

（2）在 Redis 4.0 版本里该命令增加了对多线程异步删除数据库的功能，其命令使用方式为：r>FlushDB ASYNC。

6）Info 命令

语法：Info [section]

参数说明：可选参数 section，如果指定该参数的值，该命令只返回指定部分相关的信息。section 参数的值：

- server，Redis 服务器的一般信息。
- clients，客户端的连接部分。
- memory，内存消耗相关信息。
- persistence，RDB 和 AOF 相关信息。
- stats，一般统计。
- replication，主/从复制信息。
- cpu，CPU 的消耗统计。
- commandstats，Redis 命令统计信息。
- cluster，Redis 集群信息。
- keyspace，数据库的相关统计。

它也可以采取以下值：

- all，返回所有信息。
- default，只返回默认设置的信息。

如果没有使用任何参数时，默认为 default。

返回值：返回文本行的集合，以键值对的形式出现。

读书笔记

【例 7.118】Info 命令使用实例。

```
r> Info
略                          //见附录二
```

（1）该命令提供的各种信息，非常有利数据库管理员调优数据库运行状况，也方便其他技术人员的数据库开发设计参考。

（2）该命令返回的内容的解释，详见 Redis 官网文档。

7）Monitor 命令

语法：Monitor

参数说明：无。

返回值：持续返回服务器端处理的每一个命令信息。

【例 7.119】Monitor 命令使用实例。

```
r>Monitor
略                          //读者测试该命令时，先在一个客户端（Redis-cli）上执行该命令；
                              然后在另外一个客户端输入各种执行命令。将在第一个客户端持续地
                              显示服务器端执行命令的信息
```

（1）在该命令被执行时，可以通过 Ctrl+C 键来终止执行。

（2）由于该命令持续监控并读取服务器端的执行命令，将对服务器运行性能产生影响，有些甚至可以降低 50%的吞吐量。该命令只适用于技术人员调试用。

8）Role 命令

语法：Role

参数说明：无。

返回值：返回角色信息列表。

【例 7.120】Role 命令使用实例。

```
r> Role                     //Redis 要在主从或哨兵（master/slave/sentinel）模式下运行
1)"master"                  //这个值为 master/slave/sentinel 之一
2)(integer)0
3)(empty list or set)
```

9）ShutDown 命令

语法：ShutDown [NOSAVE] [SAVE]

参数说明：若 NOSAVE 被指定，则在执行该命令时，内存的数据不被保存到磁盘上；当 SAVE 被指定时，强制内存数据存储到磁盘上，即实现数据持久化操作，确保数据不

丢失。

返回值：执行成功时不返回任何信息，服务器端和客户端的连接断开，客户端自动退出；执行失败时返回出错信息。

【例 7.121】ShutDown 命令使用实例。

```
r> Ping
PONG
r>ShutDown                              //正常关闭 Redis，退出 Redis-cli 回到操作
                                          系统界面。
```

该命令执行如下操作：

停止所有客户端；如果配置了 save 策略，则执行一个阻塞的 save 命令；如果 AOF 选项被打开，更新 AOF 文件；关闭 Redis 服务器（server）。

10）SlaveOf 命令

语法：SlaveOf host port

参数说明：host 为指定服务器的 IP 地址，port 为指定服务器的端口号。

返回值：总是返回 OK。

该命令实现对当前服务器为指定服务器（Master Server）的从属服务器（Slave Server）。如果当前服务器已经是某个主服务器（master server）的从属服务器，那么执行 SlaveOf host port 将使当前服务器停止对旧主服务器的同步，丢弃旧数据集，转而开始对新主服务器进行同步。

【例 7.122】SlaveOf 命令使用实例。

```
r> SlaveOf 192.168.1.110 6370         //当前服务器，就是指输入该命令的服务器；指定
                                          服务器就是 192.168.1.110 6370 服务器
OK                                      //该命令的操作结果，当前服务器为指定服务器的
                                          从属服务器
r>SlaveOf No One                        //从属服务器恢复主服务器状态
```

对一个从属服务器执行命令 SlaveOf No One 将使得这个从属服务器关闭复制功能，并从从属服务器转变回主服务器，原来同步所得的数据集不会被丢弃。利用 SlaveOf No One 不会丢弃同步所得数据集这个特性，可以在主服务器失败的时候，将从属服务器用作新的主服务器，从而实现无间断运行。

11）SlowLog 命令

语法：SlowLog subcommand [argument]

参数说明：subcommand 为指定的操作慢速记录日志的子命令，包括了 Get、Len、Reset。Get 为获取指定数量的记录，通过 argument 参数来指定返回数量。使用 Len 子命令，获取慢速记录日志的长度；使用 Reset 子命令，重置慢速记录日志的慢速命令记录。

读书笔记

返回值：指定 Get 子命令时，返回指定数量的日志记录（日志里至少要有相应记录数）；指定 Len 子命令，返回慢速日子的总记录长度；指定 Reset 子命令，返回 OK。

该日志记录超过时限的慢速度的**查询命令**记录，执行时间不包括 I/O 操作，如与客户端通话、发送回复等，只是实际执行命令所需的时间。

【例 7.123】SlowLog 命令使用实例。

```
r> Showlog get 2
1)1)14                    //记录的唯一渐进号
  2)1309448221            //记录的 UNIX 时间戳记
  3)15                    //其执行所需要的时间（单位：微秒）
  4)1)"ping"              //组成命令参数的数组，这里可以看出是 Ping 命令的执行情况
2)1)13                    //记录的唯一渐进号
  2)1309448128
  3)30
  4)1)"slowlog"
    2)"get"
    3)"100"
```

怎么判断一条查询命令执行速度慢，其操作记录进入慢速日志呢？

（1）需要在 Redis.Conf 配置文件里设置 slowlog-log-slow-than 参数，该参数的值单位为微秒。设置完成后，Redis 会对超过指定值的命令执行做慢日志记录；若其值为 0，则强制记录每个命令执行时间；若其值为负数，则禁用慢速记录日志。

（2）在 Redis.Conf 配置文件里指定 slowlog-max-len 的长度，则慢速日志记录超过该最大记录条数后，从该日志里删除最旧记录内容，这样可以确保记录最新的记录内容，而该文件保持合理大小。

（3）该命令主要用于查询命令性能的排查，是数据库技术人员调试工具。

12）SYNC 命令

语法：SYNC

参数说明：无。

返回值：不确定内容。

【例 7.124】SYNC 命令使用实例。

```
r>SYNC                    //该命令用于同步主从服务器
略                        //请读者自行在测试计算机上执行，仅限于数据库技术人员内部使用
```

13）Time 命令

语法：Time

参数说明：无。

返回值：返回包含两个字符串的列表，第一个表示服务器的当前 UNIX 时间戳(单位：

读书笔记

秒），第二个表示最近一秒已经过去的微秒数。

【例 7.125】Time 命令使用实例。

```
r> Time
1) "1410856598"
2) "928370"
```

7.2.9 脚本命令

到目前为止，读者学习的 Redis 命令都是在 Redis-cli 中被执行或在应用程序里被代码调用执行。这种执行方式，先要建立与 Redis 服务器端数据库的连接，然后把命令发送到服务器端执行相关操作，最后把操作结果返回到操作终端。熟悉关系型数据库的读者应该明白，这是一种交互式的命令操作。有没有都在服务器端操作的命令执行方式呢？因为关系型数据库产品大多数都提供存储过程方式执行命令的功能，速度会比交互式更高效。Redis 的 Lua[①]脚本语言提供了在 Redis 服务器端连续执行代码的功能，具体命令如表 7.19 所示。

表 7.19 Lua 脚本语言操作命令

序号	命令名称	命令功能描述	执行时间复杂度
1	EVal	执行 Lua 脚本命令	略
2	EValSha	根据给定的校验码，执行服务器端 Lua 脚本命令	略
3	Script Load	把 Lua 脚本代码加载到服务缓存上，并不执行	略
4	Script Flush	从脚本缓存中移除所有脚本	略
5	Script Exists	查看指定的脚本是否已经被保存在缓存中	略
6	Script Kill	终止当前正在运行的 Lua 脚本	略

1）EVal 命令

语法：EVal script numkeys key [key ...] arg [arg ...]

参数说明：script 为 Lua 脚本代码；numkeys 为 key 参数的个数；key 表示在脚本中所用到的那些 Redis 键，这些键名参数可以在 Lua 中通过全局变量 KEYS 数组，用 1 为基址的形式访问（KEYS[1]，KEYS[2]，依此类推）；arg 为可选参数，可以在 Lua 中通过全局变量 ARGV 数组访问，访问的形式和 KEYS 变量类似(ARGV[1]、ARGV[2]，诸如此类)。

返回值：返回 Lua 脚本运算结果，返回形式有多种。

【例 7.126】EVal 命令使用实例。

```
r> eval "return {KEYS[1],KEYS[2],ARGV[1]}" 2 key1 key2 first
```

① Lua 脚本语言的官网地址：www.lua.org。

```
1) "key1"
2) "key2"
3) "first"
```

在 Lua 脚本里使用带参数函数传递 Redis 的 Key 对象时，必须严格遵循 EVal 的命令格式。
而不能直接采用如下格式：>eval "return {'key1','key2', ARGV[1]}" 2 first。该命令格式违反 eval 的基本命令格式要求，且 Key1，key2 变成了非传递 Key 对象了。

2）EValSha 命令

语法：EValSha sha1 numkeys key [key ...] arg [arg ...]

参数说明：sha1 为存储在服务器缓存中的脚本的 Sha1 校验和码，由 Script Load 脚本命令生成。其他参数使用方法同 EVal 命令对应的参数。

返回值：返回 Lua 脚本运算结果，返回形式有多种。

【例 7.127】EValSha 命令使用实例。

```
r> EValSha "e0e1f9fabfc9d4800c877a703b823ac0578ff8db" 0
"服务器端返回的值"                                    //先请执行 3)的 Script Load 命
                                                        令，再执行该命令
```

EVAL 命令要求你在每次执行脚本的时候都发送一次脚本主体（Script Body）。Redis 有一个内部的缓存机制，因此它不会每次都重新编译脚本，不过在很多场合，付出无谓的带宽来传送脚本主体并不是最佳选择。为了减少带宽的消耗，Redis 实现了 EVALSHA 命令，它的作用和 EVAL 一样，都用于对脚本求值，但它接受的第一个参数不是脚本，而是脚本的 SHA1 校验和（Sum）。

3）Script Load 命令

语法：Script Load script

参数说明：Script 为指定的 Lua 脚本代码。

返回值：给定脚本的 SHA1 校验和。

【例 7.128】Script Load 命令使用实例。

```
r> Script Load "return '服务器端返回的值'"
"e0e1f9fabfc9d4800c877a703b823ac0578ff8db"     //Sha1 校验和
```

该命令实现将 Lua 脚本加载到服务器端脚本缓存中，而不执行它。由 EValSha 命令调用该脚本。

读书笔记

4）Script Flush 命令

语法：Script Flush

参数说明：无。

返回值：总是返回 OK。

【例 7.129】Script Flush 命令使用实例。

```
r> Script Flush                    //清除当前连接的服务器端脚本缓存的所有 Lua 脚本
OK
```

5）Script Exists 命令

语法：Script Exists script [script ...]

参数说明：Script 待检查的脚本 Sha1 校验和码，可以多脚本 Sha1 校验和码一起检查。

返回值：返回对应于每一个 Sha1 的数组，脚本存在返回 1，脚本不存在返回 0。

【例 7.130】Script Exists 命令使用实例。

```
r>Script Exists "e0e1f9fabfc9d4800c877a703b823ac0578ff8db"
1) (integer) 1                     //存在
```

6）Script Kill 命令

语法：Script Kill

参数说明：无。

返回值：执行成功返回 OK，否则返回一个错误提示信息。

【例 7.131】Script Kill 命令使用实例。

```
r> Script Kill                     //终止当前服务器端正在运行的 Lua 脚本
OK
```

（1）终止当前正在运行的 Lua 脚本，当且仅当这个脚本没有执行过任何写操作，该命令才生效。

（2）该命令主要用于终止运行时间过长的脚本，如因为 BUG 而发生无限 loop 的脚本。

（3）假如当前正在运行的脚本已经执行过写操作，那么即使执行 SCRIPT KILL，也无法将它终止，因为这是违反 Lua 脚本的原子性执行原则的。唯一可行的办法使用 SHUTDOWN NOSAVE 命令，让 Redis 进程停止来停止脚本的运行。

7.2.10 键命令

所谓“键命令”，是通过英文 Keys 直接翻译过来的。目前国内很多资料都这么直译，但是从 Redis 数据库实际使用情况来看，这里的 Keys 是指存储在数据库里的各种数据存储对象，如字符串、列表、集合、散列、有序集合的名称等。表 7.20 所示为与 Keys 紧密相关的各种命令。

表 7.20 与 Keys 相关的各种命令

序号	命令名称	命令功能描述	执行时间复杂度
1	Del	删除 Key 指定的数据存储对象	O(1)-O(N)
2	Dump	序列化给定 Key	O(1)- O(N*M)
3	Exists	检查指定 Key 是否存在	O(1)
4	Expire	设置 Key 的过期时间（单位：秒）	O(1)
5	ExpireAt	设置 Key 的过期时间（单位：秒，用 UNIX 时间戳）	O(1)
6	Keys	查找所有符合指定模式的 Key	O(N)
7	Migrate	原子性地把当前 Key 转移到指定数据库中（可跨服务器）	O(N)
8	Move	将当前数据库的 Key 转移到指定的数据库中（本机内）	O(1)
9	Object	以内部调试方式给出 Key 的内部对象信息	O(1)
10	Persist	移除在 Key 上设置的过期时间	O(1)
11	PExpire	设置 Key 的过期时间（单位：毫秒）	O(1)
12	PExpireAt	设置 Key 的过期时间（单位：毫秒，用 UNIX 时间戳）	O(1)
13	PTTL	以毫秒为单位返回 Key 的剩余生存时间	O(1)
14	RandomKey	从当前数据库返回一个随机的 Key	O(1)
15	Rename	将指定的 Key 重新命名（允许新 Key 已经存在）	O(1)
16	RenameNX	将指定的 Key 重新命名为不存在的 Key	O(1)
17	Restore	反序列化指定 Key	O(1)
18	Scan	增量迭代式返回当前数据库中的 Key 的数组列表	O(1)-O(N)
19	Sort	对指定 Key 对象进行排序并返回或保存到目标 Key	O(N+M*log(M))
20	TTL	以秒为单位返回 Key 的剩余生存时间	O(1)
21	Type	返回 Key 指定数据结构类型	O(1)
22	Wait	阻塞当前客户端到指定从（Slaves）服务器端的写操作	O(1)

1）Del 命令

语法：Del key [key ...]

参数说明：key 为指定的 Redis 数据库里的数据存储对象，如字符串、列表、集合、散列、有序集合等，允许多 key 指定。

返回值：返回被删除 key 的数量。

【例 7.132】Del 命令使用实例。

```
r>Set S1 "《鲁滨逊漂流记》"                                    //字符串
OK
r>Del S1
(integer) 1
```

读书笔记

2）Dump 命令

语法：Dump key

参数说明：key 为指定的 Redis 数据库里的数据存储对象，如字符串、列表、集合、散列、有序集合等。

返回值：如果指定的 key 不存在，则返回 nil；若指定的 key 存在，则返回序列化后的值。

【例 7.133】Dump 命令使用实例。

```
r> SET mykey 10
OK
redis>Dump mykey
"\u0000\xC0\n\u0006\u0000\xF8r?\xC5\xFB\xFB_("
```

序列化生成的值有以下几个特点：

（1）它带有 64 位的校验和，用于检测错误，RESTORE 在进行反序列化之前会先检查校验和。

（2）值的编码格式和 RDB 文件保持一致。

（3）RDB 版本会被编码在序列化值之中，如果因为 Redis 的版本不同造成 RDB 格式不兼容，那么 Redis 会拒绝对这个值进行反序列化操作。RESTORE 命令使用详见 17）。

（4）用于数据的导入导出操作。

3）Exists 命令

语法：Exists key [key ...]

参数说明：key 为指定的 Redis 数据库里的数据存储对象，如字符串、列表、集合、散列、有序集合等，允许多 key 指定。

返回值：若 key 存在则返回 1，否则返回 0。

【例 7.134】Exists 命令使用实例。

```
r>Exists mykey          //在例 7.133 代码执行的基础上进行，要确保 mykey 已经存在
(integer)1
r>Exists NoKey1
(integer)0
```

4）Expire 命令

语法：Expire key seconds

参数说明：key 为指定的 Redis 数据库里的数据存储对象，如字符串、列表、集合、散列、有序集合等；seconds 为指定的过期时间（单位：秒）。设置 key 的过期时间，超过指定时间 seconds 后，会自动删除该 key。对指定 key 的值进行修改操作，不影响该命令对过期时间的设置产生的作用。

返回值：设置成功，则返回 1；若指定的 key 不存在或设置失败，则返回 0。

读书笔记

【例 7.135】Expire 命令使用实例。

```
r>LPush ExpList "one1"              //先建空列表，再从左边插入第一个元素"one1"
(integer) 1
r>Expire ExpList 10                 //10 秒后，该 ExpList 列表被删除（过期）。
(integer) 1
r>Exists ExList
(integer) 0
```

5）ExpireAt 命令

语法：ExpireAt key timestamp

参数说明：key 为指定的 Redis 数据库里的数据存储对象，如字符串、列表、集合、散列、有序集合等；timestamp 为指定的 UNIX 时间戳（单位：秒）。

返回值：若设置成功，则返回 1；若指定的 key 不存在或设置失败，则返回 0。

【例 7.136】ExpireAt 命令使用实例。

```
r> Del ExpList
(integer) 1
r> LPush ExpList "one1"
(integer) 1
r>ExpireAt ExpList 1293840000
(integer) 1
```

6）Keys 命令

语法：Keys pattern

参数说明：pattern 为指定的查找条件模式，可以分以下几种情况。

（1）?，如 a?c，匹配的可以是 abc、aac、adc、anc、a3c 等。

（2）*，如*n*，匹配的可以是 one、number、fine、phone 等。

（3）[ab]，如 t[ab]e，匹配的可以是 tae、tbe，但是不能是 tce 类似的结果。

（4）[^e]，如 t[^e]e，匹配的可以是 tae、tbe，但是不能是 tee。

（5）[a-b]如 t[a-b]e，匹配的可以是 tae、tbe。

如果要逐字地匹配，请使用\来转义特殊字符。

返回值：返回符合模式要求的 Key 对象列表。

【例 7.137】Keys 命令使用实例。

```
r> MSet one 1 two 2 three 3 four 4
"OK"
r>Keys t?o
1)"two"
r>Keys t*
1)"two"
2)"three"
```

7）Migrate 命令

语法：Migrate host port key destination-db timeout [COPY] [REPLACE]

参数说明：key 为当前数据库指定需要迁移的数据存储对象名。host 为指定目标数据库服务器 IP 地址；port 为指定目标数据库服务器端口号；destination-db 为目标数据库实例名；timeout 为传输数据指定超时间范围（单位：毫秒）；可选参数 COPY 为保留当前数据库的 key，可选参数 REPLACE 为替换目标数据库实例上已经存在的 key。

返回值：迁移成功时返回 OK，否则返回相应的错误 IOERR。IOERR 出现时，一般存在两种情况，一种为 key 在两个数据库里都存在，另一种为 key 只存在于当前数据库里。技术人员需要仔细检查对应的数据库 key 存在的情况。

将 key 原子性地从当前数据库传送到目标实例的指定数据库上，一旦传送成功，key 保证会出现在目标实例数据库上，而当前数据库上的 key 会被删除。

【例 7.138】Migrate 命令使用实例。

本实例测试，采用本机启动两个 Redis Server 的方式进行测试。

```
$ redis-server -port 8888  //在本机启动端口号为 8888 的数据库实例，先要安装该实例
$ redis-server -port 6379  //默认安装 Redis 数据库实例
```

要确保上述两个实例都启动运行。

```
redis 127.0.0.1:6379> SAdd TestSet22 "one" "two" "three"
(integer) 3
redis 127.0.0.1:6379> Migrate 127.0.0.1 8888 TestSet22 0 1000
                              //0 为目标数据库实例里的 0 号数据库
OK
redis 127.0.0.1:6379>Exists TestSet22
(integer) 0                   //当前数据库 TestSet22 集合已经不存在
```

上述命令执行成功后，在目标数据库服务器里，通过 redis-cli 登录，可以查找新迁移过来的数据对象。

```
$ redis-cli -p 8888           //启动新的客户端
redis 127.0.0.1:8888>SMembers TestSet22
1) "one"
2) "two"
3) "three"                    //集合 TestSet22 已经移入新的数据库实例中
```

8）Move 命令

语法：Move key db

参数说明：key 为当前数据库指定需要迁移的数据存储对象名，为本机另外一个数据库名。

返回值：若迁移成功，则返回 1；若迁移失败，则返回 0。

【例 7.139】Move 命令使用实例。

```
r>HSet H10 name "Cat1"        //建立一个新的散列对象
(integer)1
r>Select 0                    //确认是本机 0 号数据库，Redis 的默认数据库
OK
r>Move H10 1                  //把 H10 移动到本机 1 号数据库
(integer)1
```

```
r>Select 1                              //切换到 1 号数据库
OK
r>Exists H10
(integer)1                              //1 表示 H10 已经成功迁移到了 1 号数据库
r> HGet H10
```

如果当前数据库和指定数据库有相同名字 key，或者 key 不存在于当前数据库，那么 Move 没有任何效果。

9）Object 命令

语法：Object subcommand [arguments [arguments ...]]

参数说明：subcommand 包括了 RefCount、Encoding、IdleTime 三个子命令。

（1）Object RefCount key，该命令主要用于技术人员内部调试，它能够返回指定 key 所对应 Value 被引用的次数。

（2）Object Encoding key，该命令返回指定 key 对应 Value 所使用的内部压缩方式。

（3）Object IdleTime key，该命令返回指定 key 对应 Value 自被存储之后空闲的时间（单位：秒）。

子命令里的 key 为指定的 Redis 数据库里的数据存储对象，如字符串、列表、集合、散列、有序集合等。

返回值：若在 RefCount 和 IdleTIme 方式下，则返回数字；若在 Encoding 方式下，则返回相应的压缩编码方式。

该命令对应的压缩编码方式为：

（1）字符串，被编码为 raw（字符串或长数字）或 int（短数字）。

（2）列表，被编码为 ziplist 或 linkedlist。

（3）集合，被编码为 intset 或 hashtable。

（4）散列表，被编码为 zipmap 或 hashtable。

（5）有序集合，被编码为 ziplist 或 skiplist。

【例 7.140】Object 命令使用实例。

```
r>Set testset1 "This is a dag!"
OK
r>Object Refcount testset1
(integer) 1                             //返回只有一个引用数
r>Object IdleTime testset1              //等会儿，再操作 Get 命令
(integer) 15
r>Get testset1                          //得到 testset1 值，上面的 IdleTime 不空转了
"This is a dag!"
r> Object IdleTime testset1
```

```
(integer) 0                                    //不空转了
r>Object Encoding testset1
"raw"                                          //编码方式为 raw
r>Set myage 30
OK
r>Object Encoding myage
"int"                                          //短数字的编码方式为 int
```

10）Persist 命令

语法：Persist key

参数说明：key 为指定的 Redis 数据库里的数据存储对象，如字符串、列表、集合、散列、有序集合等。

返回值：若移除成功时，则返回 1；若 key 不存在或者 key 没有设置过期时间，则返回 0。

【例 7.141】Persist 命令使用实例。

```
r>Del testset1
(integer) 1
r> Set testset1 "This is a dag!"
OK
r>Expire testset1 10                           //过期时间为 10 秒
(integer) 1
r>Persist testset1                             //把 testset1 上的 10 秒过期时间设置去掉
(integer) 1                                    //去掉成功，可以用 TTL 命令（见下文）检查过期
                                                 时间设置情况
```

11）PExpire 命令

语法：PExpire key milliseconds

参数说明：key 为指定的 Redis 数据库里的数据存储对象，如字符串、列表、集合、散列、有序集合等；milliseconds 为指定的过期时间（单位：毫秒）。PExpire 与 Expire 命令唯一的区别是过期时间的单位，一个是毫秒，另外一个是秒。

返回值：若设置成功，则返回 1；若指定的 key 不存在或设置失败，则返回 0。

【例 7.142】PExpire 命令使用实例。

```
r>Del testset1
(integer) 1
r> Set testset1 "This is a dag!"
OK
r>PExpire testset1 10                          //过期时间为 10 毫秒
(integer) 1
```

12）PExpireAt 命令

语法：PExpireAt key milliseconds-timestamp

参数说明：key 为指定的 Redis 数据库里的数据存储对象，如字符串、列表、集合、散列、有序集合等。milliseconds-timestamp Timestamp 为指定的 UNIX 时间戳(单位：毫秒)。

返回值：若设置成功，则返回 1；若指定的 key 不存在或设置失败，则返回 0。

代码实例，同 ExpireAt 命令，略。

13）PTTL 命令

语法：PTTL key

参数说明：key 为指定的 Redis 数据库里的数据存储对象，如字符串、列表、集合、散列、有序集合等。

返回值：当 key 不存在时，返回-2；当 key 存在但没有设置剩余生存时间时，返回-1；否则，返回 key 的剩余生存时间（单位：毫秒）。

【例 7.143】 PTTL 命令使用实例。

```
r>Del testset1
(integer) 1
r> Set testset1 "This is a dag!"
OK
r>Expire testset1 10                 //过期时间为 10 秒（10000 毫秒）
(integer) 1
r>PTTL testset1
2302                                 //还剩余 2302 毫秒
```

14）RandomKey 命令

语法：RandomKey

参数说明：无。

返回值：如果数据库没有任何 key，则返回 nil，否则返回一个随机的 key。

【例 7.144】 RandomKey 命令使用实例。

```
r> FlushDB                           //删除当前数据库的所有数据
OK
r>Mset first "I" second " am" third " a" fourth " boy!"  //设置 4 个键及值
OK
r>RandomKey
"third"                              //随机返回第三个键
```

15）Rename 命令

语法：Rename key newkey

参数说明：key 为指定的 Redis 数据库里的数据存储对象，如字符串、列表、集合、散列、有序集合等；newkey 为 key 指定的新的名称。如果 key 与 newkey 相同，将返回一个错误。如果 newkey 已经存在，则值将被覆盖。

返回值：若重命名成功，返回 OK；如果 key 名和 newkey 一样，则返回出错信息。

【例 7.145】 Rename 命令使用实例。

```
r>Set rNameKey "TomCat"
OK
r>Rename rNameKey NameKey
OK
```

```
r>Get NameKey
"TomCat"
```

16）RenameNX 命令

语法：RenameNX key newkey

参数说明：key 为指定的 Redis 数据库里的数据存储对象，如字符串、列表、集合、散列、有序集合等；newkey 为 key 指定的新的名称。RenameNX 与 Rename 的主要区别在于，指定的 newkey 不存在时，才能修改 key 的名称；而 Rename 在 newkey 任何情况下，都可以修改。

返回值：若修改成功，则返回 1；若 newkey 已经存在，则返回 0；若 key 不存在，则返回一出错提示信息。

【例 7.146】RenameNX 命令使用实例。

```
r>Set NameKey2 "OK!"
OK
r>RenameNX NameKey NameKey2          //在 15）代码执行的基础上进行，要确保
                                       NameKey 已经存在
(integer) 0                          //NameKey2 已经存在
r>Del NameKey2
OK
r>RenameNX NameKey NameKey2
(integer) 1                          //修改成功
```

17）Restore 命令

语法：Restore key ttl serialized-value [REPLACE]

参数说明：key 为指定的 Redis 数据库里的数据存储对象，如字符串、列表、集合、散列、有序集合等；ttl 为 key 指定过期时间（单位：毫秒），ttl=0 为不设置过期时间；Serialized-value 为序列化值（详细见 Dump 命令），这里通过 serialized-value 进行反序列化操作，把获取的对象存储到 key；如果该命令指定的 key 已经存在，将返回“目标 key 名称正在忙”错误，除非使用 REPLACE 修饰符（Redis 3.0 或更高版本）。

返回值：若反序列化成功，则返回 OK；否则返回一个出错提示信息。

Restore 在执行反序列化之前会先对序列化值的 RDB 版本和数据校验和进行检查，如果 RDB 版本不相同或者数据不完整的话，那么 Restore 会拒绝进行反序列化，并返回一个错误。

【例 7.147】Restore 命令使用实例。

```
r>SET gg "hello, dumping world!"
OK
r> Dump gg
"\x00\x15hello, dumping world!\x06\x00E\xa0Z\x82\xd8r\xc1\xde"
>Restore ggg 0 "\x00\x15hello, dumping
world!\x06\x00E\xa0Z\x82\xd8r\xc1\xde"
OK
```

```
> Get ggg
"hello, dumping world!"
r>Restore Err 0 "Error\xx2\xxx"    ; 使用错误的值进行反序列化
(error) ERR DUMP payload version or checksum are wrong
```

18）Scan 命令

语法：Scan cursor [MATCH pattern] [COUNT count]

参数说明：cursor 为返回给客户端的 key 读取游标，这意味着命令每次被调用都需要使用上一次这个调用返回的游标作为该次调用的游标参数，以此来延续之前的迭代过程；MATCH 类似于 Keys 命令里的对应参数，增量式迭代命令通过给定 MATCH 参数的方式实现了通过提供一个 glob 风格的模式参数，让命令只返回和给定模式相匹配的元素；当 Scan 命令的游标参数被设置为 0 时，服务器将开始一次新的迭代，而当服务器向用户返回值为 0 的游标时，表示迭代已结束。通过指定 COUNT 选项值，来指定每次迭代所获取的最大数量。与 Keys 相比，Scan 命令不会引起服务器端性能降低，Keys 在大数据量读取的情况下会发生。

返回值：是一个包含两个元素的数组，第一个数组元素是用于进行下一次迭代的新游标，而第二个数组元素则是一个数组，这个数组中包含了所有被迭代的元素。

【例 7.148】Scan 命令使用实例。

```
r> Scan 0
略                                          //请读者自行在测试计算机上执行
```

19）Sort 命令

语法：Sort key [BY pattern] [LIMIT offset count] [GET pattern] [ASC|DESC] [ALPHA] STORE destination

参数说明：key 为需要排序的列表、集合或有序集合对象名；该命令默认为从小到大的升序排序（ASC），也可以通过 DESC 选项，对 key 值进行降序排序；BY pattern 为匹配的其他对象名，然后根据其他对象值的升序排序来重新对 key 进行排序。排序之后返回元素的数量可以通过 LIMIT 修饰符进行限制，修饰符接受 offset 和 count 两个参数，offset 为指定要跳过的元素数量，count 为指定跳过 offset 个指定的元素之后，要返回多少个对象。GET pattern 可以根据 key 排序结果，取出对应的另外一个对象的值；该命令默认都是根据对象数值进行排序，如果对象里存在字符串，则指定 ALPHA 选项，实现二进制值比较排序（ASCII 码表对照）；STORE destination 指定该参数时，把排序结果保存到该参数的 destination 对象上（如果被指定的 key 已存在，那么原有的值将被排序结果覆盖），若没有指定，则返回排序结果给客户端。

Sort 命令可以实现一个 key 对象或两个 key 对象之间的排序操作。

返回值：若没有指定 STORE，则返回列表形式的排序结果；若使用 STORE 参数，则返回排序结果的元素数量。

读书笔记

【例 7.149】Sort 命令使用实例。

```
r> LPush BookPrice 34 21 55 48.3
(integer) 4
r>Sort BookPrice                    //一个列表值默认顺序排序
1)"21"
2)"34"
3)"48.3"
4)"55"
r>Sort BookPrice DESC               //一个列表值降序排序
1)"55"
2)"48.3"
3)"34"
4)"21"
r>MSet BookID_21 10010 BookID_34 10012 BookID_48.3 10011 BookID_55 10013
OK                                  //建立具有一定模板格式 4 个字符串对象，BookID_*
r>Sort BookPrice by BookID_*        //根据 4 个字符串值顺序排序，BookID_*与 BookPrice
                                      值一一对应。如 BookID_34 字符串对应 BookPrice
                                      的 34
1) "21"                             //10010 对应 21
2) "48.3"                           //10011 对应 48.3
3) "34"                             //10012 对应 34
4) "55"                             //10013 对应 55
r>Sort BookPrice Get BookID_*       //先按照 BookPrice 值升序排序，再得到对应的字符串值
1)"10010"                           //对应 21
2)"10012"                           //对应 34
3)"10011"                           //对应 48.3
4)"10013"                           //对应 55
```

20）TTL 命令

语法：TTL key

参数说明：key 为指定的 Redis 数据库里的数据存储对象，如字符串、列表、集合、散列、有序集合等。TTL 与 PTTL 仅为时间单位之区别，TTL 返回的时间单位为秒，PTTL 返回的是毫秒。

返回值：当 key 不存在时，返回-2；当 key 存在但没有设置剩余生存时间时，返回-1；否则，返回 key 的剩余生存时间（单位：秒）。

【例 7.150】TTL 命令使用实例。

```
r> FlushDB
OK
r>TTL NoKey                         //NoKey 不存在
(integer) -2
```

21）Type 命令

语法：Type key

参数说明：key 为指定的 Redis 数据库里的数据存储对象，如字符串、列表、集合、散

列、有序集合。

返回值：若 key 存在，则返回对应的数据结构类型（string, list, set, hash 或 zset）；若 key 不存在，则返回 none。

【例 7.151】Type 命令使用实例。

```
r>LPush PType1 "I" "like" "TomCat!"
(integer) 3
r>Type PType1
"list"
```

22）Wait 命令

语法：Wait numslaves timeout

参数说明：numslaves 为需要阻塞的从服务器号；timeout 为过期时限（单位：毫秒）。

返回值：返回已经写入从服务器的个数。

此命令阻塞当前客户端，直到所有执行该命令之前的写命令都成功地传输到指定的 slaves。

【例 7.152】Wait 命令使用实例。

```
r>Set String1 "OK"
OK
r> wait 1 1000
(integer)1
```

如果 timeout 为 0，则永久阻塞客户端操作命令。
如果该命令当作事务的一部分发送，该命令不阻塞，只是尽快返回先前写命令的从服务器个数。

7.2.11　HyperLogLog 命令

HyperLogLog 是一种概率数据结构，被用于统计唯一事物——数学集合论里叫集合的基数。如集合{书包、铅笔、书包、橡皮、纸}的基数是 4。采用该结构，目的是为了减少数据结构在内存中的存储量，并提高统计唯一事物速度。在 Redis 里，每个 HyperLogLog 对象只需要花 12KB 内存，就可以计算接近 2^{64} 个不同元素的基数。这和普通集合（Set）元素越多耗费内存越多的情况形成鲜明对比。但是，HyperLogLog 只能根据输入元素来计算基数，而不能存储输入元素本身，所以 HyperLogLog 不能像集合那样，返回输入的各个元素。基数统计是网站上的常用功能，如用于统计每天访问人数（Unique Visitor，UV），HyperLogLog 尤其适合超大数量情况下的近似基数统计（注意：该方面的命令存在可容忍范围内的一定的偏差）。

Redis 为 HyperLogLog 提供的操作命令如表 7.21 所示。

表 7.21　HpyerLogLog 操作命令

序号	命令名称	命令功能描述	执行时间复杂度
1	PFAdd	将指定元素添加到 HyperLogLog	O(1)
2	PFCount	返回指定 Key 的近似基数	O(1)- O(N)
3	PFMerge	将多个 HyperLogLog 合并为一个 HyperLogLog	O(N)

1）PFAdd 命令

语法：PFAdd key element [element ...]

参数说明：key 为指定的 HyperLogLog 对象名，element 为需要增加的元素，允许多个指定。如果指定的 key 不存在，这个命令会自动创建一个空的 HyperLogLog 结构。

返回值：如果 key 对象的内部存储被更新，则返回 1；否则返回 0。

【例 7.153】 PFAdd 命令使用实例。

```
r>PFAdd Visitor "192.168.0.1:3828" "192.168.0.2:3821" "192.168.0.3:3822"
(integer) 1
```

2）PFCount 命令

语法：PFCount key [key ...]

参数说明：key 为指定的 HyperLogLog 对象名（由 PFAdd 命令生成），允许多个指定。

返回值：当一个 key 时，返回近似基数；当多个 key 时，返回这些 key 指定的 HyperLogLog 结构元素进行并（AND）运算后的近似基数；当 key 不存在时，返回 0。

【例 7.154】 PFCount 命令使用实例。

在例 7.153 代码执行的基础上继续执行下述代码：

```
r>PFAdd Visitor "192.168.0.1:3828" "192.168.0.2:3821" "192.168.0.4:3811"
(integer) 1
r>PFCount Visitor
(integer) 4                    //Visitor 的基数为 4，代表 4 个不同的 IP：Port
```

（1）该命令返回的基数不是精确值，而是一个带有 0.81%标准错误的近似值。这在超大基数的情况下，统计某些应用场景是允许的。

（2）这个命令的一个副作用是可能导致 HyperLogLog 内部被更改，出于缓存的目的，它会用 8 字节的来记录最近一次计算得到基数，所以 PFCOUNT 命令在技术上是个写命令。

3）PFMerge 命令

语法：PFMerge destkey sourcekey [sourcekey ...]

参数说明：destkey 为存储合并后的 HyperLogLog 对象；sourcekey 为进行合并前的指定的 HyperLogLog 对象，允许指定多个 sourcekey 对象（合并时，进行并运算）。

返回值：总是返回 OK。

【例 7.155】PFMerge 命令使用实例。

```
r> PFAdd hyll1 1 2 3 4
(integer) 1
r> PFAdd hyll2 1 2 5 6
(integer) 1
r>PFMerge hyll hyll1 hyll2
"OK"
r>PFCount hyll
(integer) 6
```

7.2.12　地理空间命令

网站运行需要用到地理空间数据（地图），如旅游网想给旅客提供出行最佳路径选择、外卖网想给食客提供指定范围的合适的餐饮地址等。地理空间数据的特点是数据量大、更新相对不频繁、计算速度慢，而用户操作地图时，希望响应速度快，于是提高在线运算及响应速度非常关键！Redis 基于内存的快速处理数据的特点，为地图数据的处理提供了支持。

表 7.22 所示为 Redis 提供的地理空间操作命令。

表 7.22　地理空间操作命令

序号	命令名称	命令功能描述	执行时间复杂度
1	GEOAdd	将指定的空间元素添加到指定的 Key 里	O(log(N))
2	GEODist	返回指定位置之间的距离	O(log(N))
3	GEOHash	返回一个标准的地理空间的 GEOHash 字符串	O(log(N))
4	GEOPos	返回地理空间的经纬度	O(log(N))
5	GEORadius	查询指定半径内所有的地理空间元素的集合	O(N+log(M))
6	GEORadiusByMember	查询指定半径内匹配到的最大距离的一个地理空间元素	O(N+log(M))

1）GEOAdd 命令

语法：GEOAdd key longitude latitude member [longitude latitude member ...]

参数说明：key 为地理空间数据对象名（一个有序集合，存储了地理空间位置内容，经度、纬度、名称），longitude 为指定的经度值，latitude 为指定的纬度值，member 为地理位置名称，允许多 longitude latitude member 指定。

返回值：返回新添加的元素个数，不包括更新的元素个数。

【例 7.156】GEOAdd 命令使用实例。

```
r>GEOAdd Adress 121.47 31.23 "上海" 116.23 39.54 "北京"
                                                    //必须经度在前，纬度在后
(integer) 2
```

2）GEODist 命令

语法：GEODist key member1 member2 [unit]

参数说明：key 为地理空间数据对象名（由 GEOAdd 命令生成），member1 member2 为 key 里已经存在的地理位置名称，unit 为返回位置之间距离的单位，可以是 m（米）、km（千米）、mi（英里）、ft（英尺），默认为 m。

返回值：计算得到的距离会以双精度浮点数的形式被返回，如果指定的位置元素不存在，那么会返回空值。

【例 7.157】GEODist 命令使用实例。

```
r> GEODist Adress "上海" "北京" km             //在上述 1）代码执行的基础上执行
1084
```

3）GEOHash 命令

语法：GEOHash key member [member ...]

参数说明：key 为地理空间数据对象名（由 GEOAdd 命令生成）；member 为 key 里已经存在的地理位置名称，允许多个指定。

返回值：一个数组，数组的每个项都是一个 GEOHash；返回的 GEOHash 的位置与用户给定的位置元素的位置一一对应。

【例 7.158】GEOHash 命令使用实例。

```
r> GEOHash Adress "上海" "北京"                //在列 7.156 代码执行的基础上执行
1) "sqc8b49rny0"
2) "sqdtr74hyu0"
```

4）GEOPos 命令

语法：GEOPos key member [member ...]

参数说明：key 为地理空间数据对象名（由 GEOAdd 命令生成）；member 为 key 里已经存在的地理位置名称，允许多个指定。

返回值：返回一个数组，数组中的每个项都由两个元素组成，第一个元素为指定位置元素的经度，第二个元素则为指定位置元素的纬度；当指定的位置元素不存在时，对应的数组项为空值。

【例 7.159】GEOPos 命令使用实例。

```
r> GEOPos Adress "上海" "天津"                 //在上述 1）代码执行的基础上执行
1) 1) "121.47"
   2) "31.23"
2) (nil)
```

读书笔记

5）GEORadius 命令

语法：GEORadius key longitude latitude radius m|km|ft|mi [WITHCOORD] [WITHDIST] [WITHHASH] [COUNT count]

参数说明：key 为地理空间数据对象名（由 GEOAdd 命令生成）；longitude 为指定的经度值，latitude 为指定的纬度值；radius 为指定的半径距离数，距离的单位可以是 m（米）、km（千米）、mi（英里）、ft（英尺），默认为 m；可选项 WITHDIST，在返回位置元素的同时，将位置元素与中心之间的距离也一并返回；可选项 WITHCOORD，将位置元素的经度和纬度也一并返回；可选项 WITHHASH，以 52 位有符号整数的形式，返回位置元素经过原始 GEOHash 编码的有序集合分值，这个选项主要用于底层应用或者调试。COUNT 选项，返回所有匹配位置前 count 元素。

返回值：在默认情况下，返回所有匹配的位置名称列表；在有可选项的情况下返回一个二层嵌套数组，内层的每个子数组就表示一个元素。

【例 7.160】GEORadius 命令使用实例。

```
r> GEORadius Address 121.47 31.23 100 km WITHDIST //在 7.159 代码执行的基础上
                                                    执行

1)1)"上海"
  2)"121.47"
2) 1)"上海"
  2)"31.23"
```

6）GEORadiusByMember 命令

语法：GEORadiusByMember key member radius m|km|ft|mi [WITHCOORD] [WITHDIST] [WITHHASH] [COUNT count]

参数说明：主要参数使用方法同 GEORadius 命令。与 GEORadius 命令的唯一区别是，该命令的中心点坐标位置是由指定的 member 决定的。

返回值：在默认情况下，返回所有匹配的位置名称列表；在有可选项的情况下返回一个二层嵌套数组，内层的每个子数组就表示一个元素。

【例 7.161】GEORadiusByMember 命令使用实例。

```
r> GEORadiusByMember Address "上海" 100 km          //在 1）代码执行的基础上执行
1)"上海"
```

7.2.13　事务命令

Redis 事务命令要实现的功能，与关系型数据库所提供的事务（Transaction）功能类似。这意味着 Redis 可以可靠地连续执行相关数据操作命令，以保证数据要么被正确处理，要么不被处理。事实上不少 NoSQL 数据库产品，都在吸收传统关系型数据库技术的优点，它们的技术都在发展，以进一步互相取长补短。

基本的事务操作命令如表 7.23 所示。

读书笔记

表 7.23　基本的事务操作命令

序号	命令名称	命令功能描述	执行时间复杂度
1	Multi	标记一个事务块的开始	O(1)
2	Exec	执行所有事务块内的命令	事务块内所有命令的时间复杂度的总和
3	Discard	取消事务	O(1)
4	Watch	监视一个或多个 Key	O(1)
5	UnWatch	取消 WATCH 命令对所有 key 的监视	O(1)

1）Multi 命令

语法：Multi

参数说明：无。

返回值：总是返回 OK。

该命令必须与 Exec 配合使用，使用方法见下述 2）的代码。

2）Exec 命令

语法：Exec

参数说明：无。

返回值：事务块内所有的命令都被执行时，返回所有命令执行的返回值；若事务被中断，返回 nil。

【例 7.162】（Multi）Exec 命令使用实例。

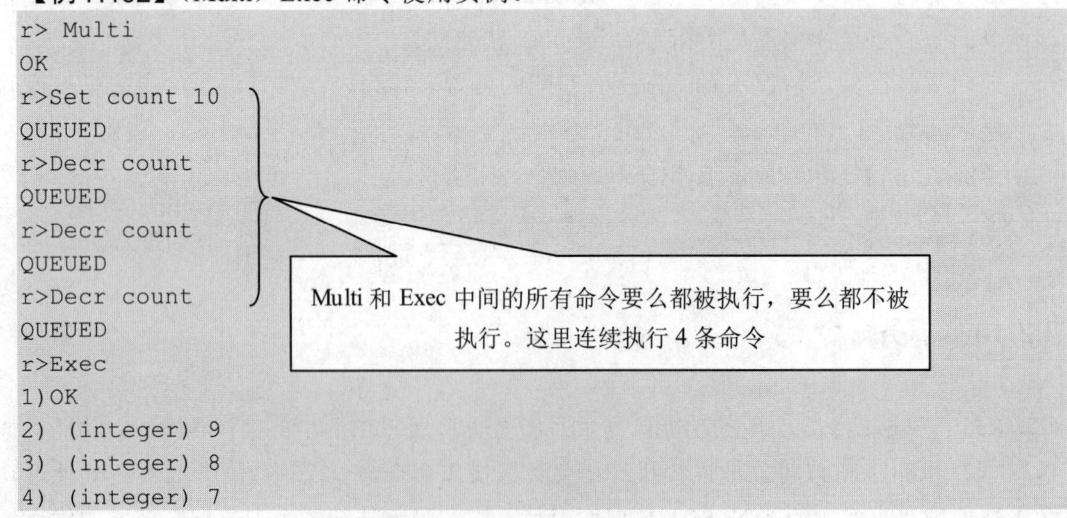

```
r> Multi
OK
r>Set count 10
QUEUED
r>Decr count
QUEUED
r>Decr count
QUEUED
r>Decr count
QUEUED
r>Exec
1)OK
2) (integer) 9
3) (integer) 8
4) (integer) 7
```

Multi 和 Exec 中间的所有命令要么都被执行，要么都不被执行。这里连续执行 4 条命令

3）Discard 命令

语法：Discard

参数说明：无。

返回值：总是返回 OK。

取消事务，放弃执行事务块内的所有命令。如果正在使用 Watch 命令监视某个（或某些）key，那么取消所有监视，等同于执行命令 UnWatch。

【例 7.163】Discard 命令使用实例。

```
r> Discard
OK
```

4）Watch 命令

语法：Watch key [key ...]

参数说明：监视一个（或多个）key，如果在事务执行之前这个（或这些）key 被其他命令所改动，那么事务将被打断。该命令配合 Multi、Exec 命令使用。

返回值：总是返回 OK。

【例 7.164】Watch 命令使用实例。

```
r> Watch w1 w2                    //先启动监视
OK
r>Set w2 0
OK
r>Multi
OK
r>Set w1 "One"
QUEUED
r>Incr w2                         //就在执行 Exec 前，假设 w1 的值被改变了
QUEUED
r>Exec
(nil)                             //Watch 会监测到 w1 被改变现象，然后终止该事务的执行，
                                    事务返回 nil
```

Exec 执行过后，Watch 作用自动取消。

5）UnWatch 命令

语法：UnWatch

参数说明：无。

返回值：总是返回 OK。

【例 7.165】UnWatch 命令使用实例。

```
r>Set w3 "Cat"
r>Watch w3
```

```
OK
r>UnWatch                                    //对 w3 的监视取消
OK
```

Discard 在取消事务的同时，也会取消对 Key 的监视。

7.2.14 集群命令

Redis 数据库设计之初是基于一台服务器的内存进行高速数据处理的，显然这个初始的设计目的限制了该数据库最大可处理数据量——最大的数据处理量不能超过一台服务器可利用内存空间。如一台内存容量为 500GB 的服务器，操作系统、Redis、其他辅助进程占用了该内存 20%的容量，那么 Redis 处理数据理论上最大可用实际内存为 400GB，这在大数据（TB 级别及以上的）访问情况下，显然是个问题；另外当一台 Redis 服务器出现故障时，将引起单点故障[①]，这在生产环境下是不被允许的，我们希望业务系统可持续运行下的平滑故障处理；另外分布式数据存放，可以提供读写分离功能支持，这将进一步提高客户端的操作响应性能（详见 10.2 节内容）。于是从 Redis 3.0 版本开始，引入分布式集群处理技术。

Redis 的集群（Cluster）概念，首先是指多服务器的物理部署，另外也指向配套的 Redis 数据库软件支持功能，主要指集群相关的各种操作命令及配置内容。

1. Redis 物理布置

在生产环境下，物理部署必须遵循主从复制部署原理要求，也遵循分片存储原理要求，这种部署实现原理与 MongoDB 的复制、分片原理是非常相似的（详见 4.2 节，也遵循 2.2.2 节的基本原理要求）。

2. Redis 数据库软件功能

在 Redis 数据库软件功能上，主要实现以下技术功能。

（1）单服务器的内存容量受限，在 Redis 里对应解决的技术方案为数据分片（分区）技术。

（2）单服务器的单点故障解决方案，主要为主从复制技术、哨兵（Sentinel）技术。

（3）单服务器超负荷访问问题的解决方案是分布式读写分离技术。

Redis 集群分布式处理示意如图 7.17 所示，带一主一从复制模式，并体现了分布式读

[①] 百度百科，单点故障，http://baike.baidu.com/item/单点故障?sefr=enterbtn。

写分离的特点（客户端 1、2、3 写入数据，客户端 4 读取数据）。

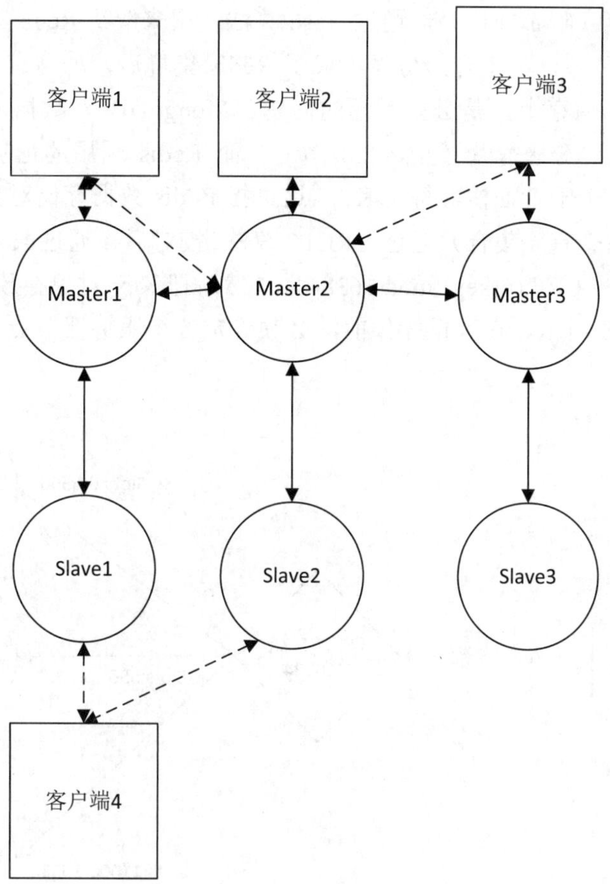

图 7.17　Redis 集群分布式处理示意图

读书笔记

说明

（1）在实际生产环境下，数据库技术人员必须重视对业务数据量发展趋势的跟踪和预测，在数据访问量达到一定极限之前决定是否采用 Redis 分布式技术。

（2）Redis 集群不支持处理多 key 对象的命令，如 MSet。因为不同 key 的对象可能存放在不同的服务器上，这给数据一致性带来问题，在高负荷情况下会导致不可预料的错误。

（3）Redis 支持主从复制模型，这样在至少有一主一从的情况下，一台服务器出故障，另外一台可以很快替代。

（4）Redis 不能保证数据的强一致性，这意味着集群在特殊情况下，可能会丢失数据。这也是该数据库系统在现有阶段，不建议用于高价值业务数据写处理的原因之一。

（5）Redis 集群不支持事务操作；集群只有 0 号数据库，不支持 Select 命令。

（6）Redis 横向服务器扩展，可以支持到 1000 个。

3. 集群命令相关的术语

（1）Hash Slots（哈希插槽），通过 Hash 算法，用来解决 Redis 分布式数据存储指定问题（Redis 数据分片）。当多台服务器组成了 Redis 集群后，如何有序地把 Redis 数据存储到指定的服务器的内存上，是必须考虑的问题。MongoDB 对数据的分布式存储使用了哈希分片、范围分片、分区分片（见 4.2.8 节），而 Redis 采用的是哈希插槽方法。Redis 为集群提供了 16384 个哈希插槽，每个 Key（这里指 Redis 数据存储对象，包括了字符串、列表、集合、散列表、有序集合）通过 CRC16 算法[①]校对后，通过取余数确定 16384 范围里的指定插槽（Slot = CRC16(key) mod 16384），然后把 Key 对象存放到对应范围的 Redis 服务器上，如图 7.18 所示。在数据操作前，必须设定各个服务器节点上的 Redis 配置，确保指定范围插槽。

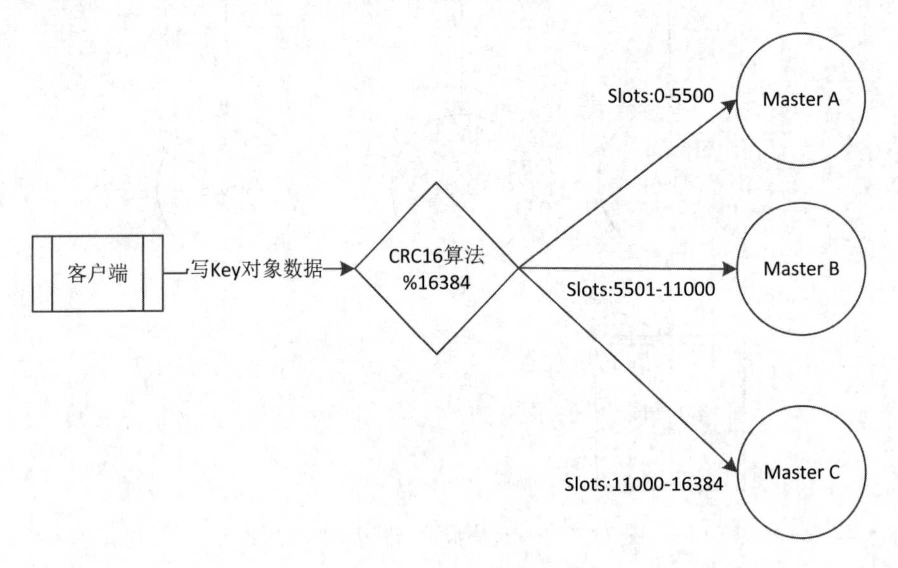

图 7.18　哈希插槽方法

（2）节点（Node），这里指服务器上装着的一个 Redis 数据库系统，Redis 允许在一台计算机上装多个数据库系统，但是在生产环境下一般是一台服务器装一套 Redis 数据库系统。具体表示时一个节点用 IP:Port 表示，IP 指具体的服务器地址，Port 为指定的 Redis 数据库安装端口号。

（3）Gossip，Redis 的节点之间的通信协议。Redis 为集群操作的消息通信单独开辟一个 TCP 通道，交换二进制消息。[②]

Ping/Pong：Redis 集群的心跳，每个节点每秒随机 Ping 几个节点。节点的选择方法是

---

① CRC 算法，http://www.redis.cn/topics/cluster-spec.html。

② 李航，优酷土豆高级工程师，深入浅出 Redis Cluster 原理，来自一次干货分享，https://sanwen8.cn/p/232z3Zk.html。

超过 cluster-node-timeout（节点互联超时参数，存放于节点服务器数据库的 Node.conf 文件里，默认值为 15000 毫秒）一半的时间还未 Ping 过或未收到 Pong 的节点，所以这个参数会极大影响集群内部的消息通信量。心跳包除了节点自己的数据外，还包含一些其他节点（集群规模的 1/10）的数据，这也是“Gossip 流言”的含义。

Meet/Pong：只有 Meet（见后续 Cluster Meet 命令介绍）后的受信节点才能加入到上面的 Ping/Pong 通信中。

集群节点间相互通信使用了 Gossip 协议的 Push/Pull 方式，Ping 和 Pong 消息节点会把自己的详细信息以及已经和自己完成握手的 3 个节点地址发送给对方，详细信息包括消息类型、集群当前的 Epoch（阶段，集群 Gossip 通信消息最新时钟状态版本号）、节点自己的 Epoch、节点复制偏移量、节点名称、节点数据分布表、节点 Master 的名称、节点地址、节点 Flag 和节点所处的集群状态。节点根据自己的 Epoch 和对方的 Epoch 来决定哪些数据需要更新，哪些数据需要告诉对方更新。然后根据对方发送的其他地址信息，来发现新节点的加入，从而和新节点完成握手。[①]

4．集群相关的操作命令

由于 Redis 集群实现相对比较复杂，在本节先对相关的命令功能进行基本介绍，然后在第 8～12 章进行综合应用介绍。

集群操作命令如表 7.24 所示。

表 7.24　集群操作命令

序号	命令名称	命令功能描述	执行时间复杂度
1	Cluster Info	获取 Redis 集群相关所有命令信息	O(1)
2	Cluster Meet	实现集群节点之间的通信	O(1)
3	Cluster Replicate	把 Master 节点改为 Slave 节点	O(1)
4	Cluster Nodes	列出当前集群的所有节点信息	O(N)
5	Cluster Forget	移除指定节点	O(1)
6	Cluster Reset	重新设置集合节点	O(N)
7	Cluster SaveConfig	将节点的配置文件保存到磁盘	O(1)
8	Cluster Set-Config-Epoch	为新节点设置特定的新的配置时间标志	O(1)
9	Cluster Slaves	提供为指定主节点相关的从节点信息列表	O(1)
10	Cluster Count-Failure-Reports	返回指定节点的故障报告数	O(N)
11	Cluster FailOver	手动从节点强制启动为主节点	O(1)
12	ReadOnly	在集群中的从节点开启只读模式	O(1)
13	ReadWrite	禁止读取请求跳转到集群的从节点上	O(1)
14	Cluster AddSlots	把 Hash 插槽分配给接受命令的服务器节点	O(N)

[①] 胡杰，redis3.0 cluster 功能介绍，http://blog.csdn.net/huwei2003/article/details/50973893。

读书笔记

续表

序号	命令名称	命令功能描述	执行时间复杂度
15	Cluster SetSlot	设置指定节点的插槽信息	O(1)
16	Cluster GetKeysSinSlot	返回连接节点指定 Hash Slot 里的 Key	O(log(N))
17	Cluster DelSlots	删除当前节点的指定插槽	O(N)
18	Cluster Slots	返回与插槽相关的节点信息	O(N)
19	Cluster KeySlot	计算 Key 应该被放置在哪个插槽上	O(N)
20	Cluster CountKeySinSlot	返回当前节点指定插槽中键的数量	(log(N))

本节命令代码的执行都基于 8.2 节已经安装 Redis 集群的环境。读者可以先熟悉下面的命令，再学 8.2 节的内容；也可以先根据 8.2 节的内容，完成集群环境的安装，然后再学命令。

1）Cluster Info 命令

语法：Cluster Info

参数说明：无。

返回值：以键值对形式返回所有集合相关的命令信息。

【例 7.166】Cluster Info 命令使用实例。

```
r>Cluster info                      //前提，要安装集群运行环境，详见 8.2 节，该命令
                                      在 127.0.0.1:8000 上操作
cluster_state:ok
cluster_slots_assigned:16384        //集群最大支持的插槽数
cluster_slots_ok:16384
cluster_slots_pfail:0
cluster_slots_fail:0
cluster_known_nodes:6               //6 个主从节点
cluster_size:3
cluster_current_epoch:8
cluster_my_epoch:4
cluster_stats_messages_sent:82753
cluster_stats_messages_received:82754
```

2）Cluster Meet 命令

语法：Cluster Meet ip port

参数说明：ip 为需要握手的目标服务器的 IP 地址，port 为目标服务器上 Redis 数据库端口号（通过数据库配置文件配置）。

返回值：如果命令执行成功，返回 OK；如果参数设置无效，返回出错信息。

各个服务器上安装完 Redis 数据库，并且设置完每台服务的配置文件后，各个节点之间还没有建立通信联系，需要通过 Cluster Meet 握手建立联系。这里假设刚刚安装并配置

完 127.0.0.1:8000（Master 服务器）和 127.0.0.11:8010（Slave 服务器），它们之间需要建立通信联系，采用如下命令实现。

【例 7.167】Cluster Meet 命令使用实例。

```
Redis127.0.0.1:8000> Cluster Meet 127.0.0.11:8010
OK
```

上述代码，在客户端 127.0.0.1:8000 上执行 Cluster Meet 命令连接目标 Redis 数据库 127.0.0.11:8010，连接成功，这两个数据库节点具备了互相通信能力。

3）Cluster Replicate 命令

语法：Cluster Replicate node-id

参数说明：node-id 指定需要修改角色的节点 ID，该 ID 可以通过 Cluster Nodes 命令预先获得。Redis 集群服务器的角色要么为 Master（主服务器），要么为 Slave（从服务器），该命令实现把 Master 节点修改为 Slave 节点。

返回值：如果角色修改成功，则返回 OK；若为其他情况，则返回出错信息。

【例 7.168】Cluster Replicate 命令使用实例。

假设 127.0.0.1:8000（默认安装为 Master 服务器）和 127.0.0.11:8010（默认安装为 Master 服务器）刚刚通过 Cluster Meet 建立握手动作，这里需要把 127.0.0.11:8010 设置为从服务器，由下面的命令来实现。

```
redis127.0.0.1:8000> Cluster Replicate 45baa2cb45435398ba5d559cdb574cfae-
4083893
OK
```

该序列号为节点 ID 号，可以通过 Cluster Nodes 获取

（1）该命令必须在指定的主节点客户端上执行：当执行成功，该主节点就与其他从节点建立主从关系；同时，新增的从节点自动与该集群里的其他成员建立了关系。如 A 是主节点，B、C、D 都规划为 A 的从节点，那么 A 与 B、C、D 分别建立主从角色关系后，B、C、D 之间自动建立了关系（通过集群心跳功能）。

（2）该命令的设置结果保存于 Redis 配置文件内。

4）Cluster Nodes 命令

语法：Cluster Nodes

参数说明：无。

返回值：返回集群配置节点详细信息。

【例 7.169】Cluster Nodes 命令使用实例。

```
//主接点信息
63162ed000db9d5309e622ec319a1dcb29a3304e 127.0.0.1:8000 master - 0
1442466371262 1 connected      //前面为主节点 ID 号，IP:port 后面为连接节点序列号
```

```
//从节点信息
45baa2cb45435398ba5d559cdb574cfae4083893 127.0.0.1:8010 Slave
63162ed000db9d5309e622ec319a1dcb29a3304e 0 1442466371262 1 connected
                    //前面为从节点 ID 号，IP:port 后面为主节点 ID 号和连接节点序列号
```

5）Cluster Forget 命令

语法：Cluster Forget node-id

参数说明：无。

返回值：如果节点移除成功，则返回 OK；若为其他情况，则返回出错信息。

【例 7.170】Cluster Forget 命令使用实例。

```
r>Cluster Forget 5d9f14cec1f731b6477c1e1055cecd6eff3812d4 //这里假设 127.0.0.
13:8012
OK
```

用该命令移除指定节点，实质上是在节点自带的节点列表（Nodes Table）上禁用移除的节点。移除指定节点，要满足以下条件。

（1）把指定节点（如 127.0.0.13:8012）的插槽转移，要确保指定移除的节点是空节点。

（2）要在与该节点产生关系的其他节点，执行 Cluster Forget 命令。

（3）若一个集群有 6 个节点，那么还需要通过 Cluster Forget 命令，移除其他节点上的 Nodes table 里的信息，这要求在相关的其他节点上都执行一下上述代码（有点麻烦，要求一个一个地移除！）。

为了防止在该命令执行期间，要移除的节点被其他节点使用，每个节点执行完该命令后，在禁止列表里自动设置 1 分钟的到期时间，这样操作人员有足够的时间，在 1 分钟内在所有相关节点上执行一下该命令。

（4）不能在当前节点上执行移除自己的操作。

6）Cluster Reset 命令

语法：Cluster Reset [HARD|SOFT]

参数说明：可选参数 HARD，为强制重新设置节点的 ID 号，并设置配置文件里的 urrentEpoch=0，configEpoch=0，lastVoteEpoch=0，也就是对 Redis 保存到磁盘上的配置文件内容进行持久性的更新；可选参数 SOFT 不更新磁盘上的上述内容，是该命令的默认选项。该命令除了重新配置节点集群设置外，还被广泛用于技术人员的集群设置测试。

返回值：如果集群重新设置成功，则返回 OK；反之返回出错信息。

【例 7.171】Cluster Reset 命令使用实例。

```
r> Cluster Reset Soft
OK
```

（1）如果被重置的节点上有数据对象（Key），则该命令不起作用，可以用 FlushAll 命令先把数据

对象清除；
（2）如果执行该命令的节点是从节点（Slave），而且是空节点的情况下，执行该命令，该节点将变成一个空的主节点（Master）。

7）Cluster SaveConfig 命令

语法：Cluster SaveConfig

参数说明：无。

返回值：把运行在内存中的节点配置信息，强制保存到磁盘的 Nodes.conf 中，若操作成功，则返回 OK；若失败，则返回出错信息。

该命令主要用于 Node.conf 文件在某些（丢失或被删除）情况下，可以重新生成配置信息。本章的一些集群配置命令执行后，要持久保存到磁盘配置文件上，最好也要用该命令刷新一下（Redis 另外提供了集群配置命令执行后的自动刷新机制）。

【例 7.172】Cluster SaveConfig 命令使用实例。

```
r> Cluster SaveConfig
OK
```

8）Cluster Set-Config-Epoch 命令

语法：Cluster Set-Config-Epoch config-epoch

参数说明：config-epoch 为当前节点指定的最新配置时间标志（整数），不同节点要求唯一。

返回值：设置成功返回 OK，否则返回出错信息。

该命令只适应以下情况：

（1）节点的节点表为空，也就是刚刚安装 Redis 数据库系统，还没有进行相关配置状态。

（2）当前节点配置时限为 0。

为节点设置配置时限，主要为每个节点数据库设置插槽范围，提供可操作时间。设置结果保存到 Node.conf 文件中。

【例 7.173】Cluster Set-Config-Epoch 命令使用实例。

```
r> Cluster Set-Config-Epoch 1          //为当前节点设置最新配置时间标志，每个节点
                                          值必须唯一
OK
```

9）Cluster Slaves 命令

语法：Cluster Slaves node-id

参数说明：node-id 为指定的主节点 ID 号。

返回值：该命令执行成功，返回指定主节点的从节点列表信息（返回内容格式同 Cluster Nodes 命令的返回结果）；如果指定的 node-id 不是主节点或不是节点对象 ID 号，则返回出错信息。

要执行该命令必须保证 ID 是正确的，且为 Master 数据库。这里选择了 127.0.0.1:8000 master 数据库（见命令 Cluster Nodes 命令执行结果）。

【例 7.174】Cluster Slaves 命令使用实例。

```
r> Cluster Slaves 63162ed000db9d5309e622ec319a1dcb29a3304e
略
```

读书笔记

10）Cluster Count-Failure-Reports 命令

语法：Cluster Count-Failure-Reports node-id

参数说明：node-id 为指定节点的 ID 号。

返回值：返回指定节点的故障报告数。该命令主要用于技术人员内部调试。

【例 7.175】Cluster Count-Failure-Reports 命令使用实例。

```
r> Cluster Count-Failure-Reports 63162ed000db9d5309e622ec319a1dcb29a3304e
(integer) 0
```

11）Cluster FailOver 命令

语法：Cluster FailOver [FORCE|TAKEOVER]

参数说明：可选参数 FORCE 如果被使用，那么从节点（从服务器数据库）不会与对应的主节点执行任何握手，这可能导致从节点无法访问对应的主节点（这在主节点无法使用时，比较有用）。TAKEOVER 可选项，实现从节点故障转移操作时，不与其他节点进行联系，该方式只适用于特定场景（在不同数据中心之间提供新的节点），慎用。

返回值：如果手动故障转移成功，则返回 OK；若操作失败，则返回出错信息。

该命令只能在从服务器数据库上执行。主要用于一台主服务器出现故障后，把对应的一台从服务器升级为主服务器，并能保证数据的安全和一致。手动进行故障转移，更多的是技术人员实现对无故障的主服务器进行 Redis 系统版本升级工作等，而采取的方法。该命令在没有可选参数的情况下，先要求对应的主服务器停止处理来自客户端的查询命令；然后，主服务器数据库把复制偏移量部分的数据复制到该从服务器（确保从服务器数据库数据与对应的主服务器数据库数据一致）；从服务器数据库等复制行为结束后，启动故障切换，把自己升级为主服务器，并获得新的配置时限，把执行结果广播给其他节点；旧主服务器数据库取消对客户端访问限制，并把客户端访问重新定向到新的主服务器上。

【例 7.176】Cluster FailOver 命令使用实例。

```
r> Cluster FailOver                    //对当前的从数据库进行手动故障转移
OK
```

在 Redis 数据库服务器集群的情况下，技术人员必须考虑主节点出故障的问题。当一台主节点服务器出故障时，希望从服务器马上能升级为对应的主服务器，履行主服务器的责任，而不对业务系统的使用产生影响。FailOver 由失败判定和 Leader 选举两部分组成，Redis Cluster 采用去中心化（Gossip 通信协议）的设计，每个节点通过发送 Ping（包括 Gossip 信息）/Pong 心跳的方式来探测对方节点的存活。如果心跳超时，则标记对方节点（假设 B 节点）的状态为 PFail，这个意思是说该节点认为对方节点可能失败了，有可能是网络闪断或者分区等其他原因导致通信失败。但是要真正确定 B 是不是出故障了，则需要集群半数以上的 Master 节点认为 B 节点处于 PFail 状态，才正式将 B 节点标记为 Fail。这里由 Gossip 负责统计各个节点发过来的失败报告列表信息，当失败报告数量超过 Master 节点的半数以上时，就立即把 B 节点标记为 Fail，并通过消息广播给整个集群节点。为了避免误报，每个节点提交失败报告列表时，会加一个有效期（又称时间窗口，默认 30 秒，见 Node.conf 文件的 cluster-node-timeout 参数），用来保证在一定时限内，失败报告数量超过半数时，才可以标记为 Fail。Leader 选举，用于一台主服务器出故障时，通过其他 Master 的投票，自动决定一台从服务器升级为新的主服务器，详细过程在此略。从这里可知 Redis 故障转移，可以分自动故障转移和手动故障转移两种方法。

12）ReadOnly 命令

语法：ReadOnly

参数说明：无。

返回值：命令执行成功返回 OK；否则返回出错信息提示。

在 Redis 默认集群环境下，Slave 服务不为客户端提供读服务，可以通过设置 ReadOnly 命令，允许客户端直接读取指定 Slave 服务器数据库的读服务。该命令必须在指定 Slave 的客户端上执行。

【例 7.177】ReadOnly 命令使用实例。

```
Redis 127.0.0.1:8012>Readonly        //对指定的 IP:port 号的从服务器设置只读命令
OK
```

13）ReadWrite 命令

语法：ReadWrite

参数说明：无。

返回值：执行成功，返回 OK，其他情况返回出错信息。

【例 7.178】ReadWrite 命令使用实例。

```
Redis 127.0.0.1:8012>ReadWrite       //取消 ReadOnly 设置，恢复 Slave 服务器默认
                                       状态
OK
```

14）Cluster AddSlots 命令

语法：Cluster AddSlots slot [slot ...]

参数说明：slot 为需要新增加的插槽序号。

返回值：命令执行成功返回 OK；否则返回出错提示信息。

在特殊情况下，需要为某节点服务数据库新增插槽，就要用到该命令。

【例 7.179】Cluster AddSlots 命令使用实例。

```
r> Cluster AddSlots 1 2 3            //1、2、3 都为新增的插槽序号，不能已被其他节点
                                       使用
OK
```

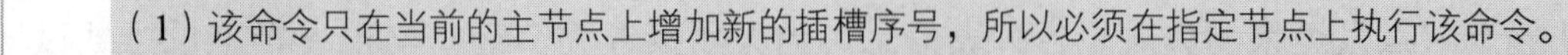

说明

（1）该命令只在当前的主节点上增加新的插槽序号，所以必须在指定节点上执行该命令。

（2）新增加的插槽序号，必须在该集群范围没有被任何节点使用过，不然，该命令拒绝执行。

（3）同一个插槽序号，不能被反复添加。

（4）该命令执行会产生一个附带问题，若某节点配置文件里已经存在 importing 设置值，则该命令执行成功，会把该配置值清除。

15）Cluster SetSlot 命令

语法：Cluster SetSlot slot IMPORTING|MIGRATING|STABLE|NODE [node-id]

参数说明：slot 为指定的插槽序号：node-id 为目标节点 ID 号。该命令通过以下 4 种子命令方式的不同组合，实现插槽在不同节点（必须为 Master 节点）之间的迁移。

（1）IMPORTING，从 node-id 指定的节点中导入插槽（slot）到当前节点，并把当前节点配置文件里的插槽参数设置为导入状态。

（2）MIGRATING，将本节点的插槽迁移到 node-id 指定的节点中，并把当前节点设置为迁移状态。

（3）STABLE，取消当前节点对插槽的导入或迁移状态设置。

（4）NODE，将插槽 Slot 迁移到 node_id 指定的节点，如果该插槽已经迁移到另一个节点，那么先让另一个节点删除该插槽，再进行迁移。

返回值：若取消成功，则返回 OK；否则返回出错信息。

【例 7.180】Cluster SetSlot 命令使用实例。

该序列号为节点 ID 号，可以通过 Cluster Nodes 获取

```
r> Cluster SetSlot 1 Migrating 0d1f9c979684e0bffc8230c7bb6c7c0d37d8a5a9
OK
```

这里假设该命令是在 127.0.0.1:8000 上执行，命令后的 node-id 为 127.0.0.1:8001（要求该节点为主节点）。执行成功，把 8000 节点上插槽 1 迁移到 8001 的节点上了。

```
r> Cluster SetSlot 1 Importing 0d1f9c979684e0bffc8230c7bb6c7c0d37d8a5a9
OK  //把节点 8001 的 1 插槽迁移回节点 8000
```

显然，Migrating 是移出插槽，Importing 是移入插槽，上述两子命令执行完成后，状态将被自动清除，并把迁移结果信息广播给整个集群。但是需要注意的是该命令仅迁移插槽序号，不迁移数据（迁移数据，详见 8.2 节）。

```
r> Cluster SetSlot 1 Stable
OK  //把节点 8000 的配置文件里的插槽迁移/导入状态，进行清除
```

Stable 子命令主要用于 Master 节点迁移/导入状态出现混乱时，做技术处理。

```
r> Cluster SetSlot 1 Node 8c8c363fed795d56b319640ca696e74fbbbd3c
OK
```

该命令不太适合单独执行，容易引起集群混乱，可以通过 Redis 提供的集群配置工具来执行。

读书笔记

16）Cluster GetKeysSinSlot 命令

语法：Cluster GetKeysSinSlot slot count

参数说明：slot 为当前主节点的指定插槽序号，count 为将要返回的插槽里的 key 对象的列表。

返回值：返回指定插槽下的 key 对象的列表，若没有 key 对象，则返回空列表。

【例 7.181】Cluster GetKeysSinSlot 命令使用实例。

```
r> Cluster GetKeysSinSlot 2 10          //假设在 8000 端口节点上，有插槽 2
(nil)
```

17）Cluster DelSlots 命令

语法：Cluster DelSlots slot [slot ...]

参数说明：slot 为当前主节点上的指定的插槽序列号，允许多插槽指定。

返回值：若指定插槽删除成功，则返回 OK；其他情况，返回出错信息。

【例 7.182】Cluster DelSlots 命令使用实例。

```
r> Cluster DelSlots 2 3                 //假设在 8000 端口节点上，有插槽 2、3
OK
```

注意

（1）指定插槽序列号必须在当前节点上，否则出错；一旦该命令执行成功，在删除对应插槽的同时，也会删除插槽指向的 Keys 数据，这在实际生产环境下非常危险，慎用！

（2）该命令执行后，可能会产生一些相关问题。如特殊情况下，被删除插槽的节点会处于关闭状态，导致整个集群不可用。

（3）该命令主要用于技术测试。

18）Cluster Slots 命令

语法：Cluster Slots

参数说明：无。

返回值：执行成功，返回带 IP/Port 影射的插槽范围列表。

【例 7.183】Cluster Slots 命令使用实例。

```
r>Cluster Slots                         //在任何一台 Master 客户端执行
1)1) (Integer)0                         //8000 节点开始插槽序列号
  2)(Integer)5460                       //8000 节点结束插槽序列号
  3)1)"127.0.0.1"                       //Master 节点 IP
    2) (Integer)8000                    //Master 节点 Port 号
```

读书笔记

```
  4) 1)"127.0.0.1"                                //Slave 节点 IP
     2) (Integer)8010                             //Slave 节点 Port 号
2)1) (Integer)5461                                //第二个主节点相关列表信息开始，
                                                    具体内容略
     …
```

19）Cluster KeySlot 命令

语法：Cluster KeySlot key

参数说明：key 为指定的 Redis 数据对象名，在当前节点必须存在。

返回值：返回指定 key 产生的哈希插槽序列号（整数）。

该命令主要用于技术人员内部测试，直接业务系统代码调用慎用。

【例 7.184】Cluster KeySlot 命令使用实例。

```
r> Cluster KeySlot MyfirstSet{hash_tag}           //要确保 MyfirstSet 集合存在
(Integer)2100                                     //产生一个插槽序列号
```

20）Cluster CountKeySinSlot 命令

语法：Cluster CountKeySinSlot slot

参数说明：Slot 为当前节点的指定插槽的序列号。

返回值：返回指定插槽下的 Keys 的数量；如果插槽序列号不合法，则返回出错信息。

【例 7.185】Cluster CountKeySinSlot 命令使用实例。

```
r> Cluster CountKeySinSlot 1
(integer)0                                        //0 为没有 Key 数据对象，该插槽内
                                                    是空的
```

7.3 Redis 配置及参数

Redis 在默认配置文件的情况下，也可以很好地运行，但是在实际生产环境下，为了保证 Redis 数据库高效、安全、有序地运行，必须对 Redis 配置文件及相关参数熟练掌握，并合理设置。另外，通过学习 Redis 配置文件相关参数，有利于读者更好地了解 Redis 命令执行的过程。

7.3.1 Config 配置文件

在 Redis 数据库中，也存在配置文件参数的配置要求，通过统一文件配置，可以保证 Redis 数据库更好地支持各项命令的执行，这个文件通常叫 Redis.conf，存放于 Redis 数据库系统的安装目录下。

Redis.conf 文件里的参数以参数名+参数值的形式出现，允许出现多参数值，中间用空

格隔开。如果指定的参数值中包含空格，可以用双引号括起来，如“Master 1”。

在 Redis 数据库系统刚刚安装完成启动数据库服务时，在操作系统环境下必须采用如下格式才能生成 Redis.conf 文件，不然，Redis 会启动内存自带的配置文件（在硬盘安装路径下无法找到）。

```
$ ./redis-server redis.conf
```

设置 Redis.conf 文件参数有以下几种形式。

（1）启动 Redis 服务器，带参数配置，该方法适合技术人员的测试使用。

```
$ ./redis-server -slaveof 127.0.0.1 8000    //通过该方式传递参数，必须在参数前加--
r>
```

该执行方式，先直接影响内存上的配置文件项，如果 Redis 开启了持久性，在一定的时间间隔的情况下，自动会刷新到磁盘 Redis.conf 文件上。所以，在刷新前，若节点出现停电等问题，将导致新增配置内容丢失。

（2）在 Redis 服务运行期间，通过配置命令，更改参数设置。

Redis 允许在运行期间更改服务器配置参数，如 Cluster Meet、Cluster FailOver 等命令的执行，附带影响相关参数设置值；也可以通过 Congfig set 和 Config Get 命令来实现（部分参数不支持它们，详见 7.2.8 节）。

```
r>Config Get *                          //获取当前节点的 Redis.conf 信息
//下面为 Redis.conf 文件的详细内容
# Redis configuration file example

# Note on units: when memory size is needed, it is possible to specify
# it in the usual form of 1k 5GB 4M and so forth:
#
# 1k => 1000 bytes
# 1kb => 1024 bytes
# 1m => 1000000 bytes
# 1mb => 1024*1024 bytes
# 1g => 1000000000 bytes
# 1gb => 1024*1024*1024 bytes
#

# units are case insensitive so 1GB 1Gb 1gB are all the same.

# GENERAL  #

# By default Redis does not run as a daemon. Use 'yes' if you need it.
# Note that Redis will write a pid file in /var/run/redis.pid when daemonized.
daemonize no                            //是否启动守护进程，默认为 no，设置为
                                          yes，就意味着启动守护进程

# When running daemonized, Redis writes a pid file in /var/run/redis.pid by
```

```
# default. You can specify a custom pid file location here.
pidfile /var/run/redis.pid          //当启动守护进程，可以在这里设置 redis.pid
                                      文件的另存路径

# Accept connections on the specified port, default is 6379.
# If port 0 is specified Redis will not listen on a TCP socket.
port 6379                           //Redis 服务数据库端口号
…                                   //显示全部配置内容将达到 600 余条记录，在此省
                                      略，读者可以在自己计算机上测试
```

这里可以通过如下命令，修改 Port 号。

```
r>config Set port 8000
OK
```

配置文件主要参数有常用（General）、快照（SnapShotting）、主从复制（Replication）、安全（Security）、限制（Limits）、AOF 持久化（Append Only Mode）、Lua 脚本运行最大时限（Lua Scripting）、Redis 集群（Redis Cluster）、慢命令记录日志（Slow Log）、延迟监控（Latency Monitor）、数据集事件通知（Event Notification）、高级配置（Advanced Config）。

（3）把 Redis 配置成为一个缓存。

如果在实际的业务应用中，只把 Redis 当作缓存使用（不产生磁盘持久性功能），则需要对所有 Keys 对象配置指定过期时间（通过 Expire 命令）。这里可以采用如下方式一次性设置过期时间。

```
r>Config Set maxmemory 2mb          //假设最大内存使用量为 2MB
OK
r>Congfig Set maxmemory-policy allkeys-lru
OK
```

上述代码执行后，当 Redis 使用的空间达到最大值时，自动使用 LRU[①]算法删除某些不常用的 Key 对象。

7.3.2 配置文件参数

在 Redis.Conf 文件里主要参数如下（Redis 3.2.8 版本）。

1. 常用配置参数

1）daemonize yes

守护进程，在 3.2 版本以前默认值为 no，在 3.2 版本后默认值为 yes。如果 Redis 没有

① 将 Redis 当做使用 LRU 算法的缓存来使用，http://www.redis.cn/topics/lru-cache.html。

配置访问密码并绑定 IP 地址，在 yes 情况下，只能进行本地访问，拒绝外部访问；如果配置访问密码并绑定 IP 地址，则可以设置为 yes。该参数为加强访问安全，在调试模式下，可以设置为 no。

2）pidfile /var/run/redis.pid

在 daemonize yes 的情况可以为生成的 redis.pid 文件指定其他路径，默认为 /var/run/redis.pid。

3）bind 127.0.0.1

bind 用于绑定安装 Redis 数据库的服务器 IP 地址，默认值为 127.0.0.1。

4）port 6379

Redis 数据库监听端口，默认为 6379，允许一台服务器装多个 Redis 数据库，在此情况下，必须用不同端口区分数据库实例。

5）timeout 300

timeout 参数用于设置客户端空闲时间是否超过时限，若超过指定时限，则连接的服务器将断开，默认值为 300 秒；若其值设置为 0，服务器就不会主动跟客户端断开连接。

6）tcp-keepalive 0

该参数默认值为 0，当设置为 SO_KEEPALIVE 值时，可以检测终止的客户端。在 Linux 内核中，设置 SO_KEEPALIVE 值，Redis 会定时给客户端发送 ack 消息。此选项的合理值为 60 秒。

7）loglevel notice

指定 Redis 数据库日志的级别：Debug，日志可以记录很多信息，方便开发、测试；verbose，默认值，记录的信息不如 Debug 级别多；notice，适合生产环境；warn，日志只记录非常重要的信息。

8）logfile /var/log/redis.log

指定 Redis 日志文件名及存放路径；如果指定内容为空字符串，Redis 就会把日志打印到标准输出设备。

9）databases 16

在 Redis 一个数据库系统实例上，可以建立的数据库数量，默认为 16 个。可以通过 Select 命令切换选择一个数据库。数据库个数的使用范围为 0 到个数-1。如设置 16 个的情况下，数据库使用范围为 0～15。0 为 0 号数据库，1 为 1 号数据库，依此类推。

2．快照配置参数

1）save

```
save 900 1          //900 秒内至少有 1 个 key 被改变，则把数据持久化到磁盘上。
save 300 10         //300 秒内至少有 300 个 key 被改变，则把数据持久化到磁盘上。
save 60 10000       //60 秒内至少有 10000 个 key 被改变，则把数据持久化到磁盘上。
```

如果通过#注释符号注释掉 save，则在内存里的数据，就不能持久化到磁盘上了。

2）stop-writes-on-bgsave-error yes

当采用 RDB 方式持久化出现错误后，是否继续进行持久化工作？默认设置为 yes。但是如果数据库技术人员已经设置对 Redis 数据库系统的正确监视和持久性，则应该设置为 no，以保证磁盘出问题时，能继续正常工作。

3）rdbcompression yes

存储至磁盘上时是否压缩数据，默认为 yes。

4）dbfilename dump.rdb

存储到本地磁盘上数据库文件名，默认为 dump.rdb。

5）dir /var/lib/redis

指定的数据库存放路径，默认为./。

3．复制配置参数

1）slaveof 10.0.0.12 6379

当本机为从服务节点时，设置主服务节点的 IP 及端口号。

2）masterauth <master-password>

如果 Master 节点数据库通过 requirepass 参数设置了访问密码，那么 Slave 节点连接对应的 Master 节点前，必须用该参数设置与 Master 对应的密码，才能访问 Master 节点。在不使用该参数的情况下，默认用#符号注释掉了该参数。

3）slave-serve-stale-data yes

当 Salve 节点与 Master 节点连接断开或正在进行主从数据复制时，从数据库有以下两种运行方式。

（1）该参数设置为 yes 时，从数据库会继续响应客户端的请求。

（2）设置为 no 时，从数据库除了可以执行 Info 和 Slaveof 命令外，其他任何请求都会返回出错信息 SYNC with master in progress。

4）slave-read-only yes

在生产环境下通过该参数设置 yes（默认值），保证 Slave 节点只允许客户端读取数据，提高了使用环境的安全性；设置为 no，则允许往 Slave 写入数据，一般不建议这么做。

5）repl-diskless-sync no

在生产环境下，当 Slave 节点重新连接 Master 数据库时，存在 Master 节点与 Slave 节点数据不同步问题，需要从 Master 节点复制数据到 Slave 节点，以保证主从节点的数据一致性。目前，Redis 支持两种复制方式：disk 和 socket 方式。当该参数设置为 no（默认值）时，则执行 socket 方式；若设置为 yes，则执行 disk 方式。

socket 方式为 Master 直接把数据传递给 Slave 节点，一个 Slave 节点传输完毕，再传其

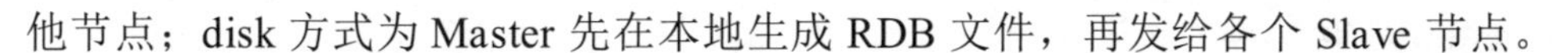

他节点；disk 方式为 Master 先在本地生成 RDB 文件，再发给各个 Slave 节点。

6）repl-diskless-sync-delay 5

在 socket 方式启动主从复制时，可以通过该参数配置执行延迟时间，默认为 5 秒，这样可以让更多的从节点加入复制连接状态，实现一次多从节点复制数据过程。因为一旦启动复制状态，没有请求的其他从节点不能在复制期间申请复制数据要求，也就是复制具有独占性。要禁用该参数，把其值设置为 0。

7）repl-disable-tcp-nodelay no

该参数设置用于控制 Master 节点往 Slave 节点复制数据时数据量的大小。当设置为 no（默认值）时，数据传输时带 tcp nodelay 参数，数据延迟现象减少；当设置为 yes 时，数据传输时不带 tcp nodelay 参数，数据包变小，但是更容易出现数据传输延迟现象；在数据传输量很大的情况下，建议选择 yes。

8）slave-priority 100

当一个 Master 节点不可用时，Redis 会根据哨兵（Sentinel）监管方式，优先选择一个优先级最低的 Slave 节点作为新的 Master 节点。如有三个 Slave 节点，它们的优先级分别为 10、20、50，那么优先级最低的那个 Slave 节点将被选举为新的 Master 节点。该默认参数为 100，当一个 Slave 节点参数设置为 0 时，将不会被选为 Master 节点。

4．安全配置参数

1）requirepass foobared

该参数默认被#注释（不启用），如果 Redis 节点数据要求被使用密码访问，则通过启用该参数，强制要求客户端访问节点时，提供 AUTH 命令来认证密码。

2）rename-command CONFIG b840fc02d524045429941cc15f59e41cb7be6c52

该参数默认被#注释。为了防止 Redis 一些危险的命令被客户端调用，可以通过 rename- command 命令，实现对危险 Redis 命令的重新命名。这样，客户端就无法使用对应的命令了，而内部工具还能接着使用。这里 rename-command 把 Config 命令重新命名为 b840fc02d524045429941cc-15f59e41cb7be6c52。可以采用该方式禁止一个命令，如 rename-command CONFIG ""。

5．限制配置参数

1）maxclients 10000

Redis 节点最大客户端同时连接数，默认值是 10000 个客户端连接，建议最小设置值为 32 个，如果超过该最大连接限制数，Redis 将给新的连接发送 max number of clients reached，并关闭连接。该参数默认被#注释，意味着不限制客户端的连接数。在实际生产环境下，建议设置限制，防止 Redis 访问出现异常。

2）maxmemory <bytes>

设置节点 Redis 数据库系统运行的最大内存数值。达到最大内存设置后，Redis 将依据驱逐策略（见 maxmemory-policy），先尝试清除已到期或即将到期的 Key；当 Redis 无法删除 Keys 或驱逐策略设置为 noevication 时，将对写命令回复出错信息，并只允许节点执行只读命令。如果在 Slave 节点设置该参数，则需要考虑预留给输出缓冲区的大小，设置该参数时应该减去输出缓冲区的大小（如果策略为'noeviction'，则不需要）。如果 Redis 数据库只用来做缓存，则可以设置该参数。默认被#注释（不启用）。设置例子：maxmemory 1GB。

3）maxmemory-policy noeviction

当使用内存超过 maxmemory 设置值后，可以采用以下 6 种处理方式。

（1）volatile-lru，使用 LRU 算法删除带有过期（Expire）设置的 Key 对象。

（2）allkeys-lru，根据 LRU 算法删除任何 Key 对象。

（3）volatile-random，根据随机函数删除带有过期设置的 Key 对象。

（4）allkeys-random，根据随机函数删除任何被确定的 Key 对象。

（5）volatile-ttl，删除最近过期时间（次要 TTL）的 Key 对象。

（6）noeviction，所有内存 Key 对象不过期，只是在超出内存最大限制范围后，返回出错信息给写操作对象。默认被#注释（不启用）。

6．AOF 持久化配置参数

1）appendonly no

默认情况下，Redis 采用异步把数据刷新到磁盘上做数据持久化，但是当服务器产生停电等问题时，可能会导致几分钟的写入数据丢失（结合 save 参数指定的时间间隔刷新数据保存），该数据持久方式称为 RDB 方式；启用该参数，则提供了另外一种称为 AOF 的数据持久方式，可以提供更好的数据保存安全特性，每次节点写入数据时，同步把数据写入 appendonly.aof 文件，当停电等发生后，重起 Redis 数据库，可以通过该文件恢复数据。设置该参数的值为 yes，代表开启 AOF 持久化；默认值为 no。

2）appendfilename appendonly.aof

AOF 更新日志文件名，默认值为 appendonly.aof（被#注释）。

3）appendfsync everysec

AOF 持久化策略配置，该参数有以下 3 种设置值。

（1）no，表示不执行 fsync，由操作系统保证数据同步到磁盘，速度最快。

（2）always，表示每次写入都执行 fsync，以保证数据同步到磁盘。

（3）everysec，表示每秒执行一次 fsync，可能会导致丢失这 1 秒内的写入数据。

4）no-appendfsync-on-rewrite no

在 AOF 执行过程，会产生大量 I/O（输入/输出流），如果 AOF 持久化策略采用的是

everysec 和 always，执行 fsync 会造成阻塞过长时间。如果对延时很敏感的业务系统，则应该设置该参数为 yes，但是这将导致在特定情况下，丢失 30 秒以内发生的写数据；设置 no（默认值），则持久性数据更安全。

5）auto-aof-rewrite-percentage 100

在 AOF 持久化方式下，appendonly.aof 文件不能无限增大。在一定大小时（数据已经刷新到磁盘上），应该考虑重写该文件。这个大小限制数由该参数指定。值为 AOF 文件大小的百分之多少，触发 bgrewriteaof 命令实现对 AOF 文件的重写。这里默认值为 100%，也就是指定 AOF 文件达到了 2 倍大小时，自动启动重写命令。

6）auto-aof-rewrite-min-size 64mb

设置允许重写的 AOF 文件大小的最小值，64MB 为默认值。

7）aof-load-truncated yes

在 Redis 重启处理 AOF 文件时，发现该文件尾部不完整（出现 AOF 文件被破坏问题），在这样的情况下，Redis 系统可能会发生崩溃问题，该参数就是用来解决该问题的。如果参数值设置为 yes（默认值），Redis 启动时，会产生出错日志以通知用户；设置为 no，服务器将终止 Redis 数据库系统的启动，并给出出错信息。技术人员可以先使用 redis-check-aof 实用程序来修复 AOF 文件，再重启 Redis。

7. Lua 脚本配置参数

lua-time-limit 5000

设置 Lua 脚本的最大执行时间（单位：毫秒），5000 毫秒为默认时间；其值设为 0 时，将无限时地执行 Lua 脚本。当 Lua 脚本执行时间超过该参数的设置时限后，脚本继续执行，Redis 将记录脚本的相关信息，而且 Redis 只有 SCRIPT KILL 和 SHUTDOWN NOSAVE 可用。

8. 集群配置参数

1）cluster-enabled yes

集群启动开关，默认所安装的 Redis 节点不是集群模式。只有去掉注释符号#，并且参数值为 yes 的情况下，启动节点才为集群模式。

2）cluster-config-file nodes-6379.conf

集群配置文件的名称，每个节点都有一个集群相关的配置文件，持久化保存集群的信息。它不需要手动配置，由 Redis 节点生成并更新，每个 Redis 集群节点需要一个单独的配置文件，请确保与实例运行的系统中配置文件名称不冲突。把节点集群配置文件命名为 nodes-端口号，是个好习惯。

读书笔记

3）cluster-node-timeout 15000

集群节点互连超时设置，默认值为 15000 毫秒。

4）cluster-slave-validity-factor 10

从节点故障转移有效因子。在 Master 出现故障后，备用的所有 Slave 节点都会申请升级为 Master 节点，但是有些 Slave 节点由于与 Master 断开时间比较长，导致数据比较陈旧，这样的节点不应该被升级为 Master 节点。该参数就是用来判断 Slave 节点断开时间是否过长。该参数仅用于 Slave 节点设置。

5）cluster-migration-barrier 1

该参数在 Master 节点上设置，用于迁移 Slave 节点时，优先保证自己的 Slave 节点个数。如该 Master 实际连接着两个 Slave 节点，而且这两个节点都正常工作，该参数值设置为 1，于是把其中一个 Slave 迁移到另外的一个 Master 节点是被允许的。1 为默认值，代表该 Master 下必须要保留一个有效的 Slave 节点。若要禁用迁移，可以把该参数值设置为很大值；也可以设置为 0 值，但是这样的设置只用于内部测试，在生产环境下使用比较危险。

6）cluster-require-full-coverage yes

默认情况下（设置 yes），Redis 集群检测到有哈希插槽没有被节点使用，就会停止接受查询，然后会导致整个集群不可用。该参数被设置为 no，则允许哈希插槽在没有被全部分配到节点的情况下使用集群，但是这样可能会造成数据不一致问题的发生，所以一般不建议启用 no 值。

9．慢命令记录日志配置参数

1）slowlog-log-slower-than 10000

Slow Log 是用来记录 Redis 命令执行超过规定时限的命令相关信息。该参数就是用来设置命令执行时限的一个阈值。10000 微秒（10 毫秒）是默认值，设置负数时会禁用慢命令记录日志，0 值时会强制记录所有命令。

2）slowlog-max-len 128

设置慢命令记录日志的长度，默认值为 128 条。这个长度没有限制，只要有足够的内存。可以用 SLOWLOG RESET 命令来释放日志使用的内存空间。

10．延迟监控配置参数

latency-monitor-threshold 0

监控超过设置值数的延迟操作命令，如 100 毫秒，默认值为 0（毫秒）代表关闭该监控功能。

11．数据集事件通知配置参数

notify-keyspace-events ""

以订阅方式接收那些改动了数据集合内容的事件命令，因为开启该方式会消耗一些 CPU 计算资源，所以默认配置下不使用该参数。

12．高级配置参数

略，详见 Redis 提供的官网文档。

7.4　Java 连接 Redis 数据库

Redis 支持 C、C#、C++、D、Go、Java、Perl、PHP、Python、R、Ruby 等代码语言的开发[①]。考虑到国内实际情况——Java 是国内最流行的代码开发语言之一，及 Linux 生产平台等的运行需要，这里选择 Java 语言来演示基于 Redis 的应用功能。本节提供基于 Java 的 Redis 连接配置和连接代码，后续几个 Redis 相关章节的 Java 案例都基于本节的内容，进行功能应用实现。

利用 Redis 和 Java 实现业务系统的开发，先需要准备开发环境，具体步骤如下。

第一步，安装 Redis 数据库系统，单机安装见 7.1.2 节，集群安装见（8.2 节）。

第二步，安装 Java 开发环境，如 Eclipse。

第三步，下载 jedis.jar 安装包，安装 Java redis 驱动程序。

jedis.jar 安装包下载地址：

地址一，https://github.com/xetorthio/jedis/releases。

地址二，https://mvnrepository.com/artifact/redis.clients/jedis。

把安装包 jedis-jedis-2.9.0.zip（2017 年最新版本）解压到 Java 的 classpath 中。

第四步，在 Java 开发工具上新建 Java 项目，建立跟 Redis 数据库连接的配置文件、建立跟 Redis 数据库连接的代码功能，就可以在此基础上，进行各种应用系统功能开发。

7.4.1　Redis 连接配置

在生产级别的应用系统上，对于与数据库的基本连接参数等统一保存到应用系统的项目配置文件里，是一种通行的做法，可以增强业务系统的环境适应能力和迁移的灵活性。

---

① Redis 能支持的开发语言清单见其官网：https://redis.io/clients。

如应用系统连接指向的 A 数据库服务器出现了故障，我们可以通过对配置文件 IP 地址的修改，很快切换到另外一台 B 数据库服务器上，保证业务系统持续地为用户提供业务服务，而不受影响。

Java 开发工具（如 Eclipse）单独生成 redis-config.properties 文件，用于 Java 项目的参数配置，其基本配置内容如下：

```
ip=127.0.0.1:6379              //Redis 数据库系统链接地址和端口号，只有配置文件参数和
                                 在服务器上实际数据库系统安装内容一致，才能正确建立应
                                 用系统和数据库的连接

maxActive=1000                 //单个应用中的连接池①最大连接数，默认为 8。在生产环境下，
                                 具体连接数大小，应该根据压力测试工具的测试效果或实际
                                 使用观察结果，进行合理调整。在实际生产环境下，该值最
                                 大值和最小值都受限制

maxIdle=100                    //单个应用中的连接池最大空闲数，默认为 8。空闲连接数太多，
                                 容易占用服务器资源，连接数太少影响客户端用户使用感受

maxWait=10000                  //单个应用中的连接池取连接时最大等待时间（单位：毫秒），
                                 默认-1 时不等待

testOnBorrow=false             //设置在每一次取对象时测试 ping，以验证连接有效性

timeout=2000                   //设置 Redis connect request response timeout
                                 （单位：毫秒）

cluster.ip=127.0.0.1:6379  //Redis 集群链接地址，可以用分割符号连续提供多节点地址
```

为了读者实际测试代码方便，这里 IP 地址采用的是本机默认 IP 和端口号。在生产环境下，需更换正式 IP 和端口号，并考虑配置访问数据库的用户名和密码，以增强客户端访问的安全性。

7.4.2 Redis 初始化工具类

要通过 Java 代码调用 Redis 数据库系统的各种操作命令，Redis 必须提供客户端开发驱动程序包，把各种命令的 API 接口暴露给 Java 代码。Redis 提供的 Jedis 客户端开发包就提供类似的支持功能。

```
package com.book.demo.ad.redis;
```

① Fightplane，数据库连接池的工作原理，http://www.uml.org.cn/sjjm/201004153.asp。

```
import java.io.IOException;
import java.io.InputStream;
import java.util.Properties;
```



```
import redis.clients.jedis.JedisPool;
import redis.clients.jedis.JedisPoolConfig;
```



```
/**
 *代码功能描述：连接 Redis 数据库
 */
public class RedisUtil {              //自定义连接公共类，供其他代码调用

    /**
     * @return
     * @throws IOException
     */
    public static JedisPool initPool() throws IOException {
        //加载 Redis 配置文件，就是调用 7.4.1 节的配置文件内容
        InputStream inputStream = RedisClusterUtil.class.getClass()
                .getResourceAsStream("/redis-config.properties");
        Properties properties = new Properties();
        properties.load(inputStream);
        //初始化 Redis 连接池配置，即把配置文件参数指定给连接代码
        JedisPoolConfig config = new JedisPoolConfig();
        config.setMaxTotal(Integer.valueOf(properties.getProperty
("maxActive")));
        config.setMaxIdle(Integer.valueOf(properties.getProperty
("maxIdle")));
        config.setMaxWaitMillis(Long.valueOf(properties.getProperty
("maxWait")));
        config.setTestOnBorrow(Boolean.valueOf(properties
                .getProperty("testOnBorrow")));
        String[] address = properties.getProperty("ip").split(":");
        //初始化 Redis 连接池，实现客户端程序，通过连接池与 Redis 数据库建立连接
        JedisPool pool = new JedisPool(config, address[0],
                Integer.valueOf(address[1]), Integer.valueOf(properties
                        .getProperty("timeout")));
        return pool;
    }
}
```

上述代码展现了通过 Jedis 开发包的 JedisPool 类，实现 Pool 对象调用 Redis 数据库 API

命令的方法。Jedis 所能提供的客户端支持功能（主要是类），如表 7.25 所示。

表 7.25　Jedis 部分常用功能类

序号	类英文名	功能描述	说明
1	Connection	普通连接数据库配置类	与 Jedis 配合使用
2	Jedis	普通初始化连接类	在该类实例上可以直接调用命令，如 jedis.set("title", "《C 语言》")
3	JedisPool	带连接池初始化连接类	本书主要采用该方式
4	JedisPoolConfig	带连接池连接配置类	使用过程与 Connection 类似
5	JedisCluster	带集群功能初始化连接类	该类支持的客户端命令类似 Jedis
6	Pipeline	带管道功能初始化连接类	该类支持的客户端命令类似 Jedis
7	…	…	…

对于 Jedis 提供的所有类及类所能提供的各种命令 API 接口，可以参考如下地址的详细内容：http://xetorthio.github.io/jedis/。

考虑到 Redis 数据库系统面对的是大并发访问环境（如果是小规模的访问量，根本不需使用 Redis 技术），为了提高访问效率，这里连接时采用了连接池技术。

读者可以在本书提供的代码清单中，找到上述代码内容。通过简单的复制、粘贴，就可以在自己的项目中使用该代码。

7.5　小　　结

本章的设计内容包括了 Redis 使用准备、Redis 命令、Redis 配置及参数，并给出了一个连接 Redis 数据库的 Java 代码实现。整章的内容适合初学者一步步建立 Redis 从使用到开发的基本知识，所以本章内容对初学者来说非常重要。当然，也适合有 Redis 知识基础的技术人员的命令查阅使用，因为 Redis 最新命令达到了 200 多种，不是所有命令技术人员都能记住的。

对于 Redis 的安装使用、命令使用，初学者必须熟练掌握。对于配置文件的参数设置，初学者应该熟悉。集群命令必须结合 8.2 节的安装环境来实际使用。

7.4 节提供的代码，实现了 Java 代码与 Redis 数据库的连接功能，后续相关章节的应用系统代码开发都要用到该代码功能，读者至少要熟悉该代码的实现功能，并能配置相关参数。

7.6 实　　验

实验一　安装完成 Redis 数据库，并建立一个名称叫 MyFirstDB 的数据库，在其中各建立字符串、列表、集合、散列表、有序集合对象一个，然后显示对象信息，形成实验报告。

实验二　测试发布订阅命令、连接命令、Server 操作命令、Lua 脚本命令、键命令、HyperLogLog 命令、地理空间命令、事务命令，形成实验报告。

实验三　结合第 8.2 节，测试集群命令，形成实验报告。

第 8 章 键值数据库 Redis 提高

扫一扫，看视频

本章对 Redis 的部分高级技术的使用进行介绍，具体如下：

- 管道技术
- 分布集群技术
- Lua 脚本应用技术
- 可视化管理工具
- 基于集群的 Java 连接

8.1　管　　道

为了提高客户端与服务器端之间的多命令的执行效率，Redis 引入了管道（Pipelining）技术。通过管道技术原理的分析，读者可以得到使用管道技术所带来的好处——主要是命令执行效率大幅提升。最后通过一个代码实例，实现了管道技术的应用。

8.1.1　管道技术原理

Redis 数据库从客户端到服务器传输命令，采用请求—响应的 TCP 通信协议。如一个命令从客户端发出查询请求，并往往采用阻塞方式监听 Socket 接口，直到服务器端返回执行结果信号，一个命令的执行时间周期才告结束。这个时间周期叫做往返时间（Round Trip Time，RTT），其实现原理如图 8.1 所示。

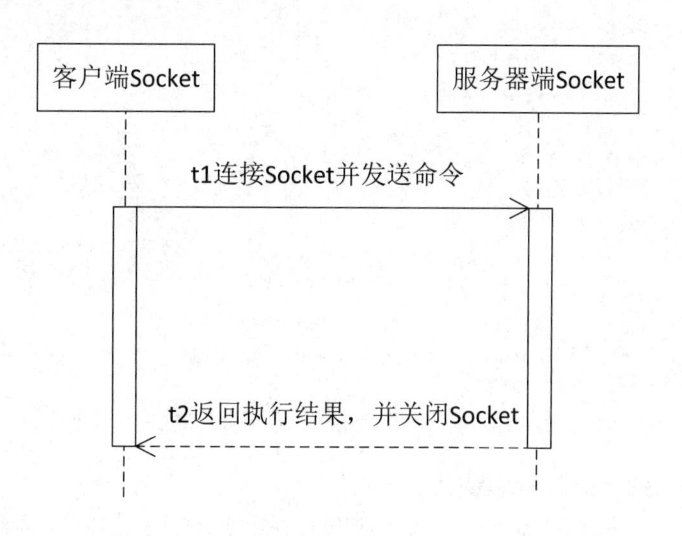

图 8.1　TCP 协议下一个简单命令的执行过程

客户端在 t1 时刻通过 Socket 连接服务器端 Socket，并发送命令给服务器端，服务器端 Redis 执行该命令，并把命令执行结果返回客户端，最后在 t2 时刻关闭 Socket 连接。t2-t1 的时间差就是一条简单命令的 RTT。若网络通道比较拥堵，或者命令在服务器端执行过程比较长，那么会拉长 RTT 的时间周期，加上该命令执行方式的阻塞效应，影响客户端软件的响应效率，从而影响用户的使用体验。

如一条命令的 RTT 延长到 200 毫秒，那么 10 条连续的命令将消耗 2000 毫秒的时间，这将制约客户端与服务器端的快速处理命令的条数，也会影响到用户使用的感受。于是人们发明了管道技术，其基本原理是：先批量发送命令，而不是一条一条地返回执行命令，等服务器端接收所有命令后，在服务器端一起执行，最后把执行结果一次性发送回客户端。这样可以减少命令的返回次数，并减少阻塞时间，被证明是可以大幅提高命令的执行效率的。事实上该技术已经发明了几十年，并被广泛使用。Redis 数据库支持管道技术的使用。

8.1.2 基于 Java 的管道技术使用

为了比较管道技术与一般情况下命令使用在时间上的区别，这里设计了一个测试比较案例。其代码实现如下：

```
package com.testpiple.redisdemo;
import java.io.IOException;
import org.junit.After;
import org.junit.Before;
import org.junit.Test;
import redis.clients.jedis.Jedis;
import redis.clients.jedis.Pipeline;
import redis.clients.jedis.Response;
import java.util.Set;
import com.testpiple.demo.redis.RedisUtil;
//管道技术与非管道技术比较测试
public class RedisTest {
private Jedis jedis;
    @Before                         //注解 before 表示在方法前执行
    public void initJedis() throws IOException {
        jedis = RedisUtil.initPool().getResource();   //调用连接数据库功能
    }
    @Test(timeout = 1000)           //timeout 表示该测试方法执行超过 1 秒会抛出异常

   public void PilecommendTest() {
        jedis.flushDB();            //调用 flushDB 命令，清除指定服务器上的 0 号数据库
                                      数据
        long t1 = System.currentTimeMillis();
       noPipeline(jedis);           //无管道方式执行集合 10000 条插入命令
       long t2 = System.currentTimeMillis();
       System.out.printf("非管道方式用时:%d 毫秒", t2-t1);
                                    //打印非管道方式所用时间
       jedis.flushDB();             //调用 flushDB 命令，清除指定服务器上的 0 号数据库
                                      数据
       t1= System.currentTimeMillis();
       usePipeline(jedis);          //管道方式执行集合 10000 条插入命令
       t2 = System.currentTimeMillis();
```

```
        System.out.printf("管道方式用时:%d 毫秒", t2-t1);
                                              //打印管道方式执行所用时间
    }

@After
    public void closeJedis() {
        jedis.close();
    }
```

PilecommendTest()部分为上述代码的核心部分，实现了对指定集合，在插入 10000 条命令的情况下，无管道方式和有管道方式所消耗的时间的比较。noPipeline(Jedis jedis)为被调用的自定义无管道函数，usePipeline(Jedis jedis)为被调用的有管道函数，这两个函数的自定义实现内容见下列代码：

```
    private static void noPipeline(Jedis jedis) {

        try {
            for (int i=0; i<10000; i++) {        //循环一次提交一条命令
              jedis.SAdd("SetAdd",i );           //往集合 SetAdd 里连续加 10000 个
                                                   数据
            }
        }
        catch (Exception e) {
            e.printStackTrace();
        }
    }

    private static void usePipeline(Jedis jedis) {

        try {
            Pipeline pl = jedis.pipelined();//启动管道
            for ((int i=0; i<10000; i++) {
                pl.SAdd("SAdd", i);              //往集合 SetAdd 里连续加 10000 个
                                                   数据
            }
            pl.sync();                           //用管道方式提交 10000 个命令
        }
        catch (Exception e) {
            e.printStackTrace();
        }
    }
}
```

上述代码的 noPipeline(Jedis jedis)函数在没有使用管道技术的情况下，对指定集合实现了 10000 条数据的插入；usePipeline(Jedis jedis) 函数在使用管道技术的情况下，对指定集合实现了 10000 条数据的插入。

读书笔记

读者可以在自己的计算机上执行该代码，并比较两种方式下同样命令数量的执行时间。

（1）Redis 在使用管道技术的情况下，会占用服务器端内存资源，所以一般建议一次管道最大发送命令数量限制在 10000 条以内。

（2）8.3 节将要介绍的 Lua 脚本技术无论是内存的消耗，还是速度都比管道技术占优势。

8.2 分布式集群

在7.2.14节，读者已经接触到了Redis集群操作命令，并初步了解了一些集群的概念。本节将帮助读者一步一步地实现分布式集群环境的搭建和实际操作使用。

8.2.1 集群安装

如果读者面对的是高并发访问量的大网站时，如大电商天猫、京东、淘宝、亚马逊、易趣、当当、腾迅拍拍等[①]，可以考对 Redis 进行集群分布式处理，目的很明确，通过更多的服务器加Redis集群功能实现更好的高并发数据的处理和服务。这一节将实现模拟3个主节点、3个从节点的 Redis 集群安装。

1．准备工作

安装清单（为了方便读者测试，这里采用单机模拟；实际生产环境，修改 IP 地址即可）：

Master1：127.0.0.1:8000　　　//主节点 1，指定 IP:Port
Slave1：127.0.0.11:8010　　　//从节点 1，指定 IP:Port
Master2：127.0.0.2:8001　　　//主节点 2，指定 IP:Port
Slave2：127.0.0.12:8011　　　//从节点 2，指定 IP:Port
Master3：127.0.0.3:8002　　　//主节点 3，指定 IP:Port
Slave3：127.0.0.13:8012　　　//从节点 3，指定 IP:Port

Redis 官方网站建议构建 Redis 集群的最小数量为6个节点：3个主节点、3个从节点。从节点用于复制备份主节点数据，当主节点出现故障时，从节点可以快速切换为主节点；

[①] 这些大电商的平均每秒访问量在几十人次到几千人次。

另外，主从方式，为读写分离式（见 10.2.1 节）设计提供了技术支持。

2．在 Linux 操作环境下，安装集群

Redis 提供了两种安装集群方法：第一种为手工命令安装，第二种为采用集群安装工具安装（redis-trib 工具）。

手工安装过程，主要命令参考 7.2.14 节内容，安装过程参考 Redis 官网提供的资料：http://www.redis.cn/topics/cluster-tutorial.html。由于手工安装比较繁琐，而且容易出错。这里采用集群安装工具方法快速安装集群。

第一步，下载、解压、编译、安装 Redis 安装包，详细过程见 7.1.2 节。

第二步，将 Redis-trib.rb 文件复制到/usr/local/bin/路径下。

```
$cd src                //在 redis 安装路径，本书为/root/lamp/redis-3.2.9 里的子路径
$cp redis-trib.rb /usr/local/bin/
```

第三步，在 Linux 操作系统上建立安装集群的子文件路径。

文件路径规划：在/root/software/下建立 redis_cluster 子路径，然后在该子路径上再建立 6 个节点安装路径，各个节点的子路径名用各自的端口号表示。

/root/software/redis_cluster/8000　　//主节点 1 的安装路径
/root/software/redis_cluster/8001　　//主节点 2 的安装路径
/root/software/redis_cluster/8002　　//主节点 3 的安装路径
/root/software/redis_cluster/8010　　//从节点 1 的安装路径
/root/software/redis_cluster/8011　　//从节点 2 的安装路径
/root/software/redis_cluster/8012　　//从节点 3 的安装路径

```
$cd /root/software/                        //切换到/root/software/路径
$mkdir redis_cluster                       //建立 redis_cluster 子路径
$cd redis_cluster
$mkdir 8000 8001 8002 8010 8011 8012      //建立 6 个子文件路径
```

第四步，修改配置文件，并复制到指定的子路径上。

```
$cd /usr/local/redis/etc/                  //切换到 redis.conf 存放路径下
$Vi redis.conf                             //要在 insert mode 下用 Vi 修改
```

然后在 Vi 里修改如下配置文件。

```
port  8000                                 //端口 8000，8001，8002，8010，8011，8012
bind 本机 ip                               //默认 IP 为 127.0.0.1，生产环境下必须改
为实际服务器的 IP
daemonize   yes                            //启动 redis 后台守护进程
pidfile  /var/run/redis_8000.pid           //pidfile 文件对应 8000、8001、8002、
                                             8010、8011、8012
cluster-enabled  yes                       //开启集群，把注释#去掉
cluster-config-file  nodes_8000.conf       //集群节点的配置，配置文件首次启动自动生成
                                             8000、8001、8002、8010、8011、8012
cluster-node-timeout  15000                //集群节点互连超时设置，默认 15 秒
```

读书笔记

```
appendonly  yes                              //开启 AOF 持久化
```

上述文件修改完成，一定要保存才能退出 Vi，这样确保 Redis.conf 参数被修改。然后把该文件复制到/root/software/redis_cluster/8000 上。

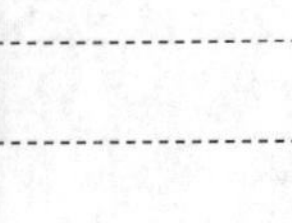


```
$/usr/local/redis/etc/cp redis.conf /root/software/redis_cluster/8000
```

复制完成 8000 节点的配置文件后，先继续用 Vi 修改 Redis.conf 文件参数，然后复制到下一个对应的节点文件路径下，直到 6 个节点的配置文件都复制完成。

第五步，把 redis-server 可执行文件复制到 6 个节点的文件路径下。

```
$/usr/local/redis/bin/cp redis-server /root/software/redis_cluster/8000
```

依次执行上述命令 6 次，确保把 redis-server 可执行文件都复制到指定的节点文件路径下。

第六步，启动所有节点。

```
$cd /root/software/redis_cluster/8000
$redis-server ./redis.conf
$cd /root/software/redis_cluster/8001
$redis-server ./redis.conf
$cd /root/software/redis_cluster/8002
$redis-server ./redis.conf
$cd /root/software/redis_cluster/8010
$redis-server ./redis.conf
$cd /root/software/redis_cluster/8011
$redis-server ./redis.conf
$cd /root/software/redis_cluster/8012
$redis-server ./redis.conf
```

可以用 Linux 的 ps -ef|grep redis 命令查看 6 个节点是否启动成功。

第七步，升级 ruby 并安装 gem。

Redis-trib.rb 工具是用 ruby 语言开发完成的，所以要安装 ruby 才能使用该工具。

从 ruby 官方网站 http://www.ruby-lang.org/en/downloads/，下载最新安装包 ruby-2.4.1.tar.gz（版本允许有些差异），在 Linux 上进行解压、编译，然后执行如下安装命令。

```
$yum -y install ruby ruby-devel rubygems rpm-build
$gem install redis
```

第八步，用 redis-trib.rb 命令创建集群。

```
$redis-trib.rb create -replicas 1 127.0.0.1:8000 127.0.0.1:8001
127.0.0.1:8002 127.0.0.1:8010 127.0.0.1:8011 127.0.0.1:8012
                              //replicas 1 表示一个主节点必须有一个从节点
```

在 reid-trib.rb 命令后，若执行成功，将会出现若干条提示信息，其中有一条是 Can I set the above configuration?(type 'Yes' to accept):，输入 yes 即可。然后，会显示一系列集群建立信息，其中关于自动生成的 Master 节点和 Slave 节点信息摘取如下：

```
M: 7556689b3dacc00ee31cb82bb4a3a0fcda39db75 127.0.0.1:8000
   slots:0-5460 (5461 slots) master
M: 29cc0b04ce1485f2d73d36c204530b38c69db463 127.0.0.1:8001
```

```
   slots:5461-10922 (5462 slots) master
M: 8c8c363fed795d56b319640ca696e74fbbbd3c77 127.0.0.1:8002
   slots:10923-16383 (5461 slots) master
S: 6ca5cc8273f06880f63ea8ef9ef0f26ee68677f8 127.0.0.1:8010
   replicates 7556689b3dacc00ee31cb82bb4a3a0fcda39db75
S: c47d9b24c51eea56723ebf40b5dd7bb627a0d92d 127.0.0.1:8011
   replicates 29cc0b04ce1485f2d73d36c204530b38c69db463
S: e16c5b58943ed11dda1a90e5cacb10f42f4fcc53 127.0.0.1:8012
   replicates 8c8c363fed795d56b319640ca696e74fbbbd3c77
```

上述信息包含了以下内容。

（1）M（Master）代表主节点。

（2）S（Slave）代表从节点。

（3）“7556689b3dacc00ee31cb82bb4a3a0fcda39db75”代表节点的唯一 ID 号。

（4）“127.0.0.1:8000”节点指定的 IP、端口号。

（5）“slots:0-5460 (5461 slots) master”，指定主节点自动分配的插槽数及范围。

（6）从节点 IP:Port 号后面跟的是主节点 ID 号，这里一个从节点对应一个主节点。

显然，上述信息是通过 reid-trib.rb 命令自动生成的，避免了人工通过命令建立主从关系、分配插槽号等操作。图 8.2 所示为已经建立完成的 6 节点集群连接示意图。

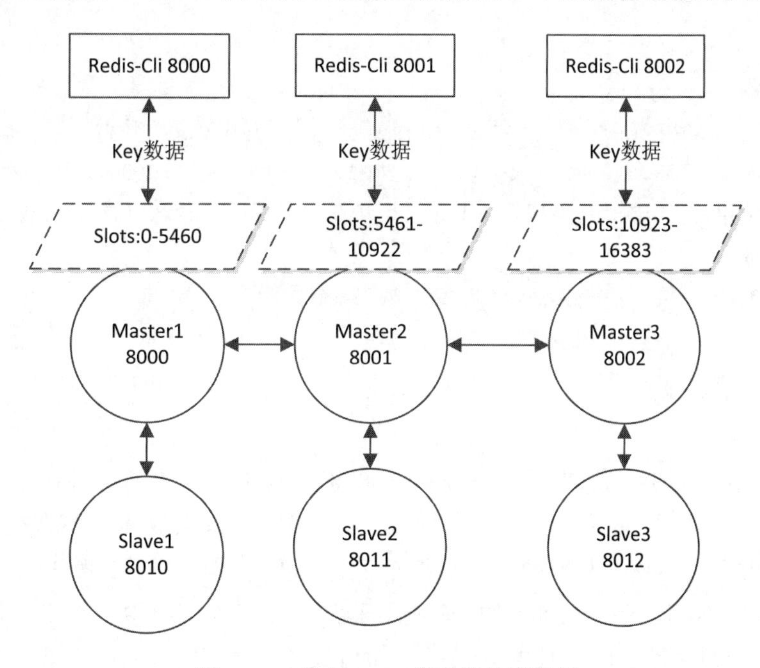

图 8.2　6 节点 Redis 集群连接示意图

第九步，测试集群。

在集群安装完成后，就可以通过客户端来测试一下，看看集群是否可以正常使用，这里采用 Redis-cli 工具来实现。

```
$ redis-cli -c -p 8000          //参数 c 为开启 reidis cluster 模式，连接 redis
                                  cluster 节点时候使用，在 Redis 集群中是必选项；
                                  p 参数为连接端口号
redis 127.0.0.1:8000> set BookName "《C 语言》"   //在 8000 节点，建立一个字符串
-> Redirected to slot [12182] located at 127.0.0.1:8001
OK                                        //该建立的 Key 对象通过插槽运算分配到
                                            8001 节点的 12182 插槽里
redis 127.0.0.1:8001> set BookID 10010 //在 8001 节点建立新的字符串对象
-> Redirected to slot [866] located at 127.0.0.1:8000
OK                                        //通过插槽运算，保存到 8000 节点 866 插槽
                                            指定的位置
redis 127.0.0.1:8000> get BookName      //在节点 8000 查找 BookName 的值
-> Redirected to slot [12182] located at 127.0.0.1:8001
"《C 语言》"                              //在节点 8001 的 12182 插槽里找到
                                            BookName 值
redis 127.0.0.1:8000> get BookID        //在节点 8000 里查找 BookID 的值
-> Redirected to slot [866] located at 127.0.0.1:8000
"10010"                                   //在节点 8000 的 866 插槽里找到 BookID 值
```

从上述的测试代码，可以看出集群通过插槽实现了数据对象的合理分片存储，并在任何一个主节点都可以读取不同的已经存在的 Key 对象，初步验证了集群运行正常。

（1）每个 Redis 集群节点需要打开两个 TCP 连接，一个通过配置文件设置，如 port =8000；另外一个是 Redis 集群内部总线（BUS）使用。在第一个端口基础上自动加 10000，如 18000，该端口技术人员不要去使用它，但要确保网络环境下该两类 TCP 端口都可用，这里需要考虑防火墙等对端口是否受限问题。

（2）集群安装的相关配置参数，详见 7.3.2 节的“集群配置参数”部分。

8.2.2 模拟节点故障

Redis 数据库集群建立起来后，在实际生产环境下就可以转入业务使用了。但是，数据库技术人员一个绕不开的问题是，当集群运行过程发生节点故障，怎么处理？Redis 自身将会产生哪些行为？及时发现故障（后续章节将详细介绍，主要参考 13.2 节内容），及时解决故障问题，对生产环境下的数据库使用非常重要。本节模拟一个节点出故障的情况下，Redis 集群是如何反应的，技术人员应该如何处置。

1. 模拟节点故障

用 Linux 的 Kill 命令强制终止 8002 节点运行，模拟该节点故障。

Kill 命令在该处的使用格式为，Kill 9 PID，PID 为要终止的进程 ID 号。于是先需要找

读书笔记

出节点的进程号。

```
$ ps -ef |grep redis          //Linux 的 ps 命令为查看当前的进程命令，通过 grep 命令
                                过滤出 redis 进程
root  3521   1  0 21:41 ?   00:00:00 ../../src/redis-server *:8000[cluster]
root  3522   1  0 21:41 ?   00:00:00 ../../src/redis-server *:8001[cluster]
root  3525   1  0 21:41 ?   00:00:00 ../../src/redis-server *:8002[cluster]
root  3537   1  0 21:41 ?   00:00:00 ../../src/redis-server *:8010[cluster]
root  3549   1  0 21:41 ?   00:00:00 ../../src/redis-server *:8011[cluster]
root  3540   1  0 21:41 ?   00:00:00 ../../src/redis-server *:8012[cluster]
```

进程 ID 号

```
$ kill -9 3525                //3525 为 8002 节点的 Redis 进程 ID 号
```

2．用 cluster nodes 命令查看集群节点运行情况

```
$ redis-cli -c -p 8000
127.0.0.1:8000> cluster nodes
6ca5cc8273f06880f63ea8ef9ef0f26ee68677f8 127.0.0.1:8010@40004 slave
7556689b3dacc00ee31cb82bb4a3a0fcda39db75 0 1473688179624 4 connected
c47d9b24c51eea56723ebf40b5dd7bb627a0d92d 127.0.0.1:8011@40005 slave
29cc0b04ce1485f2d73d36c204530b38c69db463 0 1473688179624 5 connected
8c8c363fed795d56b319640ca696e74fbbbd3c77 127.0.0.1:8002@40003 master,
                    fail - 1473688174327 1473688173499 3 disconnected
29cc0b04ce1485f2d73d36c204530b38c69db463 127.0.0.1:8001@40002 master - 0
                          1473688179624 2 connected 5461-10922
e16c5b58943ed11dda1a90e5cacb10f42f4fcc53 127.0.0.1:8012@40006 master - 0
                          1473688179624 7 connected 10923-16383
7556689b3dacc00ee31cb82bb4a3a0fcda39db75 127.0.0.1:8000@40001
myself,master - 0 0 1 connected 0-5460
```

8002 节点未启动
处于故障状态

8012 从节点自动
升级为主节点

上述代码显示了在主节点 8002 出现故障的情况下，Redis 集群自动通过选举产生了新的替代 8002 的新主节点 8012。而原先的 8012 节点是 8002 主节点的备份节点（从节点）。从这里可以看出集群的自我修复能力，及对数据使用的可靠性、安全性的保障。故障节点自动切换后的集群连接图如图 8.3 所示。Redis 集群可使用的最低要求为 3 个主节点，所以

读书笔记

本次故障自动切换后，集群整体仍旧可以用。

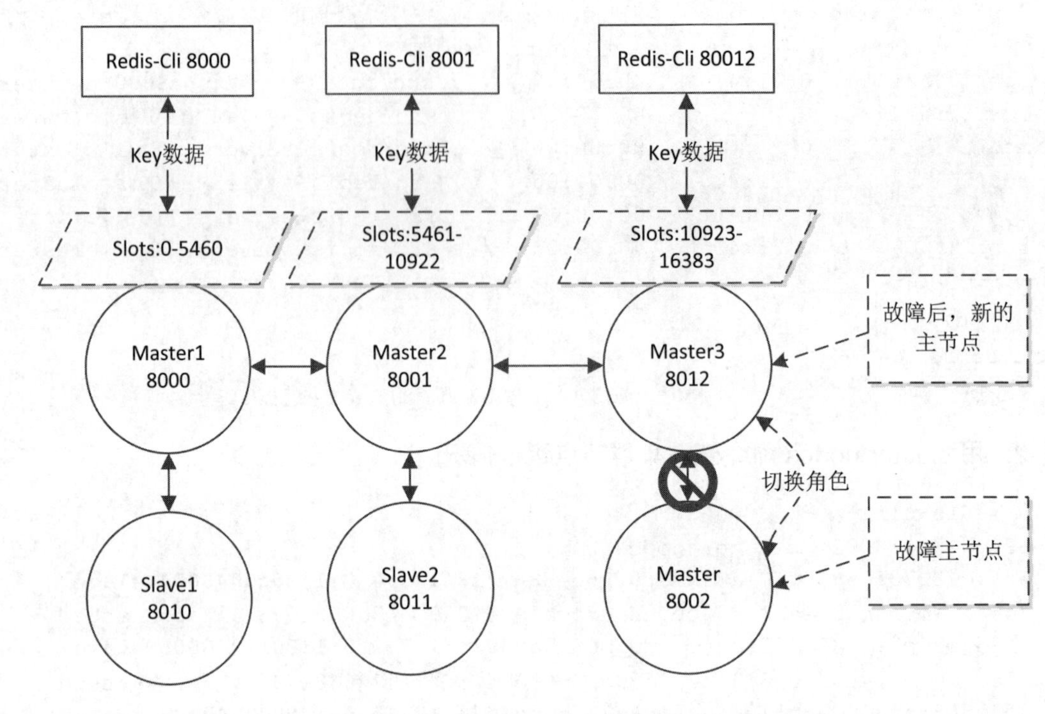

图 8.3　Redis 集群故障自动切换后的连接图

Redis 自动切换故障节点后，技术人员就可以对 8002 故障节点进行维修，这里出现故障的情况可以是服务器硬件损坏、网络线路断开、Redis 数据库崩溃等。

当技术人员完成故障排除，就可以恢复该节点了。在实际生产环境下运行集群时，必须要考虑到在修复 8002 节点过程中，8012 节点已经新接收了不少业务数据，在这样的情况下，把 8002 恢复为 8012 的从节点即可，其操作过程如下：

```
$ ../../src/redis-server --port 8002 --cluster-enabled yes
--cluster-config-file nodes-8002.conf --cluster-node-timeout 15000
--appendonly yes
--appendfilename appendonly-8002.aof --dbfilename dump-8002.rdb
--logfile 8002.log --daemonize yes
```

这里可以用 Cluster nodes 命令查看一下 8002 从服务节点是否自动分派到 8012 下面。若没有启动自动分派从节点机制。可以手动为 8012 主节点指定一个从节点 8002，代码如下：

```
$ ./redis-trib.rb add-node --slave --master-id e16c5b58943ed11dda1a90e-
5cacb10f42f4fcc53 127.0.0.1:8002
```

该 ID 为 8012 的 ID 号

8.2.3　加减节点

随着业务发展的需要，可能需要加减集群节点。本节在上述 6 个节点集群的基础上，演示增加一个主节点、一个从节点，再减少一个从节点的过程。

1．增加一个主节点，端口号为 8003

按照 8.2.1 节集群安装一到六步要求，先新建立一个子文件路径 8003，并启动该节点 8003 数据库服务进程。然后用 redis-trib.rb 工具实现新主节点的添加。

```
$ ./redis-trib.rb add-node 127.0.0.1:8003 127.0,0.0:8000
```

在 redis-cli 环境下，用 Cluster nodes 可以查找到 8003 节点已经被添加到集群之中。

```
r>Cluster nodes
略    //读者自行执行测试，其相关的显示内容如：
    f093c80dde814da99c5cf72a7dd01590792b783b :0 myself,master - 0 0 0
connected
```

通过显示内容，可以看出没有为新节点分配插槽范围，所以新节点还是不能进行数据读写处理（该功能实现，详见下文迁移数据）。另外，该新节点默认是主节点。

2．为 8003 主节点增一个从节点

刚才在增加 8003 主节点时，集群节点里如果有合适的从节点，集群自动会为该主节点分配一个从节点。但是，目前该集群里没有多余的从节点。我们先要按照增加主节点 8003 的方式，增加一个新从节点 8013，再启动该节点。然后，通过 redis-trib.rb 工具把 8013 从节点添加到 8003 主节点上。

```
$ ./redis-trib.rb add-node --slave --master-id
f093c80dde814da99c5cf72a7dd01590792b783b 127.0.0.1:8013 127.0.0.1:8000
```

该 ID 为主节点 8003 的 ID 号

新从节点 IP:Port

集群正常使用主节点 IP:port

最后，通过 Cluster nodes 命令可以查询到新增加的从节点信息。

3．移除一个节点

要移除集群中的一个节点，可以用 redis-trib.rb 工具来实现。如要移除从节点 8013，其命令如下所示：

```
$ ./redis-trib del-node 127.0.0.1:8000 3c3a0c74aae0b56170ccb03a76b60cfe-
7dc1912e
```

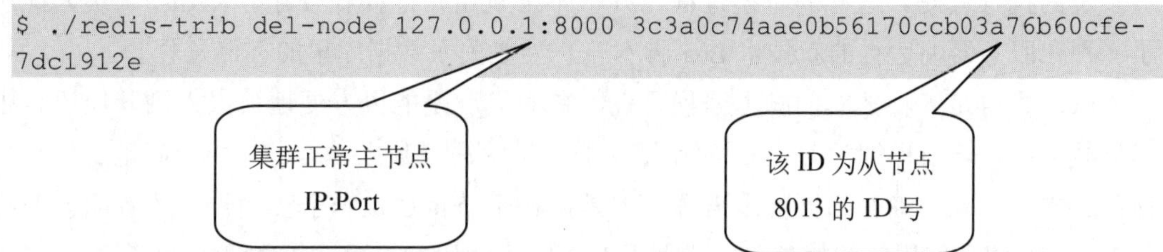

可以用 Cluser nodes 命令检查执行结果，也可以用 redis-trib.rb 工具来查看删除情况。

```
$./ redis-trib.rb info 127.0.0.1:8000          //可以在任意正常主节点上执行该命令
```

使用该命令也可以移除主节点，但是执行前要确保主节点为空节点，也就是所有的数据已被迁移，否则无法执行该命令。

读书笔记

4．迁移节点数据

用 redis-trib.rb 工具迁移数据的命令格式如下：

./redis-trib.rb reshard <host>:<port> --from <node-id> --to <node-id> --slots <arg> --yes

参数说明：<host>:<port>，集群任意一个主节点 IP:port，用于获取集群信息；from <node-id>，需要迁出数据（Slot 带数据）的主节点 ID 号，可以通过逗号分割实现多主节点数据迁出；如果实现各个主节点数据均匀迁移到新节点，可以选用 from all 方式进行数据迁移（这样可以做到集群主节点之间 Slots 分布均匀）；to <node-id>，需要迁入主节点的 ID 号；slots <arg>，需要迁移的 Slots 数量，实际迁移前应该查一下指定节点存在多少个插槽数量。可以用 redis-trib check <IP>:<Port> 或 redis-trib info<IP>:<Port>命令；yes，可以在打印执行重分片（reshard）计划的时候，提示用户输入 yes 确认后再执行 reshard。

```
$./ redis-trib.rb reshard 127.0.0.1:8000 -from all to
        f093c80dde814da99c5cf72a7dd01590792b783b -slots 4000 --yes
```

上述命令实现了把 3 个主节点数据（4000 个插槽含数据）均匀迁移到 8003。

8.3 Lua 脚本应用

管道技术提高了 Redis 多命令的执行效率，那么我们是否可以把客户端应用系统的部分代码直接在服务器端运行，进一步提高代码的执行效率，同时可以实现在服务器端更换代码的目标？如随着大型电子商务平台对客户操作行为研究的深入，技术人员希望在广告行为分析重定向时，可以快速替换该部分代码算法，而不需要去应用系统服务器上更新业务系统的执行代码。这样的替换过程，几乎不影响用户的操作使用。Redis 确实为此引入了一种在服务器端运行的新技术 Lua 脚本——类似关系数据库里的存储过程！

Lua 本身是一种独立的脚本编程语言，它的优点是能很方便地被嵌入到其他语言中，然后被调用。若要详细学习 Lua 的使用功能，恐怕需要独立一本书才能很好地实现这样的任务。本书不想详细介绍该脚本语言，但是，在本节将通过一个实例告诉读者应该怎样使用 Lua，并体会使用它的好处。关于调用 Lua 脚本代码的 Redis 命令见 7.2.9 节。

8.3.1　Lua 脚本使用基本知识

Redis 自身没有类似关系数据库的存储过程的功能，不过 Redis 设计者很聪明，直接把世界上最优秀的嵌入式脚本语言 Lua 内嵌到 Redis 系统之中，使 Redis 具备了在数据库服务器端运行带逻辑运算代码的功能。这样做有以下优势。

1．减少网络开销

在交互模式下，相关代码从客户端传到服务器端执行命令，是需要产生额外的通信带宽消耗，同时会产生通信时间延迟的问题，而把部分特殊代码直接放到服务器端执行，则可以解决因交互而产生的额外的网络开销问题。换句话说，可以大幅提高应用系统的响应性能，这在高并发的应用环境下，对用户来说是个好消息，可以更好地体验系统的优质服务。

2．原子性操作

Lua 脚本在服务器端执行时，将采用排它性行为，也就是脚本代码执行时，其他命令或脚本无法在同一个服务器端执行（除了极个别命令外）；同时命令实现要么都被执行，要么都被放弃，具有完整的执行原子性。

Lua 脚本原子性特点，也会产生一些额外的问题，需要引起读者注意：

（1）不要把执行速度慢的代码纳入 Lua 脚本中，否则将严重影响客户端的使用性能。

（2）要确保 Lua 脚本代码编写正确，尤其是不能出现无限循环这样的低级错误。

（3）建议不要滥用 Lua 脚本功能，以把最需要、最重要的任务交给它处理，如利用它的原子性特点来处理高价值的数据修改一致性，在游戏软件里利用该功能实现核心算法代码的灵活更新等。

另外，Lua 脚本代码条数不应太多，应该是非常简练的、轻量级的代码内容。

3．服务器端快速代码替换

对于一些经常需要变化业务规则或算法的代码，可以考虑放到服务器端交给 Lua 脚本来统一执行。

因为 Lua 脚本第一次被执行后，将一直保存在服务器端的脚本缓存中，可以供其他客户端持续调用，效率高，占用内存量少。当需要改变 Lua 脚本代码时，只需要更新内存中的执行脚本内容即可，无需修改业务系统的原始代码，这样做的好处是在代码更新过程中对客户端几乎不产生操作影响，同时方便了技术人员对业务规则或算法的灵活更新。用过关系型数据库存储过程的技术人员，应该能明显体会到这样做的好处。

8.3.2 Lua 实现案例

Redis 数据库系统已经内嵌了 Lua 脚本运行环境，可以直接在客户端提交相关的 Lua 脚本命令。

这里通过 Lua 脚本来实现指定客户端 IP 地址用户，对两个字符串值的同步修改。

```
-- 体现 Lua 的原子性，快速性，代码可替换性
--
local key1= KEYS[1]    //字符串 1
local key2= KEYS[2]    //字符串 2
local Amount= tonumber(ARGV[1])

local is_exists1 = redis.call("EXISTS", key1)
local is_exists2 = redis.call("EXISTS", key2)

if is_exists1 == 1 and is_exists2== 1 then    //要确保传入的 Key1、Key2 对象都存在
   redis.call("DecrBy", key1, Amount)         //减指定数量
   redis.call("Set", key2, Amount)            //设置指定数量
   return 0
else
   return 1
end
```

在 Redis 环境下，Lua 脚本不允许用全局变量，所以必须限制为 local 变量

Lua 脚本中使用 call 或 pcall 函数来调用 Redis 命令

上述 Lua 代码，在 Redis 数据库服务器的内存上，要么执行成功，要么都不执行，体现了它的原子性。该特性比 Redis 本身提供的事务功能要可靠得多。要执行上述 Lua 脚本，有两种方式：一种直接在 Redis-cli 客户端上执行 Eval 命令；另外一种，在 Java 代码上调用该脚本代码（事先要在 Java 调用代码项目里把上述脚本代码存入 script.lua 文件中）。

```
private boolean AtomicityOperator (String ip, int amount, Jedis connection)
throws IOException {
   jedis.set("Key1",10);
   List<String> key1 = jedis.get("Key1");
   List<String> key2 = jedis.set("Key2",0);

   return 1 == (long) connection.eval(loadScriptString("script.lua"),2,
key1,key2, argv);
}

private String loadScriptString(String fileName) throws IOException {
   Reader reader = new
                    InputStreamReader(Client.class.getClassLoader()
                    .getResourceAsStream(fileName));
   return CharStreams.toString(reader);
}
```

用 Eval 调用 script.lua 脚本代码

国内有高手把Redis的Lua脚本应用到抢红包中，是一个非常经典的案例，感兴趣的读者可以参考如下连接地址：http://blog.csdn.net/hengyunabc/article/details/19433779/，《利用 redis + lua 解决抢红包高并发的问题》，作者网络昵称 hengyunabc。

读书笔记

8.4　可视化管理工具

在掌握用命令方式操作 Redis 数据库的基础上，读者自然会想到是否有图形化操作界面工具，可以更加直观、方便地操作 Redis？确实有这样的工具，而且不少。这里选择 Redis Desktop Manager、Redis Client、RedisStudio、Redsmin/proxy 四款 Redis 客户端可视化管理工具，做简要介绍。

8.4.1　Redis Desktop Manager

Redis Desktop Manager 是一款开源 Redis 数据库管理工具，用 C++编写而成，主要支持的操作系统包括了 Windows 7+、Mac OS X 10.11+、Ubuntu 14+、Linux Mint|Fedora|CentOS| OpenSUSE。其主要特点是响应迅速、性能好。支持对 Key 对象进行直接的新增、删除、修改等操作，支持控制台命令操作，支持数据库文件的导入、导出操作。下载完成后，执行该工具的可执行文件，在如图 8.4 所示左下角绿“+”处单击，调用连接 Redis 服务器参数设置子界面，依次输入连接别名（Name）、Redis 数据库服务端 IP 和 Port、登录 Auth 密码（若 Redis 数据库系统已经设置了密码），单击 OK 按钮，就可以进入正式的 Redis Desktop Manager 使用主界面。图 8.4 为 Redis Desktop Manager 客户工具的主界面。

该工具下载地址：https://github.com/uglide/RedisDesktopManager。

8.4.2　Redis Client

Redis Client，国产软件，该工具发布人为曹新宇先生[1]，开源，使用 Java swt 和 Jedis 编写。其主要功能包括：可以帮助 Redis 开发人员和维护人员方便地建立、修改、删除、查询 Redis 数据，可以让用户方便地编辑数据，可以剪切、复制、粘贴 Redis 数据，可以导入/导出 Redis 数据，可以对 Redis 数据排序。图 8.5 所示为 Redis Client 客户端操作主界面。

该工具下载地址：https://github.com/caoxinyu/RedisClient。

[1] https://www.oschina.net/news/53998/redisclient-1-5。

读书笔记

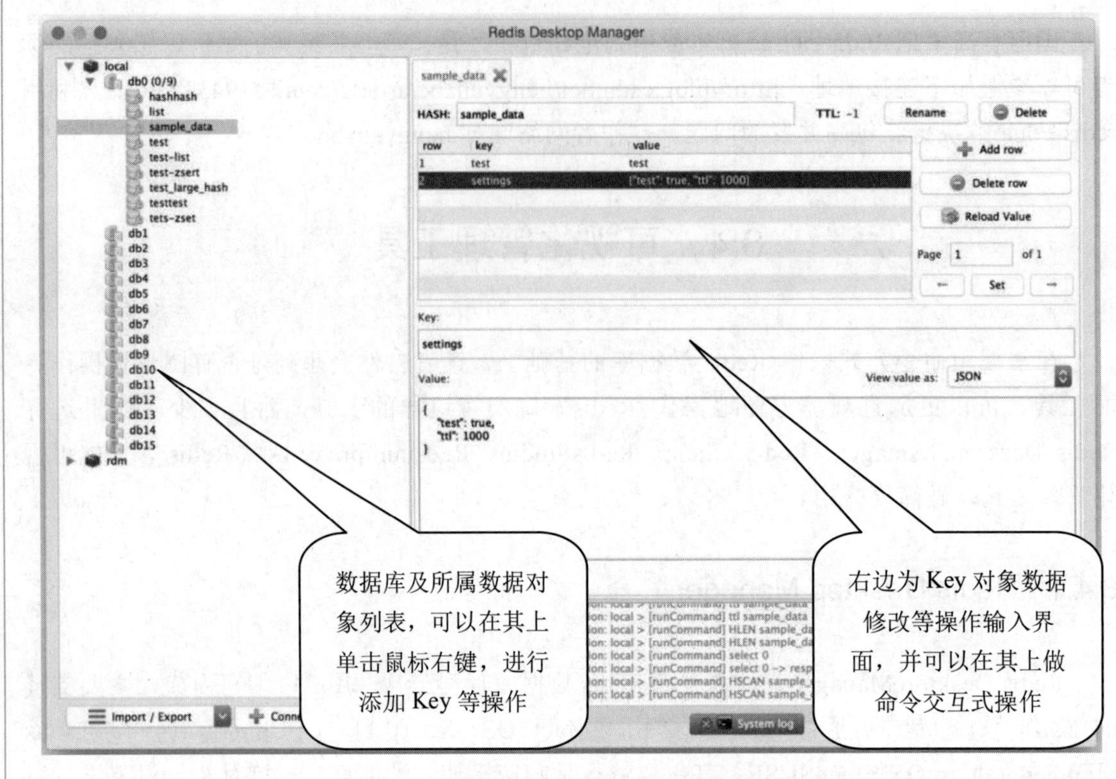

图 8.4　Redis Desktop Manager 工具主界面

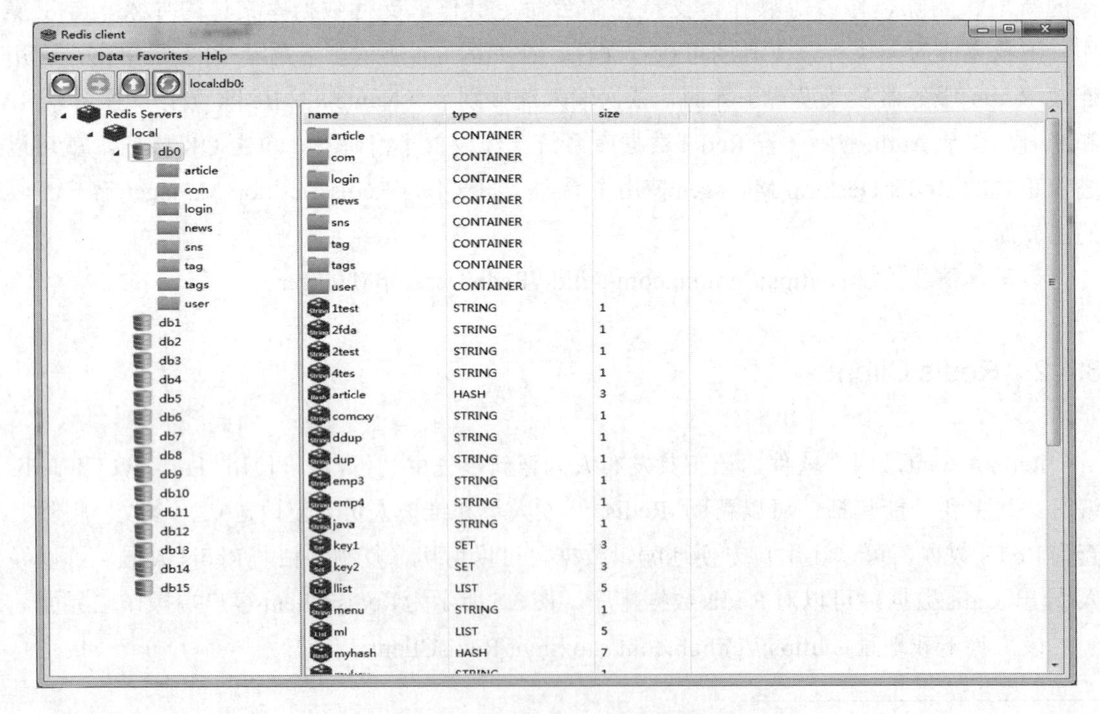

图 8.5　Redis Client 工具主界面

8.4.3　RedisStudio

RedisStudio 工具是基于 Windows 操作系统的 Redis 数据库客户端工具，由 cinience（国内昵称）用 C/C++开发而成，开源。其主要功能包括了与 Redis 数据库的连接、Redis 服务器信息的获取、Redis 数据的操作、配置管理、命令控制台功能等。该工具操作主界面如图 8.6 所示。

该工具下载地址：https://github.com/cinience/RedisStudio。

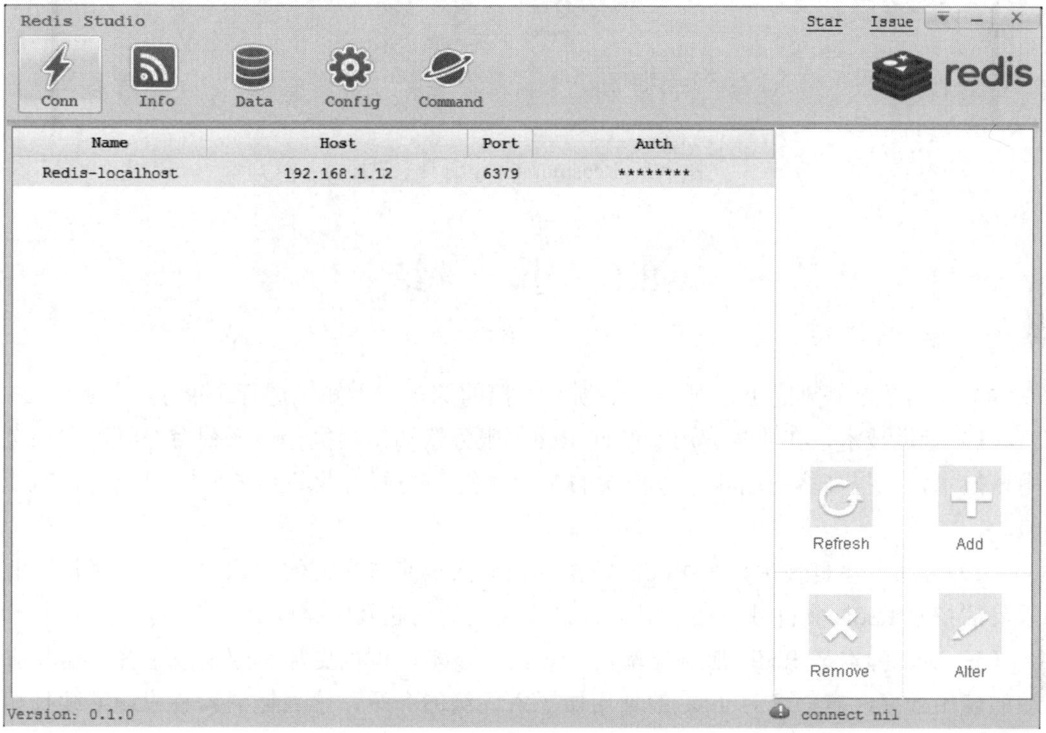

图 8.6　RedisStudio 工具主界面

8.4.4　Redsmin/proxy

Redsmin/proxy 是一款功能齐全的 Redis 数据库管理和监控工具，由法国人 FGRibreau 编写，开源，用 C++编写而成，支持的操作系统包括了 Windows 系列、Mac OS X、Debian|Ubuntu、Linux 系列。具体版本分为免费版、有限授权版和完全授权版。

其主要功能，包括对 Redis 集群的全面操作管理及高级监管功能、对云平台下的应用支持、支持基于防火墙运行环境下的绑定应用等。该工具操作主界面如图 8.7 所示。

工具下载地址：https://github.com/Redsmin/proxy。

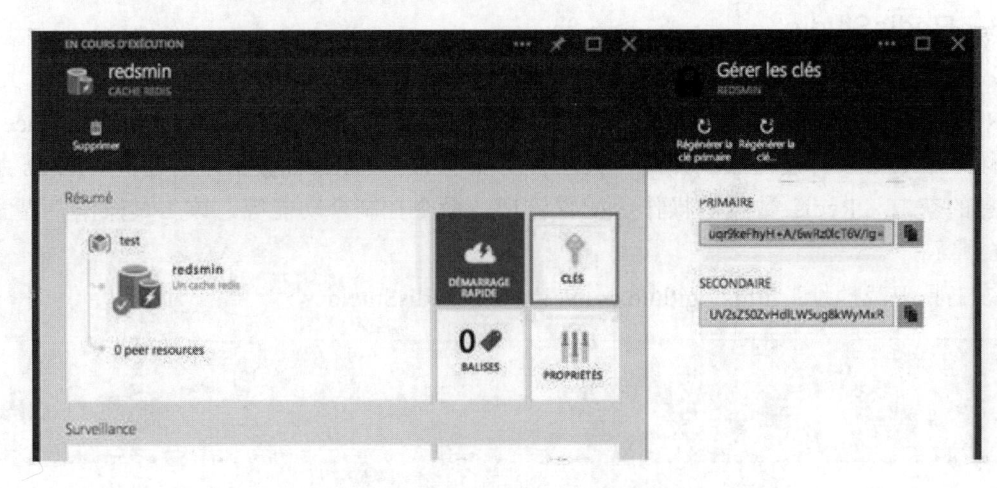

图 8.7　Redsmin/proxy 工具主界面

8.5　小　　结

本章在第 7 章基础之上，对一些必须要掌握的综合应用知识进行了展示。

（1）管道技术，在业务应用系统向 Redis 服务器端持续执行一系列命令时，应该考虑使用该技术，以提高客户端和服务器端的响应性能，进而给业务系统使用用户良好的使用体验。

（2）分布式集群技术，是 Redis 数据库技术人员应该掌握的知识内容，除了按照业务要求灵活搭建 Redis 集群外，还要对运行过程发生的问题及时排除。

（3）Lua 脚本是 Redis 服务器端的一项高级技术，可以更加有效地改善客户端和服务器端的使用效率，本书仅对 Lua 的使用做了入门级的介绍，感兴趣的读者应该继续找相关资料进行深入学习。

（4）可视化管理工具，可以大幅促进 Redis 数据库使用和管理的效率，并能高效地发现问题、解决问题。是生产级用户应该考虑的问题，读者应该了解该方面的情况。

8.6　实　　验

实验一　测试管道技术

在实验计算机上测试 8.1 节代码，比较采用管道技术与不采用管道技术所产生的时间

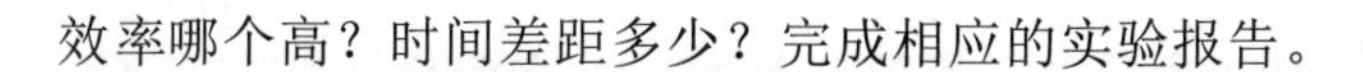

效率哪个高？时间差距多少？完成相应的实验报告。

实验二　测试集群技术

在 8.2 节已搭建集群的基础上，实现一个主节点的故障转移、对一个从节点移除、一个主节点的数据迁移，完成相应的实验报告。

实验三　测试 Lua 脚本技术

在实验计算机上测试 8.3 节代码内容，并查看 Redis 缓存脚本的情况，完成相应的实验报告。

实验四　使用可视化工具

下载并安装一款可视化 Redis 工具，在其上实现对字符串、列表、集合、散列表、有序集合对象的新建、修改、删除、查看操作各一例，完成相应的实验报告。

第 9 章

Redis 案例实战（电商大数据）

本章主要在 Redis 数据库的基础上，通过 Java 代码的开发，实现一个大型电子商务网站的一些功能。本章的主要内容包括了：

- 广告访问
- 商品推荐
- 购物车
- 点击商品记录分析
- 替代 Session
- 分页缓存

本章重点展示 Java 客户端功能代码是如何调用 Redis 数据库的，并给出了大型电子商务业务应用领域的初步解决方案。如果认真读了第 6 章 MongoDB 案例实战内容，那么你会惊讶地发现，本章的编程风格和第 6 章如出一辙。这有利于读者快速学习代码核心内容，也给生产级别的项目的代码框架和编程风格的统一，提供了建议。

Redis 的使用方式分内存缓存和数据库持久化两种：对于使用方式的设置可以参考 7.3.2 节；对于持久化的详细功能实现，请参考 11.2.1 节。

9.1　广告访问

电子广告是互联网网站的一项普遍的商业行为，商家通过电子广告推广特定产品，促进产品的销售；网站运行商通过提供广告嵌入技术服务，获取广告代理的直接经济收入；访问网站的用户，则通过广告信息，获取更好的产品服务信息。

9.1.1　广告功能使用需求

电子广告已经成为大型电子商务平台的一大主要收入来源，如《2016 年阿里巴巴网络广告收入将达 120.5 亿美元》①。作为大型电子商务平台，对广告的统一管理和有效利用是平台运行商必须认真考虑的问题，这将关系到商务平台上的广告能否产生最大经济价值。

随着网络广告市场的发展，网络媒体策划和产品营销人员需要更加细致地管理、优化广告行为，确保网络广告资源被高效使用；同时，网络管理者需要更加灵活地组织和调配网络资源，在确保精准的广告投递的前提下，依托广告管理系统的技术基础，与销售团队进行深层次的整合，形成多样性的销售方案。在市场的驱动下，各类广告管理系统应运而生。

大型商务网站的电子广告投放有如下特点。

（1）要求在客户界面上响应快速。

如果一个带广告界面被浏览时，响应动作不流畅，甚至产生明显的广告图片拖屏现象，那是很糟糕的。一般用户对广告印象不会太好，再加上这样的不愉快体验，很可能导致用户群的快速流失，这对商务网站来说是致命的。所以，提供快速、流畅、针对性强的广告内容，是技术人员需要深入考虑的问题。基于内存运行的 Redis 技术，响应速度快，是不争的事实，这也是诸多大型电子商务平台选择它做广告支持平台的原因。

（2）广告投放具有临时性。电子商务平台上的广告投放，一般都是短期行为，根据业务需要更换频繁。所以，通过 Redis+Java 技术，进行相对独立管理，比较合理，避免对电子商务平台主业务的频繁冲击。

（3）广告内容都通过代码生成，并缓存到 Redis 服务端。

9.1.2　建立数据集

确定广告数据内容和数据类型，建立数据集属性类，为后续的读写代码操作提供方便。

---

① 199IT，2016年阿里巴巴网络广告收入将达 120.5亿美元，http://www.ebrun.com/20160923/193966.shtml。

```
package com.book.demo.ad.model;
import java.io.Serializable;
import java.util.List;

/**
 * @描述 : 广告位数据集
 * @创建者: liushengsong
 * @创建时间: 2017 年 2 月 18 日下午 3:06:24
 */
public class Advertisement implements Serializable {

    private static final long serialVersionUID = 1L;
    private int id;                                  //广告位 ID
    private String positionCode;                     //广告位代码
    private int tid;                                 //广告模板 ID
    private List<AdContent> adContents;              //广告内容集合
    public int getId() {
        return id;
    }
    public void setId(int id) {
        this.id = id;
    }
    public String getPositionCode() {
        return positionCode;
    }
    public void setPositionCode(String positionCode) {
        this.positionCode = positionCode;
    }

    public int getTid() {
        return tid;
    }
    public void setTid(int tid) {
        this.tid = tid;
    }
    public List<AdContent> getAdContents() {
        return adContents;
    }
    public void setAdContents(List<AdContent> adContents) {
        this.adContents = adContents;
    }
}
```

广告位 ID 属性读写封装

广告位代码属性读写封装

广告模板 ID 属性读写封装

广告内容集合属性读写封装

```
package com.book.demo.ad.model;

import java.io.Serializable;

/**
 * @描述 : 广告内容数据集
 */
public class AdContent implements Serializable {

    private static final long serialVersionUID = 1L;

    private int id;                                   //广告内容 ID
    private String name;                              //广告内容名称
    private String url;                               //广告链接 URL
    private String imageUrl;                          //广告图片 URL
    private int sequence;                             //广告序号

public int getId() {
        return id;
    }
    public void setId(int id) {
        this.id = id;
    }
    public String getName() {
        return name;
    }
    public void setName(String name) {
        this.name = name;
    }
    public String getUrl() {
        return url;
    }
    public void setUrl(String url) {
        this.url = url;
    }
    public String getImageUrl() {
        return imageUrl;
    }
    public void setImageUrl(String imageUrl) {
        this.imageUrl = imageUrl;
    }
    public int getSequence() {
        return sequence;
    }
    public void setSequence(int sequence) {
```

```
        this.sequence = sequence;
    }
}
```

读书笔记

```
package com.book.demo.ad.model;
import java.io.Serializable;
/**
     * @描述 : 广告模板数据集
     */
Public class Template implements Serializable{
      Private static final long serialVersionUID = 1L;
      Private int id;                              //广告模板 ID
      private String name;                         //广告模板名称
      private String script;                       //广告模板脚本

      public int getId() {
       return id;
      }
      Public void setId(intid) {
       this.id = id;
      }

      public String getName() {
        return name;
      }
      Public void setName(String name) {
       this.name = name;
      }

      public String getScript() {
        return script;
      }
      Public void setScript(String script) {
       this.script = script;
      }
}
```

广告 ID 属性读写封装

广告 Name 属性读写封装

广告内容（脚本）属性读写封装

9.1.3 新增广告

这里需要新增广告内容，所有内容都通过 Java 代码编写实现，并缓存到 Redis 的字符串集合内，方便业务系统对广告内容对象的调用。

```
package com.book.demo.ad.test;
```

```
import java.io.IOException;
import java.util.ArrayList;
import java.util.List;
import org.junit.After;
import org.junit.Before;
import org.junit.Test;
import com.book.demo.ad.model.AdContent;          //调用广告内容数据集
import com.book.demo.ad.model.Advertisement;      //调用广告位数据集
import com.book.demo.ad.model.Template;           //调用广告模板数据集
import com.book.demo.ad.redis.RedisUtil;          //调用 7.4.2 节的连接数据库
                                                    初始化代码
import com.book.demo.ad.util.TranscoderUtils;
import redis.clients.jedis.Jedis;
import redis.clients.jedis.Pipeline;
import redis.clients.util.SafeEncoder;

public class RedisTest {
  private Jedis jedis;
   @Before
  //注解 before 表示在方法前执行
  public void initJedis() throws IOException {
      jedis = RedisUtil.initPool().getResource(); //连接并生成 Jedis 对象
  }
  @Test(timeout = 1000)                           //timeout 表示该测试方法
                                                    执行超过 1 秒会抛出异常

  public void saveAdTest() {
      Pipeline pipeline = jedis.pipelined();     //开启 Redis 管道
      //采用管道形式提交命令,setex 方法可设置 redis 中 key 的生命周期
      //SafeEncoder redis 提供的解码器
      //TranscoderUtils 对 java 对象解压缩工具类
      pipeline.setex(SafeEncoder.encode("test"), 10 * 60,
            TranscoderUtils.encodeObject(this.initAdvertisement()));
      System.out.println(pipeline.syncAndReturnAll());
                                                  //提交本次操作内容缓存上到内存
  }
  @After
  public void closeJedis() {
      jedis.close();
  }
```

Java 自带开发包支持类

Jedis 开发包支持类

Pipeline.setex 为设置管道请求信息，其使用方法同字符串带 EX 参数的 Set 命令。其第一个参数 test 为指定广告字符串名；第二个参数 10*60 为该字符串使用时限，这里为 600 秒后该对象失效；第三个参数字符串值，为广告内容，其格式采用了 JSON 格式。为了减少客户端和服务器端之间的代码命令传递的资源消耗，这里采用管道技术，把广告脚本代

读书笔记

码一次性提交到 Redis 服务器端。

下面代码实现两个广告内容，以 JSON 格式进行返回，并供上述 RedisTest 代码调用。

```
//** initAdvertisement 为设置广告播放内容
private Advertisement initAdvertisement() {
    Template template = new Template();           //建立模板数据集对象
    template.setId(20);                           //设置模板唯一 ID 号
    template.setName("轮播模板");                  //设置模板广告名称
    template.setScript("alert('轮播')");           //设置模板脚本内容
    AdContent adContent1 = new AdContent();       //建立广告内容对象
    adContent1.setId(1);                          //设置广告内容 ID 号
    adContent1.setName("新年图书忒大促.");          //设置广告内容
    adContent1.setSequence(1);                    //设置滚动顺序号
    adContent1.setUrl("https://books.Atest.com/");
                                                  //设置做广告指定网页地址
    adContent1.setImageUrl("http://books.Aimage.com/test.jpg");
                                                  //设置广告指定图片
    AdContent adContent2 = new AdContent();       //建立第二条广告内容对象
    adContent2.setId(2);                          //设置第二条广告内容 ID 号
    adContent2.setName("手机专场，满 1000 返 50."); //设置第二条广告内容
    adContent2.setSequence(2);                    //设置滚动顺序号
    adContent2.setUrl("https://books.Atest.com/");
                                                  //设置做广告指定网页地址
    adContent2.setImageUrl("http://books.Aimage.com/test.jpg");
                                                  //设置广告指定图片
    List<AdContent>adContents = new ArrayList<AdContent>();
                                                  //建立广告内容列表
    adContents.add(adContent1);                   //把广告内容一加入列表
    adContents.add(adContent2);                   //把广告内容二加入列表
    Advertisement advertisement = new Advertisement();
                                                  //建立广告播放器对象
    advertisement.setId(10001);                   //设置广告位置 ID
    advertisement.setPositionCode("home-01");     //设置广告位置编码
    advertisement.setTid(template.getId());       //设置广告模板 ID
    advertisement.setAdContents(adContents);      //设置广告内容
    return advertisement;
    }
}
```

9.1.4 查询广告

在 Redis 数据库中实现广告内容在缓存上的驻留后，就可以考虑业务系统的调用问题了。这里单独给出一个查找指定广告内容的过程，作为调用 Redis 缓存上广告存储对象的技术演示过程。在实际项目中，技术人员可以在此基础上，在 Java 代码上实现各种广告使

用的业务算法，如用户兴趣检索字相似匹配广告算法、用户 IP 地址范围定位广告投放等。

```
package com.book.demo.ad.test;

    import java.io.IOException;
    import java.util.ArrayList;
    import java.util.List;

    import org.junit.After;
    import org.junit.Before;
    import org.junit.Test;

    import com.book.demo.ad.model.AdContent;
    import com.book.demo.ad.model.Advertisement;
    import com.book.demo.ad.model.Template;
    import com.book.demo.ad.redis.RedisUtil;
    import com.book.demo.ad.util.TranscoderUtils;

    import redis.clients.jedis.Jedis;
    import redis.clients.jedis.Pipeline;
    import redis.clients.util.SafeEncoder;

    public class RedisTest {
      private Jedis jedis;
      @Before
      //注解 before 表示在方法前执行
      public void initJedis() throws IOException {
        jedis = RedisUtil.initPool().getResource();   //调用 7.4.2 节的连接
                                                        数据库初始化代码
      }

      @Test(timeout = 1000)
      //timeout 表示该测试方法执行超过 1 秒会抛出异常
      public void queryAdTest() {
        Advertisement advertisement = (Advertisement) TranscoderUtils
              .decodeObject(jedis.get(SafeEncoder.encode("test")));
          //调用 Redis 缓存上的字符串对象 test
        System.out.println(advertisement.getId());    //以 JSON 格式返回广告
                                                        脚本内容
      }
      @After
      public void closeJedis() {
        jedis.close();
      }
    }
```

下述代码为 Redis 数据库存储于缓存上的广告可执行 JSON 格式脚本代码，可以被相关

的 Java 客户端代码嵌套调用，然后展示广告内容。

```
{
  "id": 10001,
  "positionCode": "home-01",
  "tid": 20,
  "adContents": [
     {
       "id": 1,
       "name": "新年图书忒大促.",
       "url": "https://books.Atest.com/",
       "imageUrl": "http://books.Aimage.com/test.jpg",
       "sequence": 1
     },
     {
       "id": 2,
       "name": "手机专场，满 1000 返 50.",
       "url": "https://books.Atest.com/",
       "imageUrl": "http://books.Aimage.com/test.jpg",
       "sequence": 2
     }
  ]
}
```

9.1 节展示的是 Redis 数据与 Java 结合进行业务应用的完整的代码片段，详细可以见本书附赠的对应代码文件。从下节起，不再详细贴出所有代码，只选择核心代码进行分析。

9.2 商 品 推 荐

当顾客在电子商务平台浏览一种商品时，电子商务平台会把相似的商品或顾客曾经关注过的商品信息，推荐到同一个界面上，以引起顾客的关注和购买。这就是商品推荐功能。

9.2.1 商品推荐功能使用需求

个性化推荐是根据用户的兴趣特点和购买行为向用户推荐用户感兴趣的信息和商品。随着电子商务规模的不断扩大，商品数量和种类快速增长，顾客需要花费大量的时间才能找到自己想买的商品。这种浏览大量无关的信息和产品过程，无疑会使淹没在信息过载问题中的消费者不断流失。为了解决这些问题，电子商务平台商品推荐系统应运而生。个性化推荐系统是建立在海量数据挖掘基础上的一种高级商务智能平台，以帮助电子商务平台为其顾客购物提供完全个性化的决策支持和信息服务，通过协同过滤算法，分析用户行为，为用户推荐商品，如图 9.1 所示。

图 9.1　商品个性化推荐

9.2.2　建立数据集

这里为商品推荐内容建立统一的数据集类，提供商品 ID、商品基本信息、规格信息、广告信息属性功能，为后续的读写代码操作提供方便。

```
package com.book.demo.goods.recommend.model;

    public class Goods {
    private int id;                                  //商品 ID
    private String goodsInfo;                        //商品基本信息
    private String specificationsInfo;               //规格信息
    private String adInfo;                           //广告信息
    public int getId() {
        return id;
    }
    publicvoid setId(intid) {
        this.id = id;
    }
    public String getGoodsInfo() {
        return goodsInfo;
    }
    Public void setGoodsInfo(String goodsInfo) {
        this.goodsInfo = goodsInfo;
    }
```

商品 ID 属性读写封装

商品基本信息属性读写封装

```
    public String getSpecificationsInfo() {
    return specificationsInfo;
    }
    Public void setSpecificationsInfo(String specificationsInfo) {
        this.specificationsInfo = specificationsInfo;
    }
                                               商品规格属性读写封装

    public String getAdInfo() {
        return adInfo;
    }                                          广告信息属
    Public void setAdInfo(String adInfo) {     性读写封装
        this.adInfo = adInfo;
      }
}
```

9.2.3 新增商品推荐内容

为了快速推荐商品，需要事先把推荐商品信息通过 Redis 缓存到内存上。下面代码实现一种推荐商品信息提早预存到内存列表上的过程。这样的提早预存动作一般发生在顾客浏览某类商品之前的几秒钟。如根据顾客的浏览喜好检索字，生成对应的推荐商品列表。也可以通过电子商务平台提供公共的预置推荐信息，技术人员事先把某种商品的推荐信息统一预存到缓存中，当任何顾客浏览同一件商品时，可以随时从缓存中提供一样的商品推荐信息。

```
package com.book.demo.goods.recommend.test;
….
import com.book.demo.goods.recommend.model.Goods;           //调用 Goods 数据集，
                                                              见 9.2.2 节
import com.book.demo.goods.recommend.redis.RedisUtil;       //调用 Redis 连接，
                                                              见 7.4.2 节
import com.book.demo.goods.recommend.util.JsonUtil;

public class RedisTest {
    private Jedis jedis;
    …
        jedis = RedisUtil.initPool().getResource();         //连接数据库
    }
    …
    public void saveGoodsRecommendTest() {
```

读书笔记

```
        Pipeline pipeline = jedis.pipelined();              //开启 Redis 管道
        pipeline.lpush("goods-recommend", this.initGoods());
                                                    //把商品信息压入列表左边
        pipeline.expire("goods-recommend", 10 * 60);
                                                    //给该列表设置过期时间 10 分钟
        System.out.println(pipeline.syncAndReturnAll()); //提交本次操作
    }
    …
    /**
     * @描述 : 初始化推荐商品信息
       */
    private String[] initGoods() {
        Goods goods = new Goods();
        goods.setAdInfo("<html></html>");
        goods.setGoodsInfo("商品名称：华硕 FX53VD 商品编号：4380878 商品毛重：
4.19kg 商品产地：中国大陆");
        goods.setId(4380878);
        goods.setSpecificationsInfo("主体系列飞行堡垒型号 FX53VD 颜色红黑平台
Intel 操作系统 Windows 10 家庭版处理器 CPU 类型 Intel 第 7 代 酷睿 CPU 速度 2.5GHz 三级
缓存 6M 其他说明 I5-7300HQ 芯片组");
        String[] goodsArray = new String[10];
        for (int i = 0; i < 10; i++) {
            goodsArray[i] = JsonUtil.toJson(goods);
        }
        return goodsArray;
    }
}
```

在 Redis 建立对应的商品缓存信息后，可以供业务系统进行商品推荐调用。从为该列表对象（"goods-recommend"）设置 10 分钟过期的内容可以看出，该商品推荐是属于临时行为。一般保证被业务系统在短时间内调用一两次后，将自动删除。可以想一想，一个顾客专注于一个商品的时间很难超过 10 分钟。

9.2.4　查询商品记录

建立商品推荐信息后，就可以被业务系统进行各种调用了。下面通过简单的列表查询，提取 11 条列表值信息，在业务系统上显示。主要通过 lrange 命令来获取列表中指定的商品推荐内容。

```
package com.book.demo.goods.recommend.test;
…
public class RedisTest {
    private Jedis jedis;
    …
```

```
    public void queryGoodsRecommendTest() {
    System.out.println(jedis.lrange("goods-recommend", 0,10));
                                          //调用推荐商品列表信息
    }
…
}
```

保存在缓存中的商品推荐内容格式为 JSON 格式，方便业务系统代码嵌入使用。具体格式如下，可以通过上述代码查找功能，用 Java 控制台来显示，也可以通过 redis-cli 客户端功能，用命令 lrange goods-recommend 1 10 来显示。

```
{
  "id": 4380878,
  "goodsInfo":"商品名称：华硕 FX53VD 商品编号：4380878 商品毛重：4.19kg 商品产地：中国大陆",
  "specificationsInfo": "主体系列飞行堡垒型号 FX53VD 颜色红黑平台 Intel 操作系统 Windows 10 家庭版处理器 CPU 类型 Intel 第 7 代 酷睿 CPU 速度 2.5GHz 三级缓存 6M 其他说明 I5-7300HQ 芯片组",
  "adInfo": "<html></html>"
 }
```

本书的侧重点是如何使用 NoSQL 技术，所以对业务系统相关的算法或代码涉及较少，仅实现关键点位点到为止的效果，如本节代码并没有对顾客的购买操作行为进行分析，而这需要更多的篇幅来详细介绍的。读者若要深入了解业务系统功能的开发，应该另外参考开发语言相关的书籍。
当然，也可以期待本书相关作者的后续新著。

9.3 购 物 车

“购物车”指的是应用于网店的在线购买功能，它类似于超市购物时使用的推车或篮子，可以暂时把挑选的商品放入购物车，删除或更改购买数量，并对多个商品进行一次结款，是网上商店里的一种快捷购物工具，如图 9.2 所示。

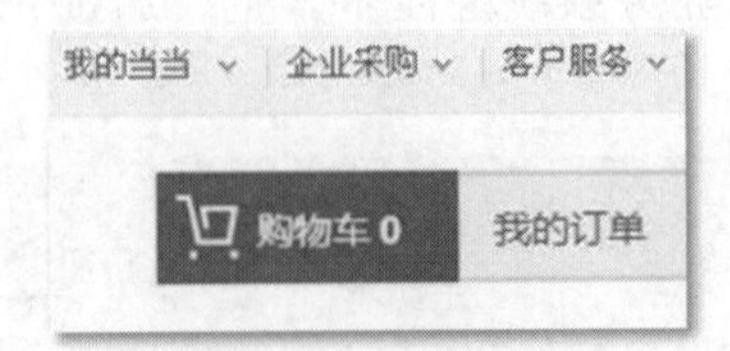

图 9.2 购物车功能

9.3.1　购物车功能使用需求

电子商务平台必须为顾客的购物过程提供购物车功能，方便顾客对商品的挑选和记录。一个顾客在一次购物过程，记入购物车的核心内容是商品 ID、商品采购数量、销售价格等信息。商品 ID 必须唯一，也就是同一种商品只能记录一条；商品 ID 与后续的商品采购数量等是一一对应的关系。对于该结构的数据，无需强制排序，可以用散列表很好地解决。

另外采用 Redis 作为缓存记录的好处是，一旦顾客所选择的商品记录不需要时，Redis 会在指定的使用时间后，自动把相关的散列表对象删除（过期），这样既可以减少其他数据库记录对硬盘资源的消耗，同时可以发挥 Redis 快速记录数据的优势。

9.3.2　建立数据集

为购物车建立采购记录商品基本信息数据集，这里主要内容包括了对商品 ID、商品基本信息、价格、购买数量的属性读写封装，为后续代码调用准备。

```
package com.book.demo.car.model;
public class GoodsDetail {
    private int id;                                     //商品 ID
    private String goodsInfo;                           //商品基本信息
    private String price;                               //单价
    private String amount ;                             //购买数量
    public int getId() {
        return id;
    }
    Public void setId(intid) {
        this.id = id;
    }
    public String getGoodsInfo() {
        return goodsInfo;
    }
    Public void setGoodsInfo(String goodsInfo) {
        this.goodsInfo = goodsInfo;
    }
    public String getPrice() {
        return price;
    }
    Public void setPrice(String Price) {
        this.Price = Price;
    }
```

```
    public String getAmount) {
        return Amount;
    }
    Public void setAmount (String Amount) {
        this. amount = Amount;
    }
}
```

购买数量属性读写封装

9.3.3 加入购物车

当顾客选中电子商务平台上的商品购买内容后，将记入购物车。这里通过临时记入 Redis 所提供的散列表来实现。

```
package com.book.demo.car.test;
…
import com.book.demo.car.model.GoodsDetail;
import com.book.demo.car.redis.RedisUtil;
import com.book.demo.car.util.JsonUtil;
import redis.clients.jedis.Jedis;
import redis.clients.jedis.Pipeline;

public class RedisTest {
    private Jedis jedis;
…
    public void saveCarTest() {
        Pipeline pipeline = jedis.pipelined();              //开启 Redis 管道
        pipeline.hmset("car",  this. iniGoodDetail ());
        pipeline.expire("car", 10 * 60);                    //10 分钟后该对象过期
        System.out.println(pipeline.syncAndReturnAll());  //提交本次操作
    }
…
}
```

上述代码调用 iniGoodDetail()函数，通过散列表插入键值对命令 Hmset 来实现顾客所选择商品记录的暂时缓存。

```
    private Map<String, String>iniGoodDetail() {
        Map<String, String> map = new HashMap<String, String>();
        GoodsDetail goods1 = new GoodsDetail ();
        goods1.setId(1000000);
        goods1.setGoodsInfo("《京东平台数据化运营》");
        goods1.price("48");
        goods1.amount("1");

        goods1.setId(1000001);
        goods1.setGoodsInfo("《电子商务：管理与社交网络视角》");
```

```
        goods1.price("65");
        goods1.amount("1");
        map.put(goods1.getId() + "", JsonUtil.toJson(goods1));
        map.put(goods2.getId() + "", JsonUtil.toJson(goods2));
        return map;
    }
}
```

9.3.4　查询购物车

对于临时存储于购物车里的商品购买记录，有两种处理方式：一种是顾客放弃购买，也就是对于临时存放于购物车里的记录弃之不管，这对顾客来说是理所当然的一种行为，不可能要求顾客把购物车里的记录做删除操作。Redis 缓存为此做了过期自动放弃机制，用 Expire 命令实现对象过期自动删除动作。另外一种处理方式是把临时存储于购物车里的购买记录正式转为结账记录，并清除购物车记录。

在顾客购买商品过程中，允许其查看购物车内信息，其对应的查询代码实现如下：

```
package com.book.demo.car.test;
…
import com.book.demo.car.model.GoodsDetail;
import com.book.demo.car.redis.RedisUtil;
import com.book.demo.car.util.JsonUtil;

import redis.clients.jedis.Jedis;
import redis.clients.jedis.Pipeline;

public class RedisTest {
…
    public void queryCarTest() {
        System.out.println(jedis. HGet ("car"));
    }
    @After
    public void closeJedis() {
        jedis.close();
    }
}
```

上述代码通过散列表命令 HGet 获取购物车里的缓存记录，其记录内容如下所示：

```
{
   1000000={
      "id": 1000000
      "goodsInfo": "《京东平台数据化运营》",
      "price": " 48",
      "amount": "1"
```

```
    },
    1000001={
        "id": 1000001,
        "goodsInfo": "《电子商务：管理与社交网络视角》",
        "price": " 65",
        "amount": "1"
    }
}
```

9.4 记录浏览商品行为

顾客自登录电子商务平台开始，就会产生很多相关的操作信息，如客户端访问连接信息，主要包括 IP 地址、端口号、访问时间、Cookie 用户 ID 号等；又如顾客在电子商务平台上的网页点击行为记录，主要包括了网页 ID 号、点击时间、鼠标在网页上的坐标点、停留时间等。

聪明的电子商务专家通过收集上述信息，就可以分析顾客的购买行为。如通过 IP 地址的所属区域，投放定向区域广告，促进商品的销售；收集顾客的鼠标坐标及点击网页频率，合理调整电子商务网站页面布局，迎合消费者的操作喜好；分析网页商品点击量排行，调整商品销售策略等。

9.4.1 商品浏览记录使用需求

这里给出一个模拟顾客访问某大型电子商务平台，浏览并点击商品时产生的记录信息。通过 Redis 保存到集合的过程，然后根据保存的数据，做对应的查询操作。

在实际生产环境下，顾客访问电子商务平台时，Web 服务器端可以获取访问顾客的 IP 地址、顾客点击某商品时的点击时间、顾客点击某商品时的商品 ID 号。在把上述信息存放到 Redis 集合的过程中，还需要考虑一个特殊问题：集合所记录的值内容应该是唯一性的，不能重复，于是为每条记录增加个一通用唯一识别码（niversally Unique Identifier，UUID）号。

UUID 是指在一台机器上生成的数字，它保证对在同一时空中的所有机器都是唯一的。通常平台会提供生成的 API。按照开放软件基金会（OSF）制定的标准计算，用到了以太网卡地址、纳秒级时间、芯片 ID 码和许多可能的数字。[①]

标准的 UUID 格式为：xxxxxxxx-xxxx-xxxx-xxxx-xxxxxxxxxxxx (8-4-4-4-12)，其中每个

---

① 百度百科，UUID，http://baike.baidu.com/item/UUID。

x 是 0～9 或 a～f 范围内的一个十六进制的数字。

在 Redis 集合里缓存点击商品记录后，后续可以进一步做各种数据分析处理。如针对某一个顾客累计到一定量后，转存入磁盘数据库文件上，做永久性保存，这样经过持续的数据累计，将产生大规模的数据记录，为后台定向顾客行为分析，提供了持续的数据支持。这里只给出简单的数据查询功能。

读书笔记

9.4.2　建立数据集

为了记录顾客在电子商务网站上的浏览点击记录，事先需要建立相关的数据集对象，供后续代码详细调用。这里的数据集属性包括了 UUID、点击时间、点击 IP、商品 ID 读写封装内容。

```
package com.book.demo.goods.log.model;

import java.util.Date;
/**
 * @描述 : 商品记录信息属性封装
  */
Public class GoodsLog {

    private String uuid;                //点击 UUID
    private Date clickDate;             //点击时间
    private String ip;                  //点击 IP
    private int id;                     //商品 ID

    public String getUuid() {
        return uuid;
    }
    Public void setUuid(String uuid) {
        this.uuid = uuid;
    }
    public Date getClickDate() {
        return clickDate;
    }
    Public void setClickDate(Date clickDate) {
        this.clickDate = clickDate;
    }
    public String getIp() {
        return ip;
    }
    Public void setIp(String ip) {
        this.ip = ip;
    }
```

UUID 属性读写封装

点击时间属性读写封装

IP 属性读写封装

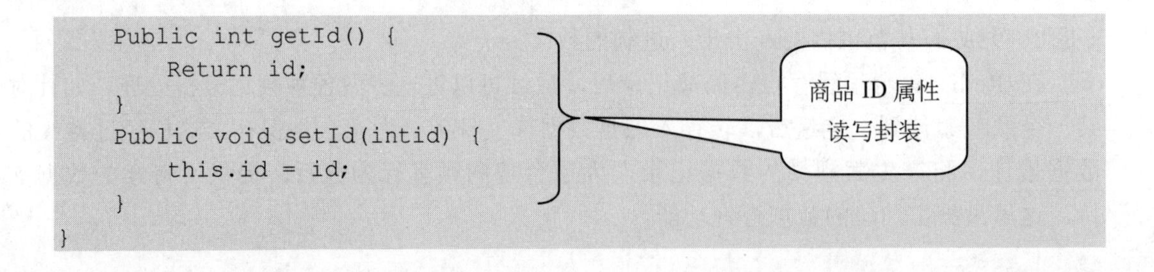


```
    Public int getId() {
        Return id;
    }
    Public void setId(intid) {
        this.id = id;
    }
}
```

9.4.3 新增商品点击记录

顾客访问电子商务平台页面时，通过鼠标点击网页上的商品，产生点击记录事件，通过以下代码实现把点击信息存储到 Redis 缓存。

对顾客点击信息的利用，一般应用场景下无需排序，更多的用于点击量的排行、点击热点范围的分析等。在访问量大的情况下，需要考虑存储数据的分拆问题，可以根据商品大类，如书、电子产品、衣服等把数据存入不同的存储对象中。根据上述要求，结合 Redis 数据存储结构的特点，集合可以胜任该项工作。下述代码以集合为数据存储模式，实现顾客点击信息的存储过程。

```
package com.book.demo.goods.log.test;
…
import com.book.demo.goods.log.model.GoodsLog;    //调用 9.4.2 节数据集对象
import com.book.demo.goods.log.redis.RedisUtil;   //调用 7.4.2 节的连接数据库
                                                    初始化代码
import com.book.demo.goods.log.util.JsonUtil;
import com.book.demo.goods.log.util.UUIDUtil;

public class RedisTest {
    private Jedis jedis;
…
    public void saveGoodsLogTest() {
        Pipeline pipeline = jedis.pipelined();              //开启 Redis 管道
        pipeline.sadd("goods-log", this.initGoodsLog()); //用集合缓存点击
                                                             数据
        pipeline.expire("goods-log", 10 * 60);
        System.out.println(pipeline.syncAndReturnAll()); //提交本次操作
    }
    @After
    public void closeJedis() {
        jedis.close();
}
```

上述代码通过调用集合 sadd 命令，实现把 initGoodsLog()函数提供的模拟点击记录数据存入 goods-log 集合对象的过程。这里给 goods-log 集合对象设置了 10 分钟后过期的时间

读书笔记

使用限制。下面代码为 initGoodsLog()实现相关内容。

```
    /**
     * @描述 : 初始化商品日志
       */
    private String[] initGoodsLog() {
        GoodsLog goodsLog1 = new GoodsLog();
        goodsLog1.setClickDate(new Date());         //模拟第一条点击记录时间
        goodsLog1.setId(7768);                      //模拟第一个商品 ID 号
        goodsLog1.setIp("172.54.87.9");             //模拟第一个顾客访问 IP 地址
        goodsLog1.setUuid(UUIDUtil.upperUUID());    //生成第一条记录唯一的UUID号
        GoodsLog goodsLog2 = new GoodsLog();
        goodsLog2.setClickDate(new Date());         //模拟第二条点击记录时间
        goodsLog2.setId(7769);                      //模拟第二个商品 ID 号
        goodsLog2.setIp("22.22.21.100");            //模拟第二个顾客访问 IP 地址
        goodsLog2.setUuid(UUIDUtil.upperUUID());    //生成第二条记录唯一的UUID号
        String[] goodsLogs = new String[2];
        goodsLogs[0] = JsonUtil.toJson(goodsLog1);
        goodsLogs[1] = JsonUtil.toJson(goodsLog2);
        return goodsLogs;
    }
}
```

9.4.4　查询商品点击记录

最后，通过查询功能，实现对 Redis 的集合对象内容的调用，为 Java 代码业务逻辑层做深入的代码算法处理，提供了条件。

```
package com.book.demo.goods.log.test;
…
import com.book.demo.goods.log.model.GoodsLog;
import com.book.demo.goods.log.redis.RedisUtil;
import com.book.demo.goods.log.util.JsonUtil;
import com.book.demo.goods.log.util.UUIDUtil;

public class RedisTest {
private Jedis jedis;
…
public void queryGoodsLogTest() {
System.out.println(jedis.scard("goods-log"));     //通过 scard 命令，获得集合
                                                    的所有记录总数
}

    @After
```

```
    public void closeJedis() {
        jedis.close();
    }
}
```

下面为Redis集合里记录的，上述模拟操作后，所产生的JSON格式的记录结果，其存储于缓存的goods-log集合对象里。

```
[
    {
        "uuid": "B5597F51926C400E932555FAC03A0F4D",
        "clickDate": "2017-04-07T02:16:49.828+0000",
        "ip": "22.22.21.100",
        "id": 7769
    },
    {
        "uuid": "4D33370CD8284862956D71CB26795A30",
        "clickDate": "2017-04-07T02:16:49.741+0000",
        "ip": "172.54.87.9",
        "id": 7768
    }
]
```

9.5 替代 Session

在用 Web 技术开发电子商务平台过程中，为了保存用户操作网页过程的一些状态信息，专门引入了 Session 技术。Session 在用户操作期间常驻服务器内存上，Redis 技术可以更好地替代 Session 的相关功能。

9.5.1 Session 使用需求

Session 是记录一个终端用户从登录网站到退出网站的过程，所需要的特定全局信息的一种技术。所记录信息临时存储于 Web 服务内存上，如用户的登录用户名、网页之间传递变量信息、网页状态选择信息等。Session 本身在生成时会产生一个 UUID 号，来唯一识别该登录用户。用 Session 技术存储过程信息，一个用户登录产生一个 Session，那么当几十万、几百万的用户同时访问一个网站时，对服务器内存的压力将很大。

Redis 常驻内存、快速处理、相对低内存占用（如二进制数据）、对 Key 对象时限的灵活控制、分布式处理等优点，可以更好地处理 Session 所承担的临时数据的存取任务。

9.5.2　建立数据集

模拟 Session 存储对象相关属性，这里封装了基于 UUID 的 ID 属性，并封装了通用 Object 对象。

```
package com.book.demo.session.model;
import java.io.Serializable;
import java.util.HashMap;
import java.util.Map;
import com.book.demo.session.util.UUIDUtil;
/**
 * @描述 : Session
*/
Public class RedisSession implements Serializable {

    Private static final long serialVersionUID = 1L;
    private String sessionId = UUIDUtil.uuid();   //用 uuid()产生唯一识别号，
                                                    模拟 session ID
    private Map<String, Object>map = new HashMap<String, Object>();
                                                //存储对象的 map 对象
    public String getSessionId() {
        return sessionId;
    }



    public Object getAttribute(String name) {
        return map.get(name);
    }
    Public void setAttribute(String name, Object value) {
        map.put(name, value);
    }
}
```

SessionId 属性读写封装

Object 对象属性读写封装

9.5.3　新增 Session

该处模拟一个终端用户访问网站时建立的模拟 Session 的记录相关信息的过程，所记录信息存放于 Redis 数据库的 Session 字符串对象之中。

```
package com.book.demo.session.test;
...
```

读书笔记

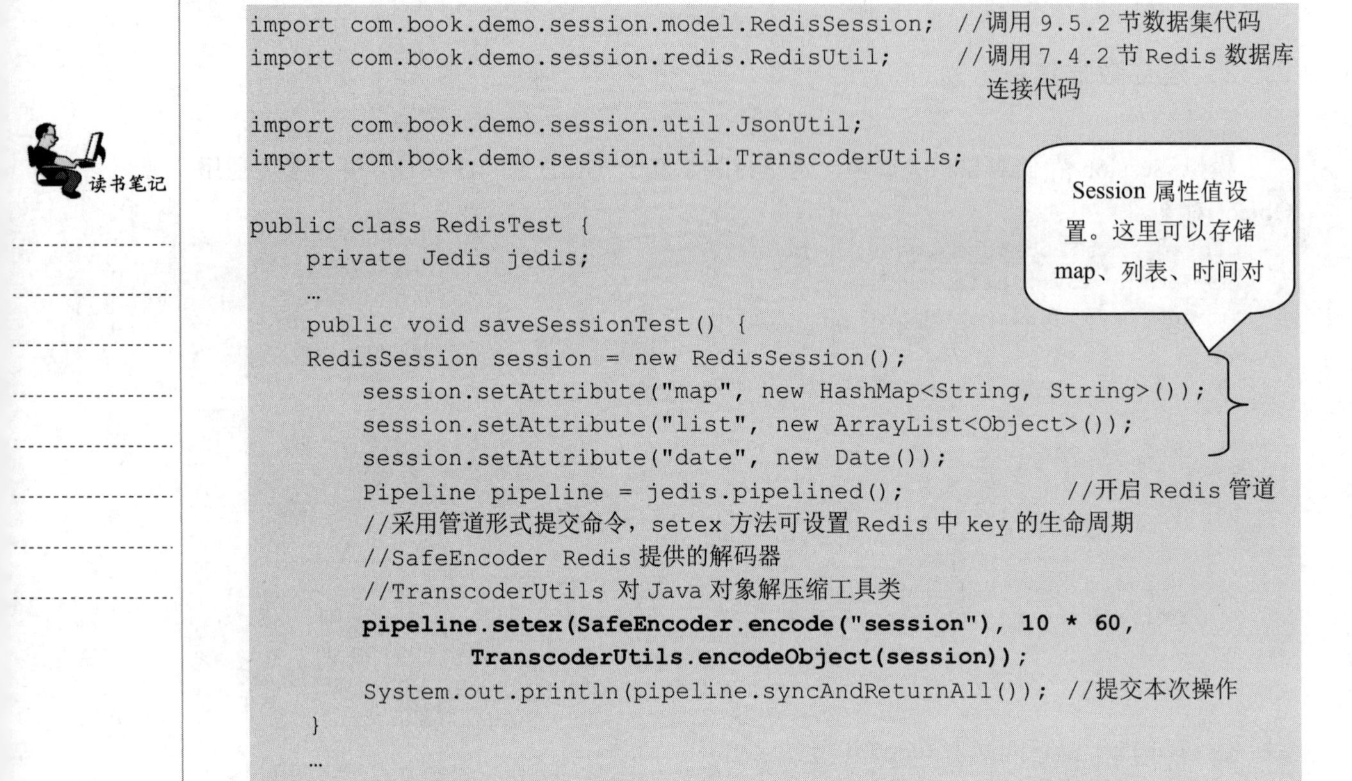

Session 属性值设置。这里可以存储 map、列表、时间对


```
import com.book.demo.session.model.RedisSession;  //调用 9.5.2 节数据集代码
import com.book.demo.session.redis.RedisUtil;     //调用 7.4.2 节 Redis 数据库
                                                     连接代码
import com.book.demo.session.util.JsonUtil;
import com.book.demo.session.util.TranscoderUtils;

public class RedisTest {
    private Jedis jedis;
    …
    public void saveSessionTest() {
    RedisSession session = new RedisSession();
        session.setAttribute("map", new HashMap<String, String>());
        session.setAttribute("list", new ArrayList<Object>());
        session.setAttribute("date", new Date());
        Pipeline pipeline = jedis.pipelined();             //开启 Redis 管道
        //采用管道形式提交命令，setex 方法可设置 Redis 中 key 的生命周期
        //SafeEncoder Redis 提供的解码器
        //TranscoderUtils 对 Java 对象解压缩工具类
        pipeline.setex(SafeEncoder.encode("session"), 10 * 60,
                TranscoderUtils.encodeObject(session));
        System.out.println(pipeline.syncAndReturnAll()); //提交本次操作
    }
    …
}
```

9.5.4 查询 Session

在建立替代 Session 的 Redis 数据对象后，这里可以模拟 Web 网页调用 Session 字符串对象里的值，其代码如下所示：

```
package com.book.demo.session.test;
…
public class RedisTest {
    private Jedis jedis;
    …
    public void querySessionTest() {
        RedisSession session = (RedisSession) TranscoderUtils
                .decodeObject(jedis.get(SafeEncoder.encode("session")));
        System.out.println(JsonUtil.toJson(session));
    }
…
}
```

在实际 Web 网页上获取用户相关信息后，Session 会话内容相关信息，如 UUID 号、用户登录名、登录时间等就会保存到 Redis 缓存中，其内容如下所示：

```
{
    "sessionId": "2ed77c04e40e478083419acd5ee52333",
    "map": {
        "map": {
            "userName": "zhangsan"
        },
        "list": [],
        "date": "2017-05-04T02:31:59.911+0000"
    }
}
```

9.6 分页缓存

Redis 管理数据的一个主要特点是可以把各种数据长期缓存在服务器内存上。利用这个特点，程序员可以把那些频繁被访问的数据统一缓存到服务器内存上，以大幅提高客户端对网页的访问速度。

这里的数据，主要是网页或其中的某一部分，如电子商务网站商品基本信息浏览。一个大型电子商务网站的商品将达到几百万，甚至几千万种。在大客流量同时访问的情况下，Web 服务器将会产生很大的动态网页生成和读取数据库压力。但是，经常被使用的商品信息，如品名、价格、规格等信息，一般一天之内很少变化，由此，可以在一天的一定时间段内把它们一直缓存在服务器内存中，利用 Redis 的快速访问特点，解决传统 Web 技术下的访问压力问题。

这里以一个经常需要访问的商品分页数据为例，通过 Redis 缓存来实现快速访问，如图 9.3 所示。

图 9.3　商品分页数据

9.6.1 分页缓存使用需求

当商品数量很大时，如图书栏目下的书的种类达到了几千种，或每种图书销售商家达到了几十家上百家，在这样的情况下必须进行分页处理；否则，顾客是无法容忍一个非常长的，呆板的网页浏览界面的。

为此，需要把商品信息分页显示，如一页显示 10 条商品记录，然后为其提供下翻到第二个 10 条商品页的功能，依此类推，直到浏览到最后，又具有自由切换到任意一页的功能。这样的分页浏览功能，其实在传统 Web 技术下也已经实现，只不过响应速度不够快，很容易让顾客体会到那不爽的延迟一瞬间。我们想借助 Redis 高效的缓存处理功能，实现对商品信息的高速存储处理。

在使用时，必须同时提醒一下，不是什么样的网页都可以随便提交给 Redis 处理，它毕竟是占用服务器内存来快速处理数据的。我们只能把最重要的任务提交给它，让它快速处理，而不是处理任何数据。

9.6.2 建立数据集

浏览商品的基本数据集，同 9.2.2 节，在此不再重复。

9.6.3 新增分页数据

有了数据集，就可以把商品基本信息放入 Redis 缓存中。这里模拟把 20 条商品记录一次性缓存到指定列表中，如下代码所示，通过 lpush 命令存放到列表名为“goods-1”的数据集中。然后，通过 expire 命令为其指定在缓存中的存在时间。由于这里涉及多命令操作，因此采用了管道技术一次性发送的方法。

```
package com.book.demo.goods.recommend.test;
…
public class RedisTest {

    private Jedis jedis;
…
    public void saveGoodsRecommendTest() {
        Pipeline pipeline = jedis.pipelined();              //开启 Redis 管道
        pipeline.lpush("goods-1", this.initGoods());
        pipeline.expire("goods-1", 10 * 60);
        System.out.println(pipeline.syncAndReturnAll()); //提交本次操作
```

```
    }
…
}
```

为了防止商品信息过多消耗服务器内存，数据库技术人员必须对能用的内存量、存放哪些常用的商品信息及商品存放时间等，做认真估算，仔细规划。并在系统运行过程中监控该方面内存使用情况。下述代码实现了 20 条数据经过 JSON 格式化后，存入指定字符串数组中，最后返回给调用者。这里的 initGoods()由上面的代码调用，然后通过 lpush 命令存入缓存中。


```
private String[] initGoods() {
        Goods goods = new Goods();
        goods.setAdInfo("<html></html>");
        goods.setGoodsInfo("《C 语言》");
        goods.setSpecificationsInfo("2017 年第 6 版，价格：38 元");
        String[] goodsArray = new String[20];
        for (int i = 0; i < 20; i++) {
            goods.setId(200000+i);
            goodsArray[i] = JsonUtil.toJson(goods);
        }
        return goodsArray;
    }
}
```

9.6.4　查询分页数据

缓存于"goods-1"字符串对象中的 20 条商品信息建立后，就可以供需要的业务系统代码调用了。这里模仿商品销售展示界面，提供两次分页查询数据。

```
package com.book.demo.goods.recommend.test;
…
import com.book.demo.goods.recommend.model.Goods;
import com.book.demo.goods.recommend.redis.RedisUtil;
import com.book.demo.goods.recommend.util.JsonUtil;

public class RedisTest {

    private Jedis jedis;
…
    public void queryGoodsRecommendTest() {
        System.out.println(jedis.lrange("goods-1", 0,9));
                                                //第一次分页数据，10 条
        System.out.println(jedis.lrange("goods-1", 10,19));
                                                //第二次分页数据，另外 10 条
```

```
    }
...
}
```

9.7 小　　结

学会 Redis 命令及其相关知识后，进入业务实用是关键。这里通过模拟大型电子商务系统的广告访问、商品推荐、购物车、记录浏览商品行为、替代 Session、分页缓存业务应用，向读者展示了使用Redis技术的优势；另外，本章代码已经建立起Redis与Java代码开发的桥梁。读者可以借助该代码框架基础，深入业务应用开发或改造。

好的代码框架不但可以加速项目的开发进展，同时可以保证项目开发质量。

9.8 实　　验

实验一　测试书上案例

在实验计算机上，测试广告访问、商品推荐、购物车、记录浏览商品行为、替代 Session、分页缓存功能，并形成测试报告，要求测试数据内容不能同书上案例一致。

实验二　测试修改、删除、增加功能

在实验计算机上，以广告访问、商品推荐、购物车、记录浏览商品行为、替代 Session、分页缓存功能书上现有框架代码为基础，增加每种业务功能的修改，删除子功能，并形成测试报告。

NoSQL 提高部分（电商大数据）

第 1 部分，解决 NoSQL 基础知识面的问题。

第 2 部分，解决读者对最新 MongoDB、Redis 基本技术的掌握和基于上述数据库初步应用开发的能力问题。

第 3 部分，主要尝试解决实战项目情况下的一些需要深入思考的问题，这里所涉及的内容包括：

※第 10 章，数据库速度优化问题；

※第 11 章，数据存储相关问题；

※第 12 章，实际部署及 NOSQL 技术选择问题；

※第 13 章，NOSQL 实用辅助工具使用问题。

这样设计目的很明确，进一步提高读者的技术知识面和实战水平。但是限于书的局限性，我们只能进行点到为止的介绍。

这样设计的目的很明确，进一步提高读者的技术知识面和实战水平。但是由于书的局限性，我们只能进行点到为止的介绍。

第 10 章

速度问题

任何一款数据库，在业务数据不断累积的情况下，迟早要碰到数据堆积，影响业务系统运行速度的事情。如何解决数据合理存储与使用问题，成了技术人员必须面对的一个重要问题。

目前，对于数据库速度问题的处理，可以从横向和纵向两个方面进行技术处理，以改善数据库运行响应速度问题。

纵向的，就是在单服务器内部挖掘潜力，优化数据库操作技术细节，如以优化数据库索引，提高查询速度等方式来解决问题。但是，该方法只能局部改善问题，而且受服务器硬件整体性能所限，这方面的技术提升最终效果是有限的。

横向的，就是把本来由一台服务器处理的数据，转为分布式多服务器处理，并进行读、写分离操作，这样可以大幅提高数据库的运行响应速度，并且横向扩展是线性的，受硬件设备本身的限制非常小。这对具备分布使用的 MongoDB、Redis 数据库来说，是一个好的技术解决思路。

10.1　MongoDB 操作速度优化

对于提高 MongoDB 的操作使用性能，顶级高手在设计阶段，就应该充分考虑数据读写操作性能，并在技术上做准确而合理的优化考虑；一般高手，通过工具主动及时发现问题，进行问题针对性的解决；水平比较低的，被动发现问题，并解决问题。

显然，对于顶级高手已经掌握了 MongoDB 操作性能优化的很多技术技巧，并且有着丰富的实战经验。这里试图从设计、问题提早发现、问题针对性调优等角度，提供相应的技术解决思路。

MongoDB 数据库的优化内容涉及范围很广，常见的包括对单机各种命令执行的优化（如索引）、数据本身的优化、分布式读写优化等。

10.1.1　常用优化方法

在数据规模还允许情况下，我们先做单台服务器纵向优化措施。这是最常见的一类读写速度优化措施，也是数据库技术人员技术是否扎实的基本功之一。

1．开启 MongoDB 慢命令检测功能（Database Profiler）

当电子商务平台某些功能界面操作响应慢时，对应的数据库系统是一个重点怀疑对象。但是当与 MongoDB 数据库相关的运行命令比较多时，让技术人员挨个儿去检查或测试，这将是一件非常糟糕而低效的事情。好在 MongoDB 提供了自动检测哪些命令执行太慢的方法，我们可以通过开启 db.setProfilingLevel 功能自动记录有问题的命令清单，并通过 db.system.profile.find 命令显示问题命令清单。有了问题命令清单，我们可以迅速把注意力集中到问题命令上，进行针对性的测试和技术调优。

db.setProfilingLevel(level, slowms)命令参数：

- level 为指定慢命令分析级别，0 为不执行该命令；1 为记录慢命令，当指定时间限制时（默认为超过 100 毫秒），超过该时间限制范围的执行命令都将记入 system.profile 文件中；2 为记录所有执行命令的情况。
- slowms 为可选参数，指定时间限制范围（单位：毫秒），当超过该时间范围时，所执行命令就认为是慢命令。

该命令的基本用法，在 mongod 上执行如下：

```
>db.setProfilingLevel(1)          //开启慢命令记录模式，默认超过 100 毫秒的执行
                                    命令，都进行记录
>db.setProfilingLevel(1,300)      //开启慢命令记录模式，设置超时限制为 300 毫秒
```

上述命令的设置，意味着生产环境下的 MongoDB 相关慢命令的检测记录正式开启。在运行环境下，检测一段时间后，就可以用 db.system.profile.find 命令查看慢命令检测记录结果，其代码实现如下。Millis 为系统慢命令记录日志里的时间键（Key）名，$gt:100 代表命令执行时间超过 100 毫秒的值，对该键对应的值进行条件过滤检索。

```
>db.system.profile.find( { millis : { $gt : 100 } } )
```

在没有慢命令情况下，可以采用 db.setProfilingLevel(2)方式，测试记录内容：

```
>db.setProfilingLevel(2)
>db.stats()
>db.system.profile.find().pretty()
```

在开启记录所有命令的记录功能后，通过执行 db.stats()命令，然后执行第三条慢命令查询功能，显示如下：

```
{
        "op" : "command",
        "ns" : "test",
        "command" : {
                "dbstats" : 1,
                "scale" : undefined
        },
        "numYield" : 0,
        "locks" : {
                "Global" : {
                        "acquireCount" : {
                                "r" : NumberLong(2)
                        }
                },
                "Database" : {
                        "acquireCount" : {
                                "R" : NumberLong(1)
                        }
                }
        },
        "responseLength" : 235,
        "protocol" : "op_command",
        "millis" : 0,
        "ts" : ISODate("2017-06-10T07:01:12.173Z"),
        "client" : "127.0.0.1",
        "appName" : "MongoDB Shell",
        "allUsers" : [ ],
        "user" : ""
}
```

慢命令记录日志内的主要参数说明如下：

op，记录的是命令；ns，数据库名；command.dbstats，记录的命令名称，这里为

dbstats；ts，记录命令执行开始时间；millis，该命令执行的耗时间（单位：毫秒）。

上述慢命令记录结果信息可以很轻松地帮助技术人员发现有问题命令的执行情况，进而针对性地解决问题。

启动 setProfilingLevel 命令后，在服务器端会产生额外的运行开销，如把检测到的慢命令记入文件中，所以将对服务器运行性能产生一定影响。该命令还允许将查询的内容写入系统日志，这对正式运行环境下信息的安全产生一定隐患。测试完成后，必须设置 db.setProfilingLevel(0)。
字符串，按照二进制大小进行顺序排序（又叫词典排序，Lexical Order）（可以参考 ASCII 码表）。

2．使用 explain 命令分析问题语句

关于 explain 命令的基本用法见 5.3.2 节。

这里我们假设通过慢命令检测功能，发现了一个带索引的 find()执行速度比较慢。于是进一步通过 explain 命令分析该命令的执行详细信息，其模拟执行过程如下：

```
> db.books.createIndex( {name:1})          //对 name 键建立索引，books 集合已经
                                             存在若干值
> db.books.createIndex( {price:1})         //对 price 键建立索引
> db.books. find({price:{$gt:40}}, {name:1}).explain()
                                           //对 find 命令执行 explain()分析
```

该 explian 命令的执行结果如下：

```
{ "cursor" : "BtreeCursor price_1",
 "nscanned" : 10000,
"nscannedObjects" : 10000,
"n" : 1,
"millis" : 800,
"nYields" : 0,
"nChunkSkips" : 0,
"isMultiKey" : false,
"indexOnly" : false,
"indexBounds" : { "price " : [ [401.7976931348623157e+308] ] } }
```

返回结果内容说明：

这里 millis 的值为 800 毫秒，说明该命令执行比较慢；由于其带了 indexBounds 值，说明该 find()命令使用了索引，而且从这里可以知道索引键是 price。因此，初步可以判断该命令的索引安排和数据的结合存在怀疑点，需要调整索引或检查数据情况来优化。

3．Mtools 工具分析日志

Mtools 是 MongoDB 技术人员用于数据库运行健康检查的一款官方工具，可以通过图

形化的问题展示监控数据运行情况，及时发现问题，及时解决问题。尤其是对 MongoDB 日志可以进行定向分析，以便更加容易地发现问题。该工具下载及详细使用见 13.2.4 节。

4．Mongoreplay 监控工具

在 MongoDB 3.4 版本开始用 Mongoreplay 替代了 mongosniff 工具，这是一个强大的流量捕获和重播工具，可用于检查和记录发送 MongoDB 数据库的命令。该工具下载及详细使用见 https://docs.mongodb.com/manual/reference/program/mongoreplay/。

5．Mongostat 监控工具

Mongostat 是 MongoDB 自带的状态检测工具，在命令行下使用，它会间隔固定时间获取 MongoDB 的当前运行状态，并输出。如果技术人员发现 MongoDB 响应速度变慢或者有其他问题时，可以先考虑采用该工具，快速获取 MongoDB 数据库的运行状态信息。该工具主要提供大量的统计信息，其详细使用方法见 13.2.2 节。

6．db.serverStatus 命令

db.serverStatus 也是了解 MongoDB 数据库运行状态的一种选择，提供磁盘使用状态、内存使用状态、连接、日志、可用的索引等信息。该命令响应迅速，不会影响 MongoDB 的运行性能。

```
>db.serverStatus()                    //执行结果及解释详见附录一
```

7．db.stats 命令

db.stats 查看一个数据库实例的运行状态，其分析粒度比 db.serverStatus 更细。

```
>db.stats()                           //其命令执行情况及说明见 4.1.4 节
```

10.1.2　索引查询及优化

在大规模数据存储及查询使用情况下，索引是影响数据库数据使用性能的一个重要技术因素。索引使用成功，可以成倍地提高检索速度；索引使用失败，则会延迟数据库的响应性能，甚至导致业务系统无法正常使用。

5.2 节已经对索引的使用特点做了初步介绍，本节继续深入介绍如何优化索引及查询性能。

1．注意索引数据对象

索引主要通过对数据对象事先建立排序顺序，以快速实现相关数据的检索和读取。索

引建立后查询速度的快慢，与建立索引字段的值的颗粒数紧密相关。在索引字段值中每个数据的重复数量称为颗粒，也叫做索引的基数。基数占整列值中的比重越大，索引效率越低。

读书笔记

假设我们在一个名叫 GoodsInf 的集合里，有如下特征的商品记录 1 万条，在不同键上所建立的索引，效率会明显不一样。假设下述文档记录，name 键对应的值都不一样，price 里的值为 50 的重复率达到了 30%，press 值全部重复，那么它们的基数占列数的百分比为：

（1）_id，0.01%（万分之一），每条都不重复（这是_id 键值对的特点）。

（2）name，0.01%（万分之一），每条都不重复（数据输入后产生的特点）。

（3）price，30%（万分之三千），近三分之一的重复率（数据输入后产生的特点）。

（4）press，100%，1 万条都重复，（数据输入后产生的特点）。

若要快速查找数据，那么_id 和 name 带索引的字段最快，因为它们的基数占整列比重最小；press 带索引情况下最慢，若查找“水利水电出版社”要把一万条记录都扫描一遍；price 带索引情况下，查找 price=50 的速度介于最快和最慢之间。

【数据案例 10.1】

```
{ "_id" : 1, "name" : "《C 语言》", price:32.5, press: "水利水电出版社"}
{ "_id" : 2, "name" : "《B 语言》", price:50, press: "水利水电出版社"}
{ "_id" : 3, "name" : "《D 语言》", price: 40, press: "水利水电出版社"}
{ "_id" : 4, "name" : "《E 语言》", price: 50, press: "水利水电出版社"}
{ "_id" : 5, "name " : "《G 语言》", price: 50, press: "水利水电出版社"}
{ "_id" : 6, "name " : "《T 语言》", price: 35, press : "水利水电出版社" }
{ "_id" : 7, "name " : "《F 语言》", price: "36.1, press: "水利水电出版社"}
{ "_id" : 8, "name " : "《H 语言》", price:29, press: "水利水电出版社"}
{ "_id" : 9, "name " : "《I 语言》", price: 50, press: "水利水电出版社"}
{ "_id" : 10, "name " : "《J 语言》",price: 50, press: "水利水电出版社"}
…
```

根据实际使用经验，在一整列值的基数高度重复的情况下，建立索引意义不大，甚至会影响数据库的读写性能。所以我们不欢迎对 press 这样特征的键值对建立索引；而 name 键这样的是受欢迎的。利用字段的基数只能对索引的使用做大概参考建议，若要确定一个字段建立索引后，到底会对系统响应性能产生好的影响还是坏的影响，最好用 Explain()等命令进行对比测试，再做出选择。

说明

一般索引基数超过 30%，查询性能会明显下降。所以要么不要把类似字段作为索引字段；要么采用综合索引等其他方法来解决查询速度过慢问题。

字符串，按照二进制大小进行顺序排序（又叫词典排序，Lexical Order）（可以参考 ASCII 码表）。

2．用 Explain()做对比测试

对于 MongoDB 的一个集合的某一个字段是建立索引，还是不能建立索引，最好的方法是利用 Explain()命令做对比测试。

我们继续假设在 GoodsInf 集合的 1 万条文档记录上做实验。我们想知道对 price 是建立索引的查询速度快，还是不建立索引查询速度快？

第一步，在没有索引的情况下，查询该字段的 price=50 的值，并利用 Explain()获取第一次执行的速度。

```
>use goodsdb
>db.GoodsInf.find({price=50}).explain("executionStats")
                                                   //利用 10.1 数据案例，无索引
{
  "queryPlanner" : {
       "plannerVersion" : 1,
       ...
       "winningPlan" : {
          "stage" : "COLLSCAN",                    //COLLSCAN 代表集合扫描
          ...
       }
  },
  "executionStats" : {
     "executionSuccess" : true,
     "nReturned" : 3000,                           //返回 3000 条符合要求的文档
     "executionTimeMillis" : 7,                    //用时 7 毫秒
     "totalKeysExamined" : 0,
     "totalDocsExamined" : 10000,                  //把该集合的 1 万个文档记录做了全扫描
     "executionStages" : {
        "stage" : "COLLSCAN",
        ...
     },
     ...
  },
  …
}
```

从 stage: "COLLSCAN"可知，在没有索引的情况下，Find({price=50})采用整个集合扫描的形式，对 1 万个文档记录做全扫描，用时 7 毫秒。

第二步，先为 price 字段建立一个索引，然后查询该字段的 price=50 的值，并利用 Explain()获取第二次执行的速度。

```
>db.GoodsInf.createIndex({price:1})          //利用 10.1 数据案例
>db.GoodsInf.find({price=50}) .explain("executionStats")    有索引
{
  "queryPlanner" : {
       "plannerVersion" : 1,
```

```
        ...
        "winningPlan" : {
            "stage" : "FETCH",
            "inputStage" : {
                "stage" : "IXSCAN",                    //代表采用了索引
                "keyPattern" : {
                    "quantity" : 1
                },
                ...
            }
        },
        "rejectedPlans" : [ ]
    },
    "executionStats" : {
        "executionSuccess" : true,
        "nReturned" : 3000,                            //返回 3000 条符合条件的文档
        "executionTimeMillis" : 0,                     //用时 0 毫秒
        "totalKeysExamined" : 3000,                    //扫描了 3000 个索引文档
        "totalDocsExamined" : 3000,                    //扫描了 3000 个文档记录
        "executionStages" : {
            ...
        },
        ...
    },
    ...
}
```

第二次执行结果，Stage 的值出现了 IXSCAN，代表索引扫描，说明该查询是建立在索引基础上的。totalKeysExamined=3000 代表在索引目录中扫描 3000 条符合要求的记录扫描用时 0 毫秒（实际值在微秒范围内）。很明显建立索引后执行的查找命令，可以比没有索引的查找命令快近 7 毫秒。

利用 Explain()做命令执行速度对比，是一种良好的技术优化手段，可靠性强，是需要引起数据库技术人员重视的性能调优方法。

3．慎用索引功能

为了提高查询性能，并不是索引建立越多越好，而是根据实际需要，慎重建立相关索引，并进行性能模拟测试。

因为，在实际生产过程，有些系统响应速度变得很糟糕，不是由于没有建立索引而引起的，而是由于建立了不合适的索引字段而导致的读写性能急剧下降。

如建立索引的字段索引基数过大、数据规模超过建立索引的最佳值范围（假设超过 1 千万条文档，会导致索引开销本身很庞大）、对于修改频繁的字段建立索引可能是件糟糕的事情（在大规模数据的情况下，会导致重新建立索引过程开销变大）等。所以在建立字

段索引时要谨慎，在满足操作要求的情况下，一个集合里的索引数量越少越好。

4．查询只返回需要的字段

假如一个集合有十几个字段，而业务应用时，只需要返回 3 个字段，那么在具体的代码编写过程，就让返回 3 个字段，而不能偷懒让全部字段都返回。因为全部字段都返回，会引起网络通道的额外流量开销，在高并发访问的情况下，将引起不必要的网络拥堵问题。假设我们面对是 IT 设备类商品的集合，名叫 ITInf，有_id、name、price、spec、color 等几十个字段名。偷懒的编写方法如下，该代码将返回符合条件的所有字段的文档内容，这不是个好习惯。

```
>db.ITInf.find({price=50})                              //返回集合文档的所有字段
```

勤快而聪明的编程者，只编写返回需要的两个字段的文档记录，其代码如下：

```
>db.ITInf.find({price=50},{name:1,price:1,_id:0})    //显示指出需要返回的字段
```

对于返回数量过大的文档记录，还可以采用限制返回记录条数的方式读取，其

```
>db.ITInf.find({price=50},{name:1,price:1,_id:0}). limit(15)
                                                        //最多返回 15 条
```

5．使用$inc 函数实现服务器端字段值的增减操作

对数值型的更新操作，能用$inc 函数的，就不用$set 函数，因为用$inc 函数更新速度快。

```
>db.ITInf.updateOne({ name: "《C 语言》"},{$set: { "price" : 35 }})
```

在同样修改操作情况下，能用下述执行代码，就不用上面的修改代码。

```
>db.ITInf.updateOne({ name: "《C 语言》"},{$inc{ "price" : 2.5 }})
```

6．$or 和$and 使用要点

在相关语句进行多条件匹配操作时，要注意$or 和$and 的使用方法，以提高条件检索速度。$or 和$and 条件组合符号，对多条件顺序安排是有要求的，良好的条件顺序安排可以提高检索速度，差的检索条件组合会影响响应性能。

$or 在安排多条件组合检索时，把匹配最多的字段放在最左边位置，匹配第二多的放左边第二的位置，依此类推，这样做可以提高检索速度。

```
>db.GoodsInf. find( { $or: [{ price: 50 }, {name: "《G 语言》"} ] } )
                                                        //利用 10.1 数据案例
```

这里的 price=50 能匹配到的值比 name=《G 语言》能匹配到的多得多，所以 price 放条件匹配位置的左边，name 放右边（注意，这里没有考虑索引所带来的问题，请读者自行思考并测试）。

$and 在安排多条件组合检索时，把匹配最少的字段放在最左边位置，匹配第二少的放左边第二的位置，依此类推，这样做可以提高检索速度。

```
>db.GoodsInf.find({$and:[{ name: "《B 语言》"}, { "price" : 50 }]})
```

```
                                        //利用 10.1 数据案例
```

这里的 name=《B 语言》只有一个匹配值，而 price=50 很多，所以，name 放前面，price 放后面。

$or、$and 要求这样做是由它们的检索算法决定的，读者也可以通过对同一个集合数据自行进行测试对比。

（1）在带$函数条件检索时，若有索引，先检索索引；若没有索引则做全集合扫描。

（2）MongoDB 支持在索引下使用$函数（除 geoHaystack 索引不能用外）。

10.1.3　数据设计及优化

一款优秀的数据库设计方案，将给项目带来极大的优异性能体验；而糟糕的没有经验的数据库设计，则会带来一大堆问题，尤其在运行性能上。这就是不少业务系统建立之初运行正常，越到后面，运行问题越严重的原因之一。

数据库数据的优化设计涉及面很广，我们就 MongoDB 常见的一些数据优化设计方法进行介绍。

1．数据量评估及解决

在实际生产环境下，对业务数据增长量的评估是非常重要，它可以决定是否采用分布式部署、读写分离设计，甚至可以决定一个集合的索引是否设置合理。

以某大型电子商务平台为例，若数据库技术人员发现，该平台日商品点评记录为 400 万条，每条记录平均大小为 100B，一天的存储量约为 381MB（实际加上数据存储结构信息，在 600MB 以上），那么一年的商品点评记录为 14.6 亿条，实际存储量在 214GB 以上，十年将达到 2TB 以上。作为电子商务平台里众多的数据内容之一，该部分数据是否需要独立存放，什么时候独立存放，在设计或使用之初应该仔细考虑。若评估结果认为，该数据量的累计，不会影响顾客业务系统的操作使用，那么可以用一台服务器独立管理该数据；若该电子商务平台顾客日访问量特别庞大，假设几千万次，而且对评价信息的读取非常频繁，则需要提早考虑分布式存储，并决定是否采用读写分离，以减轻服务器端访问的压力。

对业务数据规模进行比较准确的规模预测评估后，就可以先进行类似规模数据的模拟测试，以决定是否采取具体的优化行动。模拟测试非常重要，它可以比较真实地提早模拟未来一段时间数据使用情况，并提供量化的优化决策依据。

数据规模评估结果只优化了某几个索引功能，电子商务平台决策者也许不太在意，但是当决策结果决定要采购更多的服务器时，就会引起决策者的重视，并体现了数据规模评

估的价值。

2．数据结构优化设计

在大规模数据应用情况下，不同数据的结构，将影响到 MongoDB 的读写操作性能。好的快速的响应性能，能给用户带来良好的印象，增加用户使用网站的欲望；差的延迟严重的响应性能，会直接导致用户数量的丢失，这是件非常糟糕的事情。因此，作为技术人员，对数据结构进行谨慎分析是非常必要的。

在 MongoDB 数据库中，一个集合存储的数据，在设计之初应该考虑它的主要用途和使用特点，进而建立合理的数据结构。

这里以大型电子商务平台上的图书展示信息为例，说明在不同数据结构下，对操作性能的影响是不同的。

在大型电子商务平台上展示图书信息时，不但要有书名、价格、作者这样的关键销售信息，还要提供其他一些基本信息，如出版社、页数、ISBN、商品尺寸等，另外还要提供用户评分、商品图片等辅助信息，如图 10.1 所示。

图 10.1　商品展示信息

甲设计人员，认为只要跟书相关的信息都可以放到一个集合中，这样方便一次性读取，其集合存户数据结构如下。

【数据案例 10.2】

```
{"_id":1,
 "B_name":"《Python 编程 从入门到实践》",
 "Price":69.60,
```

```
"BaseInf": {"Press":"人民邮电出版社",
          "Pages":459,
          "ISBN":" 9787115428028",
          "PublishedDate":"2016年7月1日",
          …
          },
 "Star":4.5                                                    //用户评分
 "Comment":"书质量很好，包装也好！",
 "RecordDate":"2016年8月1日",
}
```

乙设计人员觉得该电子商务平台随着业务的发展，商品数量将会每年增长，而且每年的增长变化数在几十万条记录计，跟商品相关的销售信息、基本信息、辅助信息每年的存储变化量在几个 TB 级别。把商品展示的所有信息都存放于一个集合，不利于商品信息的查询和修改。于是把数据案例 10.2 的结构设计成如下。

【数据案例 10.3】

该设计人员先把最主要的销售信息集中在集合 A 中，代码如下所示：

```
{"_id":1,
 "B_name":"《Python 编程 从入门到实践》",
 "Price":69.60,
 "B_ID":10000040001,                                  //基本信息 ID
  "Other_ID": ObjectId("144b5d83041c7dca84416")       //辅助信息 ID
}
```

然后，把基本信息存放到集合 B 中，代码如下所示：

```
{"_id": 10000040001,
 "Press":"人民邮电出版社",
 "Pages":459,
 "ISBN":" 9787115428028",
 "PublishedDate":"2016年7月1日",
        …
}
```

接着把其他辅助信息存放到集合 C 中，代码如下所示：

```
{"_id": ObjectId("144b5d83041c7dca84416")
 "Star":4.5,
 "Comment":"书质量很好，包装也好！",
 "RecordDate":"2016年8月1日",
        …
}
```

显然，乙设计人员充分考虑了业务数据的发展趋势，并估计到了商品展示信息最大的使用方式是查询，要提高电子商务网站对商品浏览的响应性能，把数据合理归类，存入不同的集合，可以大幅减轻一个集合的数据检索压力，提高查询响应速度。在这里为了解决集合之间关系问题（MongoDB 的集合关系非常弱，不能像关系数据库那样可以对不同表建立强的关联关系），在集合 A 中预先设置了其他相关的集合的 ID，通过客户端代码的分次

读书笔记

快速查询，可以达到一起快速显示的目的。

另外，对集合文档的嵌套查询速度，会慢于没有嵌套数据的查询性能。

如下面第一条查询是对数据案例 10.2 的集合进行查询，该查询速度会比下面第二条直接查询数据案例 10.3 的集合 B 要慢。

读书笔记

```
>db.goodsbaseinf.find({"baseinf.press":"人民邮电出版社"})
```

```
>db.goodsBbaseinf.find({press:"清华大学出版社"})
```

可以通过建立大规模数据（如 100 万条），然后用 Explain()做对比测试。

从设计人员甲和乙对同样内容的数据结构进行设计，差异非常巨大：乙的设计可以保持大型电子商务平台数据的长期快速响应，而甲的设计则很可能导致灾难性的后果。

3．使用封顶集合（Capped Collection）快速读写

对于特定数据的读写操作，可以通过采用封顶集合来快速实现。

采用封顶集合技术与一般集合技术在速度上的区别有多少呢？可以用 MongoDB 的系统日志写速度与直接往磁盘写数据的速度来进行类比。也就是采用封顶集合技术的写速度接近系统日志的写速度。而系统日志写原理首先是建立在对内存写的基础上的（然后第二步，才刷新到磁盘上），写内存的速度自然比直接写磁盘速度要快得多。

那什么是特定数据呢？要用封顶集合解决快速读写的应用场景，是受如下条件制约的。

1）封顶集合数据大小受限

所谓的封顶集合，就是一个集合建立它所能存储的数据量大小是固定的，一旦插入该集合中的数据超过固定数据量大小，新插入的数据将覆盖该集合中插入时间最长的数据对象，在连续插入的情况下，将实现数据循环更新机制。如图 10.2 所示，该封顶集合 A 最多只能插入 5 个合理大小的数据（该大小事先在建立 A 封顶集合时进行限制），然后当需要插入第 6 个数据时，只能覆盖最先插入的那个数据（图里为第 1 个数据），第 7 个数据插入时将覆盖第 2 个数据，依此类推，实现数据循环插入。

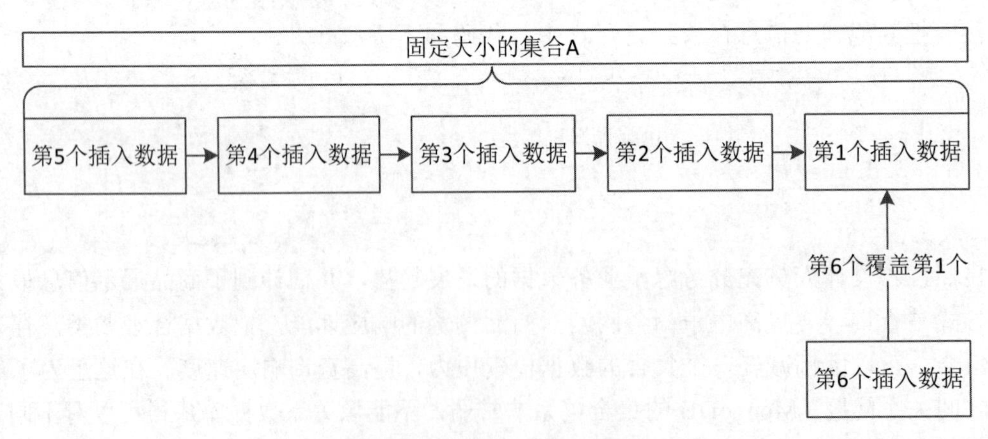

图 10.2　封顶集合循环机制

要设置固定大小的封顶集合，必须用 db.createCollection 命令来显式建立，该命令建立封顶集合的命令格式为：

db.createCollection(<name>,{capped:true, size:<number>,max <number>})；

参数说明：name，指定封顶集合的名称；capped，其值为 true 指定该命令建立的为封顶集合；size，指定封顶集合的存储大小，单位为 Byte（字节）；max 为可选参数，指定可以插入的最大文档数。

size 限制优先于 max 限制，当插入的文档数据大小先达到 size 限制的极限情况下，封顶集合就进入覆盖循环状态；两个限制参数的同时使用，将比只使用 size 情况下的数据插入速度要慢，所以一般建议只用 size，除非技术人员想精确控制插入文档数量，并允许插入速度变慢。

size 的值设置小于等于 4096B 时，该集合具有 4096 字节的存储大小；若超过 4096B，则提供的存储大小实际值为256的整数倍，如5000B，则实际提供的存储大小为5120B(256的20倍)。在32位服务器上一个封顶集合的最大值约为482.5MB；在64位的操作系统下，size 大小只受系统文件大小的限制。

max 参数被使用时，必须同时确定 size 大小，要确定 size 指定的存储大小能确保存储 max 指定的文档数量，不然，该封顶集合当插入数量大小先达到 size 设置的上限值时，在持续插入的情况下覆盖旧数据对象的操作会加快，为了避免类似事情的发生，当指定的封顶集合插入若干个文档数据时，可以通过 db.Collection.validate()命令来查看现有文档数据的存储大小，并估计每条文档的实际存储大小。

```
>db.createCollection(" testCC", {capped:true, size:10000000})
>db.testCC.insert([
                {name:"《C 语言编程》",price:32},
                {name:"《B 语言编程》",price:36}
                ]
)
>db.testCC.validate()
```

2）数据使用场景受限

封顶集合使用场景主要应用于以下两个方面。

（1）存储可以周期更新的日志数据，如副本集中的 Oplog.rs，在最新版本的 MongoDB 数据库中，已经被设计成为封顶集合，实现日志的周期性自动更新，并无需考虑日志文件硬盘空间不够的问题。

（2）用于小规模数据的缓存，比如对统计信息的记录。该方面的使用要求封顶集合存储大小，能确保大于实际存储的文档数据大小，避免因超过 size 大小限制，引起数据的覆盖操作，而导致数据的丢失。

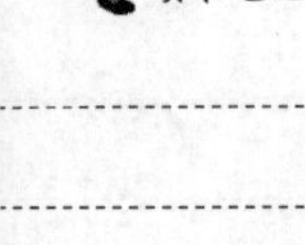

3）操作方式受限

封顶集合支持文档数据的插入和更新操作。

（1）插入操作（db.collection.insert，详见 4.2.1 节）时，若要避免数据的丢失，则插入文档数据的大小不能超过 size 参数设置的上限值；

（2）更新操作（db.collection.update，详见 4.2.3 节）时，更新后的文档数据大小不能超过 size 参数设置的上限值，否则更新操作会失败；

（3）删除操作（db.collection.remove，详见 4.2.4 节）不允许，但是可以调用 db.collection.drop()删除整个集合。

```
>db.testCC.remove()                                    //不允许
canot remove from a capped collection
>db.testCC.drop()                                      //可以删除整个集合
true
```

4）读取方式受限

从图 10.2 也可以看出封顶集合数据插入顺序遵循类似列表的插入顺序，先插入的在最右边，最后插入的在最左边，自然形成了顺序；在读取封顶集合数据时，也遵循先插入的后读出来的顺序。

```
>db.createCollection(" testCC", {capped:true, size:2000})
>for (var i = 1; i <=5; i++) db.testCC.save({_id : i, name : "《D 语言》"});
>db.testCC.find({_id:2})
{ "_id" : 2, "name" : "《D 语言》" }
```

另外通过 sort()里指定$natural: -1 参数，实现反向读取，代码如下：

```
>db.testCC.find().sort( { $natural: -1 } )     //该命令实现从封顶集合右边向左边
                                                 一个个读取
```

4．把尽可能多的数据操作放在业务系统代码端进行

对于代码端能处理的数据，就不要放到 MongoDB 数据库服务器端去处理，这也是基本设计原则之一。

如用户已经在电子商务平台界面上获取了商品列表信息，有些用户喜欢比较商品的销售情况，这里就涉及对数据的排序问题。如果可以通过业务系统代码实现在终端重排序，就不要把排序任务再次提交到服务器端。这虽然是业务系统代码层面的设计思路，但它确实会影响对数据库的使用，应该充分吸收这样的设计原则。

10.1.4 MongoDB 读写分离

通过 MongoDB 数据库系统建立副本集节点，实现主节点数据异步复制到从节点后，会大幅提高数据的安全性和可操作性。但是在默认安装方式下，客户端应用程序只对主节

点实现读、写操作，不会直接对从节点进行读写操作，其示意图如图 10.3 所示。

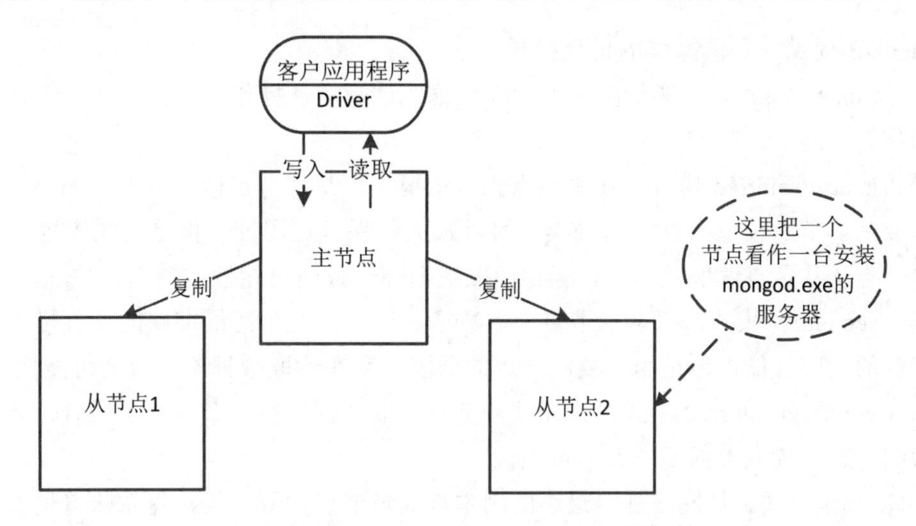

图 10.3　默认 MongoDB 副本集读写方式

当主节点读写压力增大后，在一些应用场景，技术人员准备把部分读数据的任务分配给从节点，让主节点专注于写操作，这样可以进一步提高对客户应用程序的响应性能。其读写分离的设计思路如图 10.4 所示。主节点专注于数据的写入，并把数据复制到从节点，然后从节点为客户应用程序提供数据读支持，这样真正实现了读写分离，提高了服务器节点之间的有效配合和使用效率。

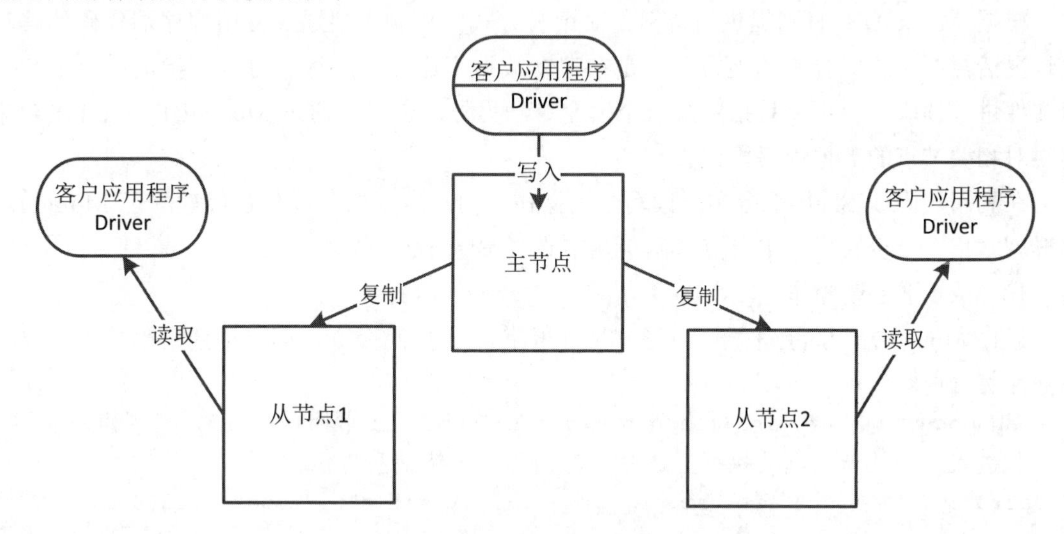

图 10.4　默认 MongoDB 副本集读写分离方式

图 10.4 只是理想方式示意图，在实际使用时，必须考虑技术实现的要求，才能针对性地应用到合适的业务使用场景。

读书笔记

1．MongoDB 所支持的读优化模式

MongoDB 提供 5 种读操作的优化模式。

（1）Primary 模式。只能从主节点读取数据，这是默认操作方式，也就是读写都在主节点上操作。

（2）PrimaryPreferred 模式。在主节点正常情况下，从主节点读取数据，如果主节点不可用时，会从从节点读取数据；这种模式可以最大化保证可用性，但是读响应性能提高不会太明显，当从从节点读取数据时，存在读取数据不一致的可能性。

（3）Secondary 模式。只从从节点读取数据，这是读写分离最彻底的设置模式，可以大幅提高读的响应性能，但是由于复制延迟的原因，存在读取数据不一致的可能性。

（4）SecondaryPreferred 模式。优先从从节点读取数据，在从节点不可用时，才从主节点读取数据，存在读取数据不一致的可能性。

（5）Nearest 模式。从网络延迟最小的副本集成员节点读取数据，这意味着也许从主节点读取数据，也许从从节点读取。该模式保证读取数据时延迟时间最小，但是不能保证数据的一致性。

MongoDB 的客户端驱动程序或语言所提供的 API 接口，都支持对上述模式的读优化操作功能。这里如 C、C++、Java、Python、Go、Lua 等。[①]

2．MongoDB 读写分离操作

根据 MongoDB 官网提供的资料，对读写方式的控制主要通过应用程序端代码的编写进行灵活控制，这里控制的地方可以是在建立数据库连接时进行，可以只指定对一个数据库文件进行读取，也可以只指定某一个读命令。另外，也可以通过 MongoDB Shell 平台来实现对相关节点的数据读写操作。

在利用代码或 Shell 平台实现读写分离操作之前，这里假设我们已经建立了 MongoDB 集群副本集，至少有一个主节点、两个从节点（参考 4.2.7 节）。

1）Shell 平台读操作

通过 MongoDB Shell 平台，在主节点上执行如下代码命令，则查询的是当前主节点的数据库集合内容。

```
>db.goodsbaseinf.find({baseinf:{press:"人民邮电出版社"}})   //当前节点为主节点
```

若进入一个从节点继续执行上述命令，则返回出错信息提示：

```
error: { "$err" : "not master and slaveOk=false", "code" : 13435 }
                                                    //当前节点为从节点
```

为了使从节点数据可读，可以先在从节点上执行 db.getMongo().setSlaveOk() 或

① MongoDB 的 Drivers，https://api.mongodb.com/?_ga=2.104956865.39032382.1494462515-1558167122.1494460995。

rs.slaveOk()命令，然后执行上述查询命令，命令查询就成功。若要长期保持一个从服务器被查询命令读取数据，则可以在从节点服务器上配置 mongorc.js，在其上增加一行 res.slaveOK()。

另外也可以直接在 find()命令后加 readPref()子命令来确定对从节点的查询方法。

```
>db.goodsbaseinf.find({baseinf:{press:"人民邮电出版社"}}).readPref
('secondary')
```

readPref(mode,tagset)的第一个参数 mode 值为 primary、primaryPreferred、secondary、secondaryPreferred 或 nearest。

第二个可选参数 tagSet 是一种存放访问路径的集合，查询特定内容的从节点。

在 MongoDB 2.0 之后，集群中的每一个节点都可以被标记一个描述，称为 Tags（标记）。每个节点都具有特定的标记后，应用系统对数据访问，也可以通过标记来定位。这个标记内容存放于各个节点的配置文件中，可以通过下面命令查看：

```
>rs.conf()
```

其显示的内容如下：

```
{
    "_id":"rs1",
    "version":10,
     "members":[
        {
            "_id":0,
             "host":"192.168.8.10:27017",
             "priority":10,
             "tags":{
                 "datacenter":"D1",
                  "region":"天津"
             }
        },
        {
            "_id":1,
             "host":"60.10.1.10:27018",
             "tags":{
                 "datacenter":"D2",
                  "region":"上海"
             }
        },
        {
            "_id":2,
             "host":"10.20.1.11:27019",
             "tags":{
                 "datacenter":"D3",
```

```
                "region":"深圳"
            }
        }
    ],
    "settings":{
        "getLastErrorModes":{
            "DRSafe":{
                "region":2
            }
        }
    }
}
```

上述假设为 3 个不同地区的从节点，存放着同一个主节点的复制数据，应用系统客户端操作人员在天津，那么下面将实现就近从节点读取：

```
>db.goodsbaseinf.find({baseinf:{press:"人民邮电出版社"}}).readPref
('secondary', members: [{'_id':0}])
```

2）Java 代码读操作

若要实现 Java 代码对从节点数据库的读取访问，可以采用以下几种方法。

（1）在从节点的 MongoDB 的配置文件里增加<mongo options slave-ok="true">行，则可以实现 Java 代码对该从服务器数据库实例的所有读取操作。

（2）在 Java 代码中调用以下语句：

```
mongoClient.setReadPreference(ReadPreference.secondary());
```

mongoClinet 为对象定义，详见 4.4.3 节，可以在该节提供的连接代码中加入上述代码，实现对一个 Java 应用系统的读取从节点的设置。

（3）对一个集合的查询提供从节点读支持：

```
coll.findOne(query, null, ReadPreference.nearest());
```
[①]

3．异步复制带来的问题

上面已经实现了读写分离的设想，具备业务系统操作 MongoDB 从节点的能力了。但是，从从节点获得的数据存在一些问题，最大的问题是存在数据不一致性。这与 MongoDB 分布式异步复制原理是相关的。技术人员需要准确掌握异步复制的特点，把读写分离用到合适的业务应用场景上，而不能用到不该用的地方。

1）异步复制原理

这里假设已经建立一个 A 主节点、两个从节点（B、C）的测试 MongoDB 副本集，如图 10.5 所示。

---

① 大树的博客，Java 的 MongoDB 驱动及读写策略，http://www.cnblogs.com/radio/p/3346719.html。

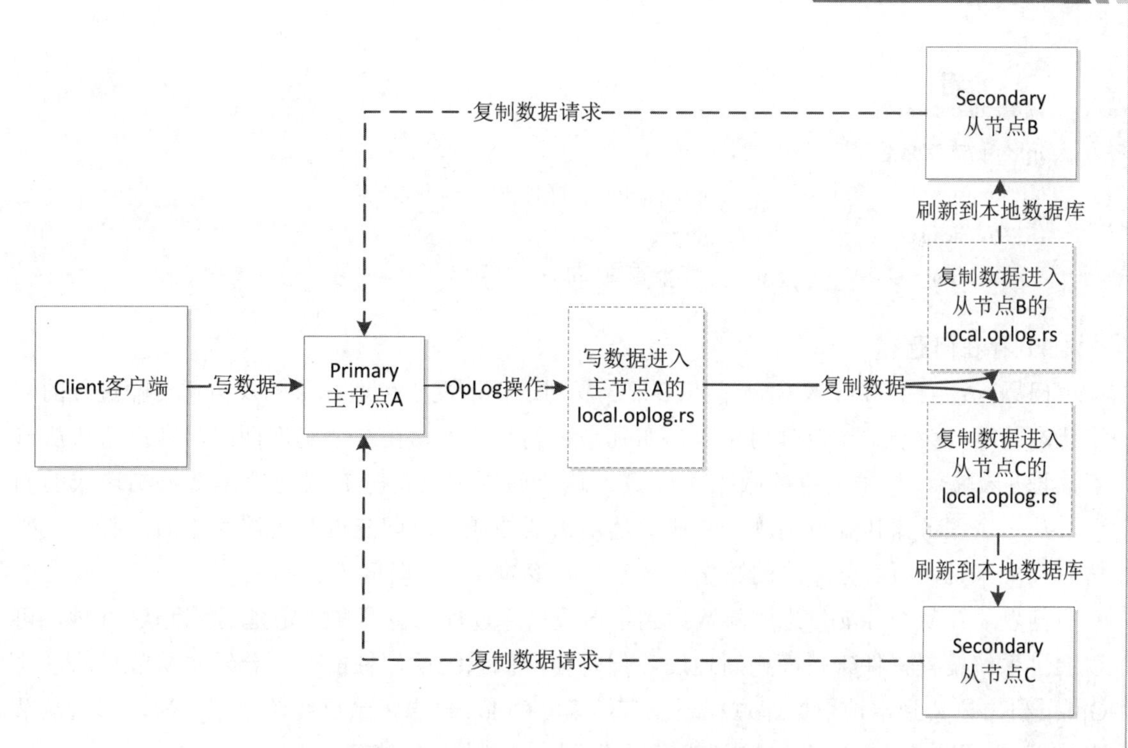

图 10.5　MongoDB 写数据、异步复制原理

业务系统从客户端发送一条写入命令，如电子商务平台里的商品评论信息，然后先写入主节点 A，A 同步把新增的该命令数据写入 A 节点自己的 Oplog.rs 封顶集合中；接着，从节点 B 和 C 通过心跳功能，得到主节点 A 数据新增消息，就向主节点提交数据复制请求；主节点 A 把自己记录的 Oplog 记录分别复制给 B、C 从节点本地的 Oplog.rs 封顶集合；最后，把 Oplog.rs 封顶集合里的最新数据刷新到从节点的数据库中，完成一次数据复制过程。

Oplog 日志集合在 MongoDB 启动副本集时自动生成，其空间大小分配情况如表 10.1 所示。

表 10.1　UNIX（Linux）和 Windows 下的 Oplog 空间大小分配情况

引擎类型	默认 Oplog 大小	最低 Oplog 大小	最高支持大小
In-Memory	5%的物理内存空间	50MB	50GB
WiredTiger	5%可用的磁盘空间	990MB	50GB
MMAPv1	5%可用的磁盘空间	990MB	50GB

为了提高插入速度，Oplog 采用 Capped Collection 技术实现数据记录大小的固定，超过限制上限后，新插入的数据将覆盖最旧的数据。

Oplog 日志存放位置：

（1）master/slave 架构下，local.oplog.$main（这种方式已经被放弃）。

（2）replica sets 架构下，local.oplog.rs。

（3）sharding 架构下，mongos 下不能查看 oplog，可到每一分片去看。

2）存在问题

问题一：当主节点 A 向从节点 B、C 复制过程，受心跳通知影响及数据传输过程的网络状态影响，会产生一定时间延迟，如几毫秒到几秒钟，在这个延迟期间，客户端从从节点读取的数据，与主节点的数据不一致；这个问题主要是分布式通信本身机制造成的问题，从一个服务器传输到另外一个服务器所需要的通信时间延迟是无法克服的，所以从严格意义上来说，所有分布式的数据传输都是异步的，存在时间差。

问题二：从 Oplog 日志刷新数据到本地数据库过程，也存在一定延迟（默认 60 秒，可以通过系统配置文件来提高刷新速度，但是会降低系统响应性能）。若发生从节点从本地 Oplog 日志刷新到本地数据库过程还没有结束，Oplog 日志记录已经轮滚了一次，那么从节点本地数据刷新将会跟不上主节点的复制，复制将会停止（可以用 db.runCommand ({"resync":1})命令强制重启复制）。这将产生严重的数据不一致性问题。这里可以采取一些措施，预防该问题的发生。

（1）在第一次建立 Oplog 集合时（建立副本集过程），指定合适大小的空间：

```
$ /bin/mongod --fork --dbpath data/rs1/ --logpath log/rs1/rs1.log --rest
--replSet rs1 --oplogSize 5012 --port 37018
```

参数说明：/bin/mongod -fork 以守护进程形式启动需要设置 Oplog 大小节点的数据库进程；rs1--oplogSize 5012 为对名称为 rs1 的 Oplog 集合设置新的分配空间大小为 5GB（5012MB）。预先估计，并设置合理 Oplog 空间是明智之举。另外一种办法是发现 Oplog 空间大小不够，已经出现复制问题，具体处置过程如下。

（2）在 MongoDB 生产运行过程从新设置 Oplog 的大小。

在副本集的情况下，先对从节点进行 Oplog 大小升级，最后对主节点进行升级，这样做要尽量减少对主节点处理业务数据的影响。

主要实现步骤如下。

第一步，关闭当前节点进程，然后去掉（--replSet 启动参数，更换启动端口，如 40000），以单机节点形式重新启动该节点。

```
> db.shutdownServer()                       //关闭当前节点数据库进程
```

```
$ vi /var/lib/mongodb/conf/rs1.conf        //在 Linux 操作系统下，修改配置文件的
                                              port 参数为 40000
```

```
>mongod -dbpath "d:\mongodb\data\db" --logpath= d:\mongodb\log\rs1.log
                                                    //重启服务（40000）
```

第二步，在单机状态下，备份从节点现有 Oplog 日志数据。

```
>mongodump -db local -collection 'oplog.rs' -port 37018
                                                    //备份临时 temp 文件下
```

第三步，把备份的 Oplog 文件数据复制到 temp 表。

```
>user local
>db.temp.save( db.oplog.rs.find( { }, { ts: 1, h: 1 } ).sort( {$natural :
-1} ).limit(1).next())
```

第四步，确认 temp 集合中的数据是否已经复制。

用 db.temp.find()语句查看，若 Oplog 数据已经存在，则用 db.oplog.rs.drop()删除原有 Oplog 集合。

第五步，在当前节点建立合适大小的 Oplog 日志，这里为 5GB。

```
>db.runCommand( { create: "oplog.rs", capped: true, size: (5 * 1024 * 1024
* 1024) } )
```

第六步，恢复备份数据到新的 Oplog 日志上。

```
>db.oplog.rs.save( db.temp.findOne() )
```

第七步，Oplog 日志数据恢复后，再次关闭该节点进程，并恢复副本集状态下的 Config 文件，在配置文件里先设置 oplogSize=5012，再启动 mongod 进程。

显然，该方式在 Oplog 大小升级操作期间，在读写分离方式下，将影响应用程序的操作，并无法避免。

问题三：当主节发生故障时，从 Oplog 复制最新的从节点会被投票选为新的主节点，但是如果存在原先主节点 Oplog 还有部分内容没有复制到从节点的情况下，当原先主节点故障恢复后，会回滚自己的 Oplog 数据，以与新主节点 Oplog 数据保持一致，这个过程是副本集自动切换实现的，因此，将导致一部分数据的丢失。要预防该问题的主要方法如下。

（1）在客户端进行写操作时，利用 write concern 规则保证写到大多数从节点成功，以避免数据回滚问题的发生。

利用写命令直接限制：

```
>db.goodsbaseinf.insert({ "_id" : 11, "name " : "《H 语言》",price: 20, press:
"水利水电出版社"},{ writeConcern: { w: majority, wtimeout: 5000 })
```

这里的 w:majority 要求该插入命令在大多数从节点成功复制或插入时间超过 5 秒，才返回插入结果（成功的或失败的）；这样来保证主从之间数据的一致性。

另外一种方法，在主节点的配置文件里设置，这样，所有的插入操作都要求要么能复制到大多数从节点，要么提醒插入失败，以保证数据的一致性。

```
>rsconfig=rs.conf()
> rsconfig. settings.getLastErrorDefaults = { w: "majority", wtimeout: 5000 }
>rs.reconfig(rsconfig)
```

读书笔记

（2）旧 Primary 将回滚的数据写到单独的 rollback 目录下，数据库技术人员可根据需要使用 mongorestore 进行恢复。

问题四：生产环境下扩充从节点，导致主节点响应性能急剧下降。

当一个全新的从节点（在新服务器上）加入 MongoDB 副本集时，新的从节点数据库里的数据是空的，需要通过复制从主节点获取数据，以保证数据的主从一致。这将导致主节点数据库里的数据大量复制到该新从节点，从而产生大量的网络数据流，并加大主节点的读写负担，严重时，会影响业务系统对主节点的访问性能，而这样的复制过程可能持续几个小时甚至几天。为了避免该问题的产生，在新节点接入生产环境下的副本集之前，可以采用以下方法。

方法一，通过人工复制主节点的数据到新的从节点（单机状态），然后接入副本集；

```
>db.fsyncLock()                    //为了在复制期间避免数据写入，对数据库加锁
```

执行上面命令后，就可以放心地在数据库存放路径下直接复制相关文件了。在 Linux 操作系统下操作过程如下：

```
$ cp -R /data/db/* /backup  把 db 下的数据库文件复制到 backup 文件夹下
```

注意，复制过程不能关闭 Shell 控制台，否则可能无法连接 Mongod。所有内容复制完成后，再对数据库解锁：

```
> db.fsyncUnlock()
```

然后，通过人工把文件复制到新的从服务器对应的数据库目录下。复制前要确保从服务器的 Mongod 没有启动，复制完成后，再重新启动从 Mongod，并以副本集身份连入原先的集群中。

该方法适用于主节点已经累积了大量数据的情况下，如达到了几百 GB 以上。

方法二，利用时间差来同步数据，如利用晚上时间，把新的从节点接入副本集，利用其的初始化机制（Initial Sync），自动同步数据。

4．读写分离应用场景

通过对读写分离优化类型的认识、读写分离基本操作的实现、异步复制带来的问题了解，读者应该可以考虑这个问题了。MongoDB 的读写分离方法，究竟应用到什么业务场景比较合适？

总体来说，只能应用到对数据一致性要求不是非常高的应用场景上，也就是能容忍少数数据的不一致性的业务场景上。

1）一致性不敏感的数据

具体如大型电子商务平台，存在大量的商品点评信息，在业务上来说，如果从从节点

读取某商品的点评信息，一年发生少数读取数据不一致问题，对于访问信息的顾客是可以容忍的。因为他们感觉不到数据的不一致性，另外对一个商品获得 20 个点评信息和获取 19 个点评信息，对顾客来说是差不多的，对顾客更重要的是能快速获取点评信息。因此，技术人员可以放心大胆地去使用从节点读取，来提高点评信息的读取速度。

2）后台统计分析数据

如大型电子商务平台需要定期分析商品浏览排行信息，而该信息作为电子商务平台运行商或平台上的商家所关心的数据。对于该类数据运行商或商家不会太在意一个商品被点击了 50 下还是 49 下的区别，他们更关心商品点击总数的变化和趋势。如果某个商品点击趋势走高，同时该商品的库存下降很快，那么相关决策者就从该数据中得到了有价值的信息，他们可以提早增加存货量，以加快发货速度，甚至可考虑提高零售价格，因为商品已经供不应求了。在这样的情况下，通过从数据读取并分析数据，将是一个合理的设计。

3）写入不频繁，读高负荷的场景

如在典型电子商务平台，一些常用商品基本信息，一旦写入完成，后续修改等操作很少，处于相对固定不变的状态。这类数据，同时要承担每天几十万、几百万、甚至几千万人次的访问，访问压力很大，在这样的情况下，采用读写分离是合理的。可以大幅减轻主节点的压力，同时不一致问题出现的可能性非常小（已经在从节点上了，从节点到主节点进行复制操作的频度不高）。

10.2　Redis 操作速度优化

Redis 数据库同样存在速度优化的问题。根据其使用特点，也可以分纵向、横向两个方向进行优化。

10.2.1　Redis 读写分离

当一台 Redis 服务器承受读写访问达到极限时，就应该考虑建立 Redis 分布式集群，让不同 Redis 服务器承担读、写操作，以分流大访问量带来的负荷压力问题。

怎么判断一台 Redis 读写访问已经达到极限了呢？在实际生产环境下，若发现业务系统响应迟缓，经过对单机的性能优化后，还没有解决问题，那就是读写访问的极限点出现了；另外有预测性的监控及分析也非常重要，在高并发访问负载达到极限前，如果能提早预测出极限发展趋势，就可以提早计划 Redis 集群读写分离的部署工作。

在 8.2.1 节已经建立了 6 节点 Redis 集群（3 主节点 3 从节点），在此基础上我们通过简单配置及 IP 代理（Proxy），就可以实现真正意义上的读、写分离。

1. 主节点设置

Redis 主节点默认是读写操作，要变为只写操作，需要在该节点的配置文件里设置如下参数（配置文件配置方法见 7.3.1 节）：

读书笔记

```
min-slaves-to-write 1          //在保证所有从节点（这里为 1 个）连接的情况下，主
                                  节点接受写操作，默认值为 0
min-slaves-max-lag 10          //从节点延迟时间，默认设置 10 秒
```

上述两个参数一起使用的意思为，在一个从节点连接并且延迟时间大于 10 秒的情况下，主节点不再接受外部的写请求，等待从节点数据主从同步。

注意

（1）在实际集群生产环境及读写分离的情况下，上述两个参数不能为 0，否则无法实现读写分离。

（2）为了进一步提高主节点写性能，可以在配置文件里注销相关参数，关闭主节点的 RDB 和 AOF 持久化功能，在从节点开启持久化功能。

2. 从节点设置

从节点默认提供只读操作，并在配置文件开启持久化参数。

3. 业务系统访问处理

在 Redis 分布式读写分离的情况下，要保证客户端业务系统均衡访问不同的集群服务器，而且在某一台服务器停机的情况下，保证访问 IP 地址的自动切换，就会涉及到 IP 访问代理问题。

（1）Redis 集群更适合于高并发读访问，写操作远小于读的应用场景。

（2）Redis 集群客户端访问连接见 8.5 节。

（3）Redis 的负载均衡 IP 代理见 12.3.1 节。

10.2.2 内存配置优化

Redis 数据库主要基于服务器的内存运行，所以通过对内存使用优化可以进一步提高数据库的运行效率。内存占用过大时，可以考虑对数据本身的各种优化方法，也可以考虑通过对操作系统内存设置功能的优化，来预防内存问题的发生。

读书笔记

1. 压缩存储

Redis 的列表由双链表表示、散列由散列表表示、有序集合用散列表+跳跃表表示，上述数据存储结构都有指针等额外存储空间开销，为了减少对内存的占用，Redis 对上述存储结构提供了一种叫压缩列表(ZipList)的紧凑存储方式来优化对内存的使用空间。根据Redis官网提供的数据，采用 ZipList 方式，平均可以使内存空间降到原来的 1/5，读者也可以根据本节提供的配置技巧，对使用 ZipList 技术和不使用该技术占用内存情况做对比测试。

1）概括说明使用 ZipList 的两个约束条件

- 仅适用于限制范围（限制存储数据数量和数据大小）的数据进行操作。
- 仅适用于列表、散列、有序集合和整数值集合。

2）通过 redis.conf 配置文件设置 ZipList 存储

不同 Redis 版本有不同的 redis.conf 配置文件参数，这里以 2.8 版本的参数设置情况来说明压缩存储的使用方式（使用 Redis.conf 文件方式见 7.3.1 节）。[①]

在 Redis.conf 配置文件的高级配置部分（ADVANCED CONFIG），可以见到如下配置信息：

```
list-max-ziplist-entries 512    } 列表参数
list-max-ziplist-value 64
hash-max-ziplist-entries 512    } 散列表参数
hash-max-ziplist-value 64
zset-max-ziplist-entries 128    } 有序集合参数
zset-max-ziplist-value 64
```

参数名“list”开头的用于约束列表存储，“hash”开头的用于约束散列表，“zset”开头的用于约束有序集合；参数带-max-ziplist-entries 表示对相关的存储元素（键值对）数量进行约束，如 list-max-ziplist-entries 512，表示要采用 ZipList 方式，一个列表的元素个数最多只能有 512 个；参数带-max-ziplist-value 部分的表示对相关的存储元素的大小（单位：Byte）进行约束，如 list-max-ziplist-value 64，表示一个元素占用存储空间大小不能超过 64B。在 Ziplist 方式下 64 字节内容包含了数据本身大小+Ziplist 格式的额外字节开销，所以实际可以使用数据大小要小于 64 字节。

要保证使用 Ziplist 格式存储，上述两类的限制值都不能突破，任意一项超过限制值，ZipList 格式失效，并将恢复为各种数据的原来存储结构，会增加内存的占用空间。

上述参数的值都为redis.conf自带默认值，技术人员可以根据服务器性能及实际对比测试合理设置上述值。一般建议对带 entries 参数，根据实际测试结果，可以合理增大其范围（512～3000）；带 value 的参数扩展需要更加谨慎，以实际测试为准。

---

① 2.8 版的 redis.confg 配置文件信息，https://raw.githubusercontent.com/antirez/redis/2.8/redis.conf。

一个元素存储空间的实际开销，可以通过往存储结构里插入一个实际元素，然后查看对应存储结构的信息来观察。

set-max-intset-entries 512，该参数适用于集合里只存放可以被解释为十进制的有符号整数范围（最长长度为 64 位有符号整数），如果集合的元素个数在该参数的限定范围内，则会启用压缩存储方式，可以减少内存消耗，还可以提高执行速度。

3）ZipList 方式对性能的影响

从上述的限制可以看出压缩存储技术是被严格受限制的，如果突破限制，则采用 ZipList 技术提高内存使用空间效率的方法将失效。另外，由于采用了压缩格式，在读写数据过程中，可能存在额外的编码、解码的过程，这会增加服务器的计算负担。在参数合理受限范围内，这些额外的编码、解码开销是可以接受的。当参数设置过大或过小时，都会引起服务器性能问题。

（1）对压缩存储技术的使用，数据库技术人员设置完成后，一定要对业务系统代码开发人员进行培训，防止客户端插入数据突破 ZipList 限制。

（2）ZipList 只适用于短小而且被频繁访问（查询为主）的热点数据。

2．合理选择存储结构

在 Redis 数据库里的存储结构包括了字符串、列表、集合、散列表、有序集合及扩充的位图、Hyperloglog、地理空间等。不同的存储结构，在不同的业务数据使用场景下有各自的使用优势。

海量 IP 地址，某个国家的男、女性别存储时，可以考虑采用位图来存储数据。一个亿的用户男女性别数据，在采用位图存储情况下，只需要 12MB 的内存空间（Redis 官网介绍）。

同样的采用 ZipList 技术的列表、集合、散列表存储方式里，散列表占存储空间最小，具体使用场景及性能对比测试见《美团在 Redis 上踩过的一些坑-4.redis 内存使用优化》，[①] 也可以参考《Redis 利用 Hash 存储节约内存》。[②]

3．分片结构

在压缩存储技术模式下，Redis 的列表、集合、散列及带整数的集合减少了内存使用空间的消耗量，但是上述方式无一例外存在一个问题：就是一个存储结构所能处理的元素个数严格受限，控制在几百到几千个数量之间，而在大数据环境下，一个数据结构存储几

① Carlosfu，ITEYE 博客，http://carlosfu.iteye.com/blog/2254572。

② 刘本龙，CSND 博客，http://blog.csdn.net/liubenlong007/article/details/53816561。

百万条甚至上亿条信息的需求很常见。因此，我们想到了把大数据按照一定规律分拆，归类存储到同一类型的数据存储结构的方法，称之为分片（Sharding）技术。这与 MongoDB 里的分片（4.2.8 节）技术非常类似。

假设我们需要存储 40 万张与图片相关的用户 ID 信息，每张图片本身带 PID（图片 ID）号。而且图片的 PID 号是自然数连续顺序唯一的。

Redis.conf 配置参数设置如下：

```
hash-max-ziplist-entries 1000          //一个散列最多可以存储 1000 条信息
hash-max-ziplist-value 64
```

根据上述内容，我们可以得到 40 万张图片信息除以 1000，需要 400 个独立分片散列，每个散列存放 1000 条信息。

那么可以根据分片技术思路，把它们分别存储到对应的散列表里：

如图 10.6 所示图片 PID 通过业务系统产生，然后在业务系统代码逻辑层判断，若 PID 范围在 1～1000 之间，则插入散列表名为 1 的存储结构；若 PID 范围在 1001～2000 之间，则插入散列表名为 2 的存储结构，依此类推，直至在散列表名为 400 处插入 40 万条。在这里要求散列表名必须为 1 开始的自然数，一直到 400；而且要求图片 PID 为自然数。若在图片 PID 不为自然数的情况下，范围判断可以改为哈希值取余判断方法（哈希值取余算法见 7.2.14 节）。

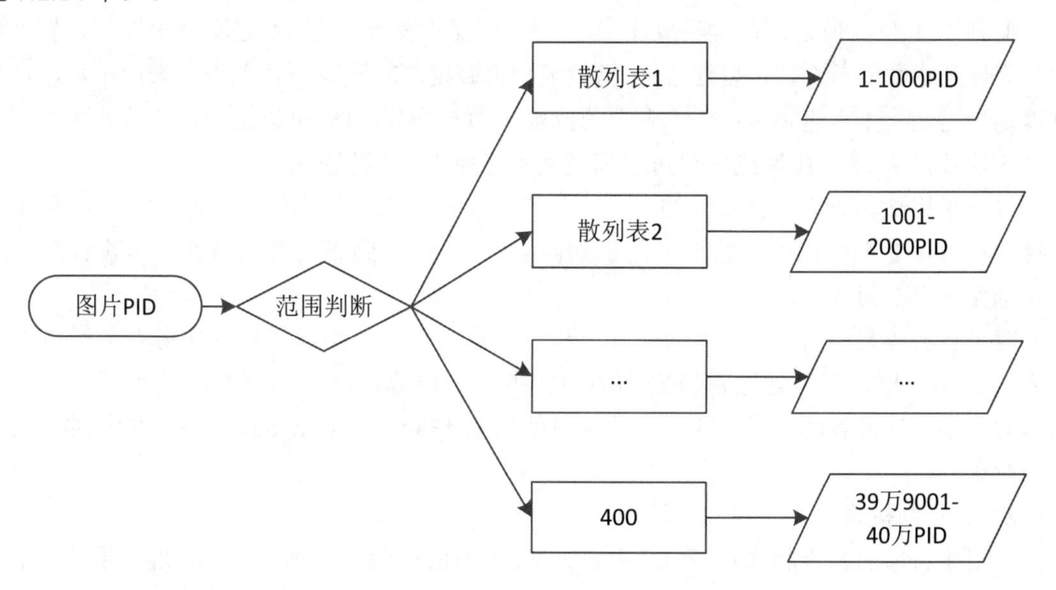

图 10.6 分片式散列表（采用范围判断）

这里仅举例了一个散列表的分片使用方法，列表（要使用 Lua 脚本来实现）分片、集合分片使用方法都比较复杂，而且内容繁多，感兴趣的读者可以查阅相关资料，这里不再详细介绍。

读书笔记

4．字符串优化

前面只提到了列表、集合、散列表、有序集合的压缩和分片问题，那么字符串是否也具有提高内存利用效率的技术呢？

利用 GetRange、SetRange、GetBit、SetBit 四个命令配合字符串紧凑格式，实现对数据的高效存储和使用。

字符串紧凑格式可以分自编码紧凑格式和二进制格式。

1）自编码紧凑格式

如需要对 14 亿身份证号码进行存储和检索，一个身份证号码为 18 位。如以正常格式存放，18 位需要 18 个字节来存储（不考虑数据结构额外开销），那么 14 亿条身份证需要约 23GB 空间来存储，这无论对内存还是 Redis 的字符串长度（一个字符串最大只能存储 512MB），都是个严重考验。

为了在内存中通过 Redis 字符串减少内存占用量，并快速检索身份证 ID。可以采用自编码紧凑格式来解决该问题。

编码，压缩编码的算法根据实际情况会有比较大的差异。如果对 18 位身份证号码进行压缩，可以采用顺序号代替具体的某一个身份证号，如用序号“1”代表“328383838388383838”，用序号“2”代表“022383838388383838”，则存储位数从 18 位压缩到了 1 位。但是，在实际情况下，用 1 位要代表所有的 14 亿个身份证号是做不到的，需要考虑数的组合，可以通过 x^y 指数函数来确定。X 代表一位可以代表的个数，这里可以是十进制、十六进制等；Y 代表数的位数，如 5 位数；16^5 可以记录约 1 百万个数字，它是 5 位数，从 18 位缩减到 5 位可以缩减到不足原来 1/2 的空间。

这里采用顺序码来代替实际的身份证号码，仅仅演示了简单编码压缩过程，还需要考虑身份证号码在顺序码代替情况下的识别问题。如“1”到底代表的是哪个身份证？不然读写操作就存在问题了。

对于自编码紧凑格式，这里仅给出了解决问题的思路，不同数据在实际业务场景下编码方法会不一样，但是通过占用更小的字符串字节位数，减少内存空间的占用率是可以的。对于字符串内容的读写过程，应该尽量使用 GetRange、SetRange 命令，它们的读写效率相对更高。

2）二进制格式

利用字符串的二进制格式（相关内容见 7.2.1 节的位图命令部分），实现海量数据的存储和操作，可以实现对内存存储的优化，并利用 GetBit、SetBit 命令提高操作速度。

5．内存使用管理

在使用 Redis 数据库做内存优化时，必然会涉及相应操作系统本身的对内存管理问题。

（1）建议 Redis 在生产环境下，尽量部署在 Linux 系统上，因为 Linux 经过所有主要的压力测试，而且实际部署的用户最多，被证明是可靠的。

（2）设置 overcommit_memory=1。在使用 Linux 系统情况下，确保设置 Linux 内核 overcommit memory 设置为 1，可以通过 Linux 命令直接设置 sysctl vm.overcommit_memory =1（在 root 权限下），以便立即生效。该参数保存在/etc/sysctl.conf 文件里。

overcommit_memory 参数指定了 Linux 内核针对内存分配的策略，其值可以是 0、1、2。

① 0，表示内核将检查是否有足够的可用内存供应用进程使用；如果有足够的可用内存，内存申请允许；否则，内存申请失败，并把错误返回给应用进程。

② 1，表示内核允许分配所有的物理内存，而不管当前的内存状态如何。

③ 2，表示内核允许分配超过所有物理内存和交换空间总和的内存。

Linux 对大部分申请内存的请求都回复 yes，以便能运行更多更大的程序。因为申请内存后，并不会马上使用内存。这种技术叫做 Overcommit。当 Linux 发现内存不足时，会发生 OOM（Out-Of-Memory，内存不足）killer。它会选择结束一些进程（用户态进程，不是内核线程），以便释放内存。

当 oom-killer 发生时，Linux 会选择结束哪些进程？选择进程的函数是 oom_badness 函数（在 mm/oom_kill.c 中），该函数会计算每个进程的点数（0～1000）。点数越高，这个进程越有可能被结束。每个进程的点数与 oom_score_adj 有关，而且 oom_score_adj 可以被设置（-1000 最低，1000 最高）。

当 Redis 运行过程，发生"WARNING overcommit_memory is set to 0!"类似警告信息时，是由于 overcommit_memory 参数设置不正确引起的运行错误。

（3）禁用 Linux 内核特性 transparent huge pages。该特性对内存使用和延迟有非常大的负面影响。

通过 Linux 系统里执行命令 echo never > sys/kernel/mm/transparent_hugepage/enabled 来完成（这里针对 Redis 数据库，其他数据库如 MongoDB 数据库，则需要重启数据库系统）。

（4）设置足够大的 SWAP（硬盘交换分区，又叫虚拟内存）。

SWAP 指在硬盘扩展区单独预留一块数据交换区，当物理内存空间不够时，可以把一部分不常用的内存驻留内容交换到 SWAP 空间上，以保证系统的正常运行，而不至于出现 OOM 或系统无法运行的问题。

在 Linux 操作系统下，可以用以下命令查看 SWAP 分区使用情况：

```
$ swapon -s                              //查看硬盘交换分区使用情况
```

或通过 free 命令来查看：

```
$ free                                   //查看硬盘交换分区使用情况
```

在 Linux 操作系统下，设置 SWAP 分区，可以参考《Linux 环境下 Swap 配置方法》[①]一

① realkid4 在博客上写的《Linux 环境下 Swap 配置方法》,http://blog.itpub.net/17203031/viewspace-774174/。

文。Swap 空间应大于或等于物理内存的大小，最小不应小于 64MB，Redis 官方建议把它设置成和物理内存一样大。这里建议勤检测内存使用情况，如果内存足够，SWAP 可以尽量设置小一些，因为 SWAP 占用磁盘空间（不使用，就是浪费磁盘空间）；如内存不足，才使用 SWAP，但是这样使用效果不如单纯使用物理内存，因此，应该考虑扩充内存条数量等其他措施。SWAP 只是临时解决内存不足的一种补充手段。

10.3 配套硬件优化

在数据库技术人员盯着数据库服务器中的数据库系统，想尽一切办法想做优化操作时，其实还可以考虑采用硬件手段，提高数据库系统的运行性能。

1．采用 SSD 硬盘

在数据库服务器中，影响数据读写速度的硬件包括 CPU、内存、网卡、主板、总线、硬盘等，但在大多数情况下数据读写的主要瓶颈发生在硬盘。因为硬盘读写数据速度最慢，所以选择读写速度快的硬盘，是一种改善数据读写操作性能的实用的方法。

在传统硬盘无法很好地提供对数据的读写访问支持时，可以考虑 SSD 硬盘技术，如图 10.7 所示。

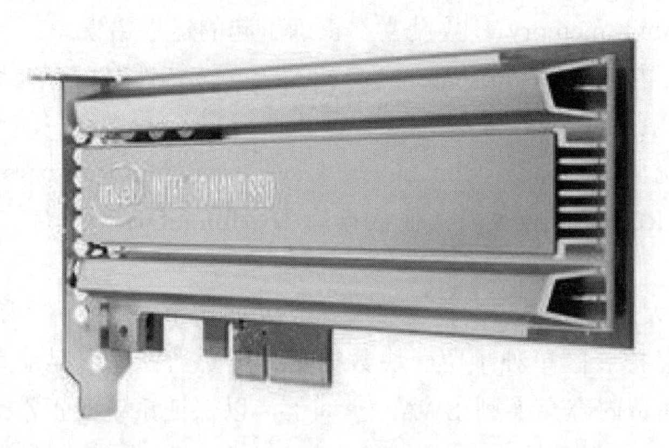

图 10.7　最新一代 SSD 硬盘

最新的采用 3D NAND 技术的 SSD，其最大存储量可以达到 4TB，读取速度可以达到 3.28Gb/s，而写入速度可以达到 2.1Gb/s。这对处理高访问量的大数据，提升数据库系统响应性能具有极大的诱惑。

使用 SSD 有以下注意事项。

（1）价格贵，目前 SSD 硬盘的价格普遍比传统机械硬盘贵十几倍。

（2）SSD 硬盘寿命不如传统机械硬盘，特别是采用闪存（FLASH 芯片）作为存储介质的 SSD 硬盘，它的读写寿命是确定的，一般在几千次到几万次。所以，在采用该技术的情况下，如果发生频繁读写硬盘问题，则很快会导致 SSD 硬盘报废。这也是本书开头所说的软件系统使用不当（见 2.1.1 节），会导致 SSD 提早报废的原因。在采用该技术情况下，业务系统程序员应该合理控制或优化读写次数。

（3）只有传统机械硬盘无法解决问题时，才考虑采用 SSD 硬盘，大多数情况下还是采用机械硬盘，毕竟机械硬盘的使用寿命、可靠性、价格都占优势。

2．服务器性能一致

在大多数电子商务平台模式下，一定要保证一个集群内的服务器硬件性能指标都一致，避免有些服务器速度快有些服务器速度慢等不一致问题的发生。这也与 NoSQL 数据库系统的分布式管理特点是相关的。假设在一个集群中，只对某一台服务器（这台服务器为主服务器）的内存进行升级，那么它的读写性能会明显改善，而其对应的从服务器，很可能因为读写性能的差异，拖累主服务器或产生其他运行问题。

3．采用光纤局域网

在大数据运行环境下，数据的读写速度，受网络环境的影响是明显的。在必要的情况下，应该考虑光纤局域网来连接数据库集群。目前普通局域网主要采用超五类双绞线，标准传输率在 100MB/s，最高支持 1000MB/s。光纤传输率目前主流的达到了 10Gb/s。

4．采用时钟同步

在 NoSQL 数据库采用分布式部署的情况下，必须考虑多服务器之间的时钟同步问题。分布式运行采用心跳方式传递消息，执行数据一致过程，如果服务器之间的时间不一致，会导致分布式系统无法正常运行，进而出现故障。在大规模服务器集群的情况下，会专门设置时间同步服务器。

10.4　小　　结

在实际生产环境下，MongoDB、Redis 等数据库一个重要的问题，就是如何持续保证系统的响应速度，为业务系统提供良好的操作使用体验。对于这个问题业务系统开发人员、数据库技术人员都需要重视。

在具体措施上通过软件、硬件两个层面解决问题。在软件层面除了对单台服务器下的数据库系统本身进行性能优化外，还可以考虑分布式读写分离等措施；在硬件上，需要采用合理的集群布局设计及选择 SSD、光纤局域网、时钟同步等技术。

10.5 实　　验

实验一　搭建一主二从的 MongoDB 副本集，并实现读写分离（也可以在 4.6 节实验一基础上进行）

具体要求：

（1）通过设置和特定命令访问方式，分别实现对副本集从节点的读访问。

（2）回答并操作如何只对主节点进行写操作。

（3）形成实验报告。

实验二　搭建 Redis 集群（6 个节点，三主三从），并实现读写分离（也可以在 8.2.1 节基础上进行）

具体要求：

（1）完成读写分离设置。

（2）对主节点进行一次读操作、一次写操作。

（3）对从节点进行一次读操作、一次写操作。

（4）记录操作结果，形成实验报告。

第 11 章

数据存储问题

在实际生产环境下，数据的存储问题是数据库系统最为关心的问题之一。它涉及数据库如何更好地保存数据，并保证数据安全的问题。只有数据被安全地保存和使用，数据库系统才能体现其真正的价值。

本章对 MongoDB 和 Redis 的存储问题讨论涉及如下：

- MongoDB 异机、异地备份及恢复
- MongoDB 存储平衡优化
- Redis 数据持久化实现问题
- Redis 数据备异机、异地备份

11.1 MongoDB 数据存储问题

MongoDB 主要是基于磁盘存储的 NoSQL 数据库，所以在持久性方面会比内存数据库强得多，但是与传统关系型数据库相比，还存在些差距——主要是分布式存储带来的问题。另外，任何数据库都需要做数据备份、恢复处理，目的是为了进一步提高数据的安全性。在大数据存储需求下，如何做到数据存储平衡，也是 MongoDB 数据库技术人员需要关心的问题。

11.1.1 数据备份及恢复

在 4.2.7 节已经提到了建立副本集，复制主节点数据做异步备份方法；在 10.1.4 节里也提到了人工复制文件，再恢复的方法。除此之外，MongoDB 还提供了其他一些数据备份及恢复方法，供数据库技术人员选择。

1．快照（Snapshot）复制

文件系统快照是任何一个操作系统容量管理的特性，并不仅仅针对于 MongoDB。快照的机制依赖于基础的存储系统。例如，如果您使用的是亚马逊的 EBS 存储，EC2 的系统将会支持快照。此外，Linux 和 LVM 管理器也可以创建快照。

（1）在利用快照技术复制数据时，必须要启动 MongoDB 的系统日志（最新版本默认启动状态），而且该日志的存放磁盘位置要与复制目标节点的磁盘逻辑分区一致，否则不能保证快照数据的一致性和可靠性。

（2）在分片分布式部署情况下，必须事先禁用均衡器（Balancer），否则可能会导致数据的不一致。

（3）在生产环境下使用快照技术需要非常谨慎，需要考虑使用过程产生的相关负面影响（事实在生产环境下，不建议采用该方法）。

2．使用 Ops Manager 工具来备份数据

3．通过 mongodump、mongoexport 进行备份

利用 MongoDB 自带的 Mongodump 工具可以实现指定数据库备份，也可以通过 mongoexport 工具实现指定集合备份。

读书笔记

1）整个数据库备份及恢复过程

第一步，检查需要备份的数据库情况。

```
> show dbs
admin (empty)                                  //系统数据库
goodsdb 0.245GB                                //本书建立的数据库
local (empty)                                  //本地临时数据库
test 0.1 GB                                    //系统自带的测试数据库
```

用show命令了解一下需要备份节点的数据库容量情况是一个好习惯，它能帮助技术人员做备份决策，是现在备份还是在晚上备份。在生产环境下，如果发现需要备份数据库的数据量很大，那最好选择在晚上进行；如果数据量不大，如上面所示，goodsdb 数据库大小仅为0.245GB，那么白天做也是允许的。

检查完需要备份的数据库后，最好也要检查一下备份介质的空间，以防止备份过程磁盘空间不够，导致备份失败。

第二步，用 Mongodump 工具实施数据库备份。

Mongodump 工具在 Shell 上的使用格式如下：

```
mongodump -h dbhost -d dbname -o dbdirectory
```

参数说明：-h dbhost，需要备份数据库所在的位置，如本地可以忽略该参数，也可以用-h 127.0.0.1:4000代替；如果是远程服务器，则必须采用实际IP:Port形式或采用域名加端口方式指定，如-h mongodb1.p1.net –p 37999；-d dbname，需要备份的数据库名，如-d goodsdb；-o，备份的数据库临时存放位置，如 /d:/data/dump（要确保已经存在该文件夹路径），当数据备份完成后，在该路径下将存放备份数据库文件。

```
>mongodump -d goodsdb -o /d:/data/dump      //在本地数据库把goodsdb数据库备份到
                                              指定路径
```

在mongodump工具对当前数据库进行数据备份时，有新的数据进入当前数据库，将会影响mongodump备份速度。所以在业务操作不频繁的情况下，备份数据库是正确的。

第三步，用 Mongorestore 工具恢复备份数据。

Mongorestore 工具在 Shell 上的使用格式如下：

```
mongorestore -h dbhost -d dbname -directoryperdb dbdirectory -drop
```

参数说明：-h dbhost，需要恢复节点的服务器地址加端口号，如-h 127.0.0.1:38000；-d dbname，需要恢复的数据库名，如 goodsdb（恢复时允许跟备份时的名称不一样）；

-directoryperdb dbdirectory，备份文件所在的文件路径地址，如-directoryperdb d:/data/dump/goodsdb；-drop，恢复数据前，先删除当前数据库的每个集合内容。

```
>mongorestore -d goodsdb1 -directoryperdb  d:/data/dump/goodsdb
```

上述命令实现了把备份数据恢复到 goodsdb1 数据库里。

2）集合备份及恢复过程

可以通过 MongoDB 自带的 mongoexport、mongoimport 工具，实现指定集合数据的备份及恢复，其使用方法如下。

Mongoexport 为导出指定数据库集合工具，其导出数据文件数据格式为 JSON 或 CSV，导出文件扩展名可以指定为.JSON 或.CSV。

```
mongoexport -h dbhost -d dbname -c collectionname -f collectionKey -o
dbdirectory
```

参数说明：-h dbhost，MongoDB 所在服务器地址，可以采用 IP:port 方式，也可以采用指定域名和端口方式，本地的可以省略；-d dbname，指定需要恢复数据库名；-c collectionname，指定需要恢复的集合名；-f collectionKey，指定需要导出的字段（默认为所有字段）；-o dbdirectory，指定需要导出的文件名，带.JSON 或.CSV 扩展名（允许指定其他扩展名）。

```
>mongoexport --db goodsdb --collection goodsbaseinf --out goodsbaseinf.json
```

Mongoimport 为导入指定集合数据工具，其导入文件扩展名为.JSON 或.CSV。

```
mongoimport -d dbhost -c collectionname -type csv -headerline -file
```

参数说明：-d dbhost，导入节点地址；-c collectionname，导入节点指定集合名称；-type，指明要导入的文件格式；-headerline，指明不导入第一行，因为第一行是列名；-file，指明要导入的文件路径。可以事先把导出文件复制到需要导入服务器的指定路径下。

```
>mongoimport --db goodsdb--collection goodsbaseinf --file
d:/backups/goodsbaseinf.json
```

11.1.2　存储平衡优化

4.2.8 节介绍了分片技术，分片技术主要目的是实现大数据的分布式存储及使用。但在实际生产环境下的分片技术存在缺点，需要通过数据库技术人员的优化管理，以提高系统的响应性能。

MongoDB 为了使各个分片上的数据块数量保持平衡，提供了自带的数据存储平衡器（Balancer）。该平衡器是个后台进程，用于监视每个分片上的数据块数，当分片上给的数据块数达到给定的迁移阈值时，平衡器自动会尝试数据块的迁移，以使不同分片之间的数据块数量达到平衡。

从 MongoDB 3.4 版本开始，平衡器要求被部署于配置服务器副本集的主节点上运行，默认情况下 Balancer 是自动启动的。

1．块迁移过程

在分片集群情况下，Balancer 实现数据块迁移再平衡过程如图 11.1 所示。Balancer 进程部署于 Config Server 主节点上，对分片集群进行动态监控。当发现分片 1、分片 2 存储的数据块不平衡时，依据迁移阈值，把分片 1 多出来的数据块 3 迁移到分片 2 中，使分片 1 和分片 2 数据块数量实现再平衡，并把平衡结果在 Config Server 里做记录。

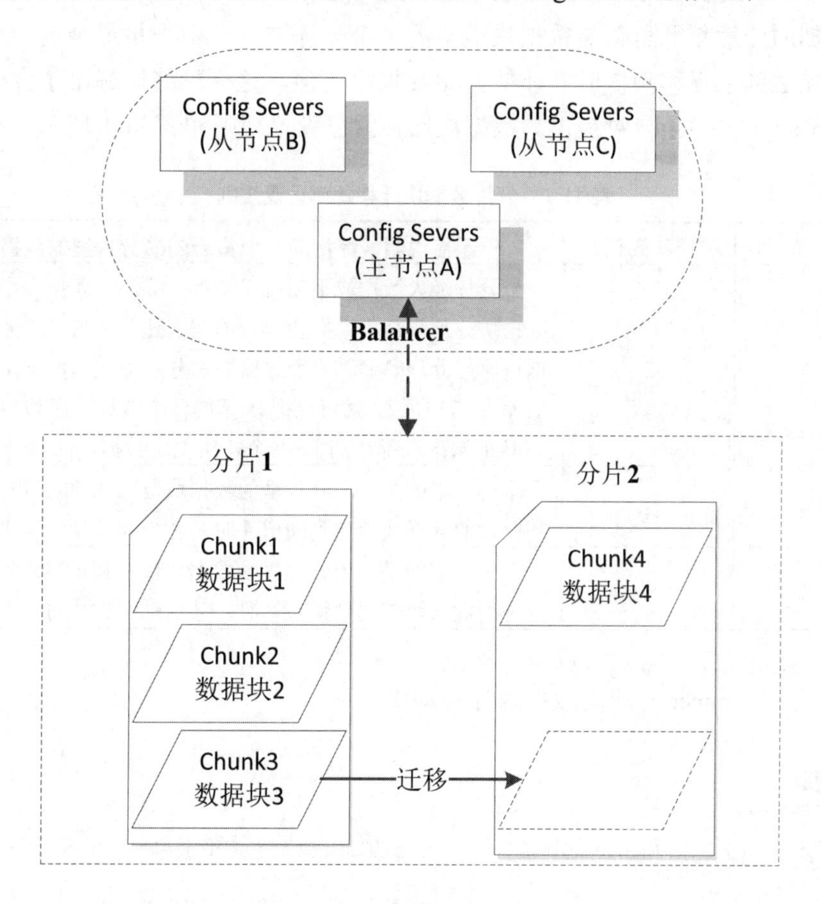

图 11.1　分片数据块迁移过程

2．Balancer 新的块迁移优化策略

利用 Balancer 自动管理分片块的迁移工作，对网络带宽和服务器的运行都将产生一些负面影响，有时影响会比较严重，为此，从 MongoDB 3.4 版本开始，Balancer 提供了一些更好的消除块迁移所带来的影响的策略。

读书笔记

（1）在任何给定的时间，一个分片一次最多迁移一个分块，这样可以尽量减少一次数据块迁移过多带来的高网络带宽开销问题。

（2）从 MongoDB 3.4 版本开始，支持并行数据块迁移功能。所谓并行数据块迁移，就是一对分片之间一次实现一个块的迁移，那么假设有 n 个分片，就可以实现 n/2（除不尽，四舍五入）对分片一次同时迁移数据块（每次限于一个数据块）的过程。

（3）采用迁移阈值，进行数据块迁移。

在 MongoDB 的旧版本上，Balancer 发现分片之间细微的数据块数量不一致时，就自动进行数据块迁移，这样会导致数据块迁移过于频繁的问题。从 MongoDB 3.4 版本开始，当一个集合文档的分片集群里存储数据块最多的一个分片与存储数据量最少的一个分片的数据块数量之差达到了迁移阈值时，才能开始数据块迁移，这样更好地解决了数据块频繁迁移的问题。MongoDB 3.4 自身提供的数据块迁移阈值设置规则如表 11.1 所示。

表 11.1　分片数据块迁移阈值设置规则

数据块数量	迁移阈值	迁移说明（都指向一个集合内的分片里的数据块）
小于 20 个	2	一个分片最大数据块不超过 20 个，那么该集合的另外一个最小数据块分片与最大数据块分片的差，达到阈值 2，就开始迁移数据块。如分片 A 有 17 个数据块，分片 B 有 15 个数据块，它们的差为 17-15=2，就可以把 A 里的一个数据块迁移到 B 里，使 A 和 B 的数据块都达到了 16 个，实现了数据块的再平衡过程
20～79 个	4	一个集合里的某一个分片里的数据块范围在 20～79 个时，则不同分片的数据块差达到阈值 4 时，才启动数据块再平衡过程
大于 80 个	8	一个集合里的某一个分片里的数据块数量超过 80 个时，则不同分片的数据块差达到阈值 8 时，才启动数据块再平衡过程

其他情况，Balancer 不启动数据块迁移动作。

若要使用分片集群，把 MongoDB 系统升级到 3.4 版本及以上是值得鼓励的。

（4）对 Balancer 限制其使用时间窗口，以防止其产生过多的数据流量。

在数据持续缓慢增长的情况下，可以考虑对 Balancer 指定使用时间范围，是一种好的选择。也就是让定期迁移数据块，而不是实时监控并迁移数据块，这可以减少对数据库系统的响应性能的影响，同时，在合适的时间实现对数据块的再平衡迁移。设置 Balancer 定期迁移的过程如下：

① 在分片集群环境下，登录 Mongodb Shell，该登录会自动连接到任意一个 Mongos

服务上。

② 在提示命令符上，输入以下命令，切换到配置数据库上。

```
>use config                          //使用配置数据库
```

③ 要确保 Balancer 处于运行状态，事先可以用 sh.getBalancerState()命令查看 Balancer 的运行状态。

```
>sh.getBalancerState()
True                                //返回 true 说明 Balancer 处于运行状态，false 则
                                      处于禁用状态
```

若 Balancer 没有启动，则可以用 sh.setBalancerState()命令启动 Balancer。

```
>sh. setBalancerState(true)     //设置true启动Balancer,设置false禁用Balancer
```

④ 修改 Balancer 运行时间窗口。可以用 db.settings.update 命令设置 Balancer 运行时间窗口，其命令格式如下：

```
db.settings.update(
   { _id: "balancer" },
   { $set: { activeWindow : { start : "<start-time>", stop : "<stop-time>" } } },
   { upsert: true }
)
```

在执行该命令前主要设置开始时间"<start-time>"和结束时间"<stop-time>"两个参数值。其时间格式为两位数的小时和两位数的分钟，即（HH:MM）。

HH 的值范围为：00～23；MM 的值范围为 00～59。

若数据库技术人员想让 Balancer 在晚上做数据迁移操作，则可以进行如下设置：

```
db.settings.update(
   { _id: "balancer" },
   { $set: { activeWindow : { start : "22:00", stop : "<23:59>" } } },
                                    //在晚上 10 点到 12 点间
   { upsert: true }
)
```

对上述迁移时间范围的设置，一定要确保能把白天积累的数据，做完一次迁移平衡过程。这需要数据库技术人员对时间范围做准确的评估。

⑤ 关闭定期迁移窗口设置，命令如下：

```
>use config
>db.settings.update({ _id : "balancer" }, { $unset : { activeWindow : true } })
```

（5）可以彻底关闭 Balancer，以进行技术维护。

有些情况下，数据库技术人员想彻底关闭 Balancer，以解决临时发生的问题，如发现因 Balancer 迁移数据，而导致系统响应特别糟糕，或需要对分片集群里的数据进行备份操作，这时暂时停止 Balancer 的运行是必要的。关闭 Balancer 请使用以下命令。

```
>sh.stopBalancer()
```

上述命令会在执行完正在迁移的数据块后，正式停止。事后，可以用 sh.setBalancerState (true)命令重新启动 Balancer。

3．特大块的处理

在分片的情况下，分片里的数据块，在特定情况下会突破数据块大小的限制，成为特大块（Jumbo Chunk），出现特大块的原因是插入同一个数据块中的文档使用了相同的片键（Shard Key），导致 MongoDB 无法拆分该数据块，也无法迁移该数据块。如果该数据块持续增长，将会导致数据块分布不均匀，成为数据使用性能的瓶颈。

数据块的默认大小值是 64MB，如果一个数据块超过了 2.5 万条文档记录或 1.3 倍于默认值大小，则被认为是特大块。

对于特大块，只能通过手动迁移处理，步骤如下。

（1）查看特大块，命令如下：

```
>sh.status()
```

用 sh.status()命令可以发现特大块，其执行结果如下。在特大块的记录后面存在 jumbo 标志，命令如下：

```
Database:
  …
  test.foo                                                //test数据库的foo
                                                            集合里
   …
   1 { "x" : 2 } -->> { "x" : 3 } on : shard-a Timestamp(2, 2) jumbo
```

（2）关闭 Balancer，命令如下：

```
>sh.setBalancerState(false)
```

（3）增大数据块的配置大小值，命令如下：

```
>use config
>db.settings.save({"_id":"chunksize","value":"1000"})     //1000MB
```

（4）迁移特大块，命令如下：

```
>sh.moveChunk("test.foo",{shard-a:{"x":3}},"shard-b"
```

把 test 数据库的 foo 集合里的 shard-a 分片上的{x:3}特大数据块，迁移到 shard-b 分片上。

（5）启动 Balancer，命令如下：

```
>sh.setBalancerState(true)
```

（6）刷新 mongos 配置缓存，强制 mongos 从 Config Server 同步配置信息，并刷新缓存。

```
>use admin
>db.adminCommand({ flushRouterConfig: 1 } )
```

上述手工迁移特大块过程增大了数据块的大小值。也可以通过尝试直接手动分拆特大块的方法，来实现特大块问题的消除过程。

第一步，通过 mongo 终端自动连接任意 mongos。

第二步，用 sh.status(true)发现特大块。

第三步，用 sh.splitAt()或 sh.splitFind()命令直接分割特大块。

```
>sh.splitAt( "test.foo", { x: 3 })
```

若上述分拆成功，数据块信息后的 jumbo 标志将消失。

11.2　Redis 数据存储技术

Redis 数据库主要基于内存运行，在这种情况下会涉及数据存储安全问题。如果要保证内存中数据的安全，则需要启动持久性功能，因为我们不希望数据丢失；如果只对数据起缓存作用，假设丢失数据也无所谓，那么可以把 Redis 设置为缓存状态。目前，Redis 的数据存储方式分缓存、AOF 持久、RDB 持久 3 种状态。

11.2.1　持久性问题

在大多数情况下，我们不希望丢失数据，因此 Redis 需要采用持久化策略，把内存中的数据写到硬盘上。Redis 数据库系统，在默认配置情况下（见 7.3.2 节）是使用 RDB 方式持久化的，另外一种是 AOF 持久化。

1. RDB 持久化

RDB 持久化又叫快照持久化，通过 fork 命令建立一个子进程，以一定时间间隔对内存数据进行快照操作，临时保存在磁盘 dump.rdb 的二进制文件中，最后通过原子性 rename 命令将临时文件重命名为 RDB 正式文件，如图 11.2 所示。

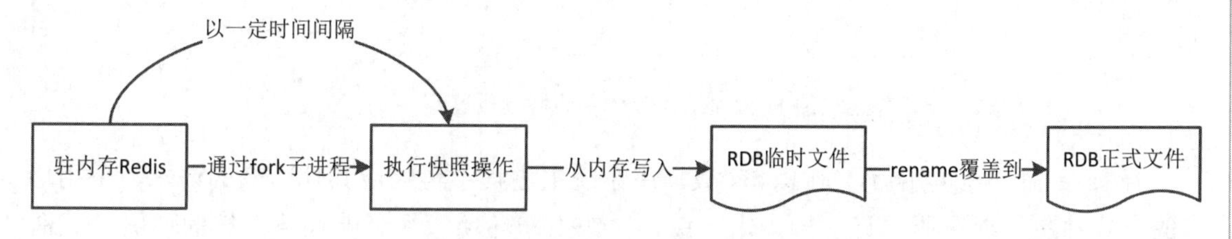

图 11.2　RDB 间隔持久化过程

RDB 持久化可以通过配置文件参数设置实现，也可以通过命令控制实现。

RDB 持久化特点为，通过 fork 命令执行时会把整个 Redis 内存数据一次性复制到磁盘上，最终产生一个 RDB 文件。

读书笔记

1）参数设置实现

RDB 持久化参数配置详细要求见 7.3.2 节的“快照配置参数”部分。该部分核心参数是 save。

（1）save 900 1，代表 900 秒（15 分钟）内至少有一个 key 被改变，则把数据持久化到磁盘上。

（2）save 300 10，代表 300 秒（5 分钟）内至少有 300 个 key 被改变 ，则把数据持久化到磁盘上。

（3）save 60 10000 ，代表 60 秒（1 分钟）内至少有 10000 个 key 被改变，则把数据持久化到磁盘上。

上述都是 Redis 系统配置提供的默认设置值，在具体的生产环境下，技术人员应该根据实际需要，尤其是容忍数据丢失的程度，来合理设置 save 的间隔时间和间隔时间内发生的改变数据数量。这个参数如果时间设置太小，容易引起频繁的进程操作开销，影响数据库系统的运行性能；如果设置的太大，则会丢失更多的数据可能，如突然停电、服务器硬件损坏、Redis 数据库系统崩溃、操作系统崩溃等。

2）命令控制实现

业务系统程序员也可以直接在客户端代码上附加 bgsave 或 save 命令来主动触发一个持久化动作。对于调用 bgsave 的命令，在执行时 Redis 数据库系统会调用 fork 命令创建一个子进程，独立快照处理数据持久化到硬盘过程，而父进程可以同步继续处理其他命令请求，如图 11.3 所示。

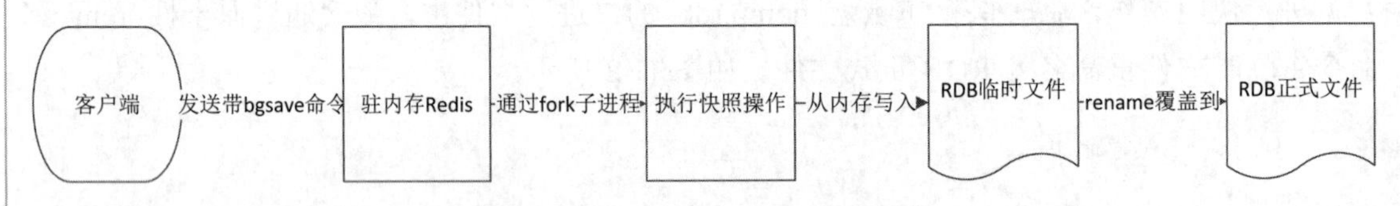

图 11.3　RDB 命令主动持久化过程

若 save 命令在调用后，则 Redis 数据库系统主进程不再响应其他命令的请求，采用堵塞的方式独占处理快照，直至持久化结束。这在生产环境下很影响业务系统的使用，该命令方式一般不建议被使用。除非出现内存不足，无法执行 bgsave 命令的情况下，强制 save 做一次持久化操作。

读书笔记

（1）bgsave 在处理大数据情况下，如占用内存的数据达到几十 GB，则也会引起该命令执行效率下降，进而导致 Redis 数据库性能急剧下降的问题。所以数据库技术人员对使用 bgsave 命令，一定要事先估计 Redis 数据库内存使用的情况，避免产生不必要的运行性能问题。

（2）Save 由于不需要产生子进程，它的执行速度会比 bgsave 更快些，在特定情况下，可以考虑用 save 命令执行持久化操作。如半夜用户访问很少时，可以通过暂时停止对客户端的任何服务，快速做持久化操作。

（3）另外客户端执行 ShutDown、FlushAll 命令，也会触发 save 命令，做数据 RDB 持久化操作。

（4）RDB 持久化产生的文件是一个紧凑单一文件，可以很容易被异地备份到其他数据中心。

2．AOF 持久化

与 RDB 相比，AOF 更接近于实时备份，它通过 fsync 策略每秒往 AOF 文件写入内存操作数据。这意味着在停电等问题发生情况下，最多丢失 1 秒钟内的在内存中新变化的数据。另外它属于追加方式进行持久化操作，发送一条命令，就同步写入新的数据到 AOF 记录文件末尾。因此在写入过程中即使出现宕机现象，也不会破坏日志文件中已经存在的内容，如图 11.4 所示。

图 11.4　AOF 持久化过程

AOF 持久化通过配置系统配置文件来实现，详细配置见 7.3.2 节“AOF 持久化配置参数”部分。主要配置参数是 appendonly，把 appendonly no 改为 appendonly yes，就正式启动 AOF 持久化。Redis 在每一次接收到数据修改的命令之后，都会将其追加到 AOF 文件中。在 Redis 下一次重新启动时，需要加载 AOF 文件中的信息来构建最新的数据到内存中。

3．AOF 文件修复

（1）将现有已经坏损的 AOF 文件，额外复制一份做备份；
（2）使用 Redis 附带的 redis-check-aof 程序，对原来的 AOF 文件进行修复；
（3）用修复后的 AOF 文件重新启动 Redis 服务器。

（1）Redis 允许 RDB 和 AOF 同时启用，在这种情况下，当 Redis 重启的时候会优先载入 AOF 文件

来恢复原始的数据。因为在通常情况下 AOF 文件保存的数据集要比 RDB 文件保存的数据集要完整。一般来说，如果想达到足以媲美 PostgreSQL 的数据安全性，就应该同时使用两种持久化功能。

（2）如果可以承受数分钟以内的数据丢失，那么可以只使用 RDB 持久化，因为定时生成 RDB 快照（snapshot）非常便于进行数据库备份，并且 RDB 恢复数据集的速度也要比 AOF 恢复的速度要快。

（3）Redis 官网不鼓励单独只使用 AOF 持久化模式。

（4）在持久化操作过程，最多需要使用原先内存 2 倍的空间，由此，在系统设计之初必须充分估计内存使用空间，实际使用建议最多用到可使用内存空间的一半。

11.2.2 数据备份问题

虽然 Redis 提供了很好的持久化功能，使该数据库具备了硬盘保存数据的功能；但是，随着数据量的增大，这些数据越来越重要，就需要考虑数据备份的问题。

1．实时备份

Redis 提供的主从复制方式，本身具备不同物理设备的数据备份能力。假设一台主服务器出现了故障，从服务器就可以自动切换升级为主服务器，实现业务数据持续使用的要求。如果我们利用城域网、广域网，把从服务器放到异地，则实现了异地实时备份的效果。要做的主要工作，只要规划好网络路由及 IP 地址等即可。

2．定期备份数据文件

对于不具备实时异地备份条件的（机房设备、网络通信等投资成本会明显上升），可以考虑定期备份数据文件的方法，实现数据异地容灾备份。最简单的利用 Linux 的 SCP 命令（SSH 的组件），实现本地 RDB 文件和 AOF 文件的异地备份。具体使用如下：

```
$ scp /home/rdb/dump.rdb root@202.11.2.1:/home/root //202.11.2.1 为远程服务器
```

该方法的缺点是需要人工定期复制备份文件，而且事先需要通过电信商购买虚拟服务器（Virtual Private Server，VPS）服务。

11.3 小　　结

MongoDB 异机、异地备份及恢复，主要采用集群复制，建立副本集来实现，通过把从节点部署到异地，实现异地备份作用；同时 MongoDB 或第三方也提供了 Ops Manager、mongodump、mongoexport 等工具，实现手工备份功能。

MongoDB 存储平衡优化，主要介绍了 balancer 平衡分片数据过程，及产生特大块问题后人工处理的过程。

Redis 数据持久化实现问题，主要介绍了 RDB、AOF 持久化技术，使内存数据可以持久化到磁盘上。

Redis 数据库异机、异地备份，可以采用集群主从复制来实现，也可以通过人工方式复制数据库文件来实现。

读书笔记

11.4　实　　验

实验一　备份及恢复 MongoDB 数据

具体要求：

（1）运行 MongoDB，对数据库进行若干条插入命令操作，使其自动产生磁盘持久化文件。

（2）用 mongodump、mongoexport 实现一次数据文件的备份和恢复过程。

（3）编写测试报告，记录测试过程。

实验二　备份 Redis

具体要求：

（1）运行 Redis，并配置持久化配置文件，对数据库进行若干条插入命令操作，使其自动产生磁盘持久化文件。

（2）复制磁盘数据文件到另外一个 Redis 系统数据库文件存放路径下。

（3）重启第二个 Redis 系统（要求另外安装），进入 Redis-cli 验证数据恢复情况。

（4）编写测试报告，记录测试过程。

第 12 章

NoSQL 选择及部署

本章尝试从整体角度考虑 NoSQL 产品的实际业务应用的选择及部署，但是实际应用环境千差万别，会有很大差异。这里只能抛砖引玉，给出一些选择建议，并让读者领略一下复杂部署案例的情况。

- NoSQL 产品选择，主要介绍了如何学习、如何了解哪些产品更加流行和可靠、并应该采用测试对比等方法去仔细区分 NoSQL 产品的各自优缺点
- 高可用性 NoSQL 部署，从业务高可用性和系统维护高可用性方面，提出了一些使用建议
- TRDB+NoSQL 综合部署，给出了一个简单综合部署、一个复杂综合部署案例

12.1　NoSQL 产品选择

NoSQL 数据库产品目前公开的已经超过了 255 种，而且随时在增加。这么多的 NoSQL 数据库产品，它们各有特点，有擅长存储非结构化大数据的数据库，如 Hbase；有擅长处理文档结构的数据库，如 MongoDB；有擅长内存处理的，快速响应数据库，如 Redis。当然，还需要了解传统关系型数据库(TRDB)的特点，光了解 NoSQL 是不够的，因为 NoSQL 最大的问题是不擅长处理关系型数据，一致性也存在问题，这里的 TRDB 可以是 MySQL、Oracle、SQLServer 等。自然，有精力、有实力的读者也应该了解 NewSQL 技术的特点，如 PostgreSQL。

于是问题来了：好几百种数据库，面世不久的新产品，网上对各种产品褒贬不一的评论，加上读者精力、能力有限，怎么样准确地选择数据库产品，学习它使用它，成了一个重大问题。这里根据作者的实际工作经验及 IT 圈一些公认的方法，为缺少经验的读者，选择合适的数据库产品，提供如下建议。

1．学好关键的两三个数据库产品

只有精通两三个数据库产品，后续选择其他数据库产品时，就能做到一通百通了。不要急于什么都学，什么都学不深，那样会很糟糕。这里为什么强调两三个数据库产品呢？而不是三、四个呢？因为每个人的精力、时间都有限。根据作者的实际工作经验，一个初学者要学好一个 TRDB 产品，再学好一个 NoSQL 数据库产品，如果需要精通，至少需要两、三年时间，而且是持续不断地使用它们！而这个精通，要求一款数据库产品，在使用它过程中，对它的绝大多数功能、对它的主要运行原理、对它的开发应用、甚至对它的源代码（要求有些高）都能深入掌握，并积累了大量的使用经验；所以花两三年时间，深入学习和使用是必须的，甚至有些紧张。

2．选择数据库学习

其实，本书已经提供了很好的学习选择建议，NoSQL 的 MongoDB、Redis，不是吗？那么 TRDB 呢？MySQL、Oracle、SQLServer 任意选一个，都可以。为什么这么建议呢？其实作者的建议有以下依据。

依据一，根据 https://db-engines.com/en/ranking 数据库排行网，该网站采用相对科学的数据库排行，直观地反映了最新数据库流行程度。其主要统计依据如下。

（1）在网站上提到的数据库系统数量，以搜索引擎查询中的结果数量衡量。

（2）使用 Google 趋势中的搜索次数，统计数据库系统的感兴趣程度。

（3）在相关 IT 论文中数据库系统技术被讨论频率。

（4）提供的数据库系统的工作机会数量。

（5）LinkedIn 和 Upwork 等专业网络中提到系统的配置文件数量。

（6）统计 Twitter 等提到的数据库系统的推文数量。

读书笔记

2017 年 5 月份的数据库最新排行前 10 位，如图 12.1 所示。

Rank May 2017	Rank Apr 2017	Rank May 2016	DBMS	Database Model	S May 2017
1.	1.	1.	Oracle	Relational DBMS	1354.31
2.	2.	2.	MySQL	Relational DBMS	1340.03
3.	3.	3.	Microsoft SQL Server	Relational DBMS	1213.80
4.	4.	↑5.	PostgreSQL	Relational DBMS	365.91
5.	5.	↓4.	MongoDB	Document store	331.58
6.	6.	6.	DB2	Relational DBMS	188.84
7.	7.	↑8.	Microsoft Access	Relational DBMS	129.87
8.	8.	↓7.	Cassandra	Wide column store	123.11
9.	9.	9.	Redis	Key-value store	117.45
10.	10.	10.	SQLite	Relational DBMS	116.07

图 12.1　DB-Engines Ranking（数据库引擎排行）

依据二，目前市场上各大公司相关数据库技术人员的招聘信息。作为读者，最后是通过技术的使用来体现学习的价值的，所以对各大 IT 公司的招聘信息应该关注。如图 12.2 所示为某招聘网的信息。

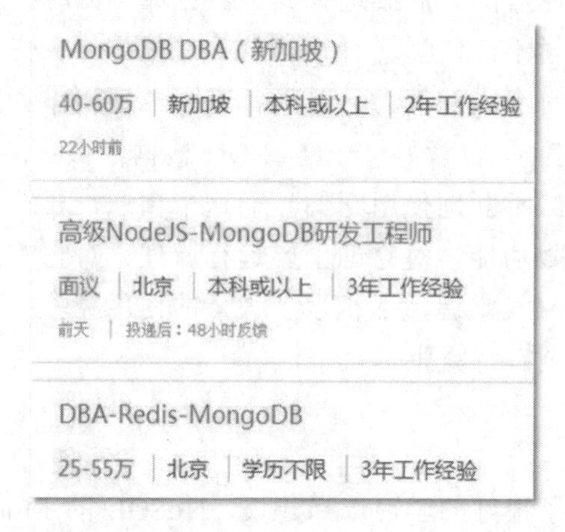

图 12.2　某招聘网信息

依据三，数据库产品技术的成熟性、先进性、学习资料的丰富程度、产品的可持续性等。

3．测试对比

在实际生产环境下，选择使用数据库产品时，最可靠的方法之一是对相关数据库产品进行对比测试，通过测试精准掌握数据库产品的特点，针对性地去解决实际业务需求问题。

读书笔记

本书 13.1 节提供了具体测试方法。事实上，网上不少技术大牛都是通过类似对比测试，给出不同数据库使用建议的。如图 12.3 所示为 Redis 与 MongoDB 的对比测试。

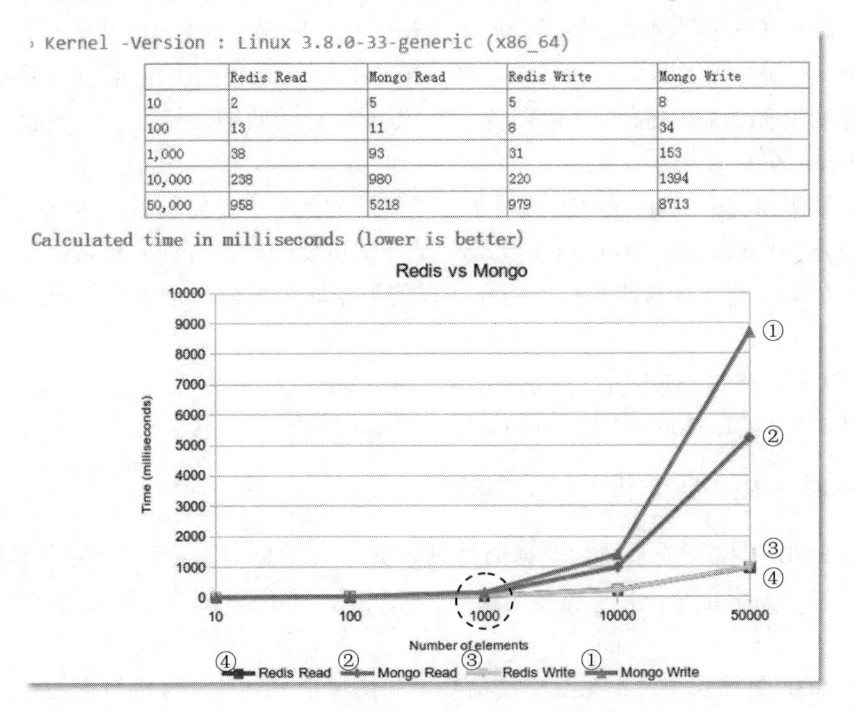

Kernel -Version : Linux 3.8.0-33-generic (x86_64)

	Redis Read	Mongo Read	Redis Write	Mongo Write
10	2	5	5	8
100	13	11	8	34
1,000	38	93	31	153
10,000	238	980	220	1394
50,000	958	5218	979	8713

Calculated time in milliseconds (lower is better)

图 12.3　Redis 与 MongoDB 对比测试

图 12.3 所示的折线图可以非常直观地对比 Redis 数据库与 MongoDB 数据库之间的读写时间响应性能。该图左边竖轴为响应时间（单位：毫秒），底部横轴为读写次数；① 为 MongoDB 写测试时间响应折线，② 为 MongoDB 读测试时间响应折线，③ 为 Redis 写测试时间响应折线，④ 为 Redis 读测试时间响应折线。

当 Redis 与 MongoDB 的读写都在 1000 次点内时，它们的读写响应时间几乎一致，都趋于 0 秒。说明在该读写访问频率下，Redis 和 MongoDB 的响应效果是类似的。当写测试达到 50000 次时，MongoDB 花费了近 9 秒钟的时间，Redis 花费了 1 秒钟时间，显然在该规模的写情况下，Redis 在内存中的速度优势就非常明显了。读者需要对这些测试数据敏感。在实际生产环境下，如果让 MongoDB 花 9 秒钟的时间持续插入 50000 条记录，则由于 MongoDB（3.0 版本及以上）的写库操作是建立在 Collection 级别的锁机制上的，所以如果持续对该集合进行写操作，会影响客户端对该集合的读响应性能。假设让客户端某用户也持续等待 9 秒后，才见到数据，这样的体验是比较糟糕的。所以，这样的写使用场景，要么改用 Redis 数据库来实现，要么采用 MongoDB 集群分布式处理，以降低堵塞时间，提高响应时间效率。

另外，通过测试，也应该考虑数据量的大小。如 Redis 一个 Key 对象最多只能保存

512MB 的数据，而它的所有 Keys 对象最大可用存储空是受物理内存的可用空间约束的。通过专业测试工具的测试，技术人员就可以得到一台服务器最大的可使用内存空间，就对使用 Redis 系统可以进行准确规划了。如果通过估算，发现某业务 10 年最大的业务数量在 100GB，而现有服务器的可用内存可以达到 300 GB，那么使用 Redis 数据库系统，在单机方式下运行就没有太多顾虑的。当然，如果觉得所运行的数据比较重要，不能大量丢失，那么建立 Redis 主从服务是必须的。

这里仅举例 Redis、MongoDB 读写及存储使用的两三个使用场景。实际会更加复杂，另外对于 MySQL 与 Redis、MongoDB 比较也是非常重要的。只有深入测试比较，技术人员才能可靠地决策，把什么样的数据放到什么样的数据库系统中，采用什么样的部署模式进行管理。

利用 YCSB 测试 MySQL、MongoDB 也可以参考昵称为“天午绝人”写的博客：《YCSB 测试 MySQL,MongoDB,TokuMX,Couchbase 性能》[①]一文。

4．TRDB 与 NoSQL 选择主要区别建议

（1）TRDB 更擅长关系结构数据的处理，如涉及资金、重要商品的数量等信息，及多表关联操作（如事务操作），更多的选择 MySQL、SQLServer、Oracle 这样的关系型数据库。

（2）NoSQL 更擅长相对不重要非结构数据的快速读写处理、海量数据的存储及计算处理，如广告数据的存储及定位处理，商品基本信息的展示及高并发访问，网站访问量记录及统计分析，网页、视频、语音、地图等非结构化数据的存储及分析等。

（3）NoSQL 产品都存在不一致性问题、也存在部分数据丢失的可能，这是它们分布式技术特点及存储策略所决定的，在该方面 TRDB 数据库产品要可靠得多。

12.2 复杂部署案例分析

12.2.1 高可用性 NoSQL 部署

在大规模部署数据库服务器的情况下，必须保证数据库系统的高可用性。这里的高可用性从使用者角度可以分业务访问高可用性和系统运维高可用性。

1．业务访问高可用性

业务访问高可用性主要指，用户在大规模访问业务系统的情况下，通过数据库的分布

[①] YCSB 测试 MySQL、MongoDB、TokuMX、Couchbase 性能，http://www.cnblogs.com/datazhang/p/5920800.html。

式集群部署、数据库访问负载均衡代理等方式，保证业务系统平稳运行。

1）分布式应用

NoSQL 数据库的一大应用特点，就是利用分布式部署和管理，解决高并发访问问题和海量大数据存储问题。

MongoDB 的复制、分片及读写分离技术的使用及部署，在本书 4.2.7、4.2.8、10.1.4 节已经详细介绍。

Redis 的主从集群部署在 7.2.14、8.2.1、10.2.1 节进行了介绍。

2）数据库访问负载均衡代理

任何数据库在集群环境下会涉及客户端访问不同服务器的问题：

问题一，在数据库服务器出现故障的情况下，希望自动切换 IP 访问地址，保证业务系统平滑而不受影响地运行。

问题二，在高并发访问的情况下，希望不同的数据库服务器所承受的访问负载压力是均等的，不希望出现部分数据库服务器访问压力太大而部分访问压力很小的不均衡现象。

而本书到此为止对所有 MongoDB、Redis 数据库的访问都建立在对固定 IP 地址端口的数据库进行数据操作。一旦某一台数据库服务器出现了故障，需要数据库技术人员人工设置新的访问 IP 地址和端口号，这在实际生产环境下是一种不可取的行为。顾客的业务系统使用永远是最高要求，为顾客提供持续的无故障式的体验是非常重要的，尤其是一些大型的购物平台。

为此，出现了集群负载均衡技术，该技术分硬件和软件两种。

（1）硬件负载均衡。硬件主要采用 F5 负载均衡，它可以提供大并发访问量情况下把数据的读写任务均衡地分布到数据库服务器上，实现数据库服务压力的均衡分担；另外它提供统一的对外虚拟 IP 地址，方便业务系统调用，而不用顾虑实际 IP 地址下的服务器故障问题（实现了 IP 地址自动访问切换的目的）。

（2）软件负载均衡。目前流行的包括了以下几种：

① HAProxy[①]，免费、开源，非常快速和可靠的负载均衡解决方案，是事实上的标准开源负载均衡器，可以在 Linux（2.4、2.6）、Solaris（8、9、10）、FreeBSD（4-10）、OpenBSD（3.1 及以上）、AIX（5.1-5，3）上可靠运行。

② LVS[②]，免费、开源、国产软件，主要支持 Linux 操作系统。

③ Twemproxy[③]免费、开源、单线程支持软件，主要支持 Linux 操作系统。

④ OneCache[④]，免费、开源、国产软件，以高并发多线程为目标，实现了一款基于

---

① HAProxy 官网，http://www.haproxy.org/。

② 章文嵩，LVS，http://zh.linuxvirtualserver.org/。

③ Twemproxy，Twitter 开发，https://github.com/twitter/twemproxy。

④ OneCache 官网，http://www.onexsoft.com/，开源下载地址 https://github.com/onexsoft/onecache。

Redis 协议的中间件，能够实现集群的搭建和管理。

⑤ Nginx[①]免费、开源，是一款轻量级的 Web 服务器/反向代理服务器及电子邮件（IMAP/POP3）代理服务器，并在一个 BSD-like 协议下发行。支持的操作系统包括 Linux、Windows、FreeBSD、Solaris、AIX、HP-UX、Mac OS 等。

3）负载均衡部署

图 12.4 所示为带负载均衡的数据库集群部署示意图，客户端应用系统通过负载均衡代理访问数据库服务器。当客户端产生高并发访问操作时，由负载均衡代理实现把访问任务均衡地分布到各个数据库服务器上，避免数据库服务器操作任务不均衡的问题发生；当数据库集群里的某一台数据库服务器出现故障时，负载均衡代理会把访问该台服务器的任务自动分派到其他服务器上，而客户端几乎不会感觉到故障发生及任务切换过程。另外，负载均衡代理统一对客户端业务系统提供了虚拟 IP 地址，在数据库服务器端出现故障时，客户端业务系统软件无需考虑 IP 地址的更换问题，而在没有负载均衡代理情况下，该问题必须考虑。

图 12.4 所示的部署设计也考虑了负载均衡代理节点本身出现故障的可能性，由此采用双节点部署的方式（Proxy1、Proxy2），来避免单节点故障问题。这要求负载均衡代理本身支持多节点部署模式。

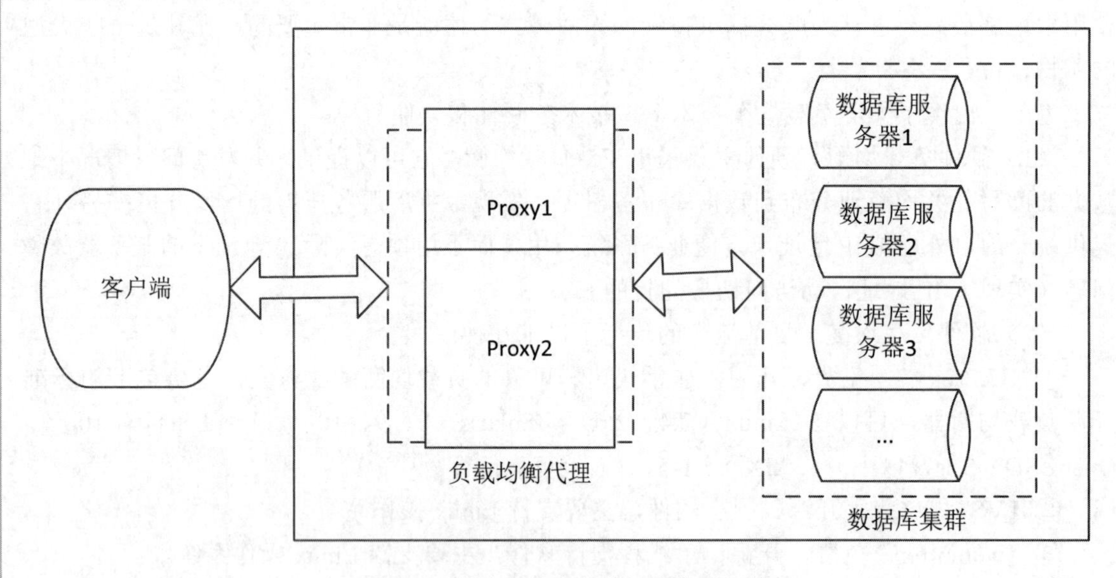

图 12.4　带负载均衡的数据库集群部署

2．系统运维高可用性

要保证业务系统持续平稳运行，数据库技术人员的高效技术保障是必要条件之一。在

[①] Nginx 官网，http://nginx.org/。

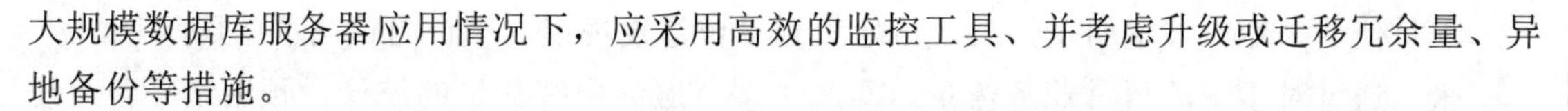

大规模数据库服务器应用情况下，应采用高效的监控工具、并考虑升级或迁移冗余量、异地备份等措施。

1）使用专业监控工具

使用专业监控工具就是为了尽快发现问题，甚至预测问题产生的可能，保证业务系统可持续运行。在这里发现问题的速度是关键。对于 NoSQL 数据库监控工具的选择和使用，可以参考第 13 章。

2）考虑升级、迁移冗余量

数据库服务器作为电子产品，其更新换代很快、正常使用年限在 6～8 年，对于大规模部署的服务器集群必须考虑升级及迁移的冗余设计量。

对于大型电子商务平台可以通过异地建立备份数据中心的形式，实现服务器集群的平滑升级。对于中小规模的在线平台，在机房建设时，至少应该预留部分机柜空间，方便集群整体升级。

3）异地备份

目前大型的电子商务平台都实现异地多数据中心备份策略，如腾讯、阿里巴巴、亚马逊等。

12.2.2　TRDB+NoSQL 综合部署

在互联网的实际业务环境下，往往是传统关系数据库（TRDB）+NoSQL 综合部署。谁也缺不了谁，为什么呢？因为它们各有各的优势，技术人员要做的是利用好它们的优势，避开它们的缺点。是的，这个世界上没有十全十美的东西，NewSQL 也不例外。

为了简单起见，这里只设计与 MySQL、MongoDB、Redis 相关的数据库系统的综合部署。

1．MySQL+MongoDB+Redis 产品性能比较

在使用各种数据库之前，最好能量化了解各个数据库的读、写、存储数据能力，方便根据实际业务需要合理选择数据库产品的搭配。具体选择思路见 12.1 节，具体测试方法见 13.1 节。

2．构建小规模写入、小规模存储，高并发读取的在线服务系统

丁一先生是一家小有名气的综合商品批发商，主要经营水果、烟酒类商品，最近几年他发现电子商务平台对他的线下业务影响非常大。同时，他受阿里巴巴、京东、亚马逊等电子商务平台的启发，决定自筹资金建立自有电子商务平台。

于是他请来他的技术朋友张三，帮他策划平台建设规模，平台名称叫“D 购网”。

张三通过对丁一的日常业务流量、商品类型、服务顾客数量的统计，预测该平台上线后第一年的网上访问量。

1）数据种类及规模

基本商品信息，1 万种（实际 6 千多种，含商品未来几年的扩充需要），每种基本信息要附带规格、特点、图片、产地等附加信息；每个商品的基本信息+附加信息的平均大小为 5KB，1 万种商品信息纯数据大小约为 49MB。该数据属于顾客频繁读取访问的数据。

用户基本信息，包含注册信息、用户实际联系等信息，预估该用户群第一年可以达到 2 万户（目前实际联系顾客日均达到 1000 个，月均 3 万个，平均年固定顾客达到 1 万个），日在线访问量 1 万个。

用户日成交笔次，目前实际日交易成功 600 次，预估网上日交易笔次达到 5000 笔，每笔产生 1KB 的交易记录数据（下订单、订单支付、订单派货、订单交易确认、订单网上跟踪、订单退货等）。一天产生约 5MB 的业务数据，一年产生约 2GB 的业务数据量。

为了提高服务质量，丁一先生要求网站提供商品服务点评及投诉功能（等级评价、文字留言、晒图、视频）。于是张三估计每天 80%的顾客会点评，一个顾客平均日记录大小为 6KB，那么 8000 个顾客一天为 47MB，一年约为 17GB。

另外，丁一非常关心每天的交易情况，希望能随时分析销售情况，跟踪特定商品的销售趋势。张三马上意识到该业务操作要求，将给数据库服务器运行带来压力。

通过对上述基本数据的分析，张三觉得该电子商务网站开始运行时，存储需求不是很迫切，加上在线采购等数据，预计该网站一年产生的数据量在 20GB 左右。但是该网站预计在线访问量比较乐观，因为丁一的综合商品批发企业在当地属于龙头企业，而且按照计划，在电子商务平台上线后，还将进行各种宣传和促销活动，目前预计日访问量在 1 万人。考虑到电子商务平台在线速度体验非常关键，而且该平台加入了网上点评功能。张三决定构建简单的 MySQL+MongoDB 部署方案，来实现该电子商务平台的业务数据处理要求。

这里的预估存储量大小为纯数据大小，实际还需要考虑数据库存储结构、索引等的额外开销要求，可以实际测试，来确定该存储量的大小。

2）部署设计

图 12.5 所示为应对小规模写入、小规模存储，高并发读取应用场景下的 MySQL、MongoDB 部署方案。

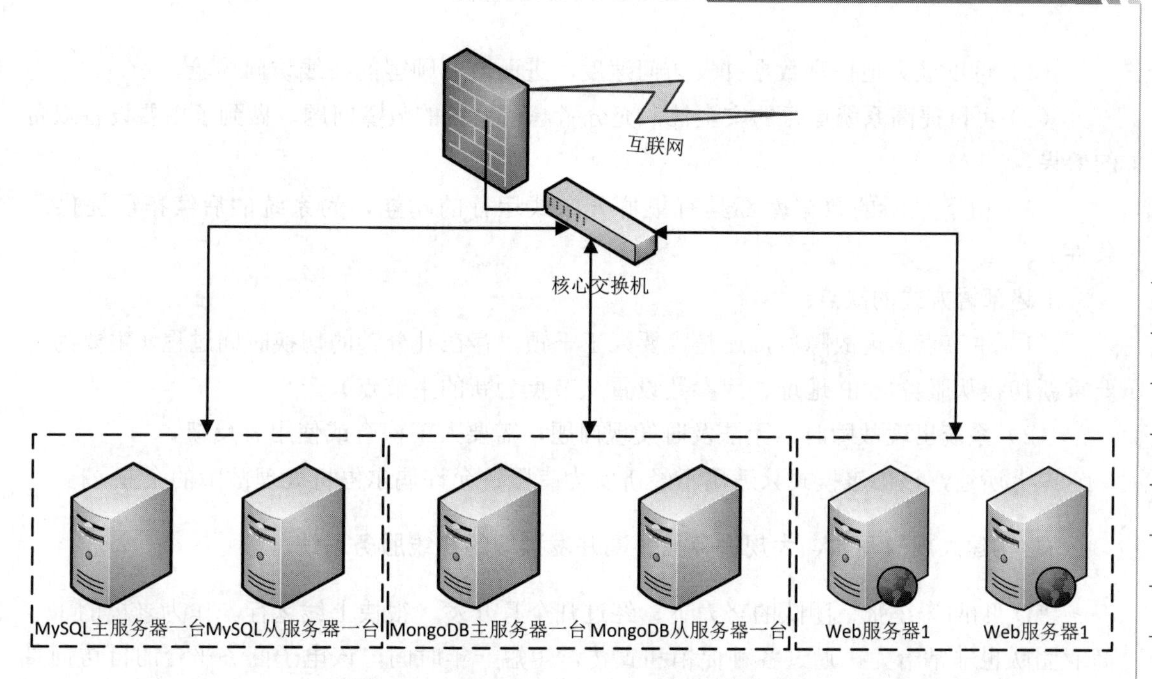

图 12.5　MySQL+MongoDB+Web 双备部署

（1）MySQL 数据库，主要用于处理日常核心业务数据，主要是带交易金额、数量的各种交易记录数据。该类数据不允许出现丢失问题，在订单到结账单的转换过程需要进行多表事务操作，需要进行销售情况的各种统计分析，一般情况下首选数据库是传统关系型数据库。这里采用了一主一从的 MySQL 主从分布式部署方式，在主节点出现故障时，能保证从节点及时代替主节点，继续为业务系统服务；另外，也考虑了通过 MySQL 从节点为业务系统做定向数据统计分析用，可以合理减轻 MySQL 主节点的运行压力。

（2）MongoDB 数据库，主要用于处理顾客在线评价数据、顾客访问点击量记录和统计、系统操作日志等。该类数据相对不是很重要，在极端情况下允许出现数据丢失现象，如 MongoDB 主服务器突然停电，将会丢失最近几分钟内的写入数据（具体根据系统配置文件数据刷新到磁盘上的时间周期决定），假设一年发生一次这样的问题，一次丢失几条评价记录，还是允许的。MongoDB 也采用了主从复制的备份形式，一旦主节点出现了故障，就可以用从节点代替。

（3）Web 服务部署。这里其实在两台服务器上都部署一样业务功能的电子商务平台。一台对外运行，一台对内运行。对外，为互联网访问顾客提供业务处理 Web 界面功能；对内，为内部业务系统做统计、分析用，在对外服务器出现故障时，可以快速做 IP 地址切换，以代替原先的对外服务器。

3）总结

上述部署方式的优点：

（1）可以极大地提高数据并发访问速度，进而改善顾客的在线访问体验。

（2）可以提高系统运行的安全性，充分考虑了系统的故障问题，做到了主要设备双备的效果。

（3）由于采用的数据库都具有集群分布式运行的功能，为系统的后续拓展提供了条件。

上述部署方式的缺点：

（1）主节点出现故障后，还是需要人工干预，存在几分钟的切换时间过程（主要为需要重新切换从服务器 IP 地址、用参数设置从节点为新的主节点）。

（2）系统出现故障时，无法及时发现问题，需要人工检查或使用者反馈。

综上所述，该部署模式只适用于经济实力有限，允许偶尔停机处理故障的企业。

3．构建大规模写入、大规模存储，高并发读取的在线服务系统

“D 购网”在张三团队的努力下，经过几个月开发，很快上线运行。作为老板的丁一商业团队也非常给力，通过各种促销和宣传，短短一年时间，该电子商务平台的日访问量已经超过了 2 万人次，远高于设计预期。数据交易量也大幅上升，网上平台应用取得了初步成功。在这一年期间，由于服务器等设备都是新的，而且张三的技术团队支持力度很大，系统一直平稳运行，没有出现过一次停机故障。作为老板丁一有了更大的想法，想进一步升级该系统，把生意做到全国，并实现与物流配送挂钩。

1）业务数据估算

于是他又请来了张三，咨询相关事宜。张三没有立刻给出解决答案，而是做了一些数据分析：

通过专业工具跟踪和分析，张三发现该电子商务平台的日均访问量已经突破 2 万，而且以每月 2 千人的规模递增；并发最大连接数已经出现超过 300 现象（MySQL 默认最大连接数是 100，项目中已经调整到 300），业务平台在操作时，偶尔出现延迟现象；日最高数据存储量已经超过 3GB。预计业务平台升级后，日最高数据存储量将突破 15GB（10 万人次访问量）。

另外张三估计了物流派送业务的数据存储及操作访问需要（涉及 APP 在线订购、地理定位、派送员轨迹跟踪），每天将额外产生 20GB 的数据。

该平台最近两年年预计产生的数据规模将超过 12TB。考虑到中长期需求，平均每年系统必须要求能存储 20TB 的数据处理能力。

于是张三给出了最新的系统升级方案。

2）升级部署设计

（1）MySQL 数据库，实现集群分布式部署，主要实现访问流量的分离，数据的分布式存放，业务对外服务和内部统计分析的进一步分离，实现主节点出现故障自动切换

功能。

（2）Mongo 数据库，实现集群分布式部署，进一步承担物流派送跟踪业务数据，分担派送业务的统计分析计算过程，实现主节点出现故障自动切换功能。

（3）Redis 数据库，新增 Redis 集群，实现对广告快速定位、商品快速推荐、电子商务平台主界面模板缓存、用户登录信息缓存等功能。

图 12.6 所示为升级后的主要部署内容，MySQL、MongoDB、Redis 都采用了一主一从分布式集群部署；引入了负载均衡设计，主要在主节点出现故障时，可以自动切换并均衡安排各数据库服务器的读写访问任务；对业务系统进行了细化分割，进一步分为电子商务购物平台、物流派送平台、内部业务系统平台等；引入了集群运行监控系统，进一步提高技术人员的运维管理水平。

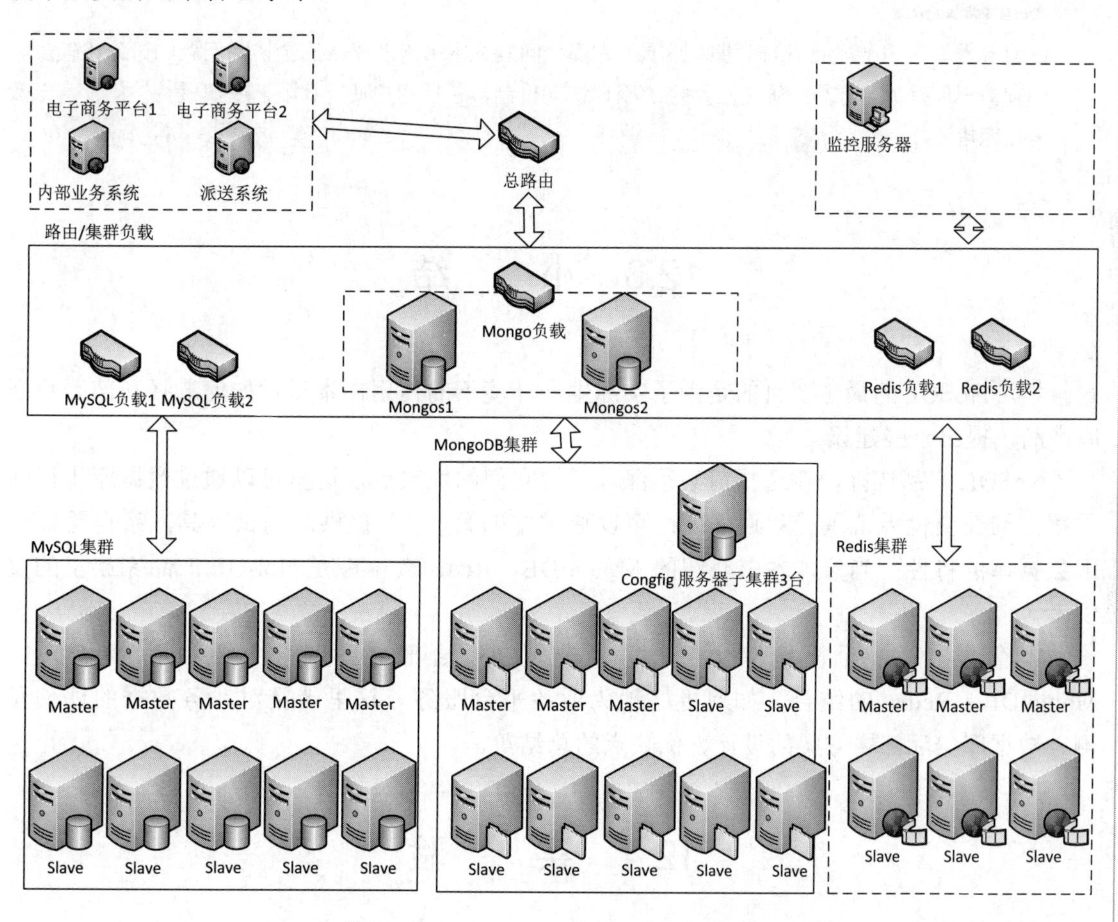

图 12.6　MySQL+MongoDB+Redis 集群

3）总结

优点：

（1）做到了系统各个主要部分全双备，具备系统出现故障平滑自动切换功能。

读书笔记

（2）对未来业务拓展进行了充分规划，有利于业务的持续开展，并具有很好的持续横向扩展能力。

（3）加强了系统自动监控及预测能力。

缺点：

（1）未考虑时钟同步问题，在服务器大规模部署情况下，很容易产生时间不一致问题。

（2）未考虑异地备灾问题，在机房出现火灾等问题时，将是灾难性的。

（3）未充分考虑网络安全问题（不在本书知识范畴内）。

任何数据库在生产环境下的部署，必须考虑安全问题，本书涉及网络安全访问问题的讨论比较少。部署数据库好的习惯是必须建立严格的授权访问机制，包括用户使用权限、密码授权访问、甚至数据加密措施等。

12.3 小　结

学习NoSQL的最主要目的是为了实际生产环境下的使用，本章对如何选择和部署数据库产品，提出一些建议：

NoSQL 产品选择，在选择前必须深入了解它们的优缺点，这里可以通过数据库排行网了解它们在全世界范围受欢迎程度；可以通过本书第 13 章提供的测试工具，亲自验证一下数据库的特性；当然，本书介绍的 MongoDB、Redis 数据库是 NoSQL 产品家族里的佼佼者。

本章给出了一个简单综合部署、一个复杂综合部署案例，主要利用 MySQL、MongoDB、Redis 的结合，如何更好地为业务平台服务。这里涉及对业务数据的评估预测、数据库实际部署方案的设计、优缺点的总结等。

12.4 实　验

实验　分析综合数据库部署的优点

根据 12.3.2 节图 12.3 的内容，分析如下内容：

（1）MySQL 擅长处理什么数据？在数据存储量超过一台服务器的存储能力后，

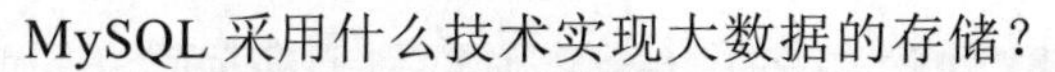

MySQL 采用什么技术实现大数据的存储？

（2）MySQL、MongoDB、Redis 数据库比较它们的速度在同一运行环境下，相对谁最快、谁最慢？

（3）分布式集群部署的优点（至少说出 3 个优点）。

（4）根据现在市场主流普通机架式服务器的配置，结合图 12.3 分析所给的服务器数量，可以存储多少数据？分 MySQL、MongoDB、Redis 分别计算并回答。

读书笔记

第 13 章 NoSQL 的实用辅助工具

对于 NoSQL 数据库系统，通过测试发现性能特点及通过监控发现潜在运行问题是非常重要的。

因为相对于传统关系型数据库，NoSQL 数据库系统对于技术人员来说更加陌生。产品的稳定性、设置特点等不熟悉或本身就不成熟，潜在的运行性能问题，只有通过高度的模拟测试，才能避免更多的使用风险。

监控属于运行过程对 NoSQL 数据库系统的及时跟踪，及时判断问题发展的趋势，并提早解决问题，避免运行过程低效的解决问题的事情发生。事实上，再成熟的数据库系统，在运行过程也会发生一些问题。

本章以 MongoDB、Redis 数据库系统为基础，介绍如下的测试工具和监控工具的使用：

- YCSB
- Redis-benchmark
- Mongostat
- Mongostop
- Mtools
- Cloud insight
- Redislive
- sentinel

13.1　测 试 工 具

与 TRDB 相比，NoSQL 更加需要重视测试工具的应用。因为 NoSQL 主要面向大数据应用，或面对高负载访问应用，相关的业务系统受众面更广，一旦数据库系统性能出问题，带来的负面影响更加糟糕。另外 TRDB 的大多数数据库系统技术已经趋于成熟，市场应用经验丰富，技术人员应对问题更加容易；而 NoSQL 技术发展时间不长，数据库产品质量参差不齐，在面向分布应用环境下，使用情况更加复杂，所以，通过专业测试工具来提早验证 NoSQL 的各种性能是一种好习惯。

这里的测试工具分自制测试工具和专业测试工具。在自制测试工具方面，可以参考本书 4.4.4 节、8.1.2 节等内容。本节重点介绍几款与 MongoDB、Redis 相关的专业测试工具的特点及使用方法。

13.1.1　YCSB 测试工具

YCSB 英文全称为 Yahoo! Cloud Serving Benchmark，是 Yahoo!公司免费提供的用来测试数据库使用性能的一款工具，主要测试数据库的并发量和延迟响应时间。该工具常见用途是对多个系统进行基准测试并比较。这可以为选择不同的数据库产品，提供直观的比较。

YCSB 可以支持测试的数据库包括了 HBase、Hypertable、Cassandra、Couchbase、Voldemort、MongoDB、OrientDB、Infinispan、Redis、GemFire、DynamoDB、Tarantool Memcached、MySQL 等（可以根据需要自行添加）。

YCSB 可以在 Windows、Linux 等操作系统下运行。本书提供在 Windows 下运行测试安装环境。

1．下载安装

在 Windows 下先需要依次安装 JavaJDK、Python、Mvn 和 YCSB 工具，安装完成上述内容后，才能正式使用 YCSB 工具。

1）安装 Java 运行环境

YCSB 用 Java 语言编写，所以事先需要安装 JavaJDK 包。

这里要下载对应 Windows 版本安装包，如 jdk-8u91-windows-x64.exe，然后进行安装。该包的默认安装路径为“C:\Program Files (x86)\Java\版本号”。安装完成 JDK 后，需要设

读书笔记

置 Windows 使用环境参数，以指向 JDK 安装路径。

先在 Windows 操作系统下，在“我的电脑”图标上单击鼠标右键，在弹出的快捷菜单中选择“属性”命令，弹出如图 13.1 所示“系统属性”对话框；单击“环境变量”按钮，弹出如图 13.2 所示“环境变量”对话框，在下面的“系统变量”列表框中双击选择 Path 高亮条，在弹出的“编辑系统变量”对话框中设置“变量值”，最后单击“确定”按钮即可。

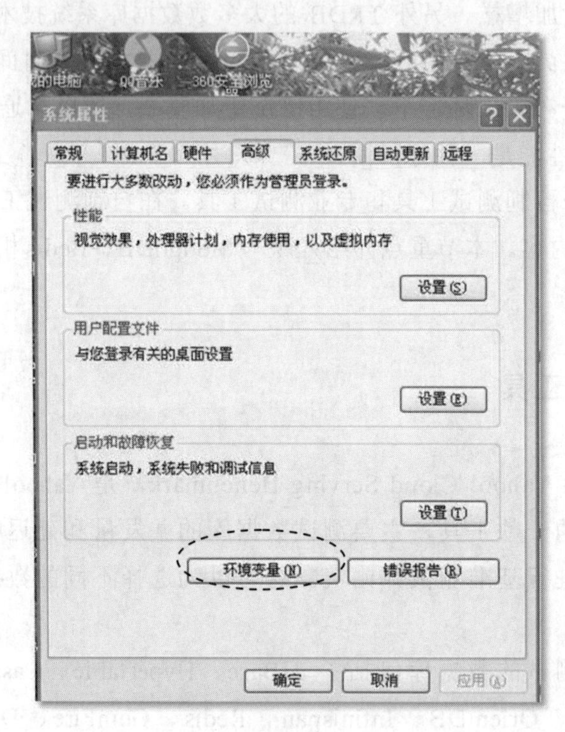

图 13.1　“系统属性”对话框

在图 13.2 所示的“编辑系统变量”对话框中，必须设置如下参数内容：

```
变量名为：JAVA_HOME   变量值为：C:\Program Files\Java\jdk1.8.0_91\
变量名为：classpath   变量值为：.%JAVA_HOME%\lib;%JAVA_HOME%\lib\tools.jar;
```

然后，在“系统变量”列表框中选择 Path，增加“%JAVA_HOME%\bin;”。

考虑到通过修改增加上述参数内容，有可能会把原有的一些参数给弄丢了，为了避免不必要的麻烦，可以在图 13.2 所示“环境变量”对话框中单击下面的“新建”按钮，在弹出的对话框中独立设置上述参数内容。

可以在 Windows 的命令提示符下，输入 Path 命令，查看现有系统变量设置情况。

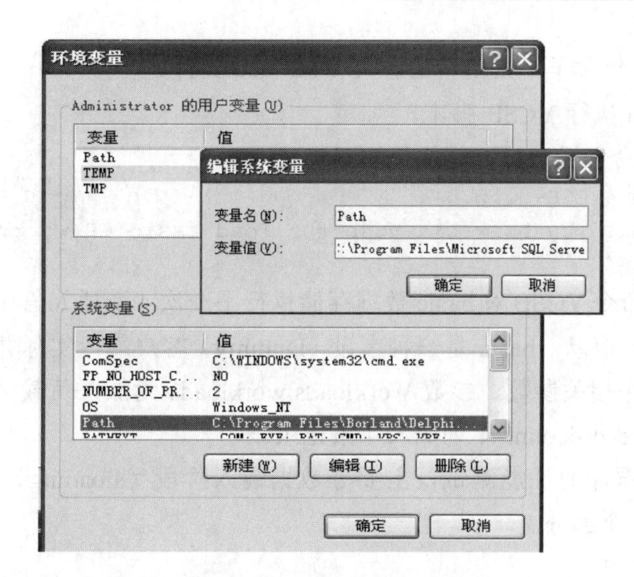

图 13.2　设置系统变量

若在 Windows 命令符界面输入 Java –version，显示版本号等相关信息，则 JavaJDK 安装成功。

若 Windows 命令符界面已经打开，必须关掉重新开启，再执行命令。

2）安装 Python

YCSB 依赖 Python（2.7 版本及以上）脚本来处理为 Java 设置的运行时环境，所以安装完 JDK 后，必须安装 Python。

Python 下载地址：https://www.python.org/downloads/。假设 Python 安装到“D:\python\”路径下。然后，在图 13.2 的系统变量 Path 下增加“;C:\Python27”。

3）安装 Mvn

下载地址：http://maven.apache.org/download.cgi。下载 Mvn 安装包，并安装。然后如 JavaSDK 所示设置对应的配置环境变量（在 Path 里增加下列路径）。

```
D:\apache-maven-3.5.0-bin\apache-maven-3.5.0\bin
```

若在 Windows 命令符界面输入 mvn –v，显示版本等相关信息，则 Mvn 安装成功。

4）安装 YCSB

下载 YCSB 最新版本，下载地址：https://github.com/brianfrankcooper/YCSB/releases/tag/0.12.0。

使用解压缩工具解压 YCSB 包到指定的路径下，如 D:\YCSB-0.12.0\；在解压后的目录下，主要使用的两个目录是 Bin 和 Workloads，Bin 路径下包含了 YCSB 可执行文件，

Workloads 路径下包含了工具自带的各类 Workload 文件。

用 Python.exe 执行 YCSB 脚本。

在 Windows 命令提示符下，执行如下代码：

```
C:\> cd/d d:\YCSB-0.12.0
D:\YCSB-0.12.0>pythonw.exe ycsb run load basic -P workloads\workloada -s
recordcount=4
```

上述第二条命令 YCSB 对 basic 数据存储执行了一次 4 个插入语句的负载压力测试，并给出测试结果统计信息。basic 是一种虚设（Dummy）客户端，实际并不操作任何数据库。-p 为指定传入命令相关参数。参数 Workloads\workloada 为加入负载文件，参数-s 显示测试过程状态，参数 recordcount=4 为插入 4 条记录。

YCSB 对数据库的性能测试，主要分数据装入阶段（Loading）和执行测试操作阶段（Transaction）两个部分。

也可以直接下载 YCSB 源码（下载地址 http://github.com/brianfrankcooper/YCSB/，通过 Maven 编译 YCSB 源码，形成安装代码压缩包，解压就可以使用了。

2．测试 Redis 数据库

在测试 Redis 数据库之前必须保证 Redis 服务器端正在运行，这里假设通过一台 Linux 服务器，进行 YCSB 测试。

第一步，先用 load 装入对指定 Redis 数据库插入指定数量的数据记录；下述命令对地址为 127.0.0.1 端口号为 6379 的 Redis 数据库插入 40000 条记录（都是散列表记录）。

```
$ bin/ycsb load redis -s -P workloads/workloada -p "redis.host=127.0.0.1"
-p "redis.port=6379" -p recordcount=40000
```

第二步，用 run 测试读写操作，下述命令在第一步基础上，对地址为 127.0.0.1 端口号为 6379 的 Redis 数据库进行读写性能测试。

（1）threads 50 一次并发 50 个线程。

（2）operationcount=10000 指定并发量/秒（含读和写）。

（3）measurementtype=timeseries 指定测试结果用时间序列逐条显示，还可以设置 histogram 值（或 hdrhistogram 值，百分比带逗号分割列表的直方图），以直方图的形式显示测试结果。

（4）timeseries.granularity=5000 指定时间序列以 5000 个操作为一个记录频次。

```
$ bin/ycsb run redis -s -P workloads/workloada -p "redis.host=127.0.0.1" -p
"redis.port=6379" \
 -threads 50 -p "operationcount=10000" -p "measurementtype=timeseries" \
 -p "timeseries.granularity=5000"
```

上述命令执行结果类似如下记录内容，这里包含了总的测试运行时间（RunTIme）、吞吐量（Throughput）、写平均延迟时间（AverageLatency）、读平均延迟时间等。

```
[OVERALL], RunTime(ms), 60058.0                          //总的运行时间（毫秒）
[OVERALL], Throughput(ops/sec), 27049.768557061507       //最大并发量（操作次
                                                           数/秒）
[UPDATE], Operations, 812803                             //写操作总次数
[UPDATE], AverageLatency(us), 2275.102034564341          //写平均延迟时间（微秒）
[UPDATE], MinLatency(us), 616                            //写最小延迟时间（微秒）
…
[READ], Operations, 811752                               //读操作总次数
[READ], AverageLatency(us), 2304.3717539346994           //读平均延迟时间（微秒）
[READ], MinLatency(us), 629                              //读最小延迟时间（微秒）
…
```

3. 测试 MongoDB 数据库

在已经安装 YCSB 的情况下，测试 MongoDB 前，必须先对 workload 下的配置文件（可以选择任意一个，如 workloada，用写字板打开编辑）进行测试参数设置，其格式内容如下：

```
mongodb.url=mongodb://localhost:40000 //待测试 mongo 实例的数据库 IP:port
mongodb.database=Datatest1            //测试时使用的数据库名称
mongodb.writeConcern=normal           //写入安全性为常规
recordcount=100000                    //最初加载到数据库中的记录数（默认值：0）
operationcount=100000                 //要执行的操作次数
workload=com.yahoo.ycsb.workloads.CoreWorkload      //workload 实现类
readallfields=true                    //true 为查询时读取记录的所有字段
readproportion=1                      //应该读取什么比例的操作（默认值：0.95）
updateproportion=0                    //应该更新哪些比例的操作（默认值：0.05）
scanproportion=0                      //应该扫描什么比例的操作（默认值：0）
insertproportion=0                    //应该插入什么比例的操作（默认值：0）
requestdistribution=zipfian           //应该使用什么分配选择记录来操作-uniform,
                                        zipfian or latest（默认：uniform）
threadcount=100                       //并发线程数量
fieldlength=200                       //每个记录大小为 128B
fieldcount=8                          //每个记录 8 个字段，一条记录大小为 1KB
table=testCollection                  //指定测试集合名称，默认为 usertable
```

上述参数在 readproportion=1，updateproportion、scanproportion、insertproportion 都为 0 的情况下，压力测试只做读操作。

在 Windows 命令操作符下执行数据库加载数据命令，并把结果输出到 l1.txt 文件中：

```
D:\YCSB-0.12.0>pythonw.exe  ycsb load mongodb -P workloads/workloada> l1.txt
```

执行数据加载任务后，继续执行读压力测试操作，并把操作结果输出到 r1.txt 文件中：

```
D:\YCSB-0.12.0\>pythonw.exe bin\ycsb run mongodb -P
workloads/workloada>r1.txt
```

从配置文件的 table 参数指定集合名称，读者可以对现有集合文档的数据，直接进行读写压力测试，这样可以省掉 Load 数据步骤。

但是，尽量不要在已经使用的生产环境下进行压力测试，否则容易给业务系统的使用造成临时性的性能影响。可以做数据备份，然后做模拟压力测试。

13.1.2 Redis-benchmark

Redis-benchmark 是 Redis 免费提供的自带数据库性能测试工具。通过该工具可以模拟实际生产环境下，并发客户访问数据库系统时，数据库的性能表现；也可以根据该工具的预测结果，调优或发现性能问题。

Redis-benchmark 工具使用格式：

```
$ redis-benchmark [-h <host>] [-p <port>] [-c <clients>] [-n <requests]> [-k <boolean>]…
```

从上述格式可以看出，redis-benchmark 工具直接在操作系统环境下运行，如 Linux 环境下执行。该工具为 Redis 性能测试提供了灵活的参数使用组合（带左右[]的参数意味着可选、可灵活组合），其所支持的参数内容如下。

1．使用参数

Redis-benchmark 参数设置内容：

（1）-h <hostname>，数据库服务域名或 IP 地址，默认值为 127.0.0.1（可以省略不设）。

（2）-p <port>，数据库服务端口号，默认值为 6379（可以省略不设）。

（3）-s <socket>，数据库服务器 Socket 接口（可以代替-h ,-p）。

（4）-a <password>，需要测试 Redis 服务的访问密码（如果在 Redis 数据库已经设置）。

（5）-c <clients>，客户端并发连接数，默认最高同时 50 个连接访问。

（6）-n <requests>，测试命令请求总数（读或写总次数），默认 100000 次。

（7）-d <size>，指定测试命令（读或写）一次发送的数据大小，默认 2 字节。

（8）-dbnum <db>，对 Redis 实例中指定数据库进行测试 ，默认是 0 号数据库。

（9）-k <boolean>，1=keep alive（测试时保持连接），0=reconnect（测试时重新连接），默认值为 1。

（10）-r <keyspacelen>，在用 SET/GET/INCR 命令测试时，使用随机产生的 Key 对象。在用 SADD 命令测试时，使用随机产生的值；keyspacelen 用于指定随机产生对象的数量，其值的范围为 0 到 keyspacelen−1 的整数，最多 12 位。

（11）-P <numreq>，用管道命令方式并发提交命令请求，默认值为 1（表示不启用管

道命令），<numreq>为同时提交的命令请求数。

（12）-q，以后台模式运行该工具的测试过程，只显示查询/秒值。

（13）--csv，以 CSV 文件格式输出测试结果。

（14）-l，以循环方式，持续执行该工具的测试动作。

（15）-t <tests>，仅运行以逗号分割的测试列表。

（16）-I，空闲模式，只打开 N 个空闲连接并等待。

2．测试案例

在测试前，先登录 Redis 数据库服务器端，在确保 Redis 实例运行的情况下进行性能测试。这里假设在 Linux 操作系统上执行 Redis-benchmark 工具测试。

1）默认值测试

```
$ redis-benchmark -q
```

该条命令只使用了-q 参数，以后台运行方式测试默认 IP 为 127.0.0.1 端口号为 6379 的 Redis 实例的第 0 号数据库；并以默认 50 个客户端访问，执行 100000 次读写命令的方式测试当前数据库性能。

2）指定命令范围测试

```
$ redis-benchmark -t set,lpush -q
```

用-t 指定 set、lpush 命令，在后台运行模式下，对当前数据库进行 100000 次写的测试；也可以通过脚本方式进一步指定特定命令的执行测试过程。下面代码对 testStr 字符串对象连续执行 1000000 次值为“ABLUECAT!!”（10 个字节）的 set 命令。

```
$ redis-benchmark -n 1000000 -q script load "redis.call('set','testStr',
'ABLUECAT!!')"
```

3）随机测试

在默认情况下 Redis-benchmark 工具测试只使用单一的 Key 对象，当想模拟随机的为不同 Key 写入值时，就可以采用随机参数-r 配合-t set 来实现。

```
$ redis-benchmark  -t set -r 10000 -n 1000000 -q
```

上述代码实现随机产生 1 万个字符串对象，设置 100 万次值，并在后台运行模式下执行。为了避免频繁测试带来的数据堆积问题，可以通过如下命令，对当前数据库做数据清理工作。

```
$ redis-cli flushall
```

4）管道批处理方式测试

在默认情况下 Redis-benchmark 工具测试，只能发送一个测试命令，并等待测试完成后，再发送下一个测试命令。但我们希望能更逼真地模仿多用户并发处理的情景。由此可以通过设置-P 参数启动管道命令（详细功能见 8.1 节）的方式，指定并发量来模拟。

```
$ redis-benchmark -n 1000000 -t set,get -P 1000 -q
```

上述代码启动管道命令以 1000 条并发方式提交 set、get 命令，完成连续 100 万条测

试。感兴趣的读者，可以通过使用管道参数与不使用管道参数，比较同一种测试下的时间使用差距。

3．测试考虑要点

根据 Redis 在生产环境下经常需要碰到的实际运行问题，读者应该重点关注以下测试问题。

1）满负荷测试 Redis 数据库在内存中最多可以加载的数据量

测试主要考虑步骤如下。

第一步，用 flushall 命令清空测试数据库。

第二步，启动持久方式（先可以测试 RDB 方式，后测试 AOF 方式，最后测试 RDB+AOF 方式）。

第三步，估计现有服务器内存可用空间，可以通过操作系统命令查看内存空余量。

第四步，利用 Redis-benchmark 工具持续往 Redis 数据库插入足够量的数据，如估计内容可用空间为 50GB，那么第一次测试应该插入 25GB 数据，看看 Redis 数据库占用内存情况，并观察持久化带来的时间延迟情况；第二次测试，让插入数据达到 50GB，查看内存使用、持久化及 SWAP 情况。

2）测试高并发、高吞吐量情况下网络通信情况

在数据内存存储量可控情况下，需要关注网络流量承载能力，网络带宽和延迟通常是影响 Redis 数据库系统运行性能的主要问题之一。测试过程如下。

第一步，先用 Ping 命令测试 Redis 服务器与客户端之间的延迟情况，该命令提供最大、平均、最小延迟时间报告（单位：毫秒）；同时可以了解网络基准带宽的情况（一般局域网为 100MB）。

第二步，利用 Redis-benchmark 工具，通过对-n、-c、-d、-P 参数的调整，持续观察加大读写量的情况下，网络流量及时间延迟变化情况。

3）其他测试重点

（1）测试大数据块对象读写访问情况下 Redis 数据库响应情况。这里的大数据块对象指超过 10KB 的单个数据块，可以通过 Redis-benchmark 工具的-d 参数来设置写入测试数据的大小。

（2）测试 Redis 服务器端最大客户端连接数，可以通过持续调高-c 参数来测试。

（3）测试大数据内存占用情况下，频繁修改数据带来的性能下降问题。

（1）Redis 是单线程运行模式，更喜欢大缓存快速 CPU，而不是多核 CPU。

（2）在 VM（虚拟机）环境下，Redis 会明显变慢，建议直接在物理服务器上运行。

（3）Redis 鼓励多用 Pipeline，可以明显提高传输速率。

13.2 监控工具

监控数据库运行状态、排除数据库运行故障，是生产环境下数据库管理员最为关心的工作内容之一。及时预防或解决数据库运行问题，可以体现一个数据库管理人员的技术水平和经验，但仅靠技术人员是不够的，还需要好的监控工具配合。在几十台、几百台、甚至几千台数据库服务器的情况下，如果纯人工检查和分析，那么这是一件非常费时、费力的事情！它会导致解决问题效率低下，也会带来人工成本增加的问题。所以，在生产环境下善于使用各种工具，甚至是专业付费工具是必然的选择。

13.2.1 MongoDB 监控工具及问题

在 MongoDB 官网上提供了一系列 MongoDB 运行状态监控工具，这里将结合一些常见问题进行介绍。

1．MongoDB 监控工具

按照 MongoDB 官网的归纳，对 MongoDB 运行状态下数据库的监控方式主要分为 3 大类。

第一类，采用日志方式记录 MongoDB 运行状态。常见的日志，如在 Mongod 安装时，同时生成的 MongoDB.log，是以文本记录的形式存在指定日志文件夹下，如图 13.3 所示。在 Windows 下用记事本打开，就可以看见 MongoDB 运行时记录的信息，包括了一些出现运行错误信息。在日志记录量变大后，要人工逐条读取日志记录信息就非常费劲了。这时可以考虑采用专用的读取日志的工具，进行问题自动分析，如 Mtool，在日志内容过滤的基础上分析各种问题。

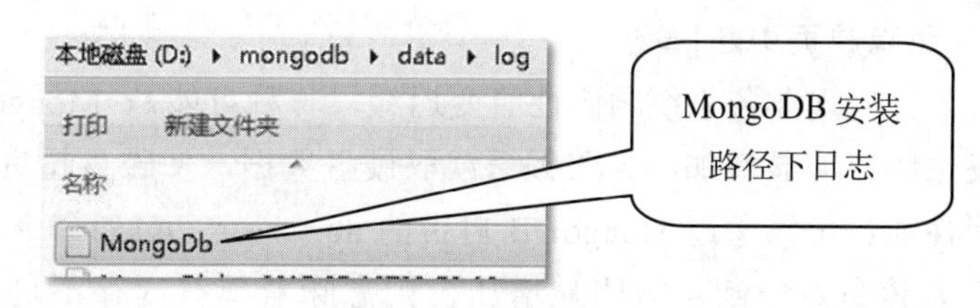

图 13.3　日志记录 MongoDB 运行状态

第二类，MongoDB 自带的各种统计工具和命令。

自带统计工具：Mongostat（统计数据库系统运行状态）、Mongotop（统计数据库和集合运行状态）。

自带统计命令：serverStatus()、currentOp、dbStats、collStats、rcplSetGetStatus。

第三类，各种专业监控工具，有些是 MongoDB 官方提供的，如 MongoDB Cloud Manager、Ops Manager（上述工具都是 MongoDB 企业版下的监控工具）；有些是第三方工具，如 Cloudinsight（国内团队提供的一款不错的综合监控工具）、Mtools 等。

2．MongoDB 主要监控问题

有了监控工具，就可以对常见的生产环境下的 MongoDB 运行情况进行及时监控，重点关注，以解决问题。

1）监控内存使用情况

MongoDB 数据库对内存的使用要求比较高，内存不足或者内存使用频繁，容易导致业务系统使用性能下降，进而影响用户使用体验。而 MongoDB 对内存高依赖性特点，在处理业务数据急剧增加的情况下，数据库技术人员都会遇到内存不足的问题。所以，监控 MongoDB 的内存使用情况，及时优化内存使用方法，是数据库技术人员重点关注的地方。

MongoDB 内存使用及测试建议：

（1）MongoDB 在一台服务器上，一次性高并发插入数据可以达到 10 万条/秒（具体数据，可以用 YCSB 工具来实测），观察内存使用情况。

（2）MongoDB 应该分配的内存大小最好满足：可用内存>索引+加载到内存的数据+连接占用内存。

（3）在生产环境下，服务器内存配置应该尽可能大，避免内存不足问题。

2）跟踪内存使用情况

（1）Linux 的 top 命令，监控服务器内存使用情况。

（2）MongoDB 自带的查看内存的命令，db.serverStatus().mem。

（3）通过 MongoDB 自带的命令 db.stats()查看索引情况。

（4）使用 Ops Manager、Cloud Insight 等专业工具监控。

（5）使用 Mongostat 查看数据库内存使用出错记录。

3）跟踪缺页中断情况

现象：发现业务系统响应性能变迟缓，一种可能是 MongoDB 在物理内存中找不到数据的发生频率明显增加，导致频繁读取硬盘数据，使磁盘超负荷运行，进而拖累业务系统的使用性能。可以通过 MongoDB 自带的 db.serverStatus()命令，查看 page_faults（缺页中断次数）若该参数中断总数明显增加，则意味着现有内存不足。也可以用 Ops Manager、Cloud Insight 等专业工具监控。

4）跟踪索引树脱靶情况：

MongoDB 访问带索引的数据可以提高查询效率，但是这样的索引最好位于内存之中。若访问的索引不在内存里，则需要去磁盘读取索引和数据，造成二次缺页中断（分别发生在将索引和数据加载到内存之际），这叫索引树的脱靶（Btree Miss）。在内存不足，而索引数过多时，容易产生索引树脱靶次数过多的情况，当该数值过大时，数据库响应性能将下降，进而引起业务系统使用响应性能的下降。可以用 Mongostat、Ops Manager、Cloud Insight 等工具监控，也可以用 explain()命令（5.3.2 节）分析指定查询命令的索引使用情况。

5）监控 CPU 运行情况

MongoDB 使用 CPU 主要用于读写（I/O）处理上，如果数据库进程占用时间接近 100%或其的倍数时（多 CPU），最有可能是发生大量直接读取磁盘数据的情况（缺页中断或发生索引数脱靶情况）；另外一种可能，是出现了其他进程占用 CPU 的现象。

监控 CPU 的工具可以是 Ops Manager、Cloud Insight、Mongostat（查报错记录）或 Linux 下的 top 命令。

6）监控磁盘使用情况

随着业务数据的增加，也会碰到磁盘空间不足的问题。一旦磁盘空间不足，会导致业务系统运行直接崩溃，所以数据库技术人员在日常巡检时，应该关注磁盘的使用情况。这里可以采用 Ops Manager、Cloud Insight、Mongostat（查报错记录）或 Linux 下的 iostat 命令检查磁盘内情况。

7）监控副本集运行情况

当MongoDB运行于副本集模式下时，需要对副本集的延时和Oplog长度问题等情况进行跟踪，这里采用的工具可以是 rs.status()命令、mongostat（查报错记录）或 Cloud Manager、Ops Manager 等。

8）检查连接问题

检查客户端进程连接数据库过多的问题，可以用 Mongostat、Ops Manager、Mtools 等。

13.2.2 Mongostat

Mongostat 是 MongoDB 官方免费提供的监控工具，在安装 MongoDB 时附带安装。该实用工具可以快速查看当前运行的 Mongod 或 Mongos 的状态，捕捉并返回各种类型数据库操作（插入、查询、修改、删除等）的统计数，这些统计数可以反映服务器上的工作负载情况。其功能类似 UNIX/Linux 的 vmstat。

要对Mongod进行监测，必须考虑访问Mongod是否需要授权，该工具提供授权访问参数；对集群的监控也需要提前获得监控角色授权。

1. Mongostat 工具使用参数

（1）--help，返回参数使用信息。

（2）--verbose（-v），增加标准输出或日志文件中返回的内部报告的详细程度，详细程度设置，与 v 个数有关系，-vvvv 会比-v 详细得多。

（3）--host <hostname><:port>（-h <hostname><:port>），指定统计数据库服务 IP 地址

和端口号；默认为 localhost:27017，对当前 Mongod 进行统计时，无需指定该参数。

（4）--ssl，启用 TLS/SSL 安全协议支持的数据库的连接。

（5）--sslCAFile <filename>，使用相对路径或绝对路径指定 TLS/SSL 协议根证书链的.pem 文件名。

（6）--username <username>(-u <username>)，指定进行身份验证数据库对应的用户名，若数据库服务器端没有指定身份验证，则无需该参数（服务器端角色身份设置，见 4.1.4 节）。

（7）--password <password>(-p <password>)，指定需要登录服务器端数据库的访问密码（服务器端角色身份设置，见 4.1.4 节）。

（8）--authenticationDatabase <dbname>，指定需要统计访问的数据库名。

（9）--authenticationMechanism <name>，对安全认证机制的支持，这里包括了 SCRAM-SHA-1（默认值）、MONGODB-CR、MONGODB-X509、GSSAPI、PLAIN。

（10）--humanReadable boolean，对工具统计结果输出结果进行格式化，方便阅读，主要影响数量值和日期的显示格式，True 为该参数的默认值。

（11）-o <field list>，指定需要输出的字段。

（12）--noheaders，输出统计结果时，不显示列名（或字段）。

（13）--rowcount <number>(-n <number>)，控制输出的行数，与 sleeptime 参数一起使用，以控制持续时间；如果不用该参数对输出行进行控制，将返回不受控制的行数（有时行数会非常大）。

（14）--discover，对副本集或分片集群的所有成员进行运行状态统计。

（15）--all，返回所有字段。

（16）--json，以 JSON 格式返回该命令的输出。

（17）<sleeptime>，该参数是 Mongostat 命令的最后一个参数，设置等待、呼叫之间的时间长度（单位：秒），默认情况下 Mongostat 每秒返回一次呼叫结果，其结果为 1 秒钟内对数据库的各种操作统计值。对于该参数设置时间长于 1 秒的，返回的数据都以每秒的平均操作进行统计。

2. Mongostat 工具统计返回字段

（1）inserts，每秒插入数据库的对象数，数后带“*”的为复制操作。

（2）query，每秒查询操作次数。

（3）delete，每秒删除操作次数。

（4）getmore，每秒游标批处理操作次数。

（5）command，每秒执行命令的数量，在主从模式下以本地|复制形式统计本地和复制的执行命令数量。

（6）flushes，存储引擎刷新次数，对于 WiredTiger 存储引擎，刷新是指在每个轮询间隔之间触发的 WiredTiger 检查点的数量，对于 MMAPv1 存储引擎，刷新表示每秒 fsync 操

作的数量。

（7）dirty，仅适用于 WiredTiger 存储引擎，WiredTiger 存储引擎使用缓存与脏字节的百分比（wiredTiger.cache.tracked/wiredTiger.cache.maximum）。

（8）used，仅适用于 WiredTiger 存储引擎，正在使用的 WiredTiger 存储引擎缓存的百分比（当前使用的缓存 wiredTiger.cache.bytes/ wiredTiger.cache.maximum）。

（9）mapped，仅适用于 MMAPv1 存储引擎，统计 Mongostat 命令最后一次呼叫映射的数据总量（单位：MB）。

（10）vsize，Mongostat 最后一次调用时，对进程使用虚拟内存量（单位：MB）进行统计。

（11）non-mapped，可选，仅适用于 MMAPv1 存储引擎，统计 Mongostat 最后一次调用时虚拟内存的总量（不包括所有映射的内存），只有在--all 选项启动时才返回此值。

（12）res，统计 Mongostat 最后一次调用时，进程使用驻留内存的总量（MB）。

（13）faults，仅适用于 MMAPv1 存储引擎，每秒页面错误的数量。如果这个值经常性地不为 0，就应该考虑增加内存了。

（14）lr，仅适用于 MMAPv1 存储引擎，获取处于等待状态的读取锁（lock）的百分比，该命令将以 lr|lw 形式显示。

（15）lw，仅适用于 MMAPv1 存储引擎，获取处于等待状态的写入锁的百分比，该命令将以 lr|lw 形式显示。

（16）lrt，仅适用于 MMAPv1 存储引擎，读取锁平均获得时间（单位：微秒）统计，该命令对获取的结果以 lrt|lwt 形式显示。

（17）lwt，仅适用于 MMAPv1 存储引擎，写入锁平均获得时间（单位：微秒）统计，该命令对获取的结果以 lrt|lwt 形式显示。

（18）idx miss，仅适用于 MMAPv1 存储引擎，查询时，索引不命中所占百分比，如果所有对记录的查询都通过索引进行，则该值为 0，若该值比较大，则可能存在查询缺少索引的问题。

（19）qr，等待从 MongoDB 实例读取数据的客户队列的长度。

（20）qw，等待从 MongoDB 实例写入数据的客户队列的长度。

（21）ar，执行读操作活动的客户端数量。

（22）aw，执行写操作活动的客户端数量。

如果上述读写参数数值都很大，那么数据库很可能让锁等堵塞了操作。第一种处理方式，查看是否有开销很大的慢命令（慢命令查看方法，见 10.1.1 节）；如果没有，则需要考虑增加服务器了。

（23）netIn，MongoDB 实例（数据库系统）接收的网络流量（单位：Byte），包括来自 Mongostat 本身的流量。

（24）netOut，MongoDB 实例（数据库系统）发送的网络流量（单位：Byte），包

括来自 Mongostat 本身的流量。

（25）conn，客户端连接服务器端数据库的线程连接数，线程的创建和释放也是产生内存开销的，尽量控制该数值。

（26）locked %，被锁的时间百分比，建议控制在 50%以下。

（27）set，副本集的名称。

（28）repl，副本集成员的复制状态，M 代表主节点，SEC 代表从节点，REC 代表待恢复状态节点，UNK 代表未知节点，SLV 代表 slave 节点，RTR 代表 Mongos 进程路由节点，ARB 代表仲裁者节点。

3. Mongostat 工具使用实例

在 Windows 的命令提示符上执行如下命令（注意：不能在 Mongo 里执行该命令）：

```
d:\mongodb\data\bin>mongostat -n 20 1  //以每秒 20 行的速度统计并显示结果
insert query update delete getmore command dirty used flushes vsize res qrw
arw net_in net_out conn         time
*0   *0   *0    *0    0       2|0   0.0% 0.0%  0    243M 95.0M 0|0 0|0 160b
45.8k
1        May 19 19:14:19.229
```

13.2.3 Mongotop

Mongotop 工具也是 MongoDB 安装包里免费提供的一款数据库监控工具，提供对 MongoDB **数据库**和**集合**的读写操作时间统计信息，默认情况下每秒返回一次统计值。

1. Mongotop 参数

（1）--help，返回 Mongotop 参数及使用信息。

（2）--verbose（-v），增加标准输出或日志文件中返回的内部报告的详细程度，详细程度设置，与 v 个数有关系，-vvvv 会比-v 详细得多。

（3）--quiet，以后台运行模式运行 Mongotop，尝试限制输出量，限制内容包括从数据库命令输出、复制活动、客户端连接接受、客户端连接关闭。

（4）--host <hostname><:port>（-h <hostname><:port>），指定统计数据库服务 IP 地址和端口号。默认为 localhost:27017。对当前 Mongod 进行统计时，无须指定该参数。

（5）--username <username>（-u <username>），指定进行身份验证数据库对应的用户名，若数据库服务器端没有指定身份验证，则无须该参数；（服务器端角色身份设置，见4.1.4节）。

（6）--password <password>（-p <password>），指定需要登录服务器端数据库的访问密码（服务器端角色身份设置，见 4.1.4 节）。

（7）--authenticationDatabase <dbname>，指定需要统计访问的数据库名。

（8）--locks，切换 Mongotop 的模式以报告每个数据库锁的使用情况，这些数据可用于测量并发操作和锁定百分比。

（9）--rowcount int（-n int），控制 Mongotop 统计结果显示行数，0 为无控制的持续显示。

（10）--json，以 JSON 格式返回 Mongotop 统计结果的输出。

（11）<sleeptime>，Mongotop 工具的最后一个参数，设置在呼叫、等待之间的时间长度（单位：秒），默认情况下 Mongotop 1 秒钟返回一次数据。

2．Mongotop 工具统计返回字段

（1）ns，数据库名称空间，包含了数据库名称和集合（中间用点号连接），如果使用--locks 参数，则 ns 字段不会显示在该命令的输出结果上。

（2）db，数据库名称，只有使用--locks 参数后，该字段才在输出结果上出现。

（3）total，统计当前 Mongod 在指定命名空间上运行的总时间。

（4）read，统计当前 Mongod 在指定命名空间上执行读取操作的时间。

（5）write，统计当前 Mongod 在指定命名空间上执行写入操作的时间。

（6）<timestamp>，提供返回数据时间。

3．Mongotop 工具使用实例

在 Windows 命令提示符上，执行如下命令：

```
d:\mongodb\data\bin>mongotop 10
```

上述命令以 10 秒一次的频率统计数据库集合的 totol、read、write 操作时间，其统计结果如下所示：

```
                     ns   total   read    write   2017-06-12T19:29:59+08:00
         local.oplog.rs   15ms    15ms    0ms
              admin.log   0ms     0ms     0ms
        admin.system.js   0ms     0ms     0ms
     admin.system.roles   0ms     0ms     0ms
     admin.system.users   0ms     0ms     0ms
   admin.system.version   0ms     0ms     0ms
       config.actionlog   0ms     0ms     0ms
       config.changelog   0ms     0ms     0ms
          config.chunks   0ms     0ms     0ms
     config.collections   0ms     0ms     0ms
```

由于是测试系统，所以所有的运行状态都为 0 毫秒。

13.2.4　Mtools

Mtools 是一款实用的 MongoDB 日志分析工具包，由 MongoDB 官方工程师编写，设计

之初只是为了内部使用方便，后来随着 MongoDB 用户的增加，越来越多的朋友也开始使用 Mtools。

1. Mtools 工具包下载并安装

Mtools 工具包下载地址：https://github.com/rueckstiess/mtools。

Mtools 工具包主要由以下几个功能组成。

（1）Mlogfilter，MongoDB 日志过滤器，按日期切片日志文件、合并日志文件、过滤慢查询、查找表扫描、缩短日志行、其他属性过滤，并转换为 JSON 格式。

（2）Mloginfo，返回关于日志文件的信息，如开始和结束时间、版本、二进制，及数据库重新启动、连接、独立视图等特殊内容。

（3）Mplotqueries，使用不同类型的图来显示日志文件统计信息（需要另外安装 matplotlib）。

（4）Mlogvis，创建一个自定义 HTML 文件以 Web 形式展现统计信息。

（5）Mlaunch，快速搭建本地测试环境，包括复制集合、分片系统等（需要安装 pymongo）。

（6）Mgenerate，基于用于测试和再现的模板生成结构化伪随机数据。

Mtools 工具由 Python 语言开发完成，所以要下载 Python 安装包，下载地址：https://www.python.org/getit/，目前 Mtools 工具只适应 2.6.x 和 2.7.x 版本的 Python。

下载并安装完 Python（在安装包选项里选中“Add python.exe to Path”，默认是被禁止的）安装包后，在其安装路径（如 c:\Python27\Scripts\）下可以发现 pip 工具。pip 是一个在线安装和管理 Python 包的工具，安装前要确保服务器与互联网连接。在 Windows 命令提示符下切换到 pip 的安装路径，输入 pip install mtools，就可以执行 Mtools 安装，如图 13.4 所示。

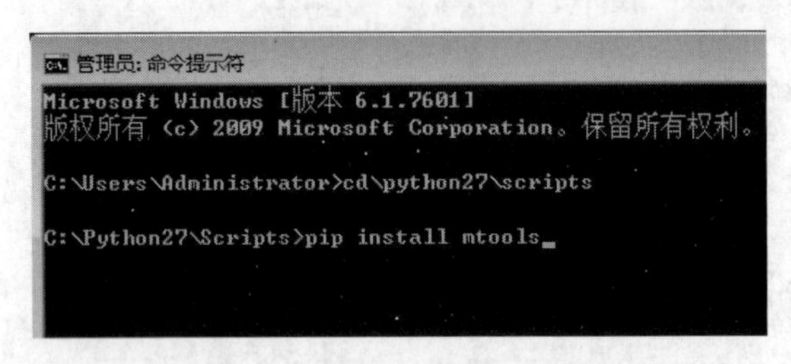

图 13.4　pip 安装 Mtool 界面

不使用 pip 安装：

在安装完成 Python 后，可以解压缩已经下载的 Mtools-develop.zip 包，然后在其解压文件内找 setup.exe，双击也可以完成指定安装。

2．Mtools 工具包使用方法

1）使用 mlogfilter

Mlogfilter 的使用格式如下：

```
mlogfilter [-h] [--version] logfile [logfile ...]
           [--verbose] [--shorten [LENGTH]]
           [--human] [--exclude] [--json]
           [--timestamp-format {ctime-pre2.4, ctime, iso8601-utc,
            iso8601-local}]
           [--markers MARKERS [MARKERS ...]] [--timezone N [N ...]]
           [--namespace NS] [--operation OP] [--thread THREAD]
           [--slow [SLOW]]  [--fast [FAST]] [--scan]
           [--word WORD [WORD ...]]
           [--from FROM [FROM ...]] [--to TO [TO ...]]
```

主要参数使用说明：

（1）--shorten [LENGTH]，控制显示结果的行长，将长行缩短到最多 LENGTH 个字符，如果超过指定的长度，多余部分的字符用“...”代替，默认 LENGTH 值为 200 个字符。

（2）--human，执行结果显示记录在数量、时间格式上更加可读。

（3）--exclude，将反转过滤器，排除所有与过滤器匹配的记录，仅返回不匹配的记录。

（4）--json，命令执行结果以 JSON 格式输出。

（5）--markers MARKERS [MARKERS...]，在每个合并行之前，对每部分日志内容做原始文件来源的标记。

（6）--timezone N [N ...]，时区参数，以小时为单位调整日志行的时间（考虑到不同时区数据库产生的日志时间是不一致的）。

（7）--namespace NS，通过命名空间“NS”进行过滤，只返回匹配此命名空间的行。

（8）--operation OP，通过操作“OP”进行过滤，其中“OP”可以是 query、insert、update、delete、command、getmore 中的任意一个。

（9）--thread THREAD，按线程名称过滤。

（10）--slow [SLOW]，返回慢命令记录。

（11）--fast [FAST]]，返回快命令记录。

（12）--scan，收集非索引查询记录；当查询扫描超过 1 万条或扫描比率超过 100%时，可以考虑是否存在操作性能问题。

（13）--word WORD [WORD ...]，提供一个或多个关键词，对日志记录进行过滤。

（14）--from FROM [FROM ...]]，通过指定时间的下限分割日志。

（15）--to TO [TO ...]，通过指定时间的上限分割日志。

FROM、TO 可以接受不同的时间格式[DATE]、[TIME]、[OFFSET]。

DATE 值可以是一周中的任意一天，如 Mon、TUE；也可以是任意一个月，如 JAN、

读书笔记

FEB 等；也可以是 today、now、start、end。

TIME 值可以是小时分钟、小时分钟秒、小时分钟秒毫秒，如 12:20。

OFFSET 值可以下列形式出现：

- s（或 sec），代表秒，如 1s。
- m（或 min），代表分钟，如 2m。
- h（或 hours），代表小时，如 5h。
- d（或 days），代表天，如 10d。
- w（或 weeks），代表周，如 4w。
- mo（或 months），代表月，如 12mo。
- y（或 years），代表年，如 1y。

分析日志的慢命令记录，并导入 test 的 MSlow 集合中。

```
D:\mongodb\data\log>mlogfilter MongoDb.log -slow -json | ..\bin\mongoimport
-d test -c MSlow
```

上述命令若要执行成功，必须在 MongoDb.log 绝对路径下执行 mlogfilter 命令；若要利用 mongoimport 把执行结果导入到 test 数据库的 MSlow 集合中，相对路径必须准确。该命令的执行结果如下：

```
2017-05-20T09:45:18.013+0800  connected to :localhost //执行 mlogfilter 连接
2017-05-20T09:45:18.038+0800  imported 0 documents    //没有慢命令所以导入为 0
```

在 Windows 命令提示符下，若不能执行 Mtools 命令，则很可能在安装 Python 时，没有选择 Add python.exe to Path 项，可以在 Windows 环境里选（见图 13.2）Path 参数上加“c:\Python27\Scripts\”###和“c:\Python27\”###值；或带 Add python.exe to Path 项重新安装 Python。

根据关键字过滤日志：

```
D:\mongodb\data\log>mlogfilter MongoDb.log -word assert warning error
```

根据时间范围进行日志搜索：

```
D:\mongodb\data\log>mlogfilter MongoDb.log -from May  //返回五月份的日志记录
```

```
D:\mongodb\data\log>mlogfilter MongoDb.log -from today - to 1hours
                                          //返回当天头一个小时日志记录
```

查看跟数据库的连接数量：

```
D:\mongodb\data\log>mlogfilter MongoDb.log -thread conn3860
                                          //查看 conn 当前连接情况
```

查看扫描记录过的查询：

```
D:\mongodb\data\log>mlogfilter MongoDb.log -scan | head -n3
```

在集合里执行查询操作时，扫描记录过多，会产生响应速度慢的问题。

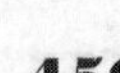

根据数据库命名空间查看指定日志记录：

```
D:\mongodb\data\log>mlogfilter MongoDb.log -namespace admin.\$cmd
```

指定数据库后必须跟“.”符号，“\$”为转义符号，后面 cmd 为指定操作命令记录。

2）使用 Mloginfo

Mloginfo 命令使用格式如下：

```
Mloginfo [-h] [--version] logfile
         [--verbose]
         [--queries] [--restarts] [--distinct] [--connections] [--rsstate]
```

Mloginfo 主要参数使用说明：

（1）--queries，通过日志查找所有查询记录（包括更新记录），并收集每个查询模式的统计信息。查询模式记录了查询的方式等信息（类似索引定义）。带该参数的命令显示结果字段包括以下几种。

Namespace，命名空间，也就是查询操作的数据库名。

- Pattern，查询语句的查询模式。
- Count，统计各种查询的被找到的次数。
- Min（ms），统计查询最小执行时间。
- Max（ms），统计查询最大执行时间。
- Mean（ms），统计查询执行时间的平均值。
- Sum（ms），统计查询执行时间的总和。

技术人员通过对上述统计显示记录的分析，可以发现哪些查找命令存在性能问题，就可以考虑是否合理建立索引等性能优化措施。

（2）--sort，配合--queries 参数使用，对--queries 参数方式的查询结果进行排序。

```
mloginfo mongoDb.log --queries --sort count          //按照查询次数排序
mloginfo mongoDb.log --queries --sort sum            //按照查询时间总和排序
```

（3）--restarts，通过日志查找所有服务器重新启动的记录，其输出结果包括了启动时间和版本号。

（4）--distinct，遍历日志文件，按照日志记录类型将所有的行进行归类统计。

（5）--connections，统计日志中连接和关闭连接数据库的信息，并统计连接客户端每个 IP 地址的连接和关闭次数。

（6）--rsstate，输出有关每个检测到的副本集状态更改的记录信息。

命令使用实例：

```
D:\mongodb\data\log>mloginfo mongoDb.log --queries    //对日志的查询记录进行
                                                        查找和统计
```

```
D:\mongodb\data\log>mloginfo mongoDb.log -restarts    //对日志的服务器重启记
                                                        录进行查找
```

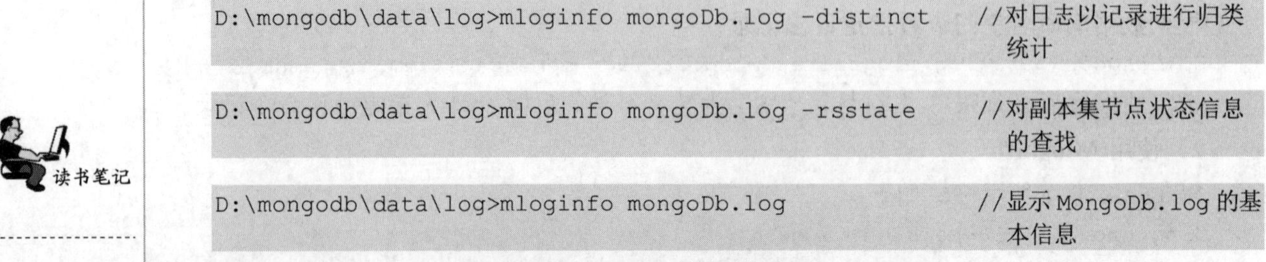

```
D:\mongodb\data\log>mloginfo mongoDb.log -distinct      //对日志以记录进行归类
                                                         统计
```

```
D:\mongodb\data\log>mloginfo mongoDb.log -rsstate       //对副本集节点状态信息
                                                         的查找
```

```
D:\mongodb\data\log>mloginfo mongoDb.log                //显示 MongoDb.log 的基
                                                         本信息
```

读书笔记

图 13.5 显示了 mloginfo MongoDB.log 执行结果。

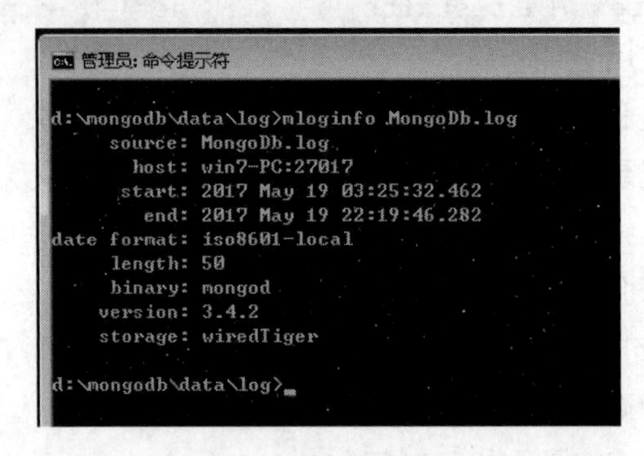

图 13.5　显示 mloginfo MongoDB.log 执行结果

3）使用 Mplotqueries

Mplotqueries 使用格式：

```
mplotqueries [-h] [--version] logfile [logfile ...]
                  [--group GROUP]
                  [--logscale]
                  [--type {nscanned/n,rsstate,connchurn,durline,histogram,
                   range,scatter,event} ]
                  [--overlay [ {add,list,reset} ]]
                  [additional plot type parameters]
```

Mplotqueries 主要参数使用说明：

（1）--logscale，以对数刻度散点图形式显示日志统计数据。图 13.6 所示为不带对数刻度的显示结果，左边竖轴以毫秒为单位显示命令操作持续时间刻度，底下横轴以月日小时为单位显示命令操作时间点，图中小原点代表不同的操作命令在某一时间点上执行的时间持续长度，这里的命令包括了 query（查询，图中用黑色表示）、update（更新，图中用绿色表示）、command（命令，图中用深蓝色表示）、insert（插入，图中用红色表示）、remove（删除，图中用天蓝色表示）；为了更加直观地显示数据，图 13.7 使用了对数显示命令操作持续时间，这就是--logscale 参数的作用。

图 13.5、13.6 内的小原点颜色查看，请访问下一页图的官方发布网站。或通过本书 QQ 群获取。

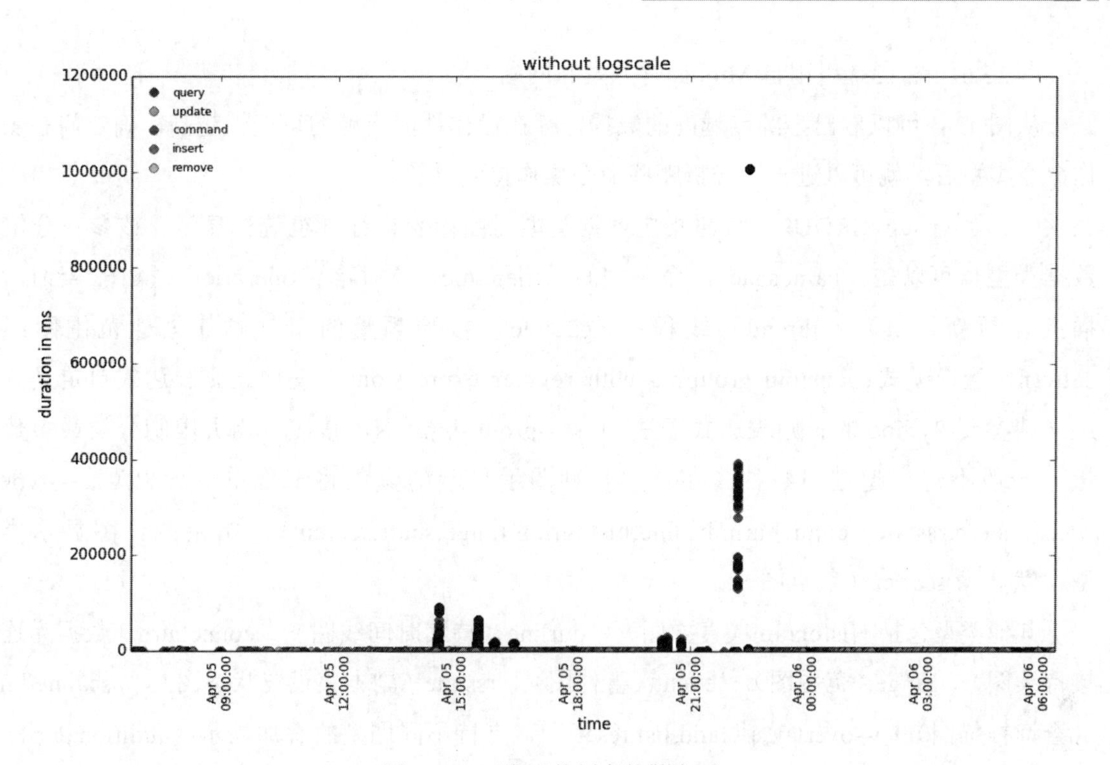

图 13.6　不带对数刻度的散点图

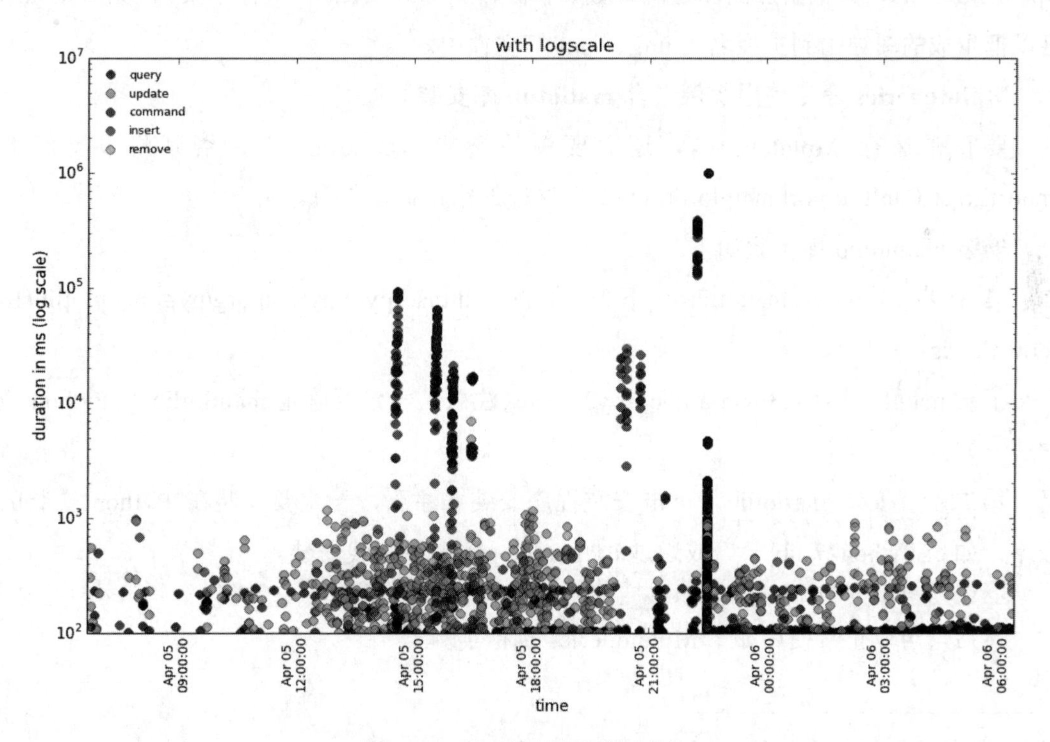

图 13.7　带对数刻度的散点图

读书笔记

图 13.6、图 13.7 引用自 Mtools 官方发布网站。[①]

从图 13.7 可以看出小圆点越高的数据，存在操作性能问题的可能性越高，确定问题操作命令类型后，就可以进一步分析哪些命令操作持续过长。

（2）--group GROUP，按照指定数据类型对图内容进行分组统计显示。该参数分组数据类型值可以是：namespace，命名空间；filename，文件名；operation，操作（查询，插入，更新，...）；thread，线程；log2code，按最频繁的事件顺序创建范围图；pattern，查询模式；custom grouping with regular expressions，使用正则表达式自定义分组（请参阅 Python 的正则表达式语法[②]）；--group-limit N，按照分组并限制分类最多数量，一般不建议超过 14 种（超过 14 种图示显示的颜色将出现重复现象）；--type {nscanned/n,rsstate, connchurn,durline,histogram,range,scatter,event}，指定统计图显示类型，默认为 scatter（散点图）。

其他类型包括 Histogram（直方图）、durline（持续时间线图）、connchurn（数据库连接持续图）、range（范围图）、event（事件图）、rsstate（副本集设置状态图）、nscanned/n（查询扫描图）；--overlay [{add,list,reset}]，支持不同图型的叠加显示；additional plot type parameters，其他附加的图绘制参数（详细见 mplotqueries -h 执行结果），如--output-file 可以把生成的图导出到扩展名为.png、.pdf 等文件中。

Mplotqueries 命令使用实例（含 matlotlib 库安装）：

要正常运行 Mplotqueries，还需要额外安装 matplotlib 库，否则将报类似“...ImportError:Can’t import matplotlib.see...”这样的错误提示信息。

安装 matplotlib 库步骤如下。

第一步，下载 matlotlib，下载地址：https://pypi.python.org/pypi/matplotlib/1.4.3#downloads。

下载 matplotlib-1.4.3.win-amd64-py2.7.exe（注意，一定要确定 matplotlib 与 Python 版本的统一）。

第二步，安装 matlotlib，点击安装程序安装（注意，一定要安装在 Python 安装的路径下，如 c:\Python27\lib\）。或通过 Python 的 pip 命令在线安装。

```
C:\pip install Matplotlib                                  //在线安装
```

然后，可以正常使用如下 Mplotqueries 执行实例了。

① https://github.com/rueckstiess/mtools/wiki/mplotqueries。

② Python 正则表达式，https://docs.python.org/2/library/re.html#regular-expression-syntax。

```
D:\mongodb\data\log> mplotqueries mongoDb.log -logscale //按照对数刻度显示
```

```
D:\mongodb\data\log> mplotqueries mongoDb.log --group operation
                                                    //按照操作命令分类显示
```

```
D:\mongodb\data\log> mplotqueries mongoDb.log --operation update
                                                    //按照操作命令分类显示
```

13.2.5　Cloudinsight

Cloudinsight 是一个可视化系统监控工具，能够对数据指标进行聚合、分组、过滤、管理、计算，并提供团队协作功能，共同管理数据和报警事件。支持监控服务器端的磁盘、网络流量，I/O 读写，内存，CPU 使用情况等数据，探针安装成功即完成监控，其功能分监控平台本身和探针两部分。监控平台用于收集和分析监控信息，探针用于采集所在服务器的数据并把数据传给监控平台。

支持 CentOS、Ubuntu、Debian、Windows、Fedora、RedHat、Amazon Linux、Docker、Chef、Puppet 等多种操作系统；支持的数据库系统包括 SQLServer、MySQL、CouchDB、MongoDB、Redis、Cassandra 等。

Cloudinsight 的官网地址为 http://cloudinsight.oneapm.com/。

Cloudinsight Agent 包括以下几个功能：

（1）采集平台和平台服务的性能指标。

（2）记录平台和平台服务的事件。

（3）生效平台和平台服务的 Agent 配置。

（4）向 Cloudinsight 发送数据。

该平台正常使用界面如图 13.8 所示。这是大家都熟悉的可视化三维窗口界面，从中可以直观地发现其提供的主要功能包括平台（服务器各项运行指标）、仪表盘、事件流、报警策略、指标、设置、帮助中心等。通过页面的切换和鼠标的选择及部分参数的确定，就可以实现图形化监控过程。学习和管理过程非常简单，可以大幅减轻数据库技术人员的运维技术压力。对于该工具的安装和使用，在其官方网站上有详细的介绍。

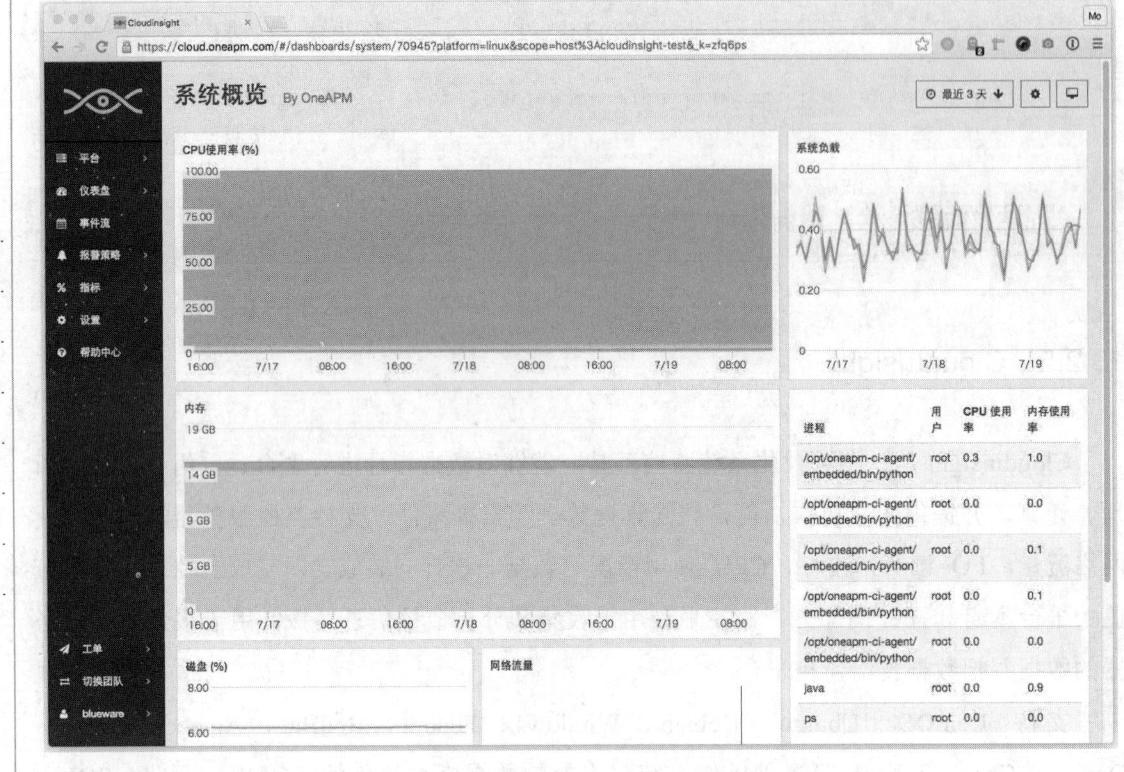

图 13.8　Cloudinsight 平台主界面

13.2.6　Redis 监控工具

Redis 性能监控工具，也分自带命令或工具，专业第三方测试工具。

1．Redis 的自带监控命令

（1）list，获得客户端连接信息及数量列表。

（2）info，返回 Redis 服务器的各种信息和统计数值（返回值见附录二）；可以用 Linux 命令 watch 加客户端 info 命令方式实时监控所需要的 Redis 信息。

```
$ watch -n 1 -d "src/redis-cli -h 127.0.0.1 info | grep -e "connected_clients"
```

-n 1 指每秒监控一次；“|”为管道过滤，只获取其后-e 指定的需要信息。

（3）monitor，持续返回服务器端处理的每一个命令信息（在生产环境下慎用该命令）。

上述命令的详细使用方法见 7.2.8 节。

2. 自带工具最有名的为 Sentinel（哨兵），详见 13.2.8 节

3. 第三方测试工具

Redis 的第三方工具包括 Redis Live、Redis-monitor[①]、Redis-stat、Redis Faina、Redis-sampler、Redis-audit、Redis-rdb-tools 等。前四者是图形化性能监控工具，后三者是 Redis 数据存储情况分析工具。

读书笔记

13.2.7 Redis Live

Redis Live 是一个仪表板应用程序（以各种二维图形式持续展示监控数据），其中包含许多有用的小部件。它的核心是一个监视脚本，定期向 Redis 实例发出 INFO 和 MONITOR 命令，并存储用于分析的数据。该工具用 Python 语言编写，免费、开源，使用界面为 Web 界面。

1. 下载及安装

1）安装依赖环境

在安装使用 Redis Live 工具前，先要安装以下 4 个程序包：Python（如果现有操作系统上 Python 小于 2.7 版本，则还需要安装 argparse）、Tornado、Redis.py、Python-dateutil。

（1）安装 Python。Python 详细安装过程见 13.1.1 节。Linux 环境下通常已经安装了 Python，可以用如下命令查看 Python 安装的情况。

```
$ python -V
```

（2）安装 Tornado。Tornado 是一个 Python Web 框架和异步网络库，最初由 FriendFeed 开发。其开源下载地址为 https://github.com/tornadoweb/tornado。

在 Linux 环境下，通过 Python 的 pip 命令下载安装 Tornado。

```
$ pip install tornado                    //在线下载并安装
```

（3）安装 Redis.py。Redis.py 是 Python 客户端程序，其下载地址为 https://github.com/andymccurdy/redis-py。

在 Linux 环境下，直接用 pip 在线下载并安装。

```
$ pip install redis.py                   //在线下载并安装
```

（4）安装 Python-dateutil。Python-dateutil 是功能强大的以时间为基准的各种函数功能库，作为中间插件支持应用系统的开发。其下载地址为 http://labix.org/python-dateutil。

在 Linux 环境下，直接用 pip 在线下载并安装。

```
$ pip install python-dateutil            //在线下载并安装
```

[①] Redis-monitor 开源下载地址，https://github.com/hustcc/redis-monitor。

2）安装 Redis Live

第一步，下载 Redis Live，源码下载地址：https://github.com/nkrode/RedisLive，或直接从这里下载压缩安装包：https://codeload.github.com/nkrode/RedisLive/legacy.zip/master。

第二步，解压下载包（类似 nkrode-RedisLive-6debcb4.zip）。

在解压文件路径下可以看到 redis-live.conf.example（实际使用时，要把“.example”去掉）、redis-love.py、redis-monitor-py 等文件。

第三步，修改 redis-live.conf 文件配置参数。

```
$ vi /var/lib/nkrode-RedisLive-6debcb4conf/redis-live.conf
                                            //在解压路径下打开该配置文件
```

该配置文件的内容如图 13.9 所示。

```
{
    "RedisServers":
    [
        {
                "server": "154.17.59.99",
                "port" : 6379
        },

        {
                "server": "localhost",
                "port" : 6380,
                "password" : "some-password"
        }
    ],

    "DataStoreType" : "redis",

    "RedisStatsServer":
    {
            "server" : "ec2-184-72-166-144.compute-1.amazonaws.com",
            "port" : 6385
    },

    "SqliteStatsStore" :
    {
            "path":  "to your sql lite file"
    }
}
```

图 13.9　redis-live.conf 配置文件内容

（1）RedisServers 参数。主要用于设置监控 Redis 服务器端的 IP 地址、端口号及密码（若需要密码授权访问）。如果对本机 Redis 进行监控，可以设置"server":"127.0.0.1","port":"6379"（默认安装值）。从该参数可以看出，该工具允许对多 Redis 服务器端进行同时监控。

(2)DataStoreType 参数。用于指定 Redislive 工具监控 Redis 数据库时产生的监控数据的存储方式，其值为 redis 或 sqlite。当指定为 redis 时，存储到指定的 redis 数据库中，配合 RedisStatusServer 参数一起使用。

（3）RedisStatusServer 参数。当 DataStoreType="redis"时，通过 RedisStatusServer 参数

指定存储监控数据的 Redis 数据库。"server"子参数设置存储数据库的域名或 IP 地址，"port"子参数为对应的端口号。

在生产环境下，建议 Redis Live 工具产生的监控数据单独存放到独立 Redis 服务器中。

（4）SqliteStatusStore 参数。当 DataStoreType="sqlite"的情况下，选择 sqlite 的服务器地址，并要确保指定的地址中，存在 redislive.sqlite 文件（可以在解压文件路径下找到，并被复制使用）。

当上述参数修改完成后，保存并退出 redis-live.conf。

第四步，使用 Redis Live 工具。

（1）开启 Monitoring 脚本。

```
$ redis-monitor.py --duration=120      //持续监控 120 秒，monitor 持续运行会影响
                                         系统性能
```

（2）开启 Redis Live 的 Web 服务。

```
$ redis-live.py
```

（3）在浏览器上打开 Redis Live 网站地址 http://localhost:8888/index.html，就可以看到如图 13.10 所示 Redis Live 网站监控界面（若有防火墙，要确保开启 8888 端口）。

（1）在生产环境下，考虑到 Monitor 对 Redis 数据库系统运行性能的影响，建议选择合理时间定期监控，不建议实时监控。

（2）在 DataStoreType="sqlite"的，要确保能访问 www.google.com（目前国内无法正常访问）。

2．工具使用

Redis Live 工具使用非常简单，启动如图 13.10 所示的监控界面后，该工具 30 秒刷新一次监控数据，其主界面提供的监控内容有以下几点。

（1）Money Consumption，内存使用情况。上面的 Max 线（带点横线）为最大可用内存，下面的折线为当前（Current）内存实际使用情况。

（2）Commands Processed，命令处理情况。

（3）Top Commands，命令执行排行情况。

可以通过右上角切换监控数据库实例，监控实例时事先在 redis-live.conf 进行了设置。

读书笔记

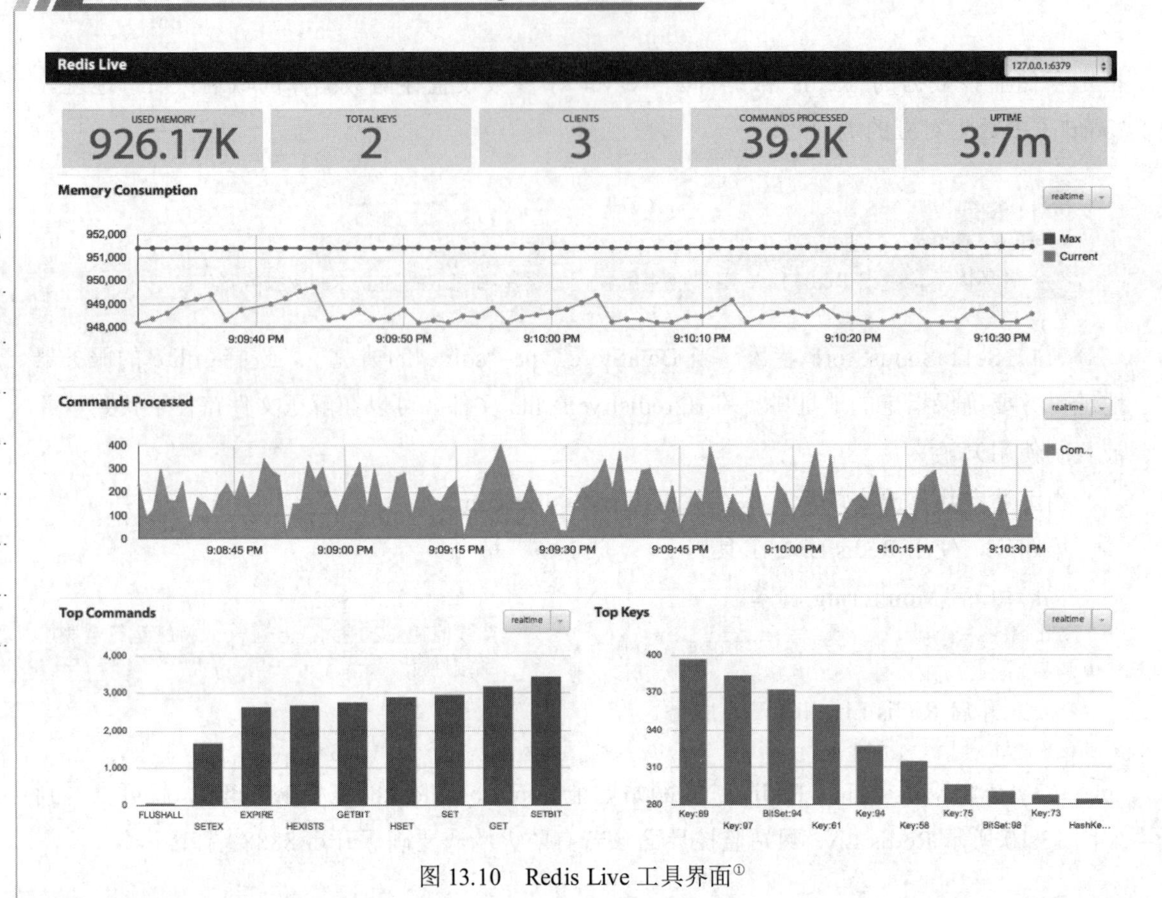

图 13.10　Redis Live 工具界面[①]

Redis Live 更擅长于 Redis 数据库系统平稳运行情况下的监控和趋势预测判断，当内存等消耗达到极限时，不应该再用该工具监控 Redis 服务器，否则会急剧影响服务器的使用性能（Monitor 的缺点）。既然 Redis 官网建议在实际生产环境下慎用 Monitor 命令，那么也应该慎用 Redislive 工具。具体使用时，可以先进行测试，再决定是否使用。

另外在图形化监控工具方面可以选择 Redis-stat[②]，它抛弃了 Monitor 命令，只用 Info 命令来实现监控信息的采集。Redis-monitor 是国内改造开发的替代 Redis Live 工具，去掉了对 Google 在线访问限制要求。

13.2.8　Sentinel

在 Redis 数据库系统采用主从部署情况下，可以用其自带的复制监控工具 Sentinel 来实现对主节点和从节点的运行监控（Redis 主从安装见 8.2.2 节）。当 Sentinel 发现主节点出现

[①] Redis Live 提供的监控界面，https://github.com/nkrode/RedisLive。

[②] 21aspnet，图形化的 Redis 监控系统 redis-stat 安装，http://blog.csdn.net/21aspnet/article/details/50748719。

故障无法运行时，它通过启动自动故障转移功能（Redis 集群本身也有这个功能），用一个从节点代替出现故障的主节点；同时，可以通过 API 向管理员或者其他应用程序发送通知。

1．使用 Sentinel

首先需要配置 sentinel.conf 文件，在 Redis 源码解压包路径下可以找到。Redis 官网提供了运行一个 Sentinel 的最少配置建议。

```
sentinel monitor mymaster 127.0.0.1 6379 2          //根据实际部署地址设置
sentinel down-after-milliseconds mymaster 60000
sentinel failover-timeout mymaster 180000
sentinel parallel-syncs mymaster 1

sentinel monitor resque 192.168.1.3 6380 4          //根据实际部署地址设置
sentinel down-after-milliseconds resque 10000
sentinel failover-timeout resque 180000
sentinel parallel-syncs resque 5
```

（1）sentinel monitor mymaster 127.0.0.1 6379 2，表示监控名称为 mymaster，IP 地址为 127.0.0.1，端口号为 6379 的主节点；2 代表至少需要 2 个 Sentinel 同意，该主节点在发生故障时才启动自动故障迁移操作。在实际运行环境下，系统是按照当大多数 sentinel 同意时，才执行自动故障迁移操作。

（2）sentinel down-after-milliseconds mymaster 60000，指定主节点断线时限，60000 为 60 秒。只有在指定时限范围内，没有返回 sentinel 发送的 Ping 命令的回复，或者返回一个错误回复，sentinel 才将该主节点标记为主观下线（Subjectively Down，简称 SDOWN）。

（3）sentinel failover-timeout mymaster 180000，指定故障转移超时时限，180000 为 180 秒。

（4）sentinel parallel-syncs mymaster 1，在执行故障转移时，重新确定多少个从节点与新主节点之间同步数据。在主从节点同步数据过程，会引起阻塞事件。这里设置 1，就是在同步过程，只有一个从节点进行数据同步，这样可以保证只有一个从节点在复制数据过程处于阻塞状态。

在每次故障转移期间和每次发现新的 sentinel 时，或从节点被升级到主节点时，sentinel.conf 文件都会被自动重写。

sentinel.conf 配置文件参数设置完成后，就可以用 redis-sentinel 可执行程序启动监控。

```
$ redis-sentinel /path/to/sentinel.conf          //事先要编译为可执行文件
```

也可以通过重新启动带 sentinel 参数的 Redis 数据库服务来启动监控（在生产环境下重启不是个好现象）。

```
redis-server /path/to/sentinel.conf --sentinel
```

2．Sentinel 使用建议

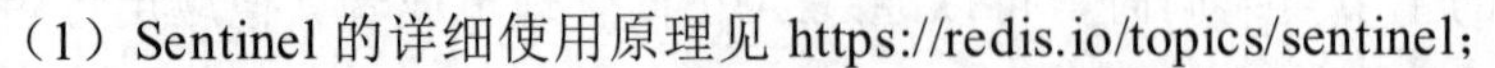

（1）Sentinel 的详细使用原理见 https://redis.io/topics/sentinel；

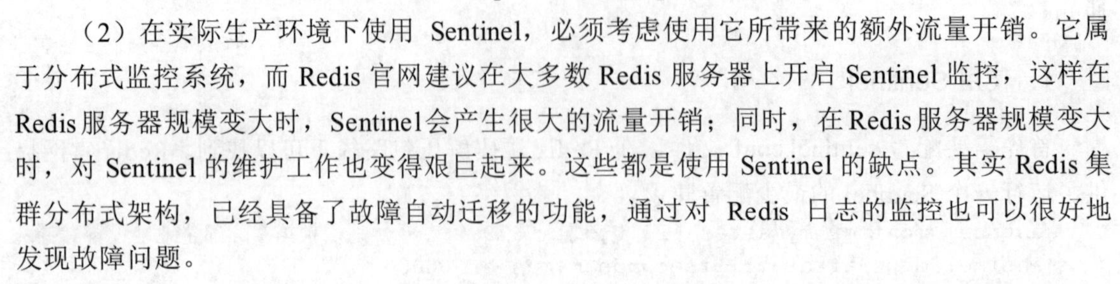

读书笔记

（2）在实际生产环境下使用 Sentinel，必须考虑使用它所带来的额外流量开销。它属于分布式监控系统，而 Redis 官网建议在大多数 Redis 服务器上开启 Sentinel 监控，这样在 Redis 服务器规模变大时，Sentinel 会产生很大的流量开销；同时，在 Redis 服务器规模变大时，对 Sentinel 的维护工作也变得艰巨起来。这些都是使用 Sentinel 的缺点。其实 Redis 集群分布式架构，已经具备了故障自动迁移的功能，通过对 Redis 日志的监控也可以很好地发现故障问题。

13.3 小　　结

YCSB 是一款优秀的、免费的、功能强大的测试工具，可以支持测试的数据库包括了 HBase、Hypertable、Cassandra、Couchbase、Voldemort、MongoDB、OrientDB、Infinispan、Redis、GemFire、DynamoDB、Tarantool、Memcached 等（可以根据需要自行添加）。学习 NoSQL 数据库的技术人员，应该掌握其使用方法。

Redis-benchmark，是 Redis 免费提供的自带数据库性能测试工具，测试针对性强，使用方便。

Mongostat，是 MongoDB 官方免费提供的监控工具，该实用工具可以快速查看当前运行的 Mongod 或 Mongos 的状态，捕捉并返回各种类型数据库操作（插入、查询、修改、删除等）的统计数。

Mongotop 工具也是 MongoDB 安装包里免费提供的一款数据库监控工具，提供对 MongoDB 数据库和集合的读写操作时间统计信息。

Mtools 是一款实用的 MongoDB 日志分析工具包，由 MongoDB 官方工程师所写，功能强大，安装过程有些繁琐。

Cloudinsight 是一个可视化系统监控工具，能够对数据指标进行聚合、分组、过滤、管理、计算，并提供团队协作功能，共同管理数据和报警事件。支持监控服务器端的磁盘、网络流量、I/O 读写、内存和 CPU 使用情况等数据。

Redis Live 是一个仪表板应用程序，它的核心是一个监视脚本，定期向 Redis 实例发出 Info 和 Monitor 命令，并存储用于分析的数据。安装过程繁琐，而且部分功能受 Goolge 在线使用要求约束（目前，国内不能访问 www.google.com）。

Sentinel 是 Redis 自带的监控主从集群状态的工具，具有自动发现故障迁移的功能，在大规模集群环境下，维护压力大，并产生相当的数据流量影响系统性能。

13.4　实　　验

实验一　用 YCSB 测试 MongoDB

具体要求：

（1）在实验机上，根据 13.1.1 要求，安装并测试 MongoDB 各项性能；

（2）完成相应的测试报告。

实验二　用 Redis-benchmark 测试 Redis

具体要求：

（1）在实验机上，根据 13.1.2 要求，安装并测试 Redis 各项性能；

（2）完成相应的测试报告。

实验三　用 Mongostat 监控 MongoDB

具体要求：

（1）在实验机上，根据 13.2.2 要求，安装并监控 MongoDB 运行状态；

（2）完成相应的测试报告。

实验四　用 Redislive 监控 Redis

具体要求：

（1）在实验机上，根据 13.2.7 要求，安装并监控 Redis 运行状态；

（2）完成相应的测试报告。

附录一

MongoDB 部分命令使用清单

1．分片设置（见 4.2.8 节分片）

表 1　sh.shardCollection(namespace, key, unique, options)参数使用

参数名称	参数值类型	参数使用说明
namespace	String	以“<database>.<collection>”形式填写的命名空间
key	document	指定分片索引文档
unique	boolean	值为 true 时，分片索引文档键值对必须强制为唯一性；默认为 false
options	document	可选，包含可选字段的文档

表 2　sh.shardCollection 的 Option 参数使用

参数名称	参数值类型	参数使用说明
numInitialChunks	integer	可选，在空集合建立分片时，指定初始分片块（Chunks）的数量，指定数量不能超过 8192 个块，如果集合不为空该选项不起作用
collation	document	可选，如果分片集合具有默认排序规则，则必须包含{locale:"simple"}的归类文档，否则分片命令将失败

2．MongoDB 的 update 操作符号（使用命令，见 4.2.3 节，5.1.1 节）

表 3　修改键对应值操作符号

序号	操作符号	使用说明
1	$inc	将键对应的值增加指定数量
2	$mul	将键对应的值乘以指定数量
3	$rename	修改键名
4	$setOnInsert	更新导致 Insert 文档，则设置键对应的值

续表

序号	操作符号	使用说明
5	$set	设置文档中键对应的值
6	$unset	从文档中删除指定键
7	$min	如果指定的值大于现有键对应的值，则仅更新该键对应的值
8	$max	如果指定的值小于现有键对应的值，则仅更新该键对应的值
9	$currentDate	把键对应的值设置为当前日期

表 4　修改数组对应值操作符号

序号	操作符号	使用说明
1	$	充当占位符来更新与更新中的查询条件匹配的第一个元素
2	$addToSet	当数组中不存在元素时，才能把该值增加到数组中
3	$pop	删除数组第一个或最后一个数组成员
4	$pullAll	从数组中删除所有匹配的成员
5	$pull	删除与特定查询匹配的所有数组成员
6	$pushAll	向数组增加几个成员
7	$push	向数组增加一个成员

3. db.ServerStatus()命令统计结果详细解释

```
> db.serverStatus()
{
 "host" : <string>,                    //服务器主机名
 "advisoryHostFQDNs" : <array>         //FQDN 数组
  "version" : <string>,                //当前 MongoDB 数据库版本号
 "process" : <"mongod"|"mongos">,      //进程名
 "pid" : <num>,                        //当前进程 ID 号
 "uptime" : <num>,                     //当前数据库已运行时间（单位：秒）
 "uptimeMillis" : <num>,               //当前数据库已运行时间（单位：毫秒）
 "uptimeEstimate" : <num>,             //MongoDB 内部系统统计正常运行时间（单位：秒）
 "localTime" : ISODate(""),            //UTC 为单位的服务器当前时间，显示年月日时间

 "asserts" : {                         //自 MongoDB 启动以来出现的各种错误数量报告
   "regular" : <num>,
   "warning" : <num>,
   "msg" : <num>,
   "user" : <num>,
   "rollovers" : <num>
},

"backgroundFlushing" : {               //MongoDB 进程定期写入磁盘产生的统计报告
   "flushes" : <num>,
```

```
  "total_ms" : <num>,
  "average_ms" : <num>,
  "last_ms" : <num>,
  "last_finished" : ISODate("...")
},

"connections" : {                    //客户端连接服务器的状态统计报告
  "current" : <num>,
  "available" : <num>,
  "totalCreated" : NumberLong(<num>)
},

"dur" : {                            //当前数据库实例日志记录相关的操作和性能的
                                       统计报告
  "commits" : <num>,
  "journaledMB" : <num>,
  "writeToDataFilesMB" : <num>,
  "compression" : <num>,
  "commitsInWriteLock" : <num>,
  "earlyCommits" : <num>,
  "timeMs" : {
    "dt" : <num>,
    "prepLogBuffer" : <num>,
    "writeToJournal" : <num>,
    "writeToDataFiles" : <num>,
    "remapPrivateView" : <num>,
    "commits" : <num>,
    "commitsInWriteLock" : <num>
  }
},

"extra_info" : {                     //提供数据库系统底层相关信息的统计报告
  "note" : "fields vary by platform.",
  "heap_usage_bytes" : <num>,
  "page_faults" : <num>
},

"globalLock" : {                     //提供数据库锁定状态的详细统计报告
  "totalTime" : <num>,
  "currentQueue" : {
    "total" : <num>,
    "readers" : <num>,
    "writers" : <num>
  },
  "activeClients" : {
    "total" : <num>,
```

```
        "readers" : <num>,
        "writers" : <num>
    }
},

"locks" : {                              //对每个锁详细信息进行统计报告
    <type> : {
        "acquireCount" : {
            <mode> : NumberLong(<num>),
            ...
        },
        "acquireWaitCount" : {
            <mode> : NumberLong(<num>),
            ...
        },
        "timeAcquiringMicros" : {
            <mode> : NumberLong(<num>),
            ...
        },
        "deadlockCount" : {
            <mode> : NumberLong(<num>),
            ...
        }
    },
    ...

"network" : {                            //MongoDB 网络使用情况统计报告
    "bytesIn" : <num>,
    "bytesOut" : <num>,
    "numRequests" : <num>
},

"opLatencies" : {                        //数据库操作延迟内容文档报告
    "reads" : <document>,
    "writes" : <document>,
    "commands" : <document>
},

"opcounters" : {                         //自数据库启动以来分类对数据库操作进行统计报告
    "insert" : <num>,
    "query" : <num>,
    "update" : <num>,
    "delete" : <num>,
    "getmore" : <num>,
    "command" : <num>
},
```

读书笔记

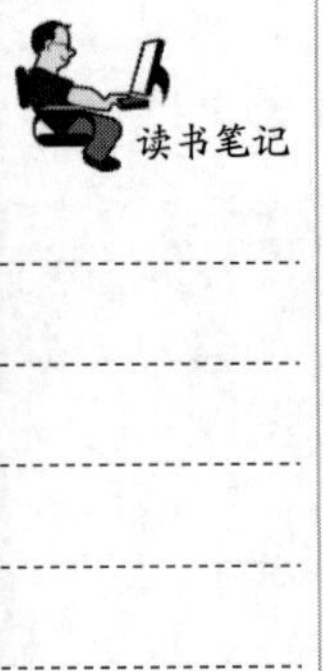


```
"opcountersRepl" : {             //自数据库启动以来，分类统计复制操作并形成报告，
                                   用于副本集
  "insert" : <num>,
  "query" : <num>,
  "update" : <num>,
  "delete" : <num>,
  "getmore" : <num>,
  "command" : <num>
},

"rangeDeleter" : {               //默认 ServerStatus()不输出 angeDeleter 统计内容
  "lastDeleteStats" : [
    {
      "deletedDocs" : NumberLong(<num>),
      "queueStart" : <date>,
      "queueEnd" : <date>,
      "deleteStart" : <date>,
      "deleteEnd" : <date>,
      "waitForReplStart" : <date>,
      "waitForReplEnd" : <date>
    }
  ]
}
```

可以通过 db.serverStatus({ rangeDeleter: 1 })或 db.runCommand({ serverStatus: 1, rangeDeleter: 1 })，实现 angeDeleter 统计内容的输出。

```
"repl" : {                       //副本集配置文档内容的输出
  "hosts" : [
      <string>,
      <string>,
      <string>
  ],
  "setName" : <string>,
  "setVersion" : <num>,
  "ismaster" : <boolean>,
  "secondary" : <boolean>,
  "primary" : <hostname>,
  "me" : <hostname>,
  "electionId" : ObjectId(""),
  "rbid" : <num>,
  "replicationProgress" : [
      {
        "rid" : <ObjectId>,
        "optime" : { ts: <timestamp>, term: <num> },
        "host" : <hostname>,
```

```
            "memberId" : <num>
        },
        ...
    ]
}

"security" : {                        //TLS/SSL 安全配置文档输出
    "SSLServerSubjectName": <string>,
    "SSLServerHasCertificateAuthority": <boolean>,
    "SSLServerCertificateExpirationDate": <date>
},

"storageEngine" : {                   //当前存储引擎数据相关的文档信息输出
    "name" : <string>,
    "supportsCommittedReads" : <boolean>,
    "persistent" : <boolean>
},

"mem" : {                             //对 MongoDB 和当前内存使用情况的统计报告
    "bits" : <int>,
    "resident" : <int>,
    "virtual" : <int>,
    "supported" : <boolean>,
    "mapped" : <int>,
    "mappedWithJournal" : <int>
},

"wiredTiger"                          //WiredTiger 引擎详细使用信息，相关内容略
"metrics"                             //返回当前 MongoDB 实例运行的各种状态的统计报告，略
```

读书笔记

附录二 Redis 命令详细清单

INFO 命令返回值信息。

表 1 服务器部分信息（Server）

序号	返回值名	说明	例子
1	redis_version	Redis 服务器软件的版本号	redis_version:3.2.8
2	redis_git_sha1	Git SHA1	redis_git_sha1:e09e31b1
3	redis_git_dirty	Git 脏标志	redis_git_dirty:0
4	os	Redis 运行的操作系统	os:Linux 4.8.0-1-amd64 x86_64
5	arch_bits	运行环境架构（32 位或 64 位）	64
6	multiplexing_api	Redis 使用的事件循环机制	multiplexing_api:epoll
7	gcc_version	用于编译 Redis 服务器的 GCC 编译器的版本	gcc_version:6.2.0
8	process_id	当前服务器进程 Pid	process_id:14707
9	run_id	标识 Redis 服务器的随机值（由 Sentinel 和 Cluster 使用）	run_id:d3c34282582bad21e0af36ae2a214efa9dd52cea
10	tcp_port	TCP / IP 侦听端口	6379
11	uptime_in_seconds	Redis 服务器启动后的秒数	uptime_in_seconds:65
12	uptime_in_days	Redis 服务器启动后的天数	uptime_in_days:0
13	lru_clock	时钟递增每分钟，用于 LRU 管理	lru_clock:2848923

读书笔记

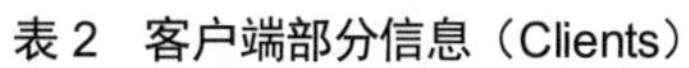

表 2 客户端部分信息（Clients）

序号	返回值名	说明	例子
1	connected_clients	客户端连接数（不包括从节点的连接）	connected_clients:4
2	client_longest_output_list	当前客户端连接中最长的输出列表	client_longest_output_list:0
3	client_biggest_input_buf	当前客户端连接中的最大输入缓冲区	client_biggest_input_buf:0
4	blocked_clients	阻塞调用中的待处理客户端数（BLPOP，BRPOP，BRPOPLPUSH）	blocked_clients:0

表 3 内存部分信息（Memony）

序号	返回值名	说明	例子
1	used_memory	Redis 使用其分配器分配的总字节数（标准 libc，jemalloc 或替代分配器，如 tcmalloc）	used_memory:586170224
2	used_memory_human	用 Mb 显示 used_memory	used_memory_human:559.02M
3	used_memory_rss	由操作系统（a.k.a 驻留集大小）看到的 Redis 分配的字节	used_memory_rss:603250688
4	used_memory_peak	Redis 消耗的峰值内存（单位：字节）	used_memory_peak:586250712
5	used_memory_peak_human	用 MB 显示 used_memory_peak 值	used_memory_peak_human:559.09M
6	used_memory_lua	Lua 引擎使用的字节数	used_memory_lua:37888
7	mem_fragmentation_ratio	used_memory_rss 和 used_memory 之间的比率（内存碎片率）	mem_fragmentation_ratio:1.03
8	mem_allocator	内存分配器，在编译时选择	mem_allocator:jemalloc-4.0.3

表 4 持久化部分信息（Persistence）

序号	返回值名	说明	例子
1	loading	是否正在进行加载持久化文件的标志	loading:0
2	rdb_changes_since_last_save	自上次持久化以来的更改次数	rdb_changes_since_last_save:16253026
3	rdb_bgsave_in_progress	表示 RDB 保存的标志正在进行中	rdb_bgsave_in_progress:0
4	rdb_last_save_time	上次成功执行 RDB 保存的时间记录	rdb_last_save_time:1489506155
5	rdb_last_bgsave_status	上次 RDB 保存操作的状态	rdb_last_bgsave_status:ok

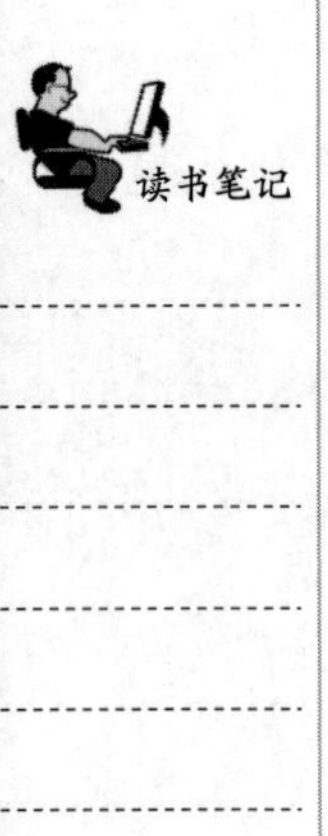

续表

序号	返回值名	说明	例子
6	rdb_last_bgsave_time_sec	最后一个 RDB 保存操作的持续时间（单位：秒）	rdb_last_bgsave_time_sec:-1
7	rdb_current_bgsave_time_sec	当前持续的 RDB 保存操作（如果有）时间	rdb_current_bgsave_time_sec:-1
8	aof_enabled	AOF 启用的标志	aof_enabled:0
9	aof_rewrite_in_progress	表示 AOF 重写操作正在进行中的标志	aof_rewrite_in_progress:0
10	aof_rewrite_scheduled	正在进行的 RDB 保存完成后，将调度表示为 AOF 可重写操作的标志	aof_rewrite_scheduled:0
11	aof_last_rewrite_time_sec	上一次 AOF 重写操作的持续时间（单位：秒）	aof_last_rewrite_time_sec:-1
12	aof_current_rewrite_time_sec	当前正在持续的 AOF 重写操作（如果有）	aof_current_rewrite_time_sec:-1
13	aof_last_bgrewrite_status	最后一次 AOF 重写操作的状态	aof_last_bgrewrite_status:ok

表 5　统计部分信息（Stats）

序号	返回值名	说明	例子
1	total_connections_received	服务器接受的总连接数	total_connections_received:121
2	total_commands_processed	服务器处理的总命令数	total_commands_processed:39839556
3	instant_ops_per_sec	每秒处理的命令数	instantaneous_ops_per_sec:0
4	rejected_connections	由于 maxclients 限制而被拒绝的连接数	rejected_connections:0
5	expired_keys	Key 对象过期失效总数	expired_keys:47811
6	evicted_keys	由于 maxmemory 限制引起的被锁定的 Keys 数量	evicted_keys:0
7	keyspace_hits	在主路径中（内存中）成功查找 Keys 对象的数量	keyspace_hits:9195346
8	keyspace_misses	在主路径中（内存中）Keys 的失败查找次数	keyspace_misses:3878645
9	pubsub_channels	具有客户端订阅的 pub /sub 频道总数	pubsub_channels:0

读书笔记

续表

序号	返回值名	说明	例子
10	pubsub_patterns	具有客户端订阅的 pub/sub 模式数	pubsub_patterns:0
11	latest_fork_usec	最新的 fork 操作的持续时间（单位：微秒）	latest_fork_usec:0

表 6 主从复制部分信息（Replication）

序号	返回值名	说明	例子
1	role	执行 Info 命令的节点角色，分 Master 和 Slave	role:master
2	master_host *	主节点的域名或 IP 地址	master_host:127.0.0.1
3	master_port*	主节点监听 TCP 端口	master_port: 6379
4	master_link_status*	链接的状态（up/down）	master_link_status:up
5	master_last_io_seconds_ago*	自上次与 Master 进行交互以来的秒数	master_last_io_seconds_ago:2828
6	master_sync_in_progress*	表示主节点与从节点正在进行同步操作	master_sync_in_progress:0
7	connected_slaves	连接的从节点数	connected_slaves:0

注意：实际使用环境要求具备 Redis 主从节点部署。

表格里带“*”的，表示在从节点使用 Info 命令。

表 7 CPU 及集群部分信息（CPU &Cluster）

序号	返回值名	说明	例子
1	used_cpu_sys	Redis 服务器使用的系统 CPU	used_cpu_sys:6819.06
2	used_cpu_user	Redis 服务器使用的用户 CPU	used_cpu_user:111936.82
3	used_cpu_sys_children	后台进程占用的系统 CPU	used_cpu_sys_children:0.00
4	used_cpu_user_children	后台进程占用的用户 CPU	used_cpu_user_children:0.00
5	cluster_enabled	其为 0 表示没有启用集群；为 1 表示启用集群	cluster_enabled:0

附录三 实例代码清单

代码	实例	参考章节
book-demo-mongo-hello	MongoDB 简单案例	4.4.1
book-demo-log	系统日志	6.1
book-demo-comment	评价	6.2
book-demo-user	用户信息	6.3
book-demo-order	订单信息	6.4
book-demo-goods	商品信息	6.5
book-demo-history-order	历史订单	6.6
book-demo-clicks	点击量	6.7
book-demo-ad	广告	9.1
book-demo-goods-recommend	商品推荐	9.2
book-demo-car	购物车	9.3
book-demo-goods-log	商品点击日志	9.4
book-demo-session	模拟 session	9.5
book-demo-mongo-app	MongoDB 小工具	4.4.2
book-demo-redis-app	Redis 小工具	7.4
book-demo-redis-hello	Redis 简单案例	7.4
使用说明		
整体项目利用 maven 搭建导入时请提前配置好 maven 库的地址并保证网络的畅通		

主要参考文献及资料来源

Reference Documentation

本书编写过程，对相关文献进行了仔细研究和参考，除了在每章相关的脚注进行了认真引用外，为了表示对相关方的尊重和读者学习的方便，这里把主要的参考文献及相关资料来源进行归类。

1. NoSQL 产品官网引用

（1）MongoDB 英文官网地址：https://www.mongodb.com/。

其下的产品使用文档，应该是读者重点关注的内容：https://docs.mongodb.com/。

（2）Redis 英文官网地址：https://redis.io/。

该网站的主要栏目都应该关注。

（3）NoSQL 官网地址：http://nosql-database.org/。

在该网站读者可以发现全世界范围主要 NoSQL 产品的发展状况，包括学习资料、源码下载等。

（4）数据库-引擎排行网：http://db-engines.com/en/ranking。

在这里读者可以获取全世界范围流行数据库的排行情况。

2. 本书主要参考专著

（1）Dan Sullivan．NoSQL 实践指南．爱飞翔译．2016.3．

（2）Dan McCreary，Ann Kelly．解读 NoSQL．范东来，藤雨橦译．2016.2．

（3）Joe Celko．NoSQL 权威指南．王春生，范东来译．2016.7．

（4）Josiah L．Carison．Redis 实战．黄健宏译．2016.6．

（5）李子骅．Redis 入门指南．2016.5．

（6）Kristina Cbodorow．MongoDB 权威指南．邓强，王明辉译．2016.9．

读书笔记

3. 本书相关软件包下载地址

（1）MongoDB 安装包下载地址：https://www.mongodb.com/download-center。

（2）基于 MongoDB 开发的 Java-driver 接口支持包下载地址：http://mongodb.github.io/mongo-java-driver/。

（3）Robomongo 工具官网下载地址：https://robomongo.org/。

（4）Docker 虚拟机平台下载地址：https://github.com/docker。

（5）Redis 安装包下载地址：https://redis.io/download。

（6）基于 Redis 的 Java 开发包 Jedis.jar 下载地址：

地址一，https://github.com/xetorthio/jedis/releases；

地址二，https://mvnrepository.com/artifact/redis.clients/jedis。

（7）Redis 相关的可视化管理工具下载地址：

Redis desktop Manager 下载地址：https://github.com/uglide/RedisDesktopManager；

Redis Client 下载地址：https://github.com/caoxinyu/RedisClient；

RedisStudio 下载地址：https://github.com/cinience/RedisStudio；

Redsmin/proxy 下载地址：https://github.com/Redsmin/proxy。

（8）Python 下载地址：https://www.python.org/downloads/。

（9）Mvn 下载地址：http://maven.apache.org/download.cgi。

（10）YCSB 下载地址：https://github.com/brianfrankcooper/YCSB/releases/tag/0.12.0。

（11）Mtools 工具包下载地址：https://github.com/rueckstiess/。

（12）Matlotlib 库下载地址：https://pypi.python.org/pypi/matplotlib/1.4.3#downloads。

（13）Cloudinsight 官网地址：http://cloudinsight.oneapm.com/。

（14）Redis-monitor 开源下载地址：https://github.com/hustcc/redis-monitor。

（15）Tornado 开源下载地址：https://github.com/tornadoweb/tornado。

（16）Redis.py 下载地址：https://github.com/andymccurdy/redis-py。

（17）Python-dateutil 下载地址：http://labix.org/python-dateutil。

（18）Redislive 源码下载地址：https://github.com/nkrode/RedisLive。

4. 国内外技术论坛技术大牛们的精彩文章，详细引用见相关章节的脚注

后记

Postscript

本书由刘瑜先生和刘胜松先生著作完成，从策划到完成稿件用了 1 年时间。

刘瑜先生有 20 多年使用 Dbase、Foxpro、Access、SQLServer、Oracle 等数据库的经验，最近几年对 NoSQL 非常感兴趣，并进行相关产品的关注和研究。

刘胜松先生从 2012 年开始就从事 NoSQL 数据库相关的工作，擅长 MongoDB 和 Redis 的使用。本书 MongoDB 和 Redis 相关主要代码的编写与测试由刘胜松先生完成。

由于时间比较仓促，以及篇幅限制，部分代码运行结果没有在书中体现，有所遗憾，但是所有代码都经过严格测试，可以确保正常使用；另外，部分代码没有深入展开分析，仅做到了点到为止，如第 6 章 MongoDB 案例实战、第 9 章 Redis 案例实战，为具备 Java 基础的程序员打开了业务系统开发的大门，但是具体业务功能的深入应用，没有在本书深入讨论。有部分内容直接引用了 MongoDB、Redis 官网及相关作者的内容，引用方式见相关章节的页脚、文内引用或本书的参考文献说明，在此一并感谢，不妥之处可以与作者联系（通过本书的 QQ 群），以方便作者改正。

另外，在开源系统的使用和测试过程，本书作者也发现了一些产品的 Bug，罗列如下。

（1）MongoDB 3.4.2 版本，在使用分片集群时存在重大 Bug 问题——无法启动集群，建议不要使用该版本的数据库系统，直接使用 3.4.4 版本或更高的版本。

（2）YCSB 在 Windows 下测试，存在测试信息输出命令错误等问题，建议在 Linux 系统下测试 MongoDB、Redis 数据库系统，或利用 YCSB 源码修改出错部分代码（用 Python 语言），再在 Windows 下测试。

本书考虑到读者的习惯和学习情况，主要在 Windows 操作系统下介绍 MongoDB，其实无论 MongoDB 还是 Redis，其官方建议还是最好在 Linux 操作系统下部署与使用。